"十二五"

经全国职业

高职高专机械系列教材

电工电子技术基础（第五版）

Diangong Dianzi Jishu Jichu

◎主　编　李若英

◎副主编　汪　建　闫　琳　杨新明

重庆大学出版社

内容简介

本教材共分八章,包含电工和电子技术两部分。电工部分的内容包括:电路的基本理论和基本分析方法,电路瞬态分析,正弦交流电路,三相电路,磁路与变压器,异步电动机及其控制,安全用电等内容。电子技术部分的内容突出集成化、数字化,并注重应用性、先进性,内容包括:晶体管、集成运放及其应用,门电路和组合逻辑电路,触发器和时序逻辑电路等内容。本教材的基本理论本着必需、够用为度的出发点,尽量减少理论论证,以掌握概念,突出应用、培养技能为教学重点。为帮助学生理解和掌握基本概念,本教材编写了丰富的例题和思考题,每章后有小结和习题。书末附有两套自测题及答案。

本书适用于高职高专及其成教的机械类专业"电工与电子技术"课程的学生使用,也适用于同类院校机电类、计算机类专业的相关课程(少学时)的学生使用,还可供从事机械类专业、机电类及计算机类的工程技术人员和业余爱好者学习参考。

图书在版编目(CIP)数据

电工电子技术基础/李若英主编. --5 版.--重庆:重庆大学出版社,2018.9(2022.9 重印)
高职高专机械系列教材
ISBN 978-7-5624-8589-6

Ⅰ.①电… Ⅱ.①李… Ⅲ.①电工技术—高等职业教育—教材②电子技术—高等职业教育—教材
Ⅳ.①TM②TN

中国版本图书馆 CIP 数据核字(2018)第 225741 号

电工电子技术基础
(第五版)

主 编 李若英

副主编 汪 建 闫 琳 杨新明

责任编辑:曾显跃 版式设计:曾显跃
责任校对:刘 真 责任印制:张 策

*

重庆大学出版社出版发行
出版人:饶帮华
社址:重庆市沙坪坝区大学城西路 21 号
邮编:401331
电话:(023)88617190 88617185(中小学)
传真:(023)88617186 88617166
网址:http://www.cqup.com.cn
邮箱:fxk@ cqup.com.cn(营销中心)
全国新华书店经销
重庆升光电力印务有限公司印刷

*

开本:787mm×1092mm 1/16 印张:19.5 字数:487 千
2018 年 9 月第 5 版 2022 年 9 月第 17 次印刷
印数:53 001—54 500
ISBN 978-7-5624-8589-6 定价:45.00 元

前　言

本教材是根据国家教育部高职高专培养目标和对本课程的基本要求,结合全国高等职业技术教育机械类专业系列教材研讨会的精神,编写而成的高等职业教育"十二五"国家级规划教材。

本教材是高职高专机械类电工学类教材,考虑到非电类学生的知识、能力结构及专业要求,在编写中注重总体概念,不求详细的理论推导,力求简明扼要,通俗易懂;强调元器件的伏安关系、电路的外特性及参数,以突出应用、培养技能;注重理论与实践的结合,通过大量的应用实例,使学生从工程角度加深对理论知识的理解、消化和吸收,帮助学生掌握电路的基本概念和基本分析方法。

从2003年的第一版,到2008年"十一五"规划教材,再到目前的第四版,历经十年有余。在此期间,新技术、新器件及其应用层出不穷,为顺应时代的需求,本教材进行了数次修编,特别加强了工程针对性和实用性知识。例如,修编"第4章　电动机及控制基础"、"第5章　电气安全知识",增加了电机及其控制部分的应用内容,与实际工程接轨介绍了最新的电气安全实用技术、"3C"论证项目的电磁兼容性知识等。针对电子技术的发展,结合非电类专业需求,本教材在弱化模拟电路的基础上,强化了数字电路,2013年两度加强数字电路的内容,增加了组合逻辑电路的分析与设计等实用理论内容,例举了大量的应用电路实例,增加了教材的使用范围,可供学时较少的机电类专业选用。

全书共分8章,内容包括:电路的基本理论及基本分析方法,正弦交流电路,磁路与变压器,异步电动机及其控制,电气安全知识,晶体管及其应用,门电路和组合逻辑电路,触发器和时序逻辑电路。为帮助学生理解和掌握基本概念,本教材编写了丰富的例题和思考题,每章后均有小结和习题。本次改版在书后附有两套自测题及答案。

本教材还配有免费的电子课件,每章有自测题库及答案。

本书第一版第1章、第2章由李若英编写;第3章由杨新民、贾海瀛编写;第4章由包中婷编写;第5章由范钧编写;第6章由肖卫忠编写;第7章、第8章由汪建编写;附录由杨梅编写。

第二版第3章由杨新民、武昭晖修编,第4.2节由郑骊编写,包中婷提供初稿,第5.6节由彭志红编写,第6章由阊琳编写,肖卫忠提供初稿,习题答案由邱世卉编写。

本书第三、四版新编部分7.3、7.4、7.5节及第7章小结由邱世卉编写,7.9节由汪建、邱世卉编写。

本书第一版由梁功勋高级工程师审阅,第二版由梁功勋高级工程师、关美华副教授共同审阅,第三版由唐红副教授审阅,第四版由唐红副教授、苗义高级工程师、刘东平高级工程师审阅。在此,对于以上审阅者给予各版书稿所提供的诸多宝贵意见表示衷心的感谢,也借此机会对在本次教材改版期间,为本书提供不少宝贵意见的相关企业工程师,尤其是成都思创电气股份有限公司总经理苗义高级工程师、成都波辐科技有限公司总经理刘东平高级工程师,以及曾选用本书作为技术人员培训教材的成都微精电机股份公司的工程师们表示衷心地感谢。

本书虽然经过多次再版和修订,但是由于编者能力有限,难免还会有很多不足或错误之处,希望读者,特别是使用本书的师生予以批评指正。

编　者
2018 年 7 月

目录

第 **1** 章
电路的基本理论及基本分析方法

电路是电工技术和电子技术的基础,它是为学习本书后面的变压器、电机以及电子电路打基础的。

本章介绍电路的基本概念、基本定律和基本分析方法。主要有电路的组成和作用、电路和电路模型、电路的基本物理量、电压和电流的参考方向、电位的概念及计算、电路的基本定律——欧姆定律和基尔霍夫定律、叠加定理、戴维南定理、电路的工作状态、电路的暂态分析。

1.1　电路及电路模型

1.1.1　电路的组成和作用

电路是电流的通路,它是为了实现某种功能,由一些电气器件和设备按一定方式连接而成。比较复杂的电路呈网状,称为网络。

电路的结构形式很多,功能各不相同。电路的一种功能是实现电能的传输和转换,例如图 1.1.1 所示手电筒电路。其中,干电池是一种电源,将化学能转换成电能,供负载取用;电灯泡是电路的负载,取用电能,并将电能转换成光能;开关和导线是电路的传输环节,使电流构成通路。

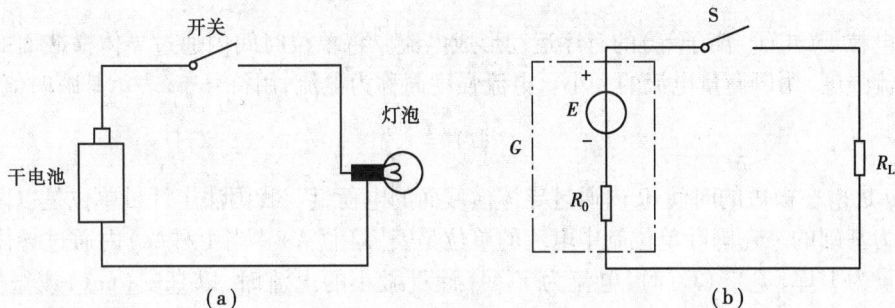

(a)　　　　　　　　　　　　　　　　(b)

图 1.1.1　手电筒电路

电路的另一种功能是实现电信号的传递和处理。例如图 1.1.2 所示的扩音机电路。话筒能将声音信号转换成相应的电压和电流（这就是电信号），然后由放大器传递到扬声器，扬声器再将电信号还原成声音信号。其中，由于话筒输出的信号比较微弱，不足以推动扬声器发音，因此中间需要放大器来放大。这种信号的转换和放大，称为信号的处理。话筒是输出电信号的设备，称为信号源，相当于电源；放大器放大和传递信号，相当于传输环节；扬声器接受和转换信号，相当于负载。可见，电源、负载和传输环节是组成电路必不可少的三部分。

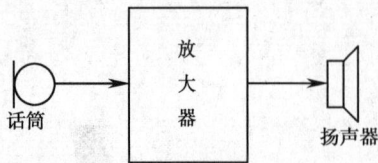

图 1.1.2　扩音机电路示意图

电压源、信号源输出电压和电流推动电路工作，称为激励；激励在电路中各部分产生的电压和电流，称为响应。

1.1.2　电路模型和理想电路元件

在设计和制造某种器件时，是利用它的某种电磁性质；但是，实际器件的电磁性质比较复杂，常常几种电磁现象交织在一起。例如，在手电筒电路中，电灯泡除了消耗电能的性质（电阻性）外，当有电流通过时还有磁场，即具有电感的性质；电压源因有内阻，使用时端电压不可能总保持不变；导线和开关总有些电阻，甚至还有电感。这都会使实际电路的分析变得比较复杂。为了简化分析，需要将实际器件理想化，即在一定条件下突出其主要的电磁性质，忽略其次要的电磁性质，将其理想化为一个元件或几个元件的组合。这种元件只体现一种电磁性质，称为理想电路元件，简称电路元件。例如，在手电筒电路中，可以将电灯泡视为一个电阻元件，干电池理想化为电压源与电阻串联，开关闭合的接触电阻和导线的电阻忽略不计，视为无电阻的理想导体。理想电路元件主要有电阻元件、电感元件、电容元件、电源元件等。

由理想电路元件组成的电路称为实际电路的电路模型。图 1.1.1（b）就是手电筒电路的电路模型。今后分析的都是电路模型，简称电路。

1.2　电路的基本物理量

1.2.1　电流及其参考方向

带电粒子（电子、离子等）的有序运动形成电流。将单位时间内通过导体横截面的电量定义为电流强度，用以衡量电流的大小。电流强度简称为电流，用符号"i"表示其瞬时值，即

$$i(t) = \frac{dq}{dt} \tag{1.2.1}$$

式中，dq 是指在极短的时间 dt 内通过导体横截面的电荷量。我国法定计量单位是以国际单位制（SI）为基础的。在国际单位制中电流的单位是安［培］（A）。当 1 秒（s）内通过导体横截面的电荷量为 1 库［仑］（C）时，电流为 1 A。计量微小的电流时，以毫安（mA）或微安（μA）为单位。

习惯上规定正电荷运动的方向为电流的方向。若电流的量值和方向不随时间变动，即 $\frac{dq}{dt}$

等于定值,则这种电流称为直流电流,简称直流(DC),用符号"I"表示。

直流以外的电流统称为时变电流,如第1章的1.8中的响应电流或电压、第2章的正弦交流电流。

由于在分析较为复杂的电路时,往往难于事先判定某支路中电流的实际方向,为此,在分析计算时,可以任意选定某一方向作为电流的参考方向。电流的参考方向有两种表示方法,如图1.2.1所示。图(a)电流参考方向用箭头表示,图(b)和(c)用双下标表示。图(b)电流的参考方向由a指向b,图(c)的由b指向a。

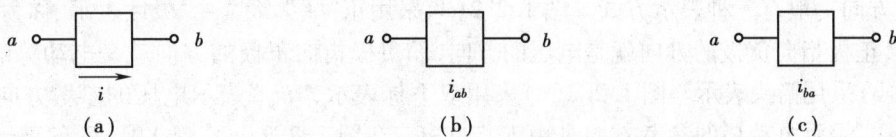

$$\begin{array}{ccc} (a) & (b) & (c) \end{array}$$

图1.2.1　电流参考方向的两种表示

规定了参考方向后,电流就是一个代数量。若电流的参考方向和实际方向一致,则电流取正值;反之,则取负值。

1.2.2　电压、电位、电动势及其参考方向

(1)电压、电位、电动势

电路中a、b两点间的电压为单位正电荷在电场力的作用下从a点转移到b点时所失去的电能,用符号"u"表示,即

$$u_{ab}(t) = \frac{dw}{dq} \tag{1.2.2}$$

式中,dq为由a点转移到b点的正电荷的电量,dw为转移过程中失去的电能。失去电能体现为电位的降低,即电压降。所以,电压的方向为电位降低的方向。

若取电路中的一点o为参考点,则由某点a到参考点的电压u_{ao}称为a点的电位,用符号"v_a"表示。参考点可以任意选择,但是,在一个连通的电路中,只有一个参考点,参考点的电位为零。

电压和电位的关系为:a、b两点间的电压等于这两点的电位差,即

$$u_{ab} = v_a - v_b \tag{1.2.3}$$

所以,电压有时也称电位差。

应当注意,电路中各点的电位值随所选参考点位置的不同而不同,但参考点一经选定,则各点的电位值就是唯一确定的,这是电位的相对性和单值性;电路中任意两点间的电压值取决于这两点的电位值之差,与参考点选择在何处无关。

在电场力的作用下,一般正电荷总是从高电位向低电位转移,而在电源内部有一种电源力,可以将正电荷从低电位转移到高电位,因此,闭合电路中才能形成连续的电流。电动势就是指单位正电荷在电源力的作用下在电源内部转移时所增加的电能,用符号"e"表示,即

$$e(t) = \frac{dw}{dq} \tag{1.2.4}$$

式中,dq为转移的正电荷,dw为正电荷在转移过程中增加的电能。增加电能体现为电位的升高,即电压升。所以,电动势的方向是电位升高的方向。

电压、电位和电动势的 SI 单位都是伏[特](V)。计量微小电压(电位、电动势)时,以毫伏(mV)或微伏(μV)为单位。计量高电压(电位、电动势)时,以千伏(kV)为单位。

当电压和电动势的大小和方向都不变时,称为直流电压和电动势,分别用符号"U"和"E"表示。

(2)电压、电动势的参考方向

与电流类似,在分析计算电路时,也必须事先规定电压、电动势的参考方向,因此,它们也是代数量。当电压、电动势的参考方向与实际方向一致时,取正值;反之,取负值。电压、电动势的参考方向一般有三种表示方式。图 1.2.2(a)采用正" + "、负" - "极性表示,称为参考极性。此时,正极指向负极的方向就是电压的方向,而负极指向正极的方向就是电动势的方向。图 1.2.2(b)采用箭头表示。图 1.2.2(c)采用双下标表示,"u_{ab}"表示电压的参考方向是由 a 指向 b,"e_{ba}"表示电动势的参考方向是由 b 指向 a。在图 1.2.2(a)、(b)中,都有 $u = e$,在图 1.2.2(c)中,有 $u_{ab} = e_{ba}$。

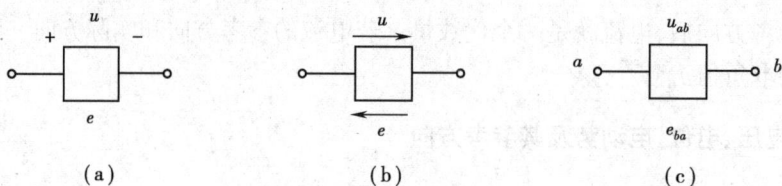

图 1.2.2　电压和电动势参考方向的三种表示

应当注意:

①电流、电压、电动势的参考方向可以任意规定而不影响实际结果,当规定的参考方向相反时,计算出的结果相差一个负号。

②参考方向一经规定,在整个电路的分析计算中就必须以此为准,不能变动。

③电压和电流的参考方向可以分别独立规定,但是,一般规定同一个元件的电压和电流的参考方向相同,即参考电流方向为从参考电压的正极性端流入该元件而从它的负极性端流出,如图 1.2.3(a)所示。此时,称该元件的电压、电流参考方向为关联参考方向;反之,则称为非关联参考方向,如图 1.2.3(b)。

④在没有规定参考方向的情况下,电流、电压的正负号是没有意义的。

图 1.2.3　电压、电流参考方向的关联与非关联

1.2.3　电功率和电能量

电能转换的速率就是电功率,简称功率,用符号"p"表示,即

$$p = \frac{\mathrm{d}w}{\mathrm{d}t} \tag{1.2.5}$$

若一个元件或网络有两个引出端,则称为二端元件或二端网络。例如,图 1.2.4 中网络 N

图1.2.4 二端网络的功率

就是二端网络。图1.2.4(a)电压和电流为关联参考方向,由电流和电压的定义可以推导出该二端网络吸收功率的计算公式,即

$$p = ui \tag{1.2.6}$$

图1.2.4(b)电压和电流为非关联参考方向,由电流和电压的定义也可以推导出该二端网络吸收功率的计算公式,即

$$p = -ui \tag{1.2.7}$$

在分析计算时,无论用的是哪一个公式,只要 $p > 0$,则表明该二端网络吸收功率或消耗功率,为负载;$p < 0$,则表明该二端网络发出功率或产生功率,为电源。

对于直流电路,上面的公式表示为

$$P = UI \text{ 或 } P = -UI \tag{1.2.8}$$

功率的 SI 单位为瓦[特](W)。计量大功率时,以千瓦(kW)、兆瓦(MW)表示,计量小功率时,以毫瓦(mW)表示。

【例1.2.1】 在图1.2.4中,若 $u = 5$ V,$i = -3$ A,试分别求图(a)、(b)所示二端网络的功率 p。

解 ①因为电压与电流关联,所以有

$$p = ui = 5 \times (-3) \text{ W} = -15 \text{ W} \quad (\text{产生})$$

即二端网络产生 15 W 的功率。

②因为电压与电流非关联,所以有

$$p = -ui = -5 \times (-3) \text{ W} = 15 \text{ W} \quad (\text{吸收})$$

即二端网络吸收 15 W 的功率。

根据功率的定义可以推出从 $t_0 \sim t$ 时间内电路吸收或消耗的电能量(简称电能)的公式,即

$$w = \int_{t_0}^{t} p \mathrm{d}t \tag{1.2.9}$$

对于直流

$$W = P(t_0 - t) \tag{1.2.10}$$

电能的 SI 制单位是焦[耳](J),它表示 1 W 的用电设备在 1 s 内消耗的电能。在电力工程中常用千瓦小时(kW·h)作为电能的单位,它表示 1 kW 的用电设备在 1 h(3 600 s)内消耗的电能(俗称为 1 度电)。

【练习与思考】

1.2.1 某一电路的电流和电压参考方向如图1.2.5所示,试确定对网络 A 电流和电压

是否关联？对网络 B 呢？

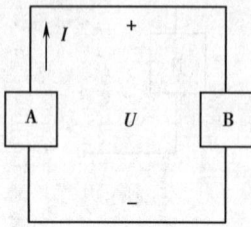

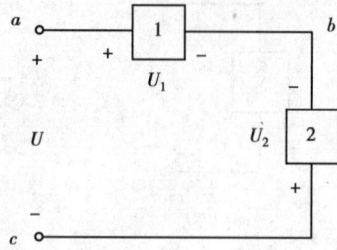

图 1.2.5   图 1.2.6

1.2.2   有人说"两点间的电压等于这两点的电位值之差。由于电位值取决于电路的参考点，所以当参考点改变时，这两点间的电压也会改变。"你同意他的观点吗？

1.2.3   在图 1.2.6 的电路中，已知 $U_1 = 10\text{ V}$，$U_2 = 5\text{ V}$。试计算：①若参考点选在 c 点，求 V_a、V_b、V_c、U；②若参考点选在 b 点，再求 V_a、V_b、V_c、U。

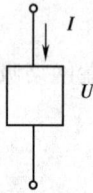

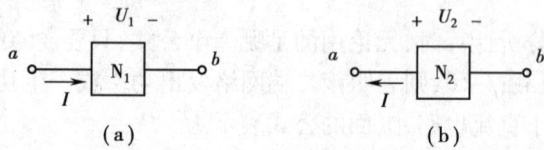

图 1.2.7   图 1.2.8

1.2.4   在图 1.2.7 的电路中，已知元件产生的功率为 $-UI$，试确定电压的参考极性。

1.2.5   在图 1.2.8 的电路中，已知 $U_1 = 1\text{ V}$，$U_2 = -1\text{ V}$，$I = 2\text{ A}$，试问：①a、b 两点哪一点电位高？②分别求网络 N_1、N_2 的功率 P_1、P_2，它们是吸收功率还是发出功率？

1.3   电路基本元件及其伏安关系

电路是由元件连接而成的。元件电流与电压之间的关系（即伏安关系），简写为 VAR，反映了元件的基本性质，它和基尔霍夫定律构成了分析电路的基础。

1.3.1   电阻元件及其伏安关系

电阻元件是实际电阻器的理想化模型，是反映电流热效应现象的理想电路元件，其电路模型如图 1.3.1(a) 所示。

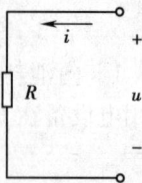
                      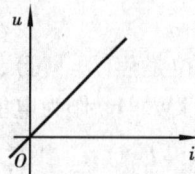

(a) 电阻元件的电路模型   (b) 线性电阻元件的伏安特性

图 1.3.1   电阻元件

当线性电阻的电压 u 与电流 i 的参考方向关联时,伏安关系为

$$u = Ri \tag{1.3.1}$$

这个关系称为欧姆定律,表述为线性电阻元件的端电压与流过它的电流成正比。比例系数 R 称为电阻,是表示电阻元件特性的参数。图 1.3.1(b)所示的曲线直观地反映了电阻的伏安关系,称为伏安特性曲线。若 R 为常数,称该电阻为线性非时变电阻。若不申明,均指线性非时变电阻,简称为线性电阻。

当线性电阻的电压 u 与电流 i 的参考方向非关联时,伏安关系为

$$u = -Ri \tag{1.3.2}$$

若电阻的伏安特性曲线不是一条直线,则称该电阻为非线性电阻。应当注意,非线性电阻不满足欧姆定律。

电阻的 SI 单位是欧[姆](Ω)。计量大电阻时,以千欧($k\Omega$)、兆欧($M\Omega$)为单位。习惯上将电阻元件称为电阻,故"电阻"既表示电阻元件,又表示元件的参数。

电阻的参数也可以用电导 G 表示,$G = 1/R$,其 SI 单位是西[门子](S)。线性电阻用电导表示时,伏安关系为

$$i = Gu \text{ 或 } i = -Gu \tag{1.3.3}$$

电阻元件的功率为

$$p = ui = Ri^2 = \frac{u^2}{R} \tag{1.3.4}$$

可见,电阻元件总是取用功率,与电压、电流的实际方向无关。故电阻是一种耗能元件,并将电能转化为热能,其热能为

$$Q = I^2Rt \tag{1.3.5}$$

式(1.3.5)为焦耳-楞次定律的公式,它反映了电流的热效应,热能的 SI 单位是焦[耳](J)。

应当指出,这种热效应的应用是很多的,如制造各种发热装置(电炉、电吹风等),但更应当注意这种热效应带来的危害。过大的电流造成局部过热,会损坏绝缘材料,烧坏元器件,甚至引发火灾。

1.3.2　电容元件及其伏安关系

一个简单的电容器是由两个金属极板用介质隔开构成的。由于理想介质是不导电的,在外加电源的作用下,两个极板上分别储存着等量的异性电荷;当外电源撤掉以后,这些异性电荷因介质阻隔不能中和,故能在极板上永久的储存下去。电荷建立起电场,电场中储存着能量,所以,电容器是储存电场能的器件。电容元件是实际电容器的理想化模型,是反映储存电场能的理想电路元件。电容元件简称电容,其电路模型如图 1.3.2 所示。

图 1.3.2　电容元件电路模型

电容也是一种电荷与电压相约束的元件,其金属极板上储存的电荷量 q,与电压 u 成正比。图 1.3.2 中电荷与电压参考方向关联,有

$$q = Cu \tag{1.3.6}$$

比例系数 C 称为电容,是表示电容特性的参数。故"电容"既表示电容元件,又表示元件的参数。若 C 为常数,称该电容为线性非时变电容;若不申明,均指线性非时变电容。

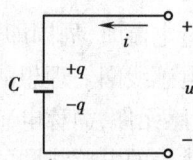

电容的 SI 单位是法[拉](F)。实际电容比 1 F 小得多,以微法(μF)、纳法(nF)、皮法(pF)为单位。

当极板上的电荷变化时,电容中就会有电流流过。在电压和电流的参考方向关联时,流过电容的电流为

$$i(t) = \frac{dq}{dt} = C\frac{du}{dt} \tag{1.3.7}$$

式(1.3.7)就是电容的伏安关系的微分形式。该式表明,某一时刻流过电容的电流取决于此时电压的变化率。即只有当电压变化时,电容中才会有电流流过;电压变化越快,电流越大。当电容两端加直流电压时,$du/dt = 0$,$i = 0$,所以,在直流稳态电路中,电容相当于开路,这就是电容的隔直作用。当电压升高,$du/dt > 0$,$dq/dt > 0$,$i > 0$,极板上电荷增加,电容充电;当电压降低,$du/dt < 0$,$dq/dt < 0$,$i < 0$,极板上电荷减少,电容放电。该式还表明,在电容的电流有界时,电容两端的电压不能跃变,即电容的电压是连续的。如果电压跃变,du/dt 为无穷大,i 也为无穷大,这对实际器件来说,当然不可能。

在电压和电流的参考方向关联时,电容的功率为

$$p(t) = ui = Cu\frac{du}{dt} \tag{1.3.8}$$

t 时刻电容储存的电场能为

$$w_C(t) = \int_0^t p(t)dt = \int_0^u Cudu = \frac{1}{2}Cu^2(t) \tag{1.3.9}$$

上式表明,某一时刻电容的储能仅与此时的电压值及电容的参数 C 有关。电容有电压就有储能。当 C 一定时,电容的电压越高,储存的电场能就越多;反之,储存的电场能就越少。当电压一定时,C 越大,电容储存的电场能就越多;反之,储存的电场能就越少。故电容的电压反映了电容的储能状态,参数 C 反映了电容的储能能力。因此,又将参数 C 称为容量。对于直流

$$W_C = \frac{1}{2}CU^2 \tag{1.3.10}$$

式中,$W_C(w_C)$ 的 SI 单位是焦[耳](J)。

1.3.3 电感元件及其伏安关系

导线通过电流时,周围即建立起磁场。为了增强内部的磁场,通常将导线绕制成线圈,称为电感器或电感线圈。理想的电感器只具有储存磁场能的作用,是一种电流与磁链相约束的器件,称为电感元件,简称电感,其电路模型如图 1.3.3 所示。

当元件代表的电感线圈的电流与磁链的参考方向符合右手螺旋法则时,在电流流入电感处标以磁链的" + "号,称电流与磁链关联。图 1.3.3 中 u、i、ψ 三者关联。此时,电流与磁链的约束关系表示为

$$\psi = Li \tag{1.3.11}$$

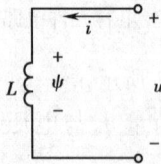

图 1.3.3 电感元件的电路模型

比例系数 L 称为电感,是表示电感特性的参数。故"电感"既表示电感元件,又表示元件的参数。若 L 为常数,称该电感为线性非时变电感。若不申明,均指线性非时变电感。

电感的 SI 单位是亨［利］（H）。实际电感比 1 H 小得多，以毫亨（mH）、微亨（μH）为单位。

当通过电感的电流变化时，磁链也相应地变化，根据电磁感应定律，电感两端会出现感应电压，这个感应电压等于磁链的变化率。在电感的电压、电流和磁链的参考方向关联时有

$$u = \frac{\mathrm{d}\psi}{\mathrm{d}t} = L\frac{\mathrm{d}i}{\mathrm{d}t} \tag{1.3.12}$$

式（1.3.12）就是电感的伏安关系的微分形式。该式表明，某一时刻电感的电压取决于此时电流的变化率。即只有当电流变化时，电感两端才会有电压；电流变化越快，电压越大。当电感通过直流电流时，$\mathrm{d}i/\mathrm{d}t = 0$，$u = 0$，所以，在直流稳态电路中，电感相当于短路。该式还表明，在电感的电压有界时，电感的电流不能跃变，即电感的电流是连续的。如果电流跃变，$\mathrm{d}i/\mathrm{d}t$ 为无穷大，u 也为无穷大，这对实际器件来说，当然不可能。

在电压和电流的参考方向关联时，电感的功率为

$$p(t) = ui = Li\frac{\mathrm{d}i}{\mathrm{d}t} \tag{1.3.13}$$

t 时刻电感储存的磁场能为

$$w_{\mathrm{L}}(t) = \int_0^t p(t)\mathrm{d}t = \int_0^i Li\mathrm{d}i = \frac{1}{2}Li^2(t) \tag{1.3.14}$$

上式表明，某一时刻电感的储能仅与此时的电流值及电感的参数 L 有关。电感有电流就有储能。当 L 一定时，电感的电流越高，储存的磁场能就越多；反之，储存的磁场能就越少。当电流一定时，L 越大，电感储存的磁场能就越多；反之，储存的磁场能就越少。故电感的电流反映了电感的储能状态，参数 L 反映了电感的储能能力。因此，又将参数 L 称为容量。对于直流

$$W_{\mathrm{L}} = \frac{1}{2}LI^2 \tag{1.3.15}$$

式中，$W_{\mathrm{L}}(w_{\mathrm{L}})$ 的 SI 单位是焦［耳］（J）。

1.3.4　电源及其伏安关系

（1）理想电压源

理想电压源是从实际电压源抽象出来的理想二端元件，其电压总保持定值或一定的时间函数，与通过它的电流无关。理想电压源简称电压源，图形符号如图 1.3.4 所示。

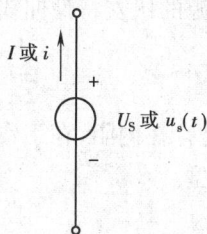

图 1.3.4　电压源的图形符号　　　图 1.3.5　直流电压源的伏安特性曲线

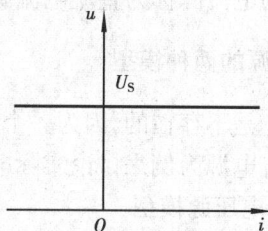

电压为定值的电压源称为直流电压源。电池是人们很熟悉的一种电源，它可以对外提供一定值的电能，并体现为一定值的电动势。在理想状况下，电池内部没有能量损耗（即电池内阻为零），其端电压为定值，恰好等于电池的电动势。这种电池就是一个直流电压源。直流电

压源的伏安特性曲线如图 1.3.5 所示。电压源并非都是直流电源(如交流发电机),其电压虽为时间的函数,但是它的内阻很小,若将其理想化,忽略内阻上的能量损耗,则电压不受负载电流的影响,总保持为给定的时间函数,此时交流发电机就是一个交流电压源。

电压源具有两个基本性质:①端电压为定值 U_s 或一定的时间函数 $u_s(t)$,与流过的电流无关;②端电压由其自身决定,而流过的电流可以是任意的,即流过的电流不是由电压源自身决定,而是由电压源电压和与电压源相连接的外电路共同决定的。

电压源的伏安关系为

$$\left.\begin{array}{c} U = U_s \\ I \text{ 为任意值} \end{array}\right\} \qquad \text{或} \qquad \left.\begin{array}{c} u = u_s \\ i \text{ 为任意值} \end{array}\right\} \qquad (1.3.16)$$

(2)理想电流源

电流源是一种能产生电流的装置。理想电流源是从实际电流源抽象出来的理想二端元件,流过它的电流总保持定值或一定的时间函数,与其端电压无关。理想电流源简称电流源,图形符号如图1.3.6所示。

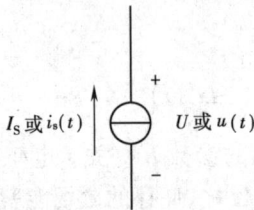

图 1.3.6　电流源的图形符号　　　　图 1.3.7　直流电流源的伏安特性曲线

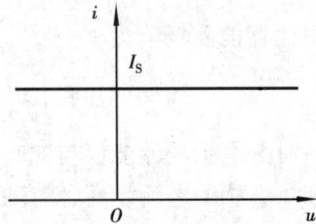

在实际应用中,某些电源可以近似具有这种性质。例如,在一定条件下,光电池在一定的光线照射时就会被激发产生一定值的电流,该电流与照度成正比,而与其端电压无关。

电流源具有两个基本性质:①流过它的电流为定值 I_s 或一定的时间函数 $i_s(t)$,与端电压无关;②电流由其自身决定,而端电压可以是任意的,即端电压不是由电流源自身决定,而是由电流源电流和与之相连接的外电路共同决定。

电流源的伏安关系为

$$\left.\begin{array}{c} I = I_s \\ U \text{ 为任意值} \end{array}\right\} \qquad \text{或} \qquad \left.\begin{array}{c} i = i_s \\ u \text{ 为任意值} \end{array}\right\} \qquad (1.3.17)$$

电流恒定不变的电流源称为直流电流源。直流电流源的伏安特性曲线如图 1.3.7 所示。

1.3.5　实际电源的两种模型

理想电源实际上是不存在的,因为一个实际电源总是存在内阻,在工作时其内部损耗不可能为零。下面以直流电源为例来讨论实际电源的两种模型。

(1)实际电源的电压源模型

当实际电源的内电阻不能忽略时,便可采用实际电压源模型或实际电流源模型来反映实际电源对外的表现,其特性可以用输出端上电压电流关系来描述。图 1.3.8(a)所示的电路是测定实际电源伏安关系的实验电路,图 1.3.8(b)是实际电源的伏安特性曲线。

图中 U_0 称为开路电压,是实际电源输出电流为零(即实际电源开路)时的输出电压。图中直线可表为

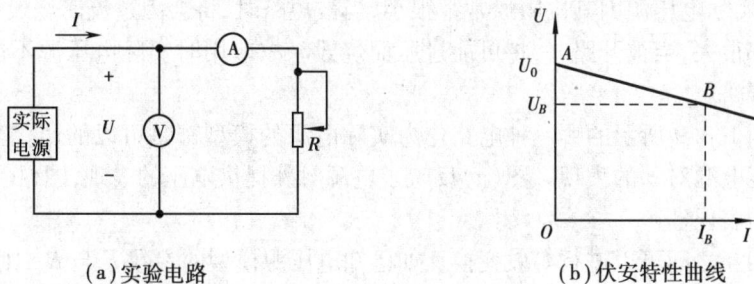

（a）实验电路　　　　　　　　　　　　（b）伏安特性曲线

图 1.3.8　实际电源的伏安特性

$$U = U_0 - R_0 I \tag{1.3.18}$$

其中 R_0 是实际电源的内电阻，可以由实验数据（U_0、U_B、I_B）求得

$$R_0 = \frac{U_0 - U_B}{I_B}$$

因此，可以用一个电动势为 $E = U_0$ 的理想电压源与电阻串联的电路作为实际电源的电路模型，称为电压源模型，如图 1.3.9（a）所示，E 与 R_0 为其参数。此时，电源的伏安特性方程为

$$U = E - R_0 I \tag{1.3.19}$$

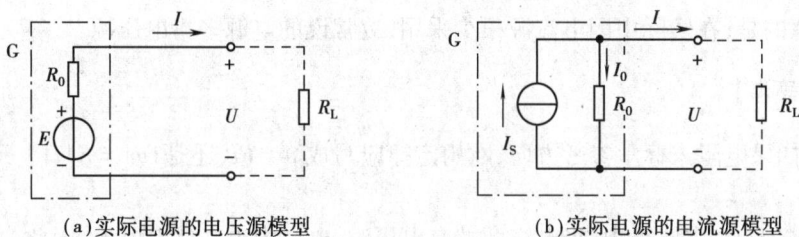

（a）实际电源的电压源模型　　　　　　　（b）实际电源的电流源模型

图 1.3.9　实际电源模型

R_0 越小，电源内阻上的压降越小，因负载变动引起的输出电压变动也就越小，即输出电压越稳定。所以，实际电源的内阻越小，就越接近理想电压源。若 $R_0 = 0$，则 $U = E$，即为理想电压源。

（2）实际电源的电流源模型

图 1.3.8（b）所示伏安特性曲线也可表示为

$$I = \frac{U_0 - U}{R_0} = \frac{E}{R_0} - \frac{U}{R_0} = I_S - \frac{U}{R_0} \tag{1.3.20}$$

其中 $I_S = \dfrac{U_0}{R_0} = \dfrac{E}{R_0}$ 称为短路电流，是电源两端的导线因某种事故连在一起（即短路）时的输出电流。因此，可以用一个电流为 I_S 的理想电流源与电阻 R_0 并联的电路作为实际电流源的电路模型，称为电流源模型，如图 1.3.9（b）所示，I_S 与 R_0 为其参数。此时，电源的伏安特性方程为

$$I = I_S - \frac{U}{R_0} \tag{1.3.21}$$

R_0 越大，电源内阻分流越小，因负载变动引起的输出电流变动也就越小，即输出电流 I 越稳定。所以，实际电源的内阻越大，就越接近理想电流源。若 $R_0 = \infty$，则 $I = I_S$，即为理想电流源。

应当注意,实际电压源因其内阻通常都很小,当被短路时,将会因过流而烧毁;实际电流源因其内阻通常都很大,当被开路时,将可能过压而烧毁。故应用时实际电压源不能短路,而实际电流源不能开路。

无论采用图 1.3.9 所示的哪一种电路作为实际电源的模型都是可以的,它们各自从不同的角度反映实际电源对外的表现。图(a)反映了电源对外提供电压的表现,图(b)反映了电源对外提供电流的表现。

两种模型相互之间可以进行等效变换。如已知电压源模型的参数 E 与 R_0,则与之等效的电流源模型的参数为 $I_S = \dfrac{E}{R_0}$ 与 R_0;若已知电流源模型的参数 I_S 与 R_0,则与之等效的电压源模型的参数为 $E = R_0 I_S$ 与 R_0。

在等效变换时应当注意:

①两个二端网络等效是指它们端口的伏安关系完全相同。因此,理想电压源和理想电流源不等效。

②等效只是对外电路而言,对电源内部并不等效。

③在作电源模型的等效变换时,要注意电源的极性,电动势 E 的极性和电流源 I_S 的方向对外电路的效果应一致。

还应注意的是,在实际中因电流源很少采用,故常说的电源多指电压源。

【练习与思考】

1.3.1　如果电阻未标示参考方向,欧姆定律应写成 $u = Ri$,还是 $|u| = R|i|$?还是这两个式子都不对?

1.3.2　有人说:在电路中,当电容两端有电压时,电容中也必然有电流,因此,某一时刻电容的储能不仅与电压有关,也与电流有关,这种说法对吗?

1.3.3　电感两端的电压为零,储能是否为零?

1.3.4　图 1.3.10 所示无源网络 N 中只有一个元件:电感或电容。试问:① $i = 0$ 时,网络内储能不为零,N 中是何种元件? ② $u = 0$ 时,网络内储能不为零,N 中是何种元件?

1.3.5　已知通过电容 $C = 1 \ \mu F$ 的电压波形如图 1.3.11 所示,试绘出电容的电流波形。

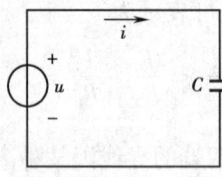

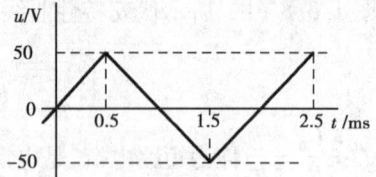

図 1.3.10　　　　　　　　　　　　　　　　図 1.3.11

1.3.6　求图 1.3.12 所示电路中的电压 U_{ab}。

1.3.7　求图 1.3.13 所示电路中理想电压源的功率并说明是吸收还是提供功率。

1.3.8　图 1.3.14 所示电路中电压源提供的功率为 16 W,试标出电压源电流的大小和方向。

1.3.9　求图 1.3.15 所示电路中理想电流源的功率并说明是吸收还是提供功率。

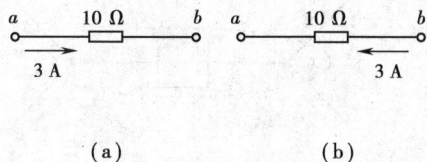

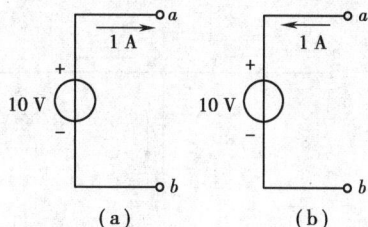

（a）　　　　　（b）　　　　　　　　（a）　　　　　（b）

图 1.3.12　　　　　　　　　　　图 1.3.13

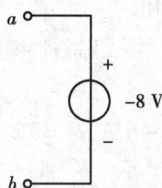

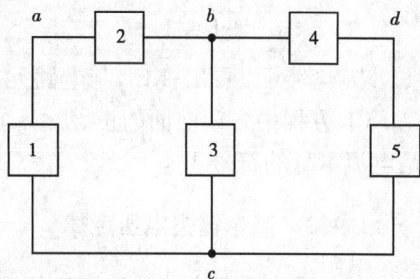

（a）　　　　　（b）

图 1.3.14　　　　　　　　　图 1.3.15

1.4　基尔霍夫定律

　　分析和计算电路的基本定律,除了欧姆定律外,还有基尔霍夫电流定律和电压定律。基尔霍夫电流定律应用于电路的节点,电压定律应用于电路的回路。

　　电路中的每一分支路称为支路,流过每一条支路的电流称为支路电流。在图 1.4.1 中,共有三条支路。

　　电路中三条或三条以上的支路连接点称为节点。在图 1.4.1 中,共有两个节点:b 和 c。

　　电路中由一条或几条支路组成的闭合电路称为回路。在图 1.4.1 中,共有三个回路:$abca$、$bdcb$ 和 $abdca$。

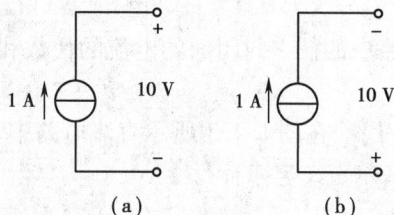

图 1.4.1　电路举例

1.4.1　基尔霍夫电流定律

电荷守恒和能量守恒是自然界的两大法则,将其应用到电路就得到基尔霍夫定律。

　　电荷守恒是指:电荷既不能创造也不能消灭。由此推导出基尔霍夫电流定律,简写为"KCL";表述为:在任何时刻,电路中流入某一节点的电流之和应该等于由该节点流出的电流之和。对图 1.4.2(a)有

$$i_1 = i_2 + i_3 \tag{1.4.1}$$

或　　　　　　　　　　　　　$i_1 - i_2 - i_3 = 0$

即　　　　　　　　　　　　　　$\sum i = 0 \tag{1.4.2}$

这表示:在任何时刻,电路中任意一个节点的电流的代数和恒等于零。若规定流入节点的电流为正,则流出节点的电流就为负。当然,也可作相反的规定。但是,在一个电路中只能按一种规定来列写方程,即不能一个节点规定电流流入为正,流出为负,另一个节点又作相反的规定。

　　KCL 适用于电路的节点,也可以推广应用于电路的任意假设封闭面,即在任何时刻,流入

13

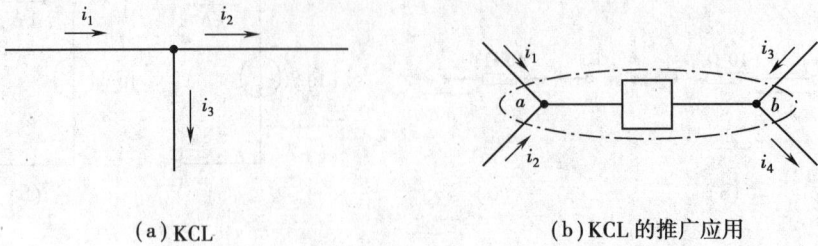

（a）KCL   （b）KCL 的推广应用

图 1.4.2　KCL 及其推广应用

（或流出）电路中的任一封闭面的电流的代数和恒等于零。例如，图1.4.2(b)有

$$i_1 + i_2 + i_3 - i_4 = 0$$

【例1.4.1】　在图1.4.3所示直流电路中，已知：$I_1 = -6\ \text{A}$，$I_2 = 12\ \text{A}$，$I_4 = 2\ \text{A}$，试求 I_3、I_5。

解　由基尔霍夫定律有

对节点 2

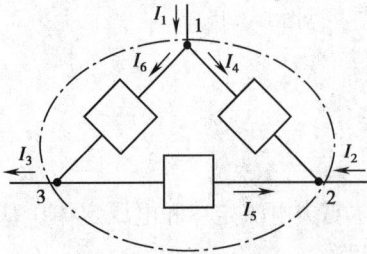

图1.4.3

$$I_4 + I_5 + I_2 = 0$$
$$2\ \text{A} + I_5 + 12\ \text{A} = 0$$
$$I_5 = -14\ \text{A}$$

用 KCL 的推广应用来求解 I_3。对图示封闭面有

$$I_1 + I_2 - I_3 = 0$$
$$(-6\ \text{A}) + 12\ \text{A} - I_3 = 0$$
$$I_3 = 6\ \text{A}$$

从本例可以看出：KCL 与电路元件的性质无关；运用 KCL 时要涉及两套符号。一套符号是 KCL 方程中各项前面的正、负号，它取决于电流的参考方向与节点的相对关系，另一套符号是电流本身的符号。

1.4.2　基尔霍夫电压定律

基尔霍夫电压定律是能量守恒法则在电路中的体现。电荷在电场力或电源力的作用下，从某点出发沿回路运动一周，经过若干元件又回到该点，所获得的能量与消耗的能量相等。由此推导出基尔霍夫电压定律，简写为"KVL"；表述为：在任何时刻，沿任一回路的绕行方向，回路中电压升之和等于电压降之和。对图1.4.4有

$$u_1 + u_2 + u_4 = u_3 + u_5 \tag{1.4.3}$$

或

$$u_1 + u_2 - u_3 + u_4 - u_5 = 0$$

即

$$\sum u = 0 \tag{1.4.4}$$

式(1.4.4)表述为：在任何时刻，沿任一回路的绕行方向，回路中各元件电压的代数和恒等于零。绕行方向可以任意假定。沿绕行方向，若电压降取正，则电压升取负。当然，也可作相反的规定。

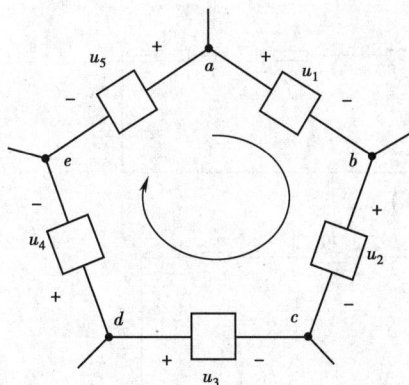

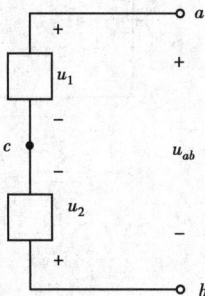

图 1.4.4　KVL　　　　　　　　　　　图 1.4.5　KVL 的推广应用

KVL 也可以推广应用于求两点间的电压。在图 1.4.5 中假想有回路 $abca$,其中 ab 段支路没有画出。根据 KVL,从 a 点出发沿顺时针方向绕行一周,得

$$u_{ab} + u_2 - u_1 = 0$$

即

$$u_{ab} = u_1 - u_2$$

这表示:a、b 两点间的电压等于从 a 点出发,沿某一路径绕行到 b 点,所经过的各个元件电压降的代数和。

【例 1.4.2】　在图 1.4.4 所示电路中,已知:$u_1 = 2$ V,$u_2 = -3$ V,$u_4 = -6$ V,$u_5 = 4$ V,试求 u_3。

　　解　根据 KVL,从 a 点出发沿回路 $abcdea$ 顺时针绕行一周,得 KVL 方程

$$u_1 + u_2 - u_3 + u_4 - u_5 = 0$$
$$2\ \text{V} + (-3\ \text{V}) - u_3 + (-6\ \text{V}) - 4\ \text{V} = 0$$
$$u_3 = -11\ \text{V}$$

从本例可以看出:与 KCL 类似,KVL 也与电路元件的性质无关;在运用 KVL 时,也要涉及两套符号。

【例 1.4.3】　试求图 1.4.4 所示电路中 a、c 两点间的电压。

　　解　根据 KVL 的推广应用,选择沿 abc 路径绕行,得

$$u_{ac} = u_1 + u_2 = [2 + (-3)]\ \text{V} = -1\ \text{V}$$

也可以选择沿 $aedc$ 路径绕行,则

$$u_{ac} = u_5 - u_4 + u_3 = [4 - (-6) + (-11)]\ \text{V} = -1\ \text{V}$$

从本例可以看出,两点间的电压与计算时所选择的路径无关。

1.4.3　全电路欧姆定律及分压公式

最简单的基本电路有两种:一种是只有一个回路的单回路电路,另一种是只有两个节点的单节偶电路,如图 1.4.6 和图 1.4.8 所示。在单回路电路中,所有元件以串联方式连接,每一个元件的电流均相同,设为 i。在图 1.4.6(a)中,从电阻 R_1 开始顺时针绕行,由 KVL 得

$$u_1 + e_2 + u_2 + \cdots + u_k + \cdots + u_n - e_1 = 0$$

即

$$R_1 i + e_2 + R_2 i + \cdots + R_k i + \cdots + R_n i - e_1 = 0$$

整理得

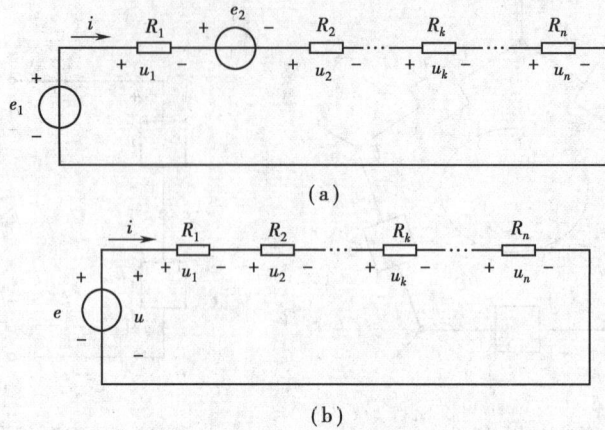

(a)

(b)

图 1.4.6 单回路电路

$$i = \frac{e_1 - e_2}{R_1 + R_2 + \cdots + R_k + \cdots + R_n}$$

即
$$i = \frac{\sum e}{\sum R} \tag{1.4.5}$$

式(1.4.5)即为全电路欧姆定律,表述为:单回路中的电流等于沿回路电流方向上的所有电压源的电位升的代数和,除以回路中所有电阻元件电阻之和。在式(1.4.5)中,设 $\sum e = e = u$,则图 1.4.6(a)可以等效为图 1.4.6(b),于是

$$i = \frac{u}{\sum R}$$

任一电阻 R_k 上的电压 u_k 为

$$u_k = R_k i$$

即
$$u_k = \frac{R_k}{\sum R} \cdot u \tag{1.4.6}$$

式(1.4.6)即为串联电阻电路的分压公式。

【例 1.4.4】 图 1.4.7(a)所示电路是双电源直流分压电路,已知 $R = 100\ \Omega$,试求 a 点电位。

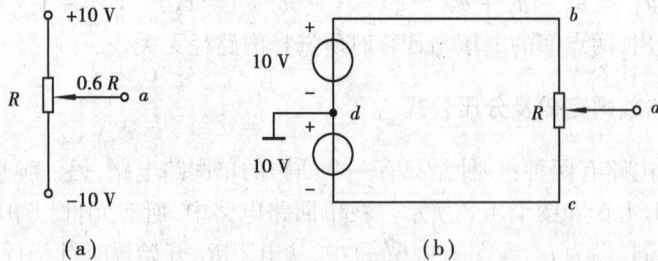

图 1.4.7

解 初学者往往看不懂图(a),不妨将其转换成图(b)。于是,由路径 acd 可以求出 a 点

电位,即

$$V_a = U_{ac} + U_{cd} = \frac{0.4R}{R}(U_{bd} + U_{dc}) + (-10 \text{ V})$$

$$V_a = \left[\frac{0.4 \times 100}{100}(10 + 10) - 10\right] \text{V} = -2 \text{ V}$$

也可以选择路径 abd 来求 a 点电位,即

$$V_a = U_{ab} + U_{bd} = -\frac{0.6R}{R}(U_{bd} + U_{dc}) + U_{bd}$$

$$V_a = \left[-\frac{0.6 \times 100}{100}(10 + 10) + 10\right] \text{V} = -2 \text{ V}$$

这里需要注意的是,在电路中对于正负电源,一定有一个公共参考点,即图1.4.7(b)中的 d 点。

1.4.4 弥尔曼定理及分流公式

单节偶电路是只含有两个节点的电路。如图1.4.8(a)所示,设节偶电压为 u_{ab}。根据 KCL 有

$$i_{s1} - i_1 - i_{s2} - i_2 - \cdots - i_k - \cdots - i_n = 0$$

即

$$i_{s1} - G_1 u_{ab} - i_{s2} - G_2 u_{ab} - \cdots - G_k u_{ab} - \cdots - G_n u_{ab} = 0$$

于是

$$u_{ab} = \frac{i_{s1} - i_{s2}}{G_1 + G_2 + \cdots + G_k + \cdots + G_n} = \frac{\sum i_s}{\sum G} \tag{1.4.7}$$

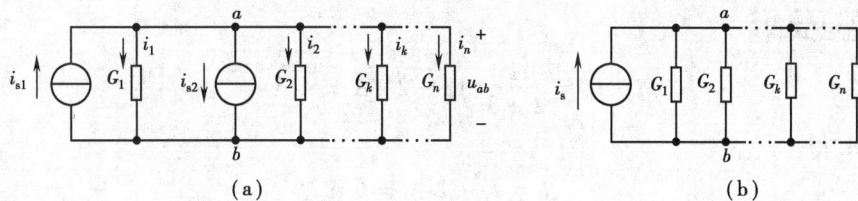

图1.4.8 单节偶电路

式(1.4.7)即为弥尔曼定理。表述为:在单节偶电路中,节偶电压等于所有流入其参考电压正极点的电流源电流的代数和,除以所有电阻元件的电导之和。设 $i_s = i_{s1} - i_{s2} = \sum i_s$,则图1.4.8 (a)等效为图1.4.8(b),此时 u_{ab} 为

$$u_{ab} = \frac{i_s}{\sum G}$$

任一电导 G_k 上的电流 i_k 为

$$i_k = G_k u_{ab} = \frac{G_k}{\sum G} i_s \tag{1.4.8}$$

式(1.4.8)即为分流公式。若单节偶电路中只有两个电阻,如图1.4.9所示,则电流分别为

$$i_1 = \frac{G_1}{G_1 + G_2} i_s$$

$$i_2 = \frac{G_2}{G_1 + G_2}i_s$$

而

$$G_1 = \frac{1}{R_1}, G_2 = \frac{1}{R_2}$$

则

$$i_1 = \frac{R_2}{R_1 + R_2}i_s \qquad\qquad (1.4.9)$$

$$i_2 = \frac{R_1}{R_1 + R_2}i_s \qquad\qquad (1.4.10)$$

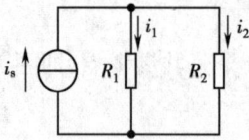

图 1.4.9　电阻并联　　　　　　　　　　　　图 1.4.10

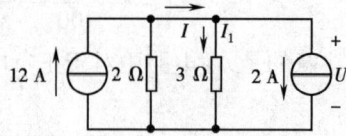

式(1.4.9)和式(1.4.10)是只有两个电阻的分流公式,较常用。

【例 1.4.5】　在图 1.4.10 所示电路中,试用弥尔曼定理求电压 U,用分流公式求电流 I_1、I。

解　由弥尔曼定理得

$$U = \frac{12 - 2}{\frac{1}{2} + \frac{1}{3}} \text{V} = 12 \text{ V}$$

由分流公式得

$$I_1 = \frac{2}{2 + 3}(12 - 2) \text{ A} = 4 \text{ A}$$

由 KCL 得

$$I = I_1 + 2 \text{ A} = 6 \text{ A}$$

【练习与思考】

1.4.1　判断下列说法是否正确:

①在节点处各支路电流的参考方向不能均设为流入节点,否则将只有流入节点的电流而无流出节点的电流。

②利用节点 KCL 方程求解某一支路电流时,不会由于所设的电流参考方向的不同而影响最后的计算结果。

③从物理意义上说,KCL 应对电流的实际方向说才是正确的,但对电流的参考方向来说也必然是正确的。

1.4.2　图 1.4.11 所示电路有四条支路与节点 a 相连,已知节点 a 的 KCL 方程为

$$i_1 - i_2 - i_3 + i_4 = 0$$

①试标出 i_2、i_3、i_4 的参考方向;

②在图示参考方向下,若 $i_1 = 1$ A,$i_2 = 2$ A,$i_3 = -1$ A 求 i_4;

③流经节点 a 的电流是多少?

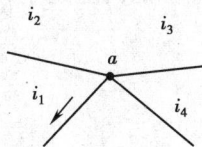

图 1.4.11

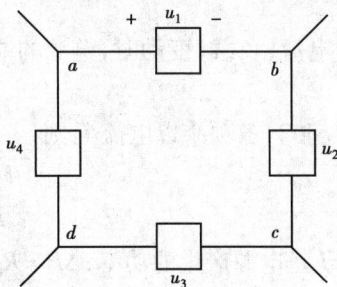

图 1.4.12

1.4.3 图 1.4.12 所示电路,已知 KVL 方程为 $u_1 + u_2 - u_3 - u_4 = 0$

①试标出 u_2、u_3、u_4 的参考极性;

②在所标参考极性下,若 $u_1 = -2$ V,$u_2 = 5$ V,$u_3 = -1$ V,求 u_4;

③沿 $abcda$ 顺时针绕行方向,电位总降低量和电位总升高量各为多少?

1.5 电源的有载工作状态、开路与短路

本节以最简单的直流电路为例,分别讨论电源有载工作、开路、短路时的电流、电压与功率(如 1.3.5 所述,本节所说电源均指实际电压源)。

1.5.1 电源有载工作

将图 1.5.1 中的开关合上,接通电源与负载,这就是电源的有载工作。此时,应用欧姆定律可以得到电源输出的电流,即

$$I = \frac{E}{R_0 + R_L} \tag{1.5.1}$$

于是电源端电压

$$U = E - R_0 I \tag{1.5.2}$$

可知,只要电源内阻不为零,电源端电压就会小于电动势,因为电流经过电源的内电阻时产生了电压降 $R_0 I$。电流越大,则电源端电压下降得越多,如图 1.5.2 所示。这种表示电源端电压与输出电流之间关系的伏安特性曲线,又称为电源的外特性曲线,其斜率与电源内阻有关。内阻越小,电源的外特性越接近理想电压源的伏安特性曲线(图 1.5.2 中虚线)。当电源的内阻很小,即 $R_0 \ll R_L$ 时,则有

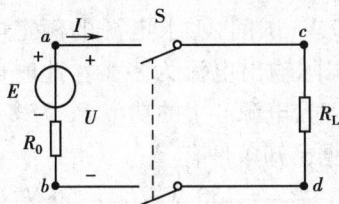

图 1.5.1 电源的工作状态

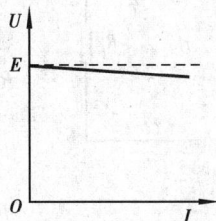

图 1.5.2 电源的外特性曲线

$$U \approx E$$

上式表明当电流(负载)变动时,电源的端电压变动不大,这说明电源的内阻越小,带载能力就越强。

将式(1.5.2)各项乘以电流 I,则

$$UI = EI - R_0I^2$$
$$P = P_E - \Delta P \tag{1.5.3}$$

其中: $P_E = EI$ 是电源产生的功率; $\Delta P = R_0I^2$ 是电源内阻上消耗的功率; $P = UI$ 是电源输出的功率,也是负载吸收的功率。

通常,负载(如电灯、电动机等)是以并联的方式连接在电路中的。因此,每增加一个负载,总电阻 R_L 就随之减小。当电源一定(即 E、R_0 为定值)时,负载所取用的总电流和总功率都增加,即电源输出的电流和功率都相应增加。这就是说,电源输出的电流和功率取决于负载的大小。但是,并联的负载不能无限地增加,因为电源输出的电流和功率是有限的。大多数电气设备的寿命与绝缘材料的耐热性能以及绝缘强度有关。当电流过大时,电气设备中的绝缘材料会因过热而损坏;当电压过高时,绝缘材料也可能被击穿。反之,当电流和电压过低时,不仅得不到合理正常的工作情况,而且也不能充分利用电气设备的能力。因此,制造厂为了使产品在给定的工作条件下能够正常安全地运行,对电流、电压或功率等作了相应的规定,其规定值称为额定值。额定电流、额定电压和额定功率分别用 I_N、U_N、P_N 表示。

电气设备或元件的额定值常标在铭牌上或写在说明书中。电气设备在额定值工作时是最经济、合理的,这种状态称为满载。使用时,电流、电压和功率的实际值不一定等于它们的额定值,这是一个非常重要的概念。当电气设备或元件的电流或功率低于额定值的工作状态称为轻载,而高于额定值的工作状态称为过载。有些用电设备(如电灯、电炉等),只要在额定电压下工作,其电流和功率就会符合额定值。另一些电气设备(如变压器、电动机等),在加上额定电压后,其电流和功率取决于它所带负载的大小。由于电源电压经常波动或负载大小的变化,实际电压或电流可能会稍高于或稍低于额定值,因此,在实际中,某一些时候电气设备或元件的轻微过载是可以的。例如,一只 220 V、40 W 的电灯接在 220 V 的电源上使用,在电源电压微小波动时,其实际电压就不是 220 V,实际功率也就不是 40 W 了。但是,这个电灯绝对不能接到 380 V 的电源上使用,否则,将会因严重过压而被烧毁。又如,当电动机所带机械负载过大时,电流就会大大超过额定值,此时,电动机将会因过载而严重发热,甚至被烧毁。所以,在一般情况下,设备不应过载运行;并且,为了确保设备的安全,还要在电路中加设过载保护电器或电路。

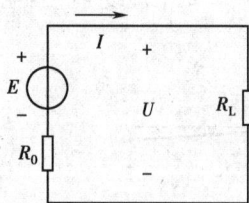

图 1.5.3

【例 1.5.1】 电路如图 1.5.3 所示,电源的电动势 $E = 55$ V,内阻 $R_0 = 1.7\ \Omega$,电源的额定输出功率为 150 W,额定输出电压为 50 V;试问:①求电源的额定电流;②当负载 $R_L = 20\ \Omega$ 时,实际输出电流为多少? 此时电源是否过载? ③当 $R_L = 20\ \Omega$ 时,电源产生的功率 P_E 为多少?

解 ①根据已知条件有

$$P_N = 150\ W, U_N = 50\ V$$

则
$$I_N = \frac{P_N}{U_N} = \frac{150}{50} \text{ A} = 3 \text{ A}$$

②电源实际输出电流为
$$I = \frac{E}{R_0 + R_L} = \frac{55}{1.7 + 20} \text{ A} = 2.53 \text{ A}$$

可见,电源实际输出的电流稍小于额定电流,电源没有过载,而是接近满载状态,较经济合理。

③电源产生的功率为
$$P_E = EI = 55 \times 2.53 \text{ W} = 139.15 \text{ W}$$

1.5.2 电源开路

将图 1.5.1 中的开关断开,则电源处于开路(即空载)状态。电源开路时,外电路的电阻相当于无穷大,电路中的电流为零,电源不输出功率,此时电源的端电压等于电动势,也即是 1.3 节中提及过的开路电压 U_0。

综上所述,电源开路时的特征可以表示为
$$\left. \begin{array}{l} I = 0 \\ U = U_0 = E \\ P = 0 \end{array} \right\} \quad (1.5.4)$$

1.5.3 电源短路

在图 1.5.1 中,当电源的两端 a、b 由于某种原因而连在一起时,则电源被短路。当电源短路时,电流由短路处经过,不再通过负载,此时,外电路的电阻可视为零。由于回路中仅有很小的电源内阻 R_0,所以,此时的电流非常大,称为短路电流 I_S(这在 1.3 节中曾经提及)。

由于短路时外电路的电阻为零,所以,电源的端电压为零。此时,电源的电动势全部降在内阻上,电源产生的电能全部被内阻消耗,于是,电源短路时的特征可以表示为
$$\left. \begin{array}{l} U = 0 \\ I = \dfrac{E}{R_0} \\ P_E = \Delta P = R_0 I^2, P = 0 \end{array} \right\} \quad (1.5.5)$$

通常短路是一种严重的事故,过大的电流可能损坏电源,应该尽力预防。为了防止短路时引起毁坏性后果,通常在电路中接入熔断器(俗称保险丝)或自动断路器,这样,一旦发生短路,上述保护电器便会自动切断电源。

【例 1.5.2】 在图 1.5.3 所示电路中,已知电源的额定输出功率为 200 W,额定电压为 50 V,经测量其开路电压为 60 V,短路电流为 24 A;试求:①电源内阻 R_0;②电源在额定工作下的负载 R_L。

解 ①由已知条件得
$$U_0 = 60 \text{ V}, I_S = 24 \text{ A}$$

电源电动势为
$$E = U_0 = 60 \text{ V}$$

电源的内阻为

$$R_0 = \frac{E}{I_S} = \frac{60}{24} \ \Omega = 2.5 \ \Omega$$

②由已知条件得

$$P_N = 200 \ W, U_N = 50 \ V$$

则电源在额定工作条件下的负载为

$$R_L = \frac{U_N^2}{P_N} = \frac{50^2}{200} \ \Omega = 12.5 \ \Omega$$

【练习与思考】

1.5.1 试述电路三种状态的特征和额定值的含义。

1.5.2 两只额定电压为 110 V 的电灯串联起来能否安全地接到 220 V 的电源上使用。

1.5.3 将 25 W、220 V 的白炽灯和 60 W、220 V 的白炽灯串联到 220 V 的电源上,试比较两白炽灯的亮度(设白炽灯工作在白炽状态,此时,白炽灯为线性电阻)。

1.6 叠加定理

叠加定理是线性电路的一个基本定理,它体现了线性网络的基本性质。线性网络是指由线性元件构成的电路,如由线性的电阻、电源等线性元件组成的电路。叠加定理可以表述为:在线性电路中,当有两个或两个以上的电源(电压源或电流源)作用时,则任意支路的电流或电压响应,等于电路中每一个电源单独作用时在该支路中产生的电流或电压响应的代数和。

在应用叠加定理时应当注意:

①叠加定理仅适用于线性电路;

②每一个电源单独作用是指:当一个电源单独作用时,其他不作用的电源置零(将不作用的电压源用短路线代替,即其电动势为零;将不作用的电流源开路,即其电流为零);

③在将各个电流或电压响应叠加时,应注意它们的参考方向,并相应地决定它们的正负号;

④功率的计算不能用叠加定理。

【例 1.6.1】 已知图 1.6.1 所示电路中 $E = 10$ V,$I_S = 12$ A,$R_1 = R_2 = 2$ Ω,$R_3 = 4$ Ω;试求电流 I_1。

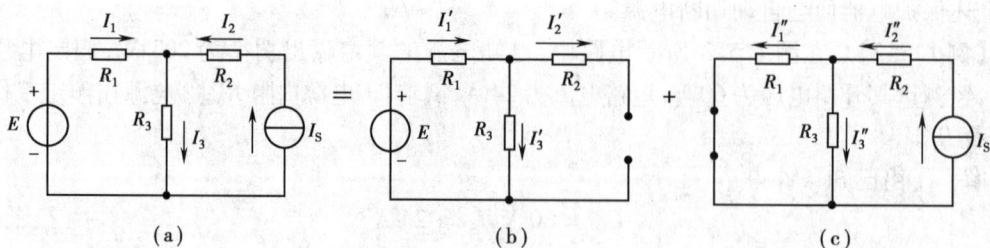

图 1.6.1

解　根据叠加定理,图(a)所示电路可以分解为图(b)(电压源单独作用)和图(c)(电流源单独作用)。当电压源单独作用时,电流源开路,电流 I_1' 为

$$I_1' = \frac{E}{R_1 + R_3} = \frac{10}{2 + 4} \text{ A} = 1.67 \text{ A}$$

当电流源单独作用时,电压源短路,电流 I_1'' 为

$$I_1'' = \frac{R_3}{R_1 + R_3} I_S = \frac{4}{2 + 4} \times 12 \text{ A} = 8 \text{ A}$$

应用叠加定理,当电压源和电流源共同作用时的电流响应 I 为

$$I_1 = I_1' - I_1'' = (1.67 - 8) \text{ A} = -6.33 \text{ A}$$

若求电阻 R_1 的功率,则 $P_1 = R_1 I_1{}^2 \neq R_1 I_1'{}^2 + R_1 I_1''{}^2$,显然功率的计算不能叠加。

【例 1.6.2】　试求图 1.6.2(a)所示电路中的电压 U。

解　图 1.6.2 所示电路中有 5 个电源,若分别求各个电源单独作用时的响应再叠加,运算烦琐。但是,若将电源分别组合起来(将 3 A 电流源单独作为一组,如图(b);其余剩下的电源分为一组,如图(c))应用叠加定理,运算就简便许多。

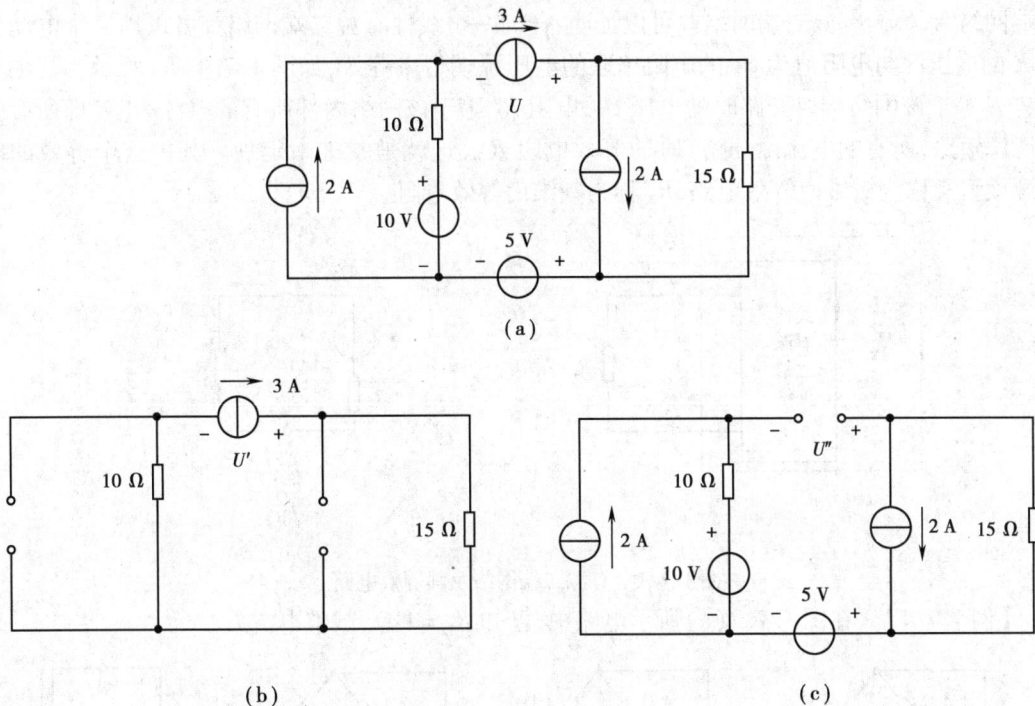

图 1.6.2

现将图(a)电路分解为图(b)和图(c)。在图(b)中,3 A 电流源单独作用时的电压为

$$U' = (15 + 10) \times 3 \text{ V} = 75 \text{ V}$$

在图(c)中,所有电源共同作用时的电压为

$$U'' = (-15 \times 2 + 5 - 10 - 10 \times 2) \text{V} = -55 \text{ V}$$

应用叠加定理,则图(a)中所有电源共同作用时的电压为

$$U = U' + U'' = (75 - 55) \text{ V} = 20 \text{ V}$$

应当注意,叠加定理通常用于电源不是很多的电路,而像上例这种情况例外。

【练习与思考】

1.6.1 叠加定理的适用范围是什么?

1.6.2 图 1.6.3 所示的电路中 N 为线性含源网络,当开关 S 接 1 时,电流 $I = 10$ A;当开关接 2 时,电流 $I = 4$ A;试求电压源单独作用时的电流 I。

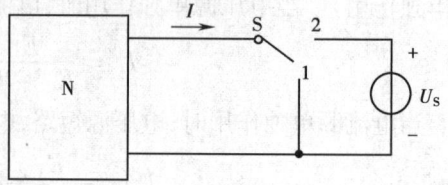

图 1.6.3

1.7 戴维南定理

有时只需要计算一个复杂电路的某一条支路的电流或电压,若用戴维南定理可能会更简便。

在图 1.7.1(a)所示电路中,将待求 ab 支路(即电阻 R_L)断开,得到一个含有电源的线性二端网络 N,称为有源二端网络。可以证明:任何一个线性有源二端网络都可以用一个电动势为 E 的电压源与电阻值为 R_0 的电阻串联的电压源模型来等效,如图 1.7.1(b)所示。其中电动势 E 等于该网络端口开路时的电压 U_0,电阻 R_0 等于该网络内部所有的电源为零(即所有的电压源短路,所有的电流源开路)时的等效电阻 R_{ab},这就是戴维南定理。其中这个等效的电压源模型又称为戴维南等效电路,R_0 称为戴维南等效电阻。

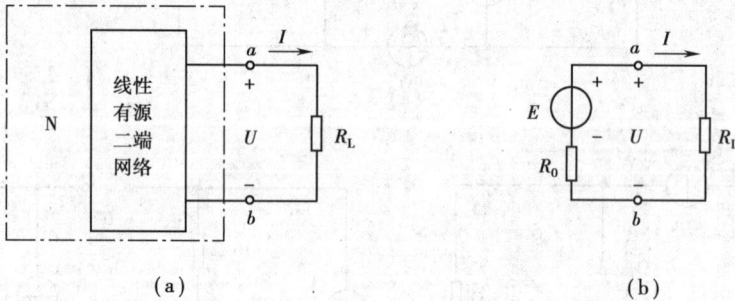

图 1.7.1 有源二端网络及其等效电路

【例 1.7.1】 在图 1.7.2(a)所示电路中,已知 $R_L = 1$ Ω,试求电流 I。

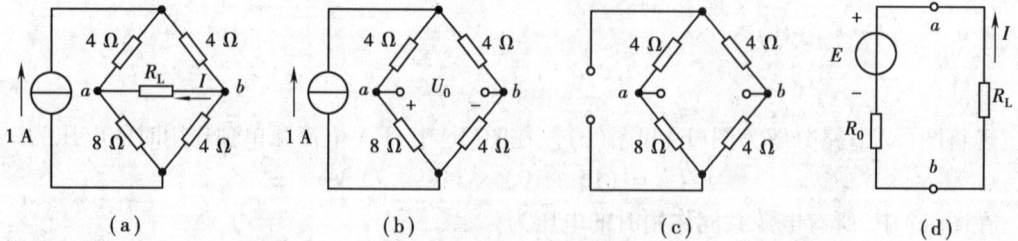

图 1.7.2

解 根据戴维南定理,图(a)所示电路可以化简为图(d)所示电路。由戴维南定理知电动势 E 可以由图(b)所示电路求出,等效电阻 R_0 可以由图(c)所示电路求出。

由图(b)所示电路得

$$E = U_0 = \left\{ 8 \times \left[\frac{4+4}{(4+8)+(4+4)} \times 1 \right] - 4 \times \left[\frac{4+8}{(4+8)+(4+4)} \times 1 \right] \right\} V = 0.8 \ V$$

由图(c)所示电路得

$$R_0 = R_{ab} = \frac{(4+4)(4+8)}{(4+4)+(4+8)} \Omega = 4.8 \ \Omega$$

根据戴维南定理,由图(d)所示电路可以求出电流 I,即

$$I = -\frac{E}{R_0 + R_L} = -\frac{0.8}{4.8+1} A = -0.14 \ A$$

【例 1.7.2】 用戴维南定理求图 1.6.2(a)所示电路中的电压 U 。

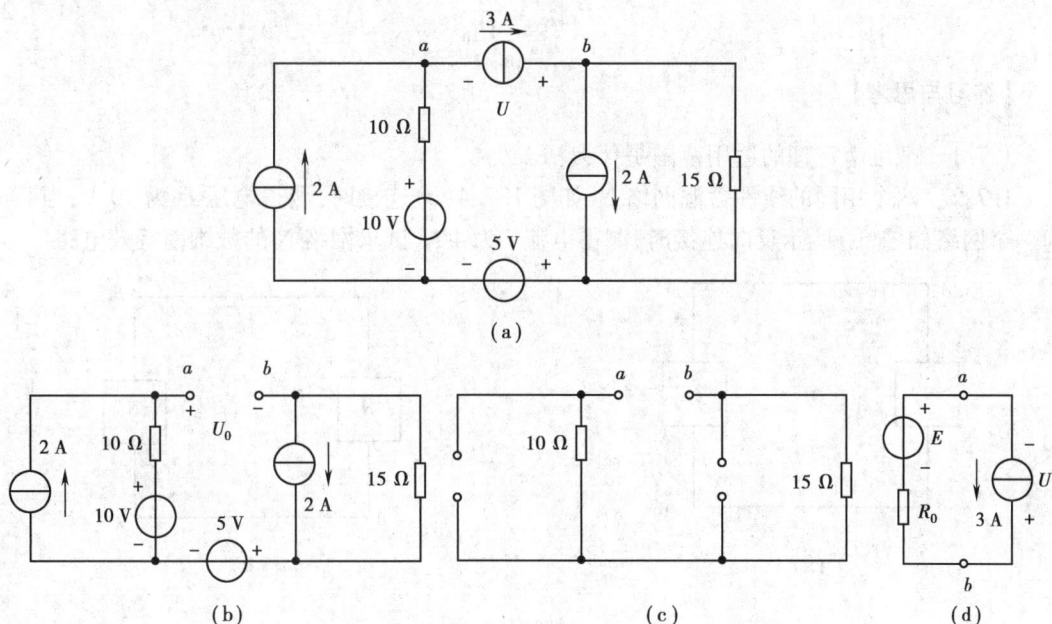

图 1.7.3

解 将图 1.7.2(a)所示电路中的待求支路 3 A 电流源断开,得到图 1.7.3(b)所示电路,于是戴维南等效电路的电动势为

$$E = U_0 = (10 \times 2 + 10 - 5 + 15 \times 2) V = 55 \ V$$

将图 1.7.3(a)所示电路中的所有电压源短路,所有电流源开路,则得到图(c)所示电路,于是戴维南等效电阻为

$$R_0 = R_{ab} = (10 + 15) \Omega = 25 \ \Omega$$

根据戴维南定理,图 1.7.2(a)电路等效为图 1.7.3(d)所示电路,于是所求电压为

$$U = 3R_0 - E = (3 \times 25 - 55) V = 20 \ V$$

综上所述,可以归纳出用戴维南定理求解电路的步骤:

①断开待求支路,求剩下的二端网络的开路电压,得到戴维南等效电路的电动势 E;

②求剩下的二端网络的等效电阻,得到戴维南等效电路的电阻 R_0;

③画出戴维南等效电路,接上待求支路,求出待求电压或电流。

在图 1.7.2 电路中,若负载 R_L 可变,试问在什么条件下,负载可以获得最大功率? 由图

1.7.2(d)电路可以得到负载的功率为

$$P_L = I^2 R_L = \left(\frac{E}{R_0 + R_L} \right)^2 R_L$$

要使 P_L 最大,应使 $dP_L/dR_L = 0$,即

$$\frac{dP_L}{dR_L} = \frac{E^2(R_0 - R_L)}{(R_0 + R_L)^3} = 0$$

可见,负载获得最大功率的条件为

$$R_L = R_0 \qquad\qquad (1.7.1)$$

将 $R_L = R_0$ 称为负载与有源二端网络的戴维南等效电阻匹配,此时负载获得的最大功率为

$$P_{L.max} = \frac{E^2}{4R_0} \qquad\qquad (1.7.2)$$

【练习与思考】

1.7.1 戴维南定理的适用范围是什么?

1.7.2 两个相同的线性含源网络 N,如图 1.7.4(a)连接时,测得电压 U 为 20 V;当其中的一个网络如图(b)所示反向连接时,测得电流 I 为 4 A,试求网络 N 的戴维南等效电路。

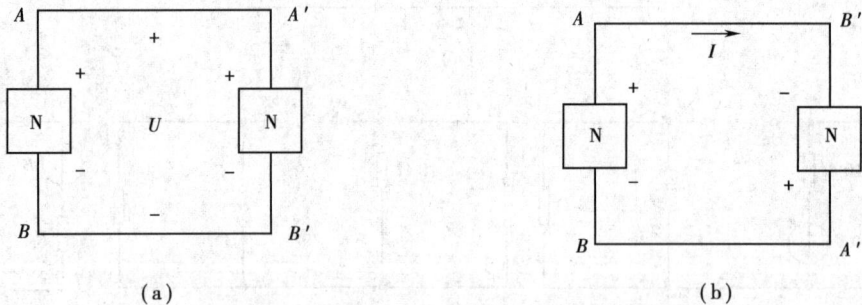

图 1.7.4

1.7.3 在图 1.7.5 中网络 N 为线性无源网络,当 $U_{S1} = 20$ V, $U_{S2} = 0$ 时, $I = 5$ A;当 $U_{S1} = 0$, $U_{S2} = 1$ V 时, $I = 0.5$ A;求虚线框内电路的戴维南等效电路。

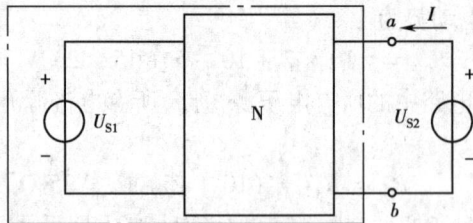

图 1.7.5

1.7.4 若有源二端网络的戴维南等效电路由电压源 U_S 和电阻 R_S 串联组成,则当它的外接负载为 R_S 时,有源二端网络的输出功率与其中的内部损耗功率相等,对吗?

1.7.5 求图 1.7.6 所示电路的戴维南等效电路。

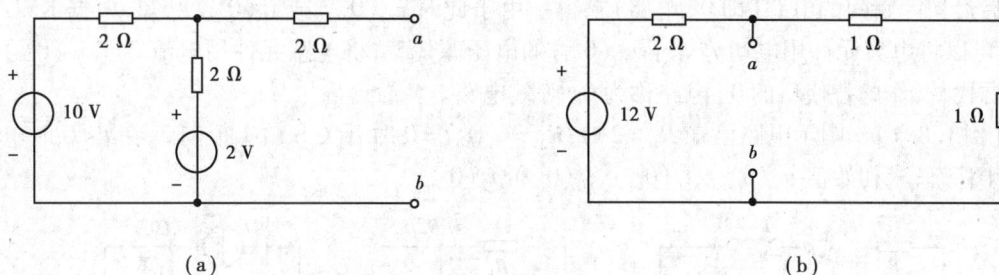

图 1.7.6

1.8 电路的暂态分析(简介)

自然界中物质的运动,在一定的条件下具有一定的稳定状态。如前面的稳恒直流电路,其中各个支路的电流与电压保持稳定,不随时间改变,这是一种稳定状态,称为直流稳态。在第 2 章的正弦交流电路中,各个支路的电流和电压始终按一定的正弦函数变化,这也是一种稳定状态,称为正弦稳态。将电路的这种稳定状态简称为稳态。

当条件改变时,电路就有可能转换到另一种稳态。从一种稳态转换到另一种稳态的过程,称为过渡过程。如电动机从静止状态(一种稳态)启动,其转速从零逐渐上升,最后达到稳定运行(新的稳态)的过程就是一种过渡过程。显然,这个过程需要一定的时间,它将取决于系统的机电时间常数。但是,电路的过渡过程往往为时短暂,因此,将电路在过渡过程中的工作状态称为暂态,故过渡过程又称为暂态过程。

尽管电路的暂态为时短暂,但是其应用却很重要。一方面利用它实现某种目的,例如电子技术中大量运用的 RC 充放电电路;另一方面是利用它预见暂态过程中可能出现的过电压或过电流,以便采取措施加以防止。

本章仅介绍一阶电路的暂态分析。

1.8.1 换路定则与电压和电流初始值的确定

将电路中支路的接通、切断、短路,元件参数的突然改变,以及电路连接方式的其他变化统称为换路,并认为换路是瞬间完成的。

由 1.3 节中 1.3.2 和 1.3.3 知,电容元件的电压和电感元件的电流不能跃变,所以,在换路瞬间它们是不变的,即在电路换路瞬间,电容的电压 u_C、电感的电流 i_L 不能跃变,这就是换路定则。若在时间 $t=0$ 时换路,并用 $t=0_-$ 表示换路前最后一瞬间,用 $t=0_+$ 表示换路后最初一瞬间,则换路定则表示为

$$\left. \begin{array}{l} u_C(0_+) = u_C(0_-) \\ i_L(0_+) = i_L(0_-) \end{array} \right\} \tag{1.8.1}$$

将电路中电压和电流在换路后最初一瞬间的值,称为暂态过程的初始值。若用 f 代表电流或电压,则其初始值记作 $f(0_+)$。显然,电容的电压和电感的电流的初始值可以根据换路定则求出,即由换路前最后一瞬间的电路(即 0_- 电路)求得。而电路中其他的电压和电流要由

换路后最初一瞬间的电路(即 0_+ 电路)求得。由于此时 $u_C(0_+)$ 或 $i_L(0_+)$ 已知,根据 KVL 及 KCL,可以将电容元件用电动势等于 $u_C(0_+)$ 的电压源代替,将电感元件用电流等于 $i_L(0_+)$ 的电流源代替,作此替代后的 0_+ 电路称为 0_+ 等效电路。

【例 1.8.1】 图示电路已知 $R_1 = 2\ \Omega$,$R_2 = 6\ \Omega$,$t = 0$ 时开关 S 由 1 扳向 2,在 $t < 0$ 时电路已处于稳态;求初始值 $u_C(0_+)$、$i_L(0_+)$、$i_C(0_+)$、$i_2(0_+)$。

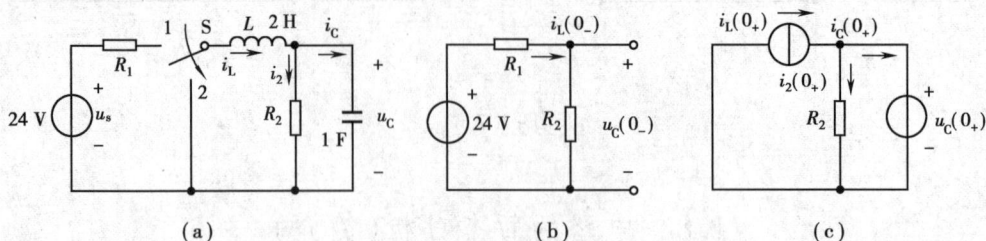

图 1.8.1

解 根据换路定则,$u_C(0_+)$、$i_L(0_+)$ 可由 0_- 电路求出。已知 $t < 0$ 时电路已处于稳态(即直流稳态。此时电路中的电感电压为零、电容电流为零,所以电路中的电感相当于短路,电容相当于开路),于是有图 1.8.1(b)所示 0_- 等效电路,由此得

$$i_L(0_+) = i_L(0_-) = \frac{24\ \text{V}}{R_1 + R_2} = \frac{24}{2+6}\ \text{A} = 3\ \text{A}$$

$$u_C(0_+) = u_C(0_-) = R_2 i_L(0_+) = 6 \times 3\ \text{V} = 18\ \text{V}$$

于是有图 1.8.1(c)所示 0_+ 等效电路,由此得

$$i_2(0_+) = \frac{u_C(0_+)}{R_2} = \frac{18}{6}\ \text{A} = 3\ \text{A}$$

$$i_C(0_+) = i_L(0_+) - i_2(0_+) = (3 - 3)\ \text{A} = 0\ \text{A}$$

通过此例题,可以归纳出求初始值的步骤:

①画出 0_- 时的等效电路,求出 $i_L(0_-)$、$u_C(0_-)$,并由换路定则得到 $i_L(0_+)$、$u_C(0_+)$;

②画出 0_+ 等效电路,求出其他电流或电压的初始值。

1.8.2 RC 电路的充放电过程

在图 1.8.2(a)所示电路中,已知直流电压源电压 U、电容 C、电阻 R,$t = 0$ 时开关 S 闭合,换路前 $u_C(0_-) = U_0$。下面分析电容的电压 u_C 在暂态过程($t \geq 0$)中的变化规律。

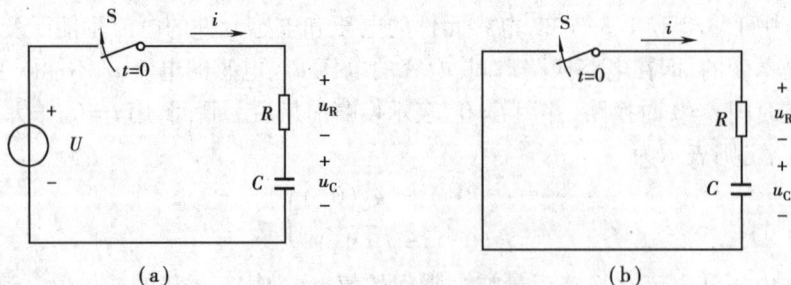

图 1.8.2 电容充放电电路

开关 S 闭合后,电源与 RC 串联电路连通,由 KVL 得

$$u_R + u_C = U$$

根据元件的 VAR 有

$$u_R = Ri$$

$$i = C\frac{du_C}{dt}$$

于是

$$RC\frac{du_C}{dt} + u_C = U \tag{1.8.2}$$

式(1.8.2)是一阶线性常系数非齐次微分方程,其解 u_C 由特解 u'_C 和通解 u''_C 组成,即

$$u_C = u'_C + u''_C \tag{1.8.3}$$

将电路暂态过程结束时(即电路刚进入新稳态时)的电容电压作为式(1.8.2)的特解。新的稳态电路是直流稳态电路,因此,电容开路,电流 $i = 0$,故特解为

$$u'_C = u_C(\infty) = U \tag{1.8.4}$$

将新的稳态电路中的电流或电压值,称为稳态值,记作 $f(\infty)$。上式中 $u_C(\infty)$ 就是电容电压的稳态值。

由高等数学知,式(1.8.2)的通解是时间的函数,为

$$u''_C = Ae^{pt}$$

其中 p 是式(1.8.2)所对应的齐次微分方程的特征方程的特征根。该特征方程为

$$RCp + 1 = 0$$

其根

$$p = -\frac{1}{RC} = -\frac{1}{\tau}$$

其中 $\tau = RC$,代入通解得

$$u''_C = Ae^{-\frac{t}{\tau}}$$

于是

$$u_C = u'_C + u''_C = U + Ae^{-\frac{t}{\tau}} \tag{1.8.5}$$

由换路定则有

$$u_C(0_+) = u_C(0_-) = U_0$$

上式称为式(1.8.2)所示微分方程的初始条件。将该初始条件代入式(1.8.5)得

$$u_C(0_+) = U + A = U_0$$

$$A = U_0 - U$$

故得暂态过程中电容电压的变化规律,即

$$u_C = U + (U_0 - U)e^{-\frac{t}{\tau}} \tag{1.8.6}$$

下面讨论 RC 电路的充放电:

(1)当电压源电压 $U = 0$,但电容电压的初始值 $u_C(0_+) = U_0 \neq 0$ 时

此时外施激励为零,但电容初始储能不为零。这种外施激励为零的情况称为零输入。在此状态下,图 1.8.2(a)所示电路中的电压源相当于短路,此时电路等效于图(b),电容将通过电阻释放能量,即电容放电。所以,尽管没有输入,电路中仍有响应,这时的响应是由电容的初始储能引起的,故储能元件的初始储能也相当于一种激励。将这种零输入电路由储能元件的初始储能引起的响应称为零输入响应。

先从物理概念上定性分析:开关 S 闭合时,由于电容电压的初始值 $u_\mathrm{C}(0_+) = U_0 \neq 0$,所以电阻上有压降,其电压与电容的电压大小相等,极性相反,即 $u_\mathrm{R}(0_+) = -u_\mathrm{C}(0_+) = -U_0$,于是电路中电流 $i(0_+) = \dfrac{u_\mathrm{R}(0_+)}{R} = -\dfrac{U_0}{R}$,这说明电阻有功率消耗,电容通过电阻释放储能,即电容放电。在电容放电过程中,流经电容的电流 i 称为放电电流。随着暂态过程的进行,电容的电压逐渐降低,储能逐渐减少,而电阻的电压也逐渐降低,放电电流随之逐渐减小。当电容的电压减小到零($u_\mathrm{C} = 0$)时,电阻的电压也减小到零($u_\mathrm{R} = 0$),此时放电电流等于零($i = 0$),电容放电完毕,储能为零,暂态过程结束。此后,电路中的电流与电压不再变化,电路进入新的稳态。

下面对 RC 电路的零输入响应作定量分析:将 $U = 0$ 代入式(1.8.6)得到电容电压,即

$$u_\mathrm{C} = U_0 \mathrm{e}^{-\frac{t}{\tau}} \tag{1.8.7}$$

电阻电压为

$$u_\mathrm{R} = -u_\mathrm{C} = -U_0 \mathrm{e}^{-\frac{t}{\tau}} \tag{1.8.8}$$

放电电流为

$$i = \frac{u_\mathrm{R}}{R} = -\frac{U_0}{R} \mathrm{e}^{-\frac{t}{\tau}} \tag{1.8.9}$$

可见,RC 电路的零输入响应是电容通过电阻放电的过程。电容电压、电阻电压和放电电流均随时间按指数规律衰减,如图 1.8.3 所示。

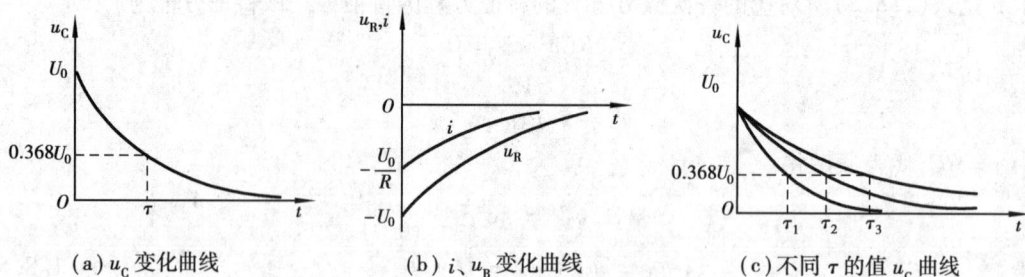

(a) u_C 变化曲线　　　　(b) i、u_R 变化曲线　　　　(c) 不同 τ 的值 u_C 曲线

图 1.8.3　RC 电路的放电过程

下面讨论 τ 值的意义:由于 $\tau = RC$ 具有时间的单位,所以称为 RC 电路的时间常数。当 $t = \tau$ 时,$u_\mathrm{C} = U_0 \mathrm{e}^{-1} = (36.8\%)U_0$,即时间常数 τ 是换路后电容电压 u_C 衰减到初始值 U_0 的 36.8% 所需要的时间。从理论上讲,只有经过 $t = \infty$ 的时间电路才能进入稳态。由于在 $t = 3\tau$ 时,$u_\mathrm{C} = U_0 \mathrm{e}^{-3} = (5\%)U_0$,即电容电压 u_C 衰减到初始值 U_0 的 5%;在 $t = 5\tau$ 时,$u_\mathrm{C} = U_0 \mathrm{e}^{-5} = (0.7\%)U_0$,即电容电压 u_C 衰减到初始值 U_0 的 0.7%。所以,实际上认为经过 $t = (3 \sim 5)\tau$ 的时间电容已放电完毕,电路进入稳态。这意味着时间常数 τ 越大,电容放电越慢;反之,电容放电越快。因此,电容放电过程(暂态过程)进行的快慢取决于时间常数 τ 的大小。这就是 τ 值的意义。图 1.8.3(c)所示曲线即反映了在 RC 放电过程中,电容电压 u_C 的变化曲线在不同 τ 值时的情况。

当电容容量 C 越大时,电容储存的电荷越多,放电的时间就会愈长,所以 τ 值越大;而电阻阻值 R 越大时,放电电流越小,放电时间就会越长,所以 τ 值也越大;反之,τ 值越小。因此,τ 值的大小由电路元件的参数决定。当电路不变时,τ 也不变。同一电路的各支路的暂态响应 τ 值相同,如式(1.8.7)、式(1.8.8)、式(1.8.9)。

（2）**当电压源电压 $U \neq 0$，但电容电压的初始值 $u_C(0_+) = U_0 = 0$ 时**

此时外施激励不为零而电容初始储能为零。这种储能元件的初始储能为零的情况称为零状态。由于电路中电容的初始储能为零，因此暂态过程中电路的各个响应仅由外施激励电压源电压引起。将零状态电路由外施激励引起的响应称为零状态响应。

先从物理概念上定性分析：当开关 S 闭合时，电源与 RC 串联电路接通，此时由于电容电压为零，电源的电压全部降在电阻上，即 $u_R(0_+) = U$，电流 $i(0_+) = \dfrac{u_R(0_+)}{R} = \dfrac{U}{R}$ 向电容充电，电容的两个极板上开始聚集电荷，电容电压从零开始增加。在电容充电过程中，电容回路的电流 i 称为充电电流。随着暂态过程的进行，电容极板上聚集的电荷越来越多，电容的电压逐渐升高，而电阻的电压逐渐降低，充电电流随之逐渐减小。当电容的电压上升到电源电压（$u_C = U$）时，电阻的电压减小到零（$u_R = 0$），此时充电电流也减小到零（$i = 0$），电容如同开路，充电完毕，暂态过程结束。此后，电路中的电流与电压不再变化，电路进入新的稳态。

下面对 RC 电路的零状态响应作定量分析：将 $u_C(0_+) = U_0 = 0$ 代入式（1.8.6）得电容电压，即

$$u_C = U(1 - e^{-\frac{t}{\tau}}) \tag{1.8.10}$$

电阻电压为

$$u_R = U - u_C = U e^{-\frac{t}{\tau}} \tag{1.8.11}$$

充电电流为

$$i = \frac{u_R}{R} = \frac{U}{R} e^{-\frac{t}{\tau}} \tag{1.8.12}$$

可见，RC 电路的零状态响应是电容通过电阻从零开始充电的过程。当 $t = \tau$ 时，$u_C = U(1 - e^{-1}) = (63.2\%)U$；当 $t = 5\tau$ 时，$u_C = U(1 - e^{-5}) = (99.3\%)U$，此时电容充电完毕，如图 1.8.4（a）所示。但在工程应用时，往往近似认为 $t = 3\tau$ 时电容充电已基本完成。图 1.8.4（b）还描绘了充电过程中 u_R、i 的变化规律。由此可见，与 RC 放电过程类似，在 RC 充电过程中，电容电压、电阻电压和充电电流均随时间按指数规律变化，它们变化的快慢，即电容充电过程（暂态过程）进行的快慢均取决于时间常数 τ 的大小。

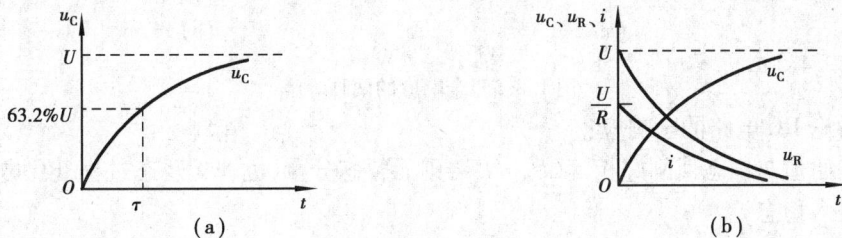

图 1.8.4 RC 电路的充电过程

（3）**当电压源电压 $U \neq 0$，电容电压的初始值 $u_C(0_+) = U_0 \neq 0$ 时**

由于此时外施激励和电容初始储能均不为零，所以电路的暂态响应既非零输入响应，也非零状态响应。将这种由外施激励和非零初始状态引起的响应称为全响应。

式（1.8.6）就是 RC 电路电容电压 u_C 的全响应，下面以 u_C 为例讨论全响应的分解方法。

全响应有两种分解方法：

1）全响应分解为稳态分量和暂态分量

$$u_C = u_C' + u_C'' = \underbrace{U}_{\substack{\text{强制分量} \\ (\text{稳态分量})}} + \underbrace{(U_0 - U)e^{-\frac{t}{\tau}}}_{\substack{\text{自由分量} \\ (\text{暂态分量})}} \tag{1.8.13}$$

可见，u_C 由两部分组成：第一部分 u_C' 恒定不变，与外施激励有关（可以证明当激励为直流时，这部分恒定不变；当激励为正弦量时，这部分为同频率的正弦量），等于其稳态值 $u_C(\infty)$，所以称这部分为强制分量或稳态分量。第二部分 u_C'' 随时间衰减，在电路达到稳态时衰减到零（即 u_C'' 只存在于暂态），而其衰减的快慢与电路的参数有关，取决于时间常数 τ，故称其为自由分量或暂态分量。

2）全响应分解为零输入响应和零状态响应

根据叠加定理，结合式（1.8.7）和式（1.8.10）的结果，可以得到全响应的另一种分解

$$u_C = u_{C1} + u_{C2} = \underbrace{U_0 e^{-\frac{t}{\tau}}}_{\text{零输入响应}} + \underbrace{U(1 - e^{-\frac{t}{\tau}})}_{\text{零状态响应}} \tag{1.8.14}$$

其实，上式也可以由式（1.8.6）变化得到。可见，全响应还可以分解为零输入响应 u_{C1} 和零状态响应 u_{C2}。

将全响应分解为零输入响应和零状态响应，可以明显地反映响应与激励之间的因果关系，而将全响应分解为稳态分量和暂态分量，能明显地反映电路的工作状态，便于分析暂态过程的特点。

图 1.8.5 所示曲线是全响应的两种分解，由此可见，无论哪一种分解方法，全响应总是从初始值按指数规律变化到稳态值。

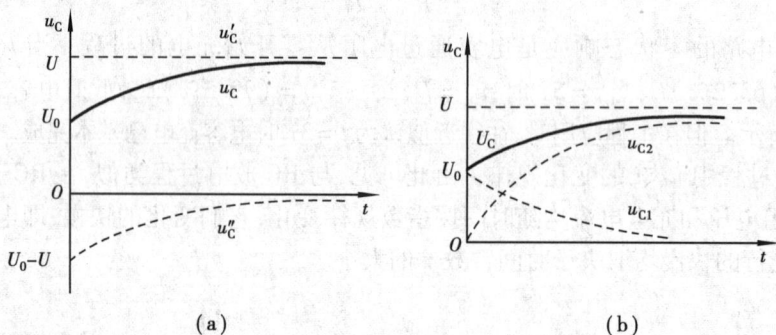

图 1.8.5　全响应的两种分解

下面讨论 RC 电路的全响应：

①若初始值与稳态值刚好相等（$U_0 = U$），则无暂态分量，也即无暂态过程，RC 电路在换路瞬间立即进入稳态；

②若初始值小于稳态值（$U_0 < U$），则电容电压将从 U_0 增大到 U，即 RC 电路的全响应是电容充电的过程；

③若初始值大于稳态值（$U_0 > U$），则电容电压将从 U_0 衰减到 U，即 RC 电路的全响应是电容放电的过程。

1.8.3　一阶电路暂态分析的三要素法

可由一阶微分方程描述的电路称为一阶电路。通常除了电源和电阻元件以外,只含有一个储能元件(电容和电感)的电路都是一阶电路。如前述 RC 电路就是一个一阶电路,其暂态过程就是用式(1.8.2)所示一阶微分方程来描述的。

用列写和求解微分方程的方法,分析一阶电路的暂态响应比较麻烦,下面介绍一种简便方法——三要素法。

若以 f 表示任何一阶电路中的电压或电流,则 $f(0_+)$、$f(\infty)$ 分别表示其初始值和稳态值。根据全响应的分解可知,该一阶电路在直流激励下的全响应可分解为

$$f(t) = f(\infty) + Ae^{-\frac{t}{\tau}} \tag{1.8.15}$$

式中,$Ae^{-\frac{t}{\tau}}$ 是暂态分量,常数 A 可以由初始条件求得,即

$$f(0_+) = f(\infty) + A$$
$$A = f(0_+) - f(\infty)$$

将 A 代入式(1.8.15)得

$$f(t) = f(\infty) + [f(0_+) - f(\infty)]e^{-\frac{t}{\tau}} \tag{1.8.16}$$

将式(1.8.16)中的 $f(0_+)$、$f(\infty)$、τ 称为一阶电路的三要素。显然,只要求出了电路某一支路的电压或电流的三要素,就可以根据式(1.8.16)求得该电压或电流的全响应。将这种利用三要素分析暂态电路的方法称为三要素法。实际上,从 RC 电路的暂态分析可知,零输入响应和零状态响应是全响应的两个特例。所以,三要素法不仅可以用来求解一阶电路的全响应,也可以用来求解一阶电路的零输入响应和零状态响应。

【例 1.8.2】　在图 1.8.2(a)所示电路中,$U = -10$ V,$t = 0$ 时开关 S 闭合,$u_C(0_-) = -4$ V,$R = 10$ kΩ,$C = 0.1$ μF;求换路后的 u_C、i。

解　根据换路定则,电容电压的初始值为

$$u_C(0_+) = u_C(0_-) = -4 \text{ V}$$

电容电压稳态值为

$$u_C(\infty) = U = -10 \text{ V}$$

换路后电路的时间常数为

$$\tau = RC = 10 \times 10^3 \times 0.1 \times 10^{-6} \text{ s} = 1 \text{ ms}$$

由三要素法得

$$u_C = u_C(\infty) + [u_C(0_+) - u_C(\infty)]e^{-\frac{t}{\tau}} = \left[-10 + (-4 + 10)e^{-\frac{t}{1\times10^{-3}}}\right] \text{ V}$$
$$= (-10 + 6e^{-1\,000t}) \text{ V}$$

由 KVL 得

$$u_R = U - u_C = [-10 - (-10 + 6e^{-1\,000t})] \text{ V} = 6e^{-1\,000t} \text{ V}$$

由电阻的 VAR 得

$$i = \frac{u_R}{R} = \frac{6e^{-1\,000t}}{10 \times 10^3} \text{ A} = 0.6e^{-1\,000t} \text{ mA}$$

式(1.8.16)是用三要素法求解直流激励下一阶电路暂态响应的通式,它不仅适用于 RC 电路,也适用于 RL 电路,直流激励可以是电压源,也可以是电流源。可以证明,RL 电路的时

间常数为 $\tau = \dfrac{L}{R}$。

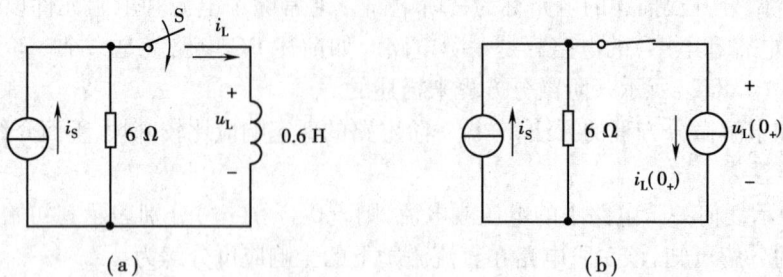

图 1.8.6

【例 1.8.3】 图 1.8.6(a)所示电路 $i_s = 6$ A，$t = 0$ 时开关 S 闭合，已知 $i_L(0_-) = 1$ A，试求电感电压 u_L。

解 由换路定则得

$$i_L(0_+) = i_L(0_-) = 1 \text{ A}$$

于是有图 1.8.6(b)所示 0_+ 等效电路，由此得电感电压初始值，即

$$u_L(0_+) = 6 \times [i_s - i_L(0_+)] = [6 \times (6 - 1)] \text{ V} = 30 \text{ V}$$

换路后电路达到稳态时，电感短路，所以电感电压稳态值为

$$u_L(\infty) = 0$$

换路后电路的时间常数为

$$\tau = \frac{L}{R} = \frac{0.6}{6} \text{ s} = 0.1 \text{ s}$$

由三要素法得

$$u_L = u_L(\infty) + [u_L(0_+) - u_L(\infty)]e^{-\frac{t}{\tau}} = [0 + (30 - 0)e^{-\frac{t}{0.1}}] \text{ V} = 30e^{-10t} \text{ V}$$

【练习与思考】

1.8.1 什么是换路定则？电容的电压是否总是连续的，不能跃变？电感的电流是否总是连续的，不能跃变？

1.8.2 求图 1.8.7 中各图示电路的初始值 u_R、u_C 或 i_L；已知 $t < 0$ 时，电容或电感的初始储能为零。

1.8.3 影响电路过渡过程进程快慢的因素是什么？

1.8.4 什么是零输入响应？什么是零状态响应？什么是全响应？全响应有哪两种分解方法？

1.8.5 判断下列说法是否正确：

①电路的强制分量不一定是稳态分量。

②电路的全响应中稳态分量总是存在的。

③电路的零输入响应就是自由分量，零状态响应就是强制分量。

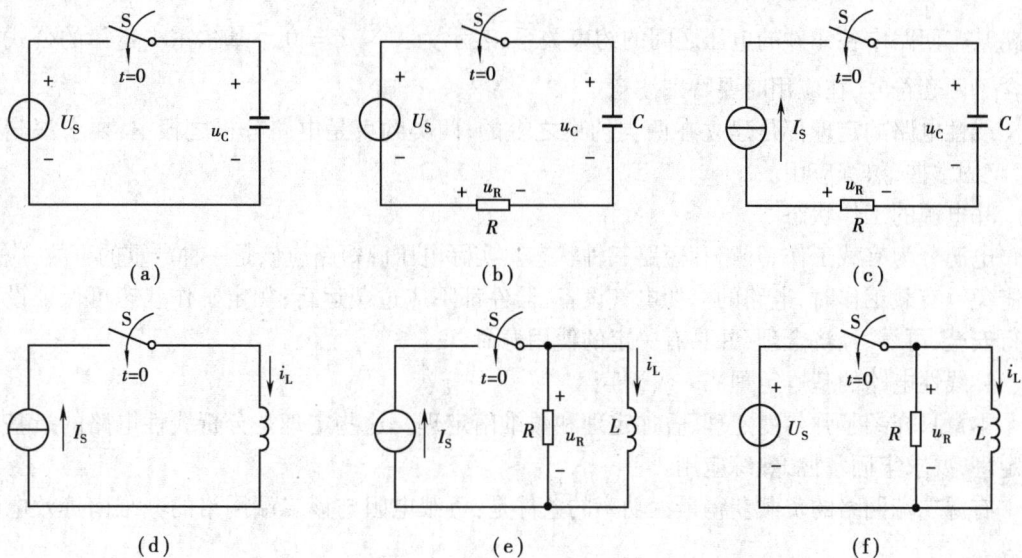

图 1.8.7

小 结

1. 电路模型及电路基本物理量

将只体现一种电磁性质的元件称为理想电路元件,简称电路元件;实际的电路元器件,可以理想化为一个电路元件或几个电路元件的组合;由理想电路元件组成的电路,称为实际电路的电路模型。本书分析的都是电路模型,电路模型简称电路。

电流、电压和功率是电路的基本物理量。在分析电路时,电流和电压的方向用参考方向表示,分析计算前应先标示出来。当电流和电压的参考方向相同时,称为关联参考方向,否则,为非关联参考方向。

2. 两类约束

两类约束是电路的两大定律:一个是元件约束,反映元件的电流和电压之间的约束关系,即元件的伏安关系;另一个是拓扑约束,反映电路的连接形式的约束关系,即基尔霍夫定律。

本章介绍的电路元件的伏安关系如下:

电阻元件	电容元件	电感元件	电压源	电流源
$u = \pm Ri$	$i = \pm C \dfrac{\mathrm{d}u}{\mathrm{d}t}$	$u = \pm L \dfrac{\mathrm{d}i}{\mathrm{d}t}$	$u = u_\mathrm{s}, i$ 任意值	$i = i_\mathrm{s}, u$ 任意值

应用时要注意元件上的电流和电压的参考方向是否关联。关联时,伏安关系式取" + ",否则,取" – "。

电阻元件是耗能元件,无记忆性;电容和电感元件是储能元件,分别具有储存电场能和磁场能的作用。电容的电压和电感的电流不能跃变,具有记忆性,是状态变量。

基尔霍夫定律包括基尔霍夫电流定律和电压定律。基尔霍夫电流定律反映了电路中与某个节点相连的各条支路的电流之间的约束关系,表示为:$\sum i = 0$;基尔霍夫电压定律反映了电路某个回路中各元件的电压之间的约束关系,表示为:$\sum u = 0$。基尔霍夫定律的公式中包含了两套符号,在应用时要特别注意。

线性电路的定理都是建立在两类约束之上的;两类约束是电路分析之根本,要求深刻理解,牢固掌握,熟练应用。

3. 电源的工作状态

电源分为有载工作、开路和短路三种状态。实际电压源短路应该是一种严重的事故,应尽力避免。有载工作时,电路的一切电气设备、器件都不应过载运行;额定工作状态可保证设备运行安全、可靠、经济合理,并具有一定的使用寿命。

4. 线性电路的基本定理

本章只介绍了弥尔曼定理、叠加定理和戴维南定理。这些定理是分析线性电路的最基本的定理,要求牢固掌握,熟练应用。

有源二端网络的负载获得最大功率的条件是:负载电阻与该二端网络的戴维南等效电阻相等。

5. 电路的暂态分析

电路的状态有暂态和稳态之分。暂态是电路从一个稳态到另一个稳态之间,即过渡过程的工作状态。电路的暂态响应分为:零输入响应、零状态响应和全响应。本章以 RC 电路为例简单介绍了电路的这三种响应。RC 电路充放电的应用非常广泛,应深刻理解其工作原理。

电路的初始值 $f(0_+)$、稳态值 $f(\infty)$ 以及反映过渡过程进行快慢的参数——时间常数 τ 值,是分析一阶电路暂态过程的关键要素,称为三要素。状态变量的初始值由 0_- 电路求得,非状态变量的初始值由 0_+ 等效电路求得;稳态值由 $t = \infty$ 时的电路求得;$\tau_C = RC$,$\tau_L = L/R$。三要素法是分析一阶电路的基本方法,要求牢固掌握,熟练应用。其公式为

$$f(t) = f(\infty) + [f(0_+) - f(\infty)]e^{-\frac{t}{\tau}}$$

习　题

1.1　对于图 1.1 所示的电路,试分析计算:①分别求电压 U 和电流 I;②分别求图示各电路中电压源及电流源发出的功率。

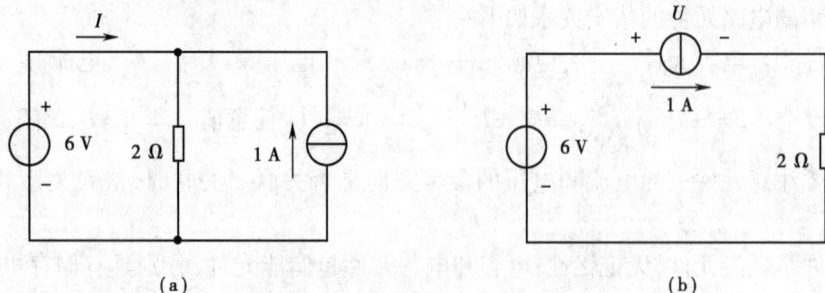

图 1.1

1.2　试将图 1.2 所示的电路化为最简。

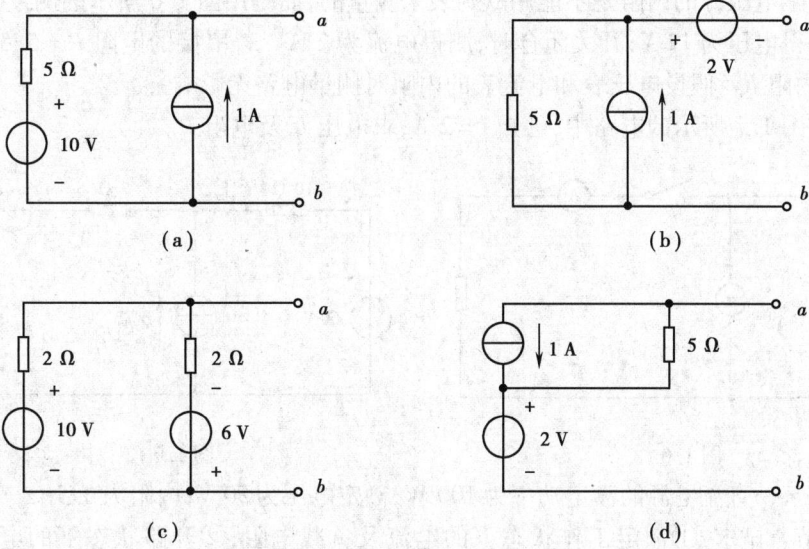

图 1.2

1.3　试写出图 1.3 所示的各电路的电压电流关系。

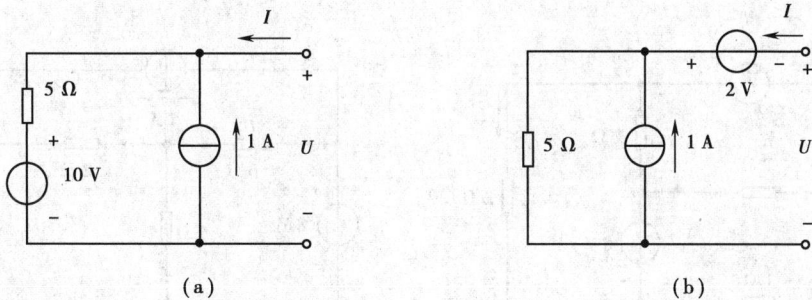

图 1.3

1.4　试求图 1.4 所示的电路在开关 S 闭合前后 A 点的电位。

1.5　试求图 1.5 所示的电路中 A 点的电位。

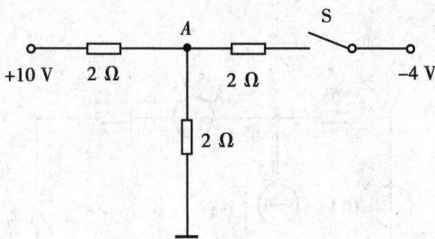

图 1.4

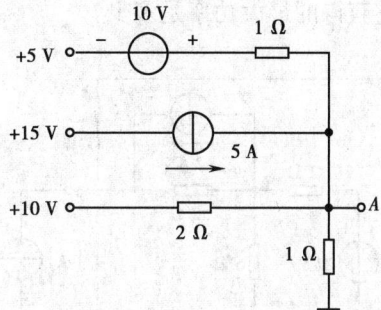

图 1.5

1.6 实际电压源的内阻是不能用欧姆表来测量的,而是用图1.6所示的测量电路。若开关断开时,测得电压为12 V;开关闭合时,测得电流为2 A。若串接的电阻 $R = 5.5$ Ω,试计算该电压源的内阻 R_0(假设电压表和电流表的内阻对测量电路无影响)。

1.7 在图1.7所示的电路中,已知 $I = 2$ A,求电压 U 及电阻 R。

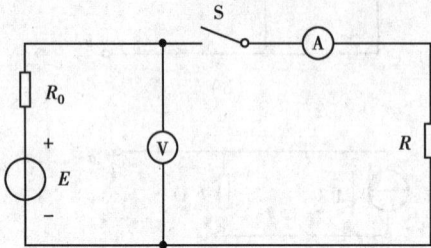

图1.6

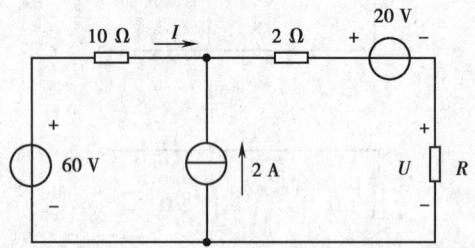

图1.7

1.8 若某一直流电源的额定功率为100 W,额定电压为50 V,内阻为0.5 Ω,负载电阻 R_L 可以任意调节。试求:①额定工作状态下的电流及负载电阻;②开路状态下的电源端电压;③短路状态下的电源电流。

1.9 用叠加定理求图1.8所示的电路中的电流 I。

1.10 用叠加定理求图1.9所示的电路中的电压 U。

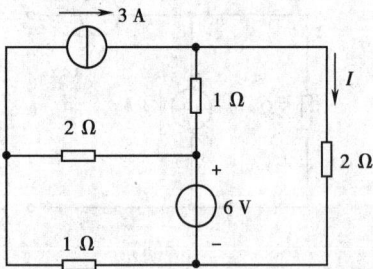

图1.8

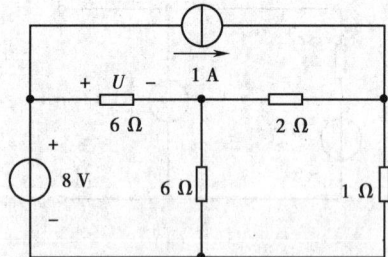

图1.9

1.11 在图1.10所示的电路中,试求:①二端网络 N 的戴维南等效电路;②1 A 电流源的端电压 U。

1.12 在图1.11所示的电路中,已知负载 R_L 可调,试问:R_L 等于多大时可以获得最大功率? 它获得的最大功率是多少?

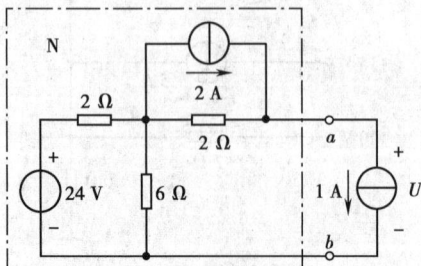

图1.10

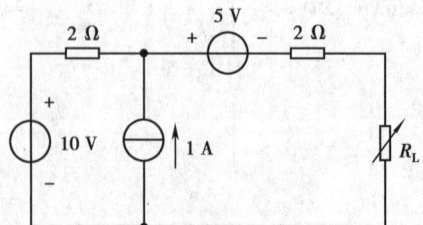

图1.11

1.13　一电容 $C = 1$ F,其电压、电流参考方向关联;若其电压的波形如图 1.12 所示,试求其电流及 $t = 1$ s 时的储能。

1.14　在图 1.13 所示的电路中,已知 $t < 0$ 时电路已达稳定,$t = 0$ 时开关 S 闭合;求 $t > 0$ 时的电感电流 i_L。

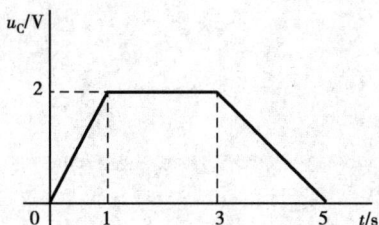

图 1.12

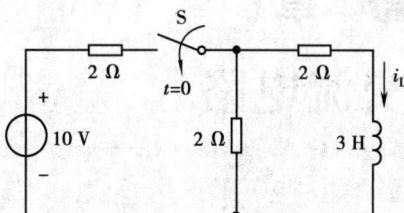

图 1.13

1.15　在图 1.14 所示的电路中,已知 $t < 0$ 时电路已达稳定,$t = 0$ 时开关 S 断开;求 $t > 0$ 时的电容端电压 u_C。

1.16　在图 1.15 所示的电路中,已知 $t < 0$ 时电路已达稳定,$t = 0$ 时开关 S 闭合;求 $t > 0$ 时的电容端电压 u_C。

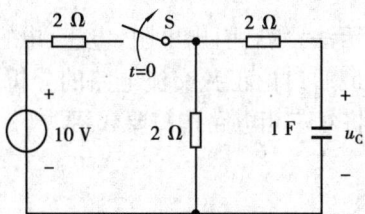

图 1.14

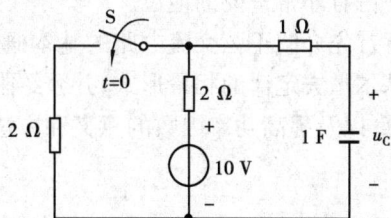

图 1.15

第**2**章
正弦交流电路

本章介绍正弦交流电路的稳态分析。正弦信号是一种基本信号,十分广泛地应用于工农业生产和日常生活。另外,从信号分析的角度来看,任何变化规律复杂的信号都可以分解为按正弦规律变化的分量。因此,研究一个复杂信号激励下的电路响应,可以利用叠加定理分别研究每一个正弦分量激励下的电路响应,再叠加得到总的响应。故对正弦稳态电路的分析在电路分析中占有非常重要的地位。

本章首先介绍正弦交流电路的基本概念和相量表示法,然后引出电阻、电感、电容的伏安关系及基尔霍夫定律的相量形式,并介绍阻抗的概念,最后讨论正弦交流电路的分析方法、功率的计算,以及提高功率因数的意义和方法。此外,还将对三相电路作简要介绍。

2.1 正弦量的三要素

在电工技术和电子技术中,经常会遇到随时间按周期规律变化的电流和电压,这就是周期

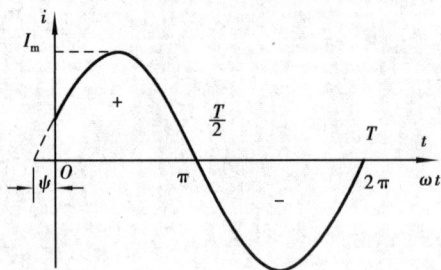

图 2.1.1 正弦电流波形

电流和电压。周期电流和电压统称为周期量。其中,将随时间按正弦规律变化的电流和电压,称为正弦电流和电压。正弦电流和正弦电压又统称为正弦量。若电路的电源或激励信号是正弦的,则称为正弦交流电路,通常简称为交流电路。可以证明,在正弦交流电路中,各个电流或电压响应与激励为同频率的正弦量。

下面以正弦电流为例,说明正弦量的三要素。

图 2.1.1 是正弦电流 i 的波形,其解析式为

$$i = I_m \sin(\omega t + \psi) \tag{2.1.1}$$

显然,其特征表现在大小、变化快慢和初始值三个方面,而它们分别由振幅 I_m(或有效值 I)、频率 f(或角频率 ω)和初相位 ψ 来确定。所以,将振幅(或有效值)、频率(或角频率)和初相位称为正弦量的三要素。

2.1.1　频率和周期

正弦量变化一周所需要的时间称为周期,记作 T。每秒内变化的次数称为频率,记作 f,其 SI 单位是赫[兹](Hz)。显然,频率和周期是倒数关系,即

$$f = \frac{1}{T} \tag{2.1.2}$$

式(2.1.1)中,$\omega t + \psi$ 称为正弦量的相位角,简称相位,它表示正弦量变化的进程。正弦量每变化一周,相位就变化 2π。正弦量变化的快慢还可以用角频率 ω 表示。定义正弦量相位增加的速率为角频率,即

$$\omega = \frac{\mathrm{d}}{\mathrm{d}t}(\omega t + \psi)$$

ω 的 SI 单位为弧度每秒(rad/s)。

f、T、ω 三者之间可以相互转换,即

$$\omega = \frac{2\pi}{T} = 2\pi f \tag{2.1.3}$$

我国和国际上大多数国家的电力网供给的交流电频率标准为 50 Hz,其周期是 0.02 s。这种频率在工业上广泛应用,习惯上称为工频。美国、日本等少数国家采用 60 Hz 的工频。其他不同的技术领域,使用的频率各不相同。如高速电动机的频率是 150~2 000 Hz,调幅广播用的中波段频率是 535~1 605 kHz,电视用的频率以 MHz 计。

2.1.2　幅值和有效值

正弦量在任一瞬间的值称为瞬时值,用小写字母表示,如 i、u 分别表示电流和电压的瞬时值。正弦量的瞬时值是周期性变化的,在一周期中,瞬时值大于零的半周称为正半周,其参考方向与实际方向相同,而瞬时值小于零的半周称为负半周,其参考方向与实际方向相反。在图 2.1.1 中,"+"、"-"表示电流正、负半周的实际方向。

瞬时值中的最大值称为幅值或最大值,用带下标"m"的大写字母表示,如 I_m、U_m 分别表示电流或电压的最大值。式(2.1.1)中的 I_m 就是电流 i 的最大值。

在电工技术中,往往并不要求知道一个正弦量在每一瞬时的大小,而更关心它作用于电路元件时的电磁效应,如电流流经电阻时的热效应,这就需要为它规定一个表征大小的特定值,即有效值。像正弦量一样,其他周期量也如此。有效值又称方均根值或均方根值(有的测量仪器上标为真有效值),测量仪器上常用 R_{ms} 或 r_{ms} 标示。下面就以电流经过电阻时的热效应为依据,来定义周期量的有效值。

让周期电流 i 和直流电流 I 分别通过同一电阻 R,若在相同的时间内两者的热效应相同,也即在一周内两者产生的热量相等,则定义周期电流 i 的有效值在数值上等于这个直流电流 I。因此,可得

$$\int_0^T Ri^2 \mathrm{d}t = RI^2 T$$

于是,可以推导周期电流的有效值的计算公式,即

$$I = \sqrt{\frac{1}{T}\int_0^T i^2 \mathrm{d}t} \tag{2.1.4}$$

41

同理,可以推导出周期电压的有效值的计算公式,即

$$U = \sqrt{\frac{1}{T}\int_0^T u^2 \mathrm{d}t} \qquad (2.1.5)$$

当周期量为正弦电流 i 时,将式(2.1.1)代入式(2.1.4)得

$$I = \frac{I_m}{\sqrt{2}} \qquad (2.1.6)$$

当周期量为正弦电压时,即 $u = U_m \sin \omega t$,代 u 入式(2.1.5)得

$$U = \frac{U_m}{\sqrt{2}} \qquad (2.1.7)$$

对于电动势

$$E = \frac{E_m}{\sqrt{2}} \qquad (2.1.8)$$

通常,工程中所说的交流电流、电压的大小,指的就是正弦电流、电压的有效值,如交流电压 380 V、220 V 指的就是正弦电压的有效值。交流测量仪表上指示的电流、电压也都是有效值。本书中若不特别申明,则电流、电压的量值都是指有效值。

2.1.3 初相位

规定 $t = 0$ 的瞬间为正弦量的计时起点,定义 $t = 0$ 时的相位为正弦量的初相位,简称初相,记作 ψ。初相的定义域为: $-\pi \sim \pi$。 $t = 0$ 时正弦量的瞬时值称为正弦量的初始值。计时起点是任意选定的,但在同一问题中只有一个计时起点。正弦量的初相与计时起点的选择有关。如计时起点选在正弦电流正半周的起点(如图 2.1.2 所示),则

$$i = I_m \sin \omega t \qquad i_0 = 0$$

其中, i_0 表示正弦电流 i 的初始值。若计时起点选在正弦电流正半周的上升段(如图 2.1.1 所示),则

$$i = I_m \sin(\omega t + \psi) \qquad i_0 = I_m \sin \psi$$

可见,选择的计时起点不同,正弦量的初相则不同,初始值也不同。由三角函数的知识可知,初相为正的正弦量,初始值为正,它在时间起点之前到达正半周的起点(即正半周的起点在坐标原点以左);初相为负的正弦量,初始值为负,它在时间起点之后到达正半周的起点(即正半周的起点在坐标原点以右)。据此可以确定正弦量初相的正负。

正弦量的初相和相位的单位可以是弧度(rad)或度(°),工程上习惯用度,在计算时要将其变换成相同的单位。

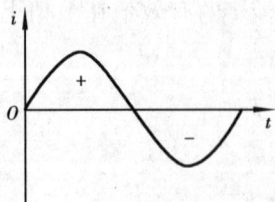

图 2.1.2 初相为零的正弦电流波形

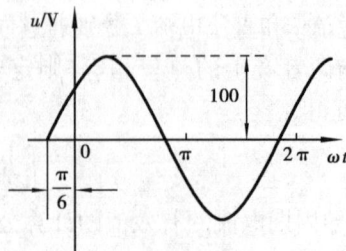

图 2.1.3

【例 2.1.1】　正弦电压波形如图 2.1.3 所示,已知频率为工频,试写出该电压的解析式,并求电压有效值。

解　由已知条件得

$$f = 50 \text{ Hz}$$

则　　　　　　　　　　$$\omega = 2\pi f = 2\pi \times 50 \text{ rad/s} = 314 \text{ rad/s}$$

由图 2.1.3 所示的波形可见,电压正半周的起点在坐标原点以左,因而其初相为正,即

$$\psi = \frac{\pi}{6} \text{ rad}$$

由波形得电压的最大值

$$U_{\text{m}} = 100 \text{ V}$$

于是,电压有效值为

$$U = \frac{U_{\text{m}}}{\sqrt{2}} = \frac{100}{\sqrt{2}} \text{ V} = 70.7 \text{ V}$$

电压的解析式为

$$u = U_{\text{m}}\sin(\omega t + \psi) = 100 \sin\left(314t + \frac{\pi}{6}\right) \text{V}$$

由此可见,正弦量除了用解析式表示外,还可以用波形图来表示。

设有两个同频率的正弦量 u、i,其解析式为

$$u = U_{\text{m}}\sin(\omega t + \psi_u)$$
$$i = I_{\text{m}}\sin(\omega t + \psi_i)$$

在正弦交流电路中,将同频率的两个正弦量的相位之差称为相位差,记作 φ。显然,相位差即初相之差,即。

$$\varphi = (\omega t - \psi_u) - (\omega t - \psi_i) = \psi_u - \psi_i \qquad (2.1.9)$$

注意,φ 的定义域也为:$-\pi \sim \pi$。

若相位差 $\varphi \neq 0$,即初相不等,说明 u、i 步调不一致。如图 2.1.4(a)所示 $\psi_u > \psi_i$,即相位差 $\varphi > 0$,说明 u 先于 i 到达正半周的零值点或先到达正的峰值点,此时称为在相位上 u 比 i 超前 φ 角,或者说 i 比 u 滞后 φ 角。如图 2.1.4(b)所示 $\psi_u = \psi_i$,即相位差 $\varphi = 0$,说明 u 与 i 步调一致,二者同时到达正半周的零值点或同时到达正的峰值点,此时称为在相位上 u 与 i 同相。如图 2.1.4(c)所示 ψ_u 与 ψ_i 相差 $\pm\pi$,即相位差 $\varphi = \pm\pi$,说明 u 比 i 先半个周期到达正半周的零值点或先半个周期到达正的峰值点,此时称为在相位上 u 与 i 反相。

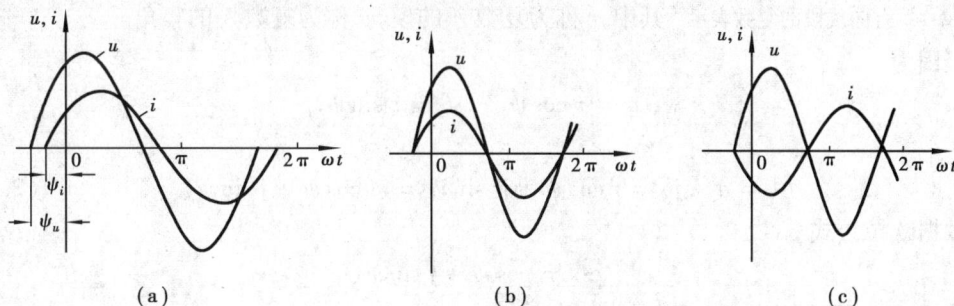

图 2.1.4　电压与电流相位比较

【练习与思考】

2.1.1 什么是正弦量的三要素？若电流 $i = 10\sin(6\,280\,t - 60°)\,\text{mA}$，①试指出它的最大值、有效值、频率、角频率、周期和初相；②画出波形；③若参考方向选得相反，重写它的解析式，并画出波形。

2.1.2 对于图 2.1.5 所示的电流波形，①电流 $i_1(t)$、$i_2(t)$ 的初相分别是多少？②若角频率为 314 rad/s，试分别写出电流的解析式；③试比较电流 $i_1(t)$、$i_2(t)$ 的相位。

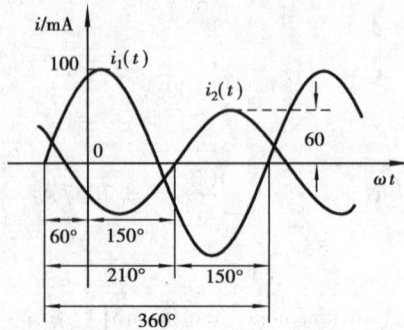

图 2.1.5

2.2 正弦量的相量表示

正弦量除了用解析式、波形图表示外，还可以用相量来表示。相量表示法是建立在用复数表示正弦量的基础之上的。因此，下面先复习复数的几种形式。

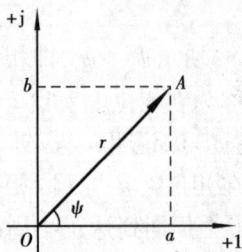

如图 2.2.1 所示有向线段 A 的坐标为 (a, b)，它可以用复数表示为

$$A = a + jb \tag{2.2.1}$$

由图可见

$$r = \sqrt{a^2 + b^2}$$

$$\psi = \arctan\frac{b}{a}$$

图 2.2.1 有向线段的复数表示　其中，r 称为复数 A 的模，ψ 称为复数 A 的辐角。

又因为

$$a = r\cos\psi \qquad b = r\sin\psi$$

所以

$$A = a + jb = r\cos\psi + jr\sin\psi = r(\cos\psi + j\sin\psi) \tag{2.2.2}$$

根据欧拉公式

$$e^{j\psi} = \cos\psi + j\sin\psi$$

式(2.2.2)可写为

$$A = re^{j\psi} \tag{2.2.3}$$

或简写为

$$A = r\underline{/\psi} \tag{2.2.4}$$

综上所述,一个复数有几种表示方式:式(2.2.1)是直角坐标式、式(2.2.2)是三角式、式(2.2.3)是指数式、式(2.3.4)是极坐标式。四者之间可以相互转换。复数加减运算时可用复数的直角坐标式,而乘除运算时可用其指数式或极坐标式(习惯上用极坐标式)。

式(2.2.2)中 ψ 可推广为时间的函数,则

$$A = r[\cos(\omega t + \psi) + j\sin(\omega t + \psi)]$$
$$A = re^{j(\omega t + \psi)} = r\underline{/\psi}\ e^{j\omega t}$$

若令 $r = U_m$,则

$$A = U_m[\cos(\omega t + \psi) + j\sin(\omega t + \psi)] \tag{2.2.5}$$
$$A = U_m e^{j(\omega t + \psi)} = U_m\underline{/\psi}\ e^{j\omega t}$$

显然,正弦电压 $u = U_m\sin(\omega t + \psi)$ 等于式(2.2.5)中复数的虚部,即

$$u = \mathrm{Im}(A) = \mathrm{Im}(U_m\underline{/\psi}\ e^{j\omega t})$$

其中,Im 表示取虚部,可见正弦量与复数一一对应。由于在正弦交流稳态电路中,各个电流或电压响应与激励为同频率的正弦量,所以,在正弦量的三要素中,只需要确定振幅和初相两个要素。故可以用一个特殊的复数来表示正弦量,这个复数的模对应于正弦量的最大值(或有效值),其幅角对应于正弦量的初相。将这样一个特殊的复数称为这个正弦量的最大值相量(或有效值相量),记作 $\dot{U}_m$(或 $\dot{U}$)。于是,正弦电压 $u = U_m\sin(\omega t + \psi)$ 的最大值相量和有效值相量分别表示为

$$\dot{U}_m = U_m\underline{/\psi} \qquad \dot{U} = U\underline{/\psi} \tag{2.2.6}$$

应当注意:

①只有正弦量才有相量。因此,后面将要讨论的阻抗虽然也是复数,但与正弦量没有上述对应关系,故不是相量;

②相量可以表示一个正弦量,但不等于这个正弦量。

相量是一个特殊的复数,当然可以像复数那样画在复平面上,这种表示相量的图称为相量图。

【例 2.2.1】　写出下列正弦量的有效值的相量,并作相量图。

$$u = 10\sqrt{2}\sin(\omega t - 60°)\mathrm{V}$$
$$i = 5\sqrt{2}\sin(\omega t + 30°)\mathrm{A}$$

解　电压 u 和电流 i 的有效值相量分别为

$$\dot{U} = 10\underline{/-60°}\ \mathrm{V}$$

$$\dot{I} = 5\underline{/30°}\ \mathrm{A}$$

其相量图如图 2.2.2 所示。在图中可以清晰地看出 i 超前于 u,其相位差为

$$\varphi = 30° - (-60°) = 90°$$

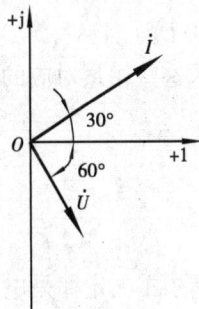

图 2.2.2

【例 2.2.2】 频率为 1 000 Hz 的正弦电流的相量为 $\dot{I} = 10\underline{/-45°}$ A,求电流的解析式。

解 根据题意该正弦量的角频率为

$$\omega = 2\pi f = 2\pi \times 1\ 000\ \text{rad/s} = 6\ 280\ \text{rad/s}$$

于是,该正弦量的解析式为

$$i = 10\ \sqrt{2} \sin(\omega t - 45°) = 14.14 \sin(6\ 280t - 45°)\ \text{A}$$

在引入了相量后,同频率的正弦量的求和运算就可以转化为对应相量的求和运算,即

$$已知\ i_1、i_2 \xrightarrow{表示为相量} \dot{I}_{1m}、\dot{I}_{2m} \xrightarrow{相量求和} \dot{I}_{1m} + \dot{I}_{2m} = \dot{I}_m \xrightarrow{\omega\ 不变} i$$

这样,可以避免烦琐的三角函数运算。相量的求和运算实际上是复数的求和运算,也可以在复平面上作相量图求和。有关相量的求和运算将在 2.3 节中举例说明。

【练习与思考】

2.2.1 将下列复数转化为极坐标形式:

①3 + j4　　　　②3 – j4　　　　③ – 3 – j4　　　　④ – 3 + j4

2.2.2 将下列复数转化为直角坐标形式:

①$5\underline{/30°}$　　　　②$5\underline{/110°}$　　　　③$5\underline{/-77°}$　　　　④$5\underline{/-150°}$

2.2.3 已知复数 $A = 4 + j5$,$B = 3 + j4$,求 $A + B$、$A - B$、AB、A/B。

2.2.4 已知复数 $A = 5\underline{/30°}$,$B = 3 + j4$,求 $A + B$、$A - B$、AB、A/B。

2.2.5 试写出下列正弦量的相量,并作相量图:

① $u = 5 \sin(\omega t - 30°)\ \text{V}$

② $u = 10\ \sqrt{2} \sin\left(\omega t + \dfrac{\pi}{3}\right)\text{V}$

③ $i = \sqrt{2} \cos(\omega t - 30°)\ \text{A}$

2.2.6 频率为 50 Hz 的几个正弦量的相量为:

① $\dot{U} = 10\underline{/0°}\ \text{V}$

② $\dot{I}_m = 10\underline{/55°}\ \text{A}$

③ $\dot{I} = \text{j4 A}$

求这些相量对应的正弦量的解析式。

2.3 相量形式的基尔霍夫定律

基尔霍夫定律是电路的基本定律,应用于某一瞬时电路中的任意一个节点或任意一个回路。在正弦交流电路中,基尔霍夫定律为相量形式。

2.3.1 相量形式的 KCL

KCL 指出:在任何时刻,电路中流入(或流出)某个节点的电流的代数和恒等于零,即

$$\sum i = 0$$

由 2.2 节知,正弦量的求和运算可以变为相量的求和运算,所以有

$$\sum \dot{I} = 0 \tag{2.3.1}$$

可见,在正弦交流电路中,任何时刻流入(或流出)某个节点的电流相量的代数和恒等于零。这就是 KCL 的相量形式。

2.3.2　相量形式的 KVL

KVL 指出:在任何时刻,沿任一回路的绕行方向,回路中各元件电压的代数和恒等于零,即

$$\sum u = 0$$

得

$$\sum \dot{U} = 0 \tag{2.3.2}$$

可见,在正弦交流电路中,任何时刻沿任一回路的绕行方向,回路中各元件电压相量的代数和恒等于零。这就是 KVL 的相量形式。

【例 2.3.1】　在图 2.3.1 所示的电路中,已知 $i_1 = 10\sqrt{2}\sin(\omega t - 60°)$ A,$i_2 = 5\sqrt{2}\sin(\omega t + 30°)$ A,求总电流 i。

解　首先写出电流 i_1、i_2 对应的相量,即

$$\dot{I}_1 = 10\underline{/-60°}\ \text{A}$$

$$\dot{I}_2 = 5\underline{/30°}\ \text{A}$$

由 KCL 得

$$\begin{aligned}
\dot{I} &= \dot{I}_1 + \dot{I}_2 = (10\underline{/-60°} + 5\underline{/30°})\,\text{A}\\
&= [(5 - \text{j}8.66) + (4.33 + \text{j}2.5)]\,\text{A}\\
&= (9.33 - \text{j}6.16)\,\text{A} = 11.18\underline{/-33.43°}\ \text{A}
\end{aligned}$$

$\dot{I}$ 是总电流对应的相量,于是,总电流为

$$i = 11.18\sqrt{2}\sin(\omega t - 33.43°)\,\text{A}$$

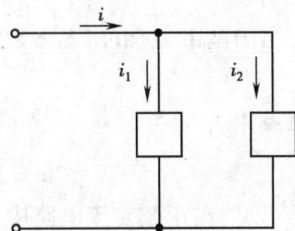

图 2.3.1

【练习与思考】

2.3.1　正弦电流通过并联的两个元件时,若 $I_1 = 2$ A,$I_2 = 3$ A,则总电流等于 5 A 吗?

2.3.2　在正弦电流电路中,串联电路的总电压必大于分电压,并联电路的总电流必大于分电流,这种说法对吗? 为什么?

2.3.3　两个同频率电源的最大值相等,若其顺向串联后的电压有效值与反向串联后的电压有效值相等,则这两个电源电压的相位差是多少?

2.4 正弦交流电路中的电阻、电感和电容

在直流稳态电路中,由于电感元件可视作短路,电容元件可视作开路,电路中只有电阻和直流电源,因此分析较简单。但是,在正弦交流稳态电路中,由于电流和电压随时间交变,所以电感不再短路,电容不再开路,电路中不仅有电阻和电源,还有电感元件和电容元件。电阻、电感和电容的参数不同,表现出的性质也就不同。下面讨论正弦激励分别作用于各个元件的情况。

2.4.1 正弦交流电路中的电阻

(1)电压、电流关系

在图 2.4.1(a)中,设正弦电压 u、电流 i 的解析式分别为

$$u = \sqrt{2}U \sin(\omega t + \psi_u)$$

$$i = \sqrt{2}I \sin(\omega t + \psi_i)$$

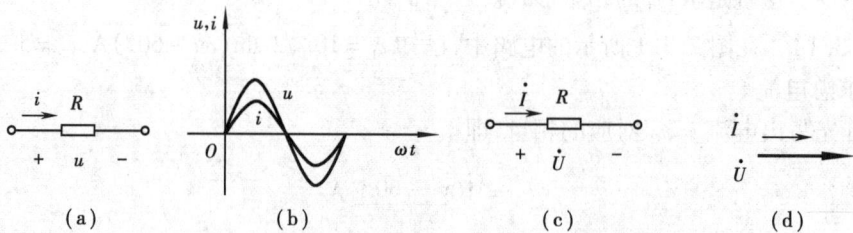

图 2.4.1 电阻电流、电压的波形图和相量图

电阻的电流、电压参考方向关联,由欧姆定律得

$$u = Ri$$

于是电压为

$$u = \sqrt{2}RI \sin(\omega t + \psi_i) = \sqrt{2}U \sin(\omega t + \psi_u)$$

可见,在正弦交流电路中,电阻的电压与电流同相位,它们的有效值服从欧姆定律,写成相量形式为

$$U/\underline{\psi_u} = RI/\underline{\psi_i} \quad 或 \quad \dot{U} = R\dot{I} \tag{2.4.1}$$

式(2.4.1)就是电阻伏安关系的相量形式,该式有两层含义,即

$$U = RI$$

$$\psi_u = \psi_i$$

前者表示在正弦交流电路中电阻的电压与电流有效值之比符合欧姆定律,后者表示电压与电流同相位。式(2.4.1)也可写作

$$\dot{I} = G\dot{U}$$

由于电阻的电压和电流同相位,为了简化,可以设 $\psi_u = \psi_i = 0$,于是,可以画出电压与电流的波形图(如图 2.4.1(b)所示)和相量图(如图 2.4.1(d)所示)。若将图 2.4.1(a)中的电流

和电压用对应的相量表示,则得图 2.4.1(c),这种电路模型称为相量模型。

(2)功率

电阻的瞬时功率为

$$p = ui = 2UI\sin^2\omega t = UI(1 - \cos 2\omega t) \geqslant 0$$

由于电阻的瞬时功率大于等于零,因此电阻只吸收功率,是耗能元件。

瞬时功率在一个周期内的平均值,称为平均功率,由大写字母"P"表示。正弦交流电路中电阻的平均功率为

$$P = \frac{1}{T}\int_0^T p\mathrm{d}t = \frac{1}{T}\int_0^T UI(1 - \cos 2\omega t)\mathrm{d}t = UI \tag{2.4.2}$$

在正弦交流电路中,电阻平均功率的计算公式在形式上与直流电路中的计算公式完全相同,但公式中 U、I 的意义却不相同,在此 U、I 指有效值。

通常所说的功率就是平均功率。平均功率代表电阻实际吸收的功率,可以用功率表测出。

【例 2.4.1】　一只 220 V、40 W 的电灯泡接到 50 Hz、220 V 的交流电源上,试求电灯泡的电流 i。

解　设交流电压的初相 $\psi_u = 0$,则其有效值相量 $\dot{U} = 220\underline{/0°}$ V,于是电灯泡的电流有效值相量为

$$\dot{I} = \frac{\dot{U}}{R} = \frac{\dot{U}}{\dfrac{U^2}{P}} = \frac{220\underline{/0°}}{\dfrac{220^2}{40}}\ \mathrm{A} = 0.18\underline{/0°}\ \mathrm{A}$$

所以,电流解析式为

$$i = 0.18\sqrt{2}\sin 2\pi \times 50t\ \mathrm{A} = 0.25\sin 314t\ \mathrm{A}$$

2.4.2　正弦交流电路中的电感

(1)电压电流关系

在图 2.4.2(a)中,设正弦电压 u、电流 i 的解析式分别为

$$u = \sqrt{2}U\sin(\omega t + \psi_u)$$

$$i = \sqrt{2}I\sin(\omega t + \psi_i)$$

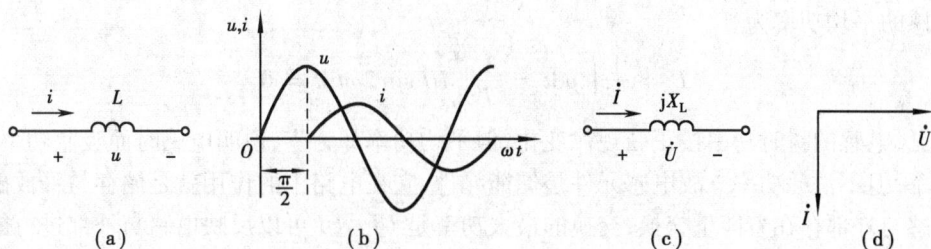

图 2.4.2　电感电压、电流的波形图和相量图

在图示电压、电流关联参考方向下,电感元件的伏安关系为

$$u = L\frac{\mathrm{d}i}{\mathrm{d}t}$$

代入电流解析式得

$$u = L\frac{\mathrm{d}}{\mathrm{d}t}\sqrt{2}I\sin(\omega t + \psi_i)$$

$$= \sqrt{2}\omega LI\cos(\omega t + \psi_i)$$

$$= \sqrt{2}\omega LI\sin\left(\omega t + \psi_i + \frac{\pi}{2}\right)$$

于是有

$$U = \omega LI, \psi_u = \psi_i + \frac{\pi}{2}$$

写成相量形式为

$$U\underline{/\psi_u} = \omega LI\underline{/\psi_i + 90°} \qquad \text{或} \qquad \dot{U} = \mathrm{j}\omega L\dot{I} \qquad (2.4.3)$$

式(2.4.3)就是电感伏安关系的相量形式。可见,在正弦交流电路中,电感的电压超前于电流 $\frac{\pi}{2}$ 或 90°,即电流滞后于电压 90°。若设电压的初相 $\psi_u = 0$,则电流的初相 $\psi_i = -90°$。据此,可以画出电压电流的波形图(如图 2.4.2(b)所示)和相量图(如图 2.4.2(d)所示),而它们的有效值也具有欧姆定律的形式,其比值具有电阻的量纲,反映电感对交流电流的阻碍作用,称为感抗,记作 X_L,其 SI 单位仍为欧(Ω),即

$$\frac{U}{I} = \omega L = X_L \qquad (2.4.4)$$

这一关系式与电阻元件的不同,电阻 R 与频率无关,而感抗 X_L 与电感 L、角频率 ω 成正比。当 L 一定时,ω 越高,X_L 越大;反之,X_L 越小。当 $\omega \to \infty$,$X_L \to \infty$,电感相当于开路;当 $\omega = 0$,$X_L = 0$,电感相当于短路。因此,电感对高频电流的阻碍作用很大(这就是电感的扼流作用),对直流电流则可视为短路。

将图 2.4.2(a)中的电流和电压用对应的相量表示,电感 L 用 $\mathrm{j}X_L$ 表示,得图 2.4.2(c)所示电感的相量模型。

(2)**功率**

设 $\psi_i = 0$,则电感的瞬时功率为

$$p = ui = 2UI\sin(\omega t + 90°)\sin\omega t = 2UI\sin\omega t\cos\omega t = UI\sin 2\omega t$$

电感的平均功率为

$$P = \frac{1}{T}\int_0^T p\mathrm{d}t = \frac{1}{T}\int_0^T UI\sin 2\omega t\mathrm{d}t = 0$$

可见,电感的瞬时功率按正弦规律变化,但平均功率却为零,说明电感时而吸收功率,时而放出功率,但不消耗功率。故电感元件是储能元件,它在电路中的作用就是储存与释放磁场能量。电感与外部存在着能量交换,交换的最大功率是 UI。UI 可以反映电感与外部进行能量交换的规模,工程上将其称为无功功率,记作 Q_L。电感无功功率的公式为

$$Q_L = UI = I^2 X_L = \frac{U^2}{X_L} \qquad (2.4.5)$$

注意:"无功"的含义是交换而不消耗,不能理解为"无用"。为了与平均功率区别,无功功率的单位用乏(var),工程中常用 kvar。相对于无功功率,平均功率又称为有功功率。

【例 2.4.2】　一个 1 H 的电感元件接到电压为 $u = 220\sqrt{2}\sin(314t - 120°)$ V 的电源上，求电感元件的电流及无功功率。

解　由题意得：$\dot{U} = 220\underline{/-120°}$ V，$\omega = 314$ rad/s，于是

$$X_L = \omega L = 314 \times 1\ \Omega = 314\ \Omega$$

$$\dot{I} = \frac{\dot{U}}{jX_L} = \frac{220\underline{/-120°}}{314\underline{/90°}} = 0.7\underline{/-210°}\ \text{A} = 0.7\underline{/360° - 210°}\ \text{A} = 0.7\underline{/150°}\ \text{A}$$

由于初相的定义域：$-\pi \sim \pi$，所以必须作如上变换。因此，电感电流为

$$i = 0.7\sqrt{2}\sin(314t + 150°)\ \text{A}$$

电感元件的无功功率为

$$Q_L = UI = 220 \times 0.7\ \text{V·A} = 154\ \text{var}$$

2.4.3　正弦交流电路中的电容

(1) 电压电流关系

在图 2.4.3(a) 中，设正弦电压 u、电流 i 的解析式分别为

$$u = \sqrt{2}U\sin(\omega t + \psi_u)$$

$$i = \sqrt{2}I\sin(\omega t + \psi_i)$$

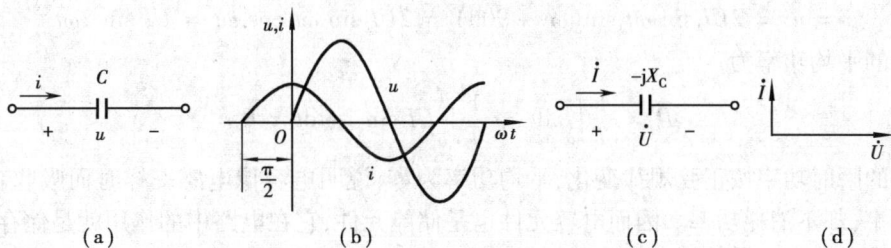

图 2.4.3　电容电压、电流的波形图和相量图

在图示电压电流关联参考方向下，电容元件的伏安关系为

$$i = C\frac{du}{dt}$$

代入电压解析式得

$$i = C\frac{d}{dt}\sqrt{2}U\sin(\omega t + \psi_u)$$

$$= \sqrt{2}\omega CU\cos(\omega t + \psi_u)$$

$$= \sqrt{2}\omega CU\sin\left(\omega t + \psi_u + \frac{\pi}{2}\right)$$

于是有

$$I = \omega CU,\quad \psi_i = \psi_u + \frac{\pi}{2}$$

写成相量形式为

$$I\underline{/\psi_i} = \omega CU\underline{/\psi_u + 90°}\quad\text{或}\quad \dot{I} = j\omega C\dot{U} \tag{2.4.6}$$

也可写成

$$\dot{U} = -j\frac{1}{\omega C}\dot{I} \qquad (2.4.7)$$

式(2.4.6)、式(2.4.7)就是电容伏安关系的相量形式。可见,在正弦交流电路中,电容的电流超前于电压$\frac{\pi}{2}$或90°。设$\psi_u = 0$,则$\psi_i = 90°$,据此,可以画出电压电流的波形图(如图2.4.3(b)所示)和相量图(如图2.4.3(d)所示),它们的有效值也具有欧姆定律的形式,其比值为

$$\frac{U}{I} = \frac{1}{\omega C} = X_C \qquad (2.4.8)$$

称为容抗,记作X_C,其 SI 单位也为 Ω。

电容的容抗X_C反映了电容对交流电流的阻碍作用,与X_L不同,X_C与电容C、角频率ω成反比。在C一定时,ω越高,X_C越小;反之,越大。当$\omega \to \infty$,$X_C \to 0$,电容相当于短路;当$\omega = 0$,$X_C \to \infty$,电容相当于开路。因此,电容对高频电流的阻碍作用很小,而对直流却完全隔断,这就是常说的电容的"隔直通交"作用。

将图2.4.3(a)中的电流和电压用对应的相量表示,电容C用$-jX_C$表示,得图2.4.3(c)所示电容的相量模型。

(2)功率

设$\psi_u = 0$,则电容的瞬时功率为

$$p = ui = 2UI\sin\omega t\sin(\omega t + 90°) = 2UI\sin\omega t\cos\omega t = UI\sin 2\omega t$$

于是电容的平均功率为

$$P = \frac{1}{T}\int_0^T p\mathrm{d}t = \frac{1}{T}\int_0^T UI\sin 2\omega t\mathrm{d}t = 0$$

电容的瞬时功率按正弦规律变化,平均功率为零,说明电容像电感一样时而吸收功率,时而放出功率,却不消耗功率。因而电容元件也是储能元件,它在电路中的作用就是储存与释放电场能量。电容的无功功率记作Q_C,计算公式为

$$Q_C = UI = I^2X_C = \frac{U^2}{X_C} \qquad (2.4.9)$$

【例2.4.3】 R、L、C三个元件串联,已知$R = 15\ \Omega$,$L = 30\ \mathrm{mH}$,$C = 20\ \mu\mathrm{F}$,电流为$i = 10\sqrt{2}\sin 1\,000t$ A;求总电压u。

解 首先根据三个元件伏安关系的相量形式,分别求得各元件上的电压:

电阻的电压为

$$\dot{U}_R = R\dot{I} = 15 \times 10\ \mathrm{V} = 150\ \mathrm{V}$$

其中,电流的初相为0,计算中可以省去不写,即$\dot{I} = 10\underline{/0°}\ \mathrm{A} = 10\ \mathrm{A}$。

电感的电压为

$$\dot{U}_L = j\omega L\dot{I} = j1\,000 \times 30 \times 10^{-3} \times 10\ \mathrm{V} = j300\ \mathrm{V}$$

电容的电压为

$$\dot{U}_C = -j\frac{1}{\omega C}\dot{I} = -j\frac{1}{1\,000 \times 20 \times 10^{-6}} \times 10\ \mathrm{V} = -j500\ \mathrm{V}$$

由 KVL 的相量形式得总电压,即

$$\dot{U} = \dot{U}_R + \dot{U}_L + \dot{U}_C$$

$$= (150 + j300 - j500)\,V = (150 - j200)\,V = 250\underline{/-53.1°}\,V$$

于是总电压的解析式为

$$u = 250\sqrt{2}\sin(1\,000t - 53.1°)\,V$$

【练习与思考】

2.4.1 什么是感抗? 说明它的大小由哪些因素决定。

2.4.2 什么是容抗? 说明它的大小由哪些因素决定。

2.4.3 指出下列各式哪些是对的,哪些是错的?

$$\frac{u}{i} = X_C,\frac{U}{I} = j\omega L,\frac{\dot{U}}{\dot{I}} = j\omega C,u = X_L i,\dot{I} = -j\frac{1}{X_L}\dot{U}$$

2.4.4 在图 2.4.4 中,图(a)为单元件电路,其电流、电压波形如图(b)所示,试判断该元件是什么元件,并求其电抗参数。

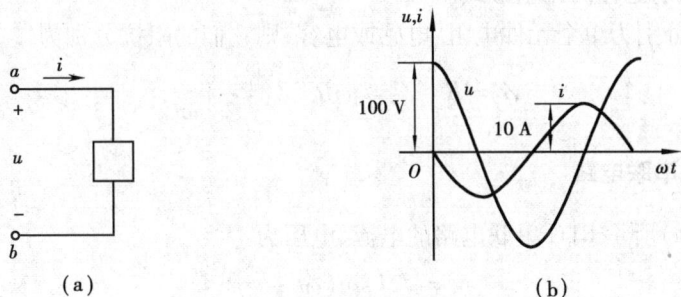

图 2.4.4

2.4.5 判断下列说法是否正确:

① 正弦电流通过串联的两个元件时,若 $U_1 = 5\,V,U_2 = 8\,V$,则总电压 $U = U_1 + U_2 = 13\,V$;

② 两个无源元件并联在正弦电流电路中,若总电流小于其中一个元件的电流值,则其中一个必为电感元件,另一个必为电容元件;

③ 在正弦电流电路中,两元件串联后的总电压必大于分电压,两元件并联后的总电流必大于分电流。

2.5 简单正弦交流电路分析

2.5.1 阻抗

图 2.5.1 所示二端网络 N,端口电压电流关联,将电压相量与电流相量的比值定义为网络 N 的阻抗,记作 Z,即

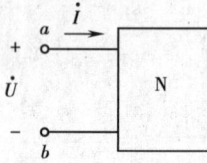

图 2.5.1　二端网络

$$Z = \frac{\dot{U}}{\dot{I}} = \frac{\dot{U}_\mathrm{m}}{\dot{I}_\mathrm{m}} \qquad (2.5.1)$$

注意，Z 是电路的一个复数参数，而不是一个正弦量，故其上不加点。上式可写成极坐标式

$$Z = |Z| \underline{/\varphi} = \frac{U}{I} \underline{/\psi_u - \psi_i} = \frac{U_\mathrm{m}}{I_\mathrm{m}} \underline{/\psi_u - \psi_i}$$

该式有两层含义，即

$$|Z| = \frac{U}{I} = \frac{U_\mathrm{m}}{I_\mathrm{m}}$$

$$\varphi = \psi_u - \psi_i$$

前者表示网络 N 的阻抗模等于网络端口电压与电流有效值之比或最大值之比；后者表示网络 N 的阻抗角等于网络端口电压超前于电流的相位角。

式(2.5.1)可写为

$$\dot{U} = Z\dot{I} \quad 或 \quad \dot{U}_\mathrm{m} = Z\dot{I}_\mathrm{m} \qquad (2.5.2)$$

式(2.5.2)称为欧姆定律的相量形式。

若网络 N 中分别为单个元件电阻、电感或电容，则它们的阻抗分别为

$$Z = R \quad Z = \mathrm{j}\omega L \quad Z = -\mathrm{j}\frac{1}{\omega C}$$

2.5.2　RLC 串联电路

设图 2.5.2(a)所示 RLC 串联电路的电流、电压为

$$i = \sqrt{2}I \sin(\omega t + \psi_i)$$

$$u = \sqrt{2}U \sin(\omega t + \psi_u)$$

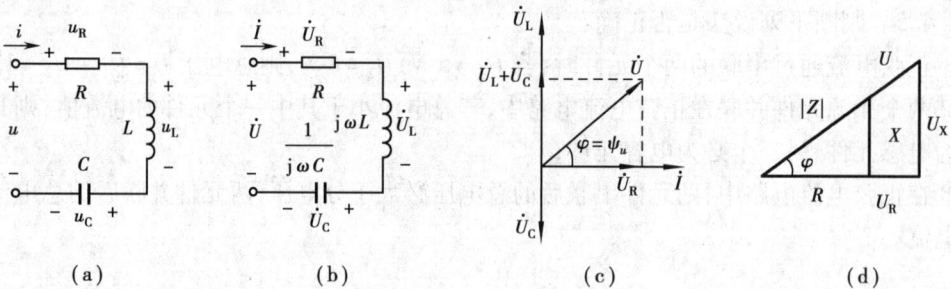

图 2.5.2　RLC 串联电路

在图 2.5.2(b)中，根据 KCL 的相量形式得

$$\dot{U} = \dot{U}_\mathrm{R} + \dot{U}_\mathrm{L} + \dot{U}_\mathrm{C} \qquad (2.5.3)$$

以电流 $\dot{I}$ 为参考相量(即令 $\psi_i = 0$)，可以作出 $\dot{U}_\mathrm{R}$、$\dot{U}_\mathrm{L}$、$\dot{U}_\mathrm{C}$ 的相量图(如图 2.5.2(c)所示)，图中 $\dot{U}_\mathrm{L} + \dot{U}_\mathrm{C} = \dot{U}_\mathrm{X}$。由相量 $\dot{U}_\mathrm{R}$、$\dot{U}_\mathrm{X}$、$\dot{U}$ 组成的三角形称为电压三角形(如图 2.5.2(d)所

示）。电压三角形的三电压满足以下条件，即

$$U = \sqrt{U_R^2 + U_X^2} = \sqrt{U_R^2 + (U_L - U_C)^2} \tag{2.5.4}$$

电压三角形的 φ 角是电压超前于电流的相位角，即阻抗角。由电压三角形得

$$\varphi = \arctan \frac{U_X}{U_R} = \arctan \frac{U_L - U_C}{U_R} \tag{2.5.5}$$

应用元件的 VAR 的相量形式

$$\dot{U}_R = R\dot{I}$$

$$\dot{U}_L = j\omega L\dot{I} = jX_L\dot{I}$$

$$\dot{U}_C = -j\frac{1}{\omega C}\dot{I} = -jX_C\dot{I}$$

将 VAR 的相量形式代入式（2.5.3）得

$$\dot{U} = [R + j(X_L - X_C)]\dot{I} = (R + jX)\dot{I} = Z\dot{I} \tag{2.5.6}$$

其中，$Z = R + jX$ 是 RLC 串联电路的等效阻抗，其实部就是串联电路的电阻 R，虚部 X 是感抗 X_L 与容抗 X_C 之差，即 $X = X_L - X_C$，称为电抗，单位也是欧［姆］（Ω）。显然，感抗和容抗总是正的，而电抗为一个代数量，可正可负。

若将电压三角形的三电压 U_R、U_X、U 分别除以电流 I，则得到由阻抗 R、X 和阻抗模 $|Z|$ 组成的三角形，称为阻抗三角形（如图 2.5.2（d）所示）。显然，电压三角形与阻抗三角形是相似三角形。在阻抗三角形中，有

$$|Z| = \sqrt{R^2 + X^2} = \sqrt{R^2 + (X_L - X_C)^2} \tag{2.5.7}$$

$$\varphi = \arctan \frac{X}{R} = \arctan \frac{X_L - X_C}{R} \tag{2.5.8}$$

可见，电压超前于电流的相位角，即阻抗角 φ 的大小由电路参数决定，其正负取决于电抗 $X = X_L - X_C$ 的正负。

下面讨论电抗与电路性质的关系：

当 $X > 0$，即 $X_L - X_C > 0$ 时，$\varphi = \psi_u - \psi_i > 0$，即电路的电流滞后于电压，此时电路是电感性的；当 $X < 0$，即 $X_L - X_C < 0$ 时，$\varphi = \psi_u - \psi_i < 0$，即电路的电流超前于电压，此时电路是电容性的；当 $X = 0$，即 $X_L - X_C = 0$ 时，$\varphi = \psi_u - \psi_i = 0$，即电路的电流与电压同相，此时电路是电阻性的。

将含有电感和电容元件的电路，其电压与电流同相为电阻性电路的特殊现象称为谐振。发生在上述 RLC 串联电路中的谐振称为串联谐振。$X = X_L - X_C$ 随频率变化，将 X 与 f 的关系称为电路的频率特性，如图 2.5.3（a）所示。显然，RLC 串联电路发生串联谐振时，$X = X_L - X_C = 0$（即谐振条件）或 $\omega L = \frac{1}{\omega C}$。将谐振时电路的工作频率称为谐振频率，记作 f_0，谐振角频率记作 ω_0，则

$$\omega_0 = \frac{1}{\sqrt{LC}} \quad 或 \quad f_0 = \frac{1}{2\pi\sqrt{LC}} \tag{2.5.9}$$

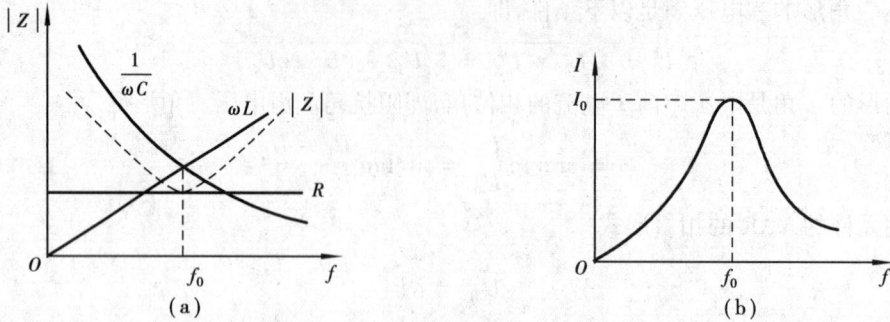

图 2.5.3　RLC 串联电路的频率特性

可见,电路的谐振频率由电路的参数决定,取决于 L、C;调节激励信号的频率(即调频)或调节电路的参数 L、C(即调谐)均可以实现电路谐振。

串联谐振具有以下特征:

①电路的阻抗模$|Z| = \sqrt{R^2 + X^2} = R$,其值最小;

②电路中的电流在谐振时最大(如图 2.5.3(b)所示),即 $I = I_0 = \dfrac{U}{R}$;

③电路谐振时电阻、电感和电容元件上的电压分别为

$$\left.\begin{array}{l} \dot{U}_R = \dot{U} = R\dot{I} \\ \dot{U}_L = jX_L\dot{I} \\ \dot{U}_C = -jX_C\dot{I} \end{array}\right\} \tag{2.5.10}$$

由于谐振时 $X_L = X_C$,所以电感上的电压与电容上的电压大小相等方向相反。因而又将串联谐振称为电压谐振。实际的串联谐振电路通常由电感线圈和电容器构成,由于电感线圈的电阻很小,所以电感和电容上的电压都远大于电阻上的电压,即 $U_L = U_C \gg U_R$。因此,在电子工程中,常利用串联谐振获得较高电压,但在电力工程中,一般应避免发生串联谐振,因为过高的电压会击穿线圈和电容的绝缘层。

2.5.3　简单正弦交流电路分析

在分析正弦交流电路时,若将电路中各个正弦量用对应的相量表示,各个元件的参数用对应的阻抗表示,便得到电路的相量模型,如图 2.5.2(b)就是图(a)的相量模型。在相量模型中,由于电压、电流均遵循电路的基本定律——基尔霍夫定律和欧姆定律的相量形式,因此,在分析时就可以照搬直流电路的分析方法。这种分析正弦交流电路的方法,称为相量法。

(1)阻抗的串联

图 2.5.4 所示阻抗串联电路,电压电流的参考方向关联,应用基尔霍夫定律和欧姆定律得

$$\dot{U} = \dot{U}_1 + \dot{U}_2 = Z_1\dot{I} + Z_2\dot{I} = (Z_1 + Z_2)\dot{I} = Z\dot{I}$$

其中,Z 是串联电路的等效阻抗,其计算公式为

$$Z = Z_1 + Z_2 \tag{2.5.11}$$

电路的电流为

$$\dot{I} = \frac{\dot{U}}{Z_1 + Z_2} \tag{2.5.12}$$

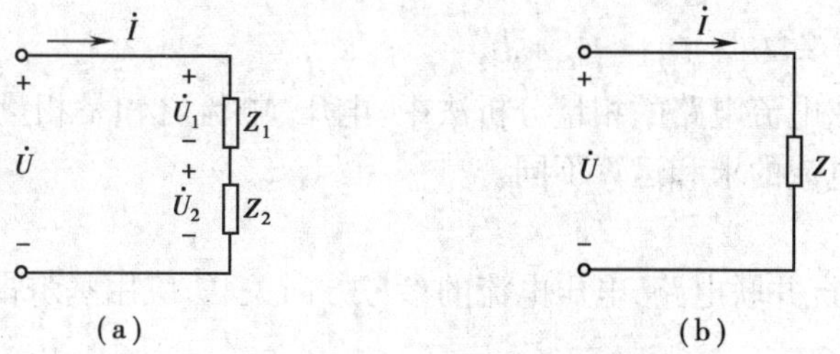

图 2.5.4 阻抗串联

对每个阻抗运用欧姆定律得分压公式,即

$$
\left.
\begin{aligned}
\dot{U}_1 &= Z_1\dot{I} = \frac{Z_1}{Z_1 + Z_2}\dot{U} \\
\dot{U}_2 &= Z_2\dot{I} = \frac{Z_2}{Z_1 + Z_2}\dot{U}
\end{aligned}
\right\}
\tag{2.5.13}
$$

可见,在正弦电流电路的相量分析法中,阻抗串联的计算公式、分压公式均与直流电路中电阻串联的计算公式、分压公式相似。

【例 2.5.1】 在图 2.5.4 所示电路中,若 Z_1、Z_2 分别是电阻元件和电容元件,已知 $Z_1 = 4\ \Omega$,$Z_2 = -\mathrm{j}4\ \Omega$,串接在 $\dot{U} = 220\underline{/30°}$ V 的电源上。试求电路中的电流 $\dot{I}$ 及各个阻抗上的电压 $\dot{U}_1$、$\dot{U}_2$,并作出相量图。

解
$$Z = Z_1 + Z_2 = (4 - \mathrm{j}4)\Omega = 5.66\underline{/-45°}\ \Omega$$

$$\dot{I} = \frac{\dot{U}}{Z} = \frac{220\underline{/30°}}{5.66\underline{/-45°}}\ \mathrm{A} = 38.87\underline{/75°}\ \mathrm{A}$$

$$\dot{U}_1 = Z_1\dot{I} = 4 \times 38.87\underline{/75°}\ \mathrm{V} = 155.48\underline{/75°}\ \mathrm{V}$$

$$\dot{U}_2 = Z_2\dot{I} = -\mathrm{j}4 \times 38.87\underline{/75°}\ \mathrm{V} = 155.48\underline{/-15°}\ \mathrm{V}$$

其相量图如图 2.5.5 所示。若从电阻两端输出,则输出电压 $\dot{U}_1$ 超前于输入电压 $\dot{U}$;若从电容两端输出,则输出电压 $\dot{U}_2$ 滞后于输入电压 $\dot{U}$。所以,将该电路称为超前滞后网络,它反映了电容元件的移相作用。

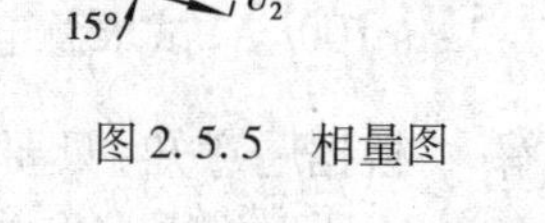

若从电阻两端输出,并适当配置元件的参数,使 $X_C \ll R$,则 $U_1 \gg U_2$,此时,输入的交流电压几乎全部耦合到电阻上并输出。由于电容的隔直作用,该电路可以用来隔离直流信号,耦合交流信号,所以又称为阻容耦合电路。反之,若从电容两端输出,并将电容 C 取得足够大,对于输入的交流信号 $X_C \ll R$,则电容上只有直流电压信号输出。因此,该电路可以滤去交流信号,称为 RC 滤波电路,它反映了电容的旁路作用。

图 2.5.5 相量图

电感也有类似的电路性质。利用电容元件和电感元件,可以制作各种各样的移相电路和滤波电路。

由本例还可见,$\dot{U} = \dot{U}_1 + \dot{U}_2 \neq U_1 + U_2$。

应当注意,在正弦电流电路的相量分析法中,电压、电流之和是相量和,而不是代数和,这与直流电路中电压、电流的求和运算不同。

(2)阻抗的并联

图 2.5.6 所示阻抗并联电路,电压电流的参考方向关联,应用基尔霍夫电流定律和欧姆定律得

$$\dot{I} = \dot{I}_1 + \dot{I}_2 = \frac{\dot{U}}{Z_1} + \frac{\dot{U}}{Z_2} = \frac{\dot{U}}{Z}$$

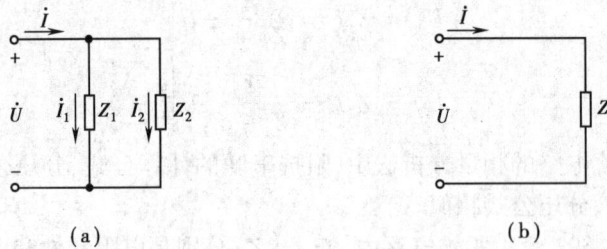

图 2.5.6 并联电路

其中,Z 是并联电路的等效阻抗,其计算公式为

$$\frac{1}{Z} = \frac{1}{Z_1} + \frac{1}{Z_2} \quad 或 \quad Z = \frac{Z_1 Z_2}{Z_1 + Z_2} \tag{2.5.14}$$

电路的电压为

$$\dot{U} = Z\dot{I} = \frac{Z_1 Z_2}{Z_1 + Z_2}\dot{I} \tag{2.5.15}$$

对每一个阻抗应用欧姆定律得分流公式,即

$$\left. \begin{array}{l} \dot{I}_1 = \dfrac{\dot{U}}{Z_1} = \dfrac{Z_2}{Z_1 + Z_2}\dot{I} \\[3mm] \dot{I}_2 = \dfrac{\dot{U}}{Z_2} = \dfrac{Z_1}{Z_1 + Z_2}\dot{I} \end{array} \right\} \tag{2.5.16}$$

可见,在正弦电流电路的相量分析法中,两个阻抗并联的计算公式、分流公式在形式上也都与直流电路中电阻并联的计算公式、分压公式相似。

【例 2.5.2】 在 RLC 并联电路中,已知 $R = 400\ \Omega$,$X_L = 400\ \Omega$,$X_C = 250\ \Omega$,电阻电流 $i = 0.01\sqrt{2}\sin 100t$ A;试求总电流 i。

解 根据题意知,只要求出了并联电路的电压,则该题可解。由于已知电阻电流 $\dot{I}_R = 0.01\underline{/0°}$ A,所以可以求出并联电路的电压,即

$$\dot{U} = R\dot{I}_R = 400 \times 0.01\ \underline{/0°}\ \text{V} = 4\underline{/0°}\ \text{V}$$

于是电感和电容支路的电流分别为

$$\dot{I}_L = \frac{\dot{U}}{jX_L} = \frac{4\underline{/0°}}{j400}\ \text{A} = 0.01\underline{/-90°}\ \text{A}$$

$$\dot{I}_C = \frac{\dot{U}}{-jX_C} = \frac{4\underline{/0°}}{-j250} \text{ A} = 0.016\ \underline{/90°} \text{ A}$$

故总电流为

$$\begin{aligned}
\dot{I} &= \dot{I}_R + \dot{I}_L + \dot{I}_C \\
&= (0.01\underline{/0°} + 0.01\underline{/-90°} + 0.016\underline{/90°})\text{ A} \\
&= (0.01 - j0.01 + j0.016)\text{ A} \\
&= (0.01 + j0.006)\text{ A} = 0.01\underline{/31°} \text{ A}
\end{aligned}$$

即

$$i = 0.01\ \sqrt{2}\sin(100t + 31°)\text{ A}$$

【例 2.5.3】 在图 2.5.7 所示的电路中,已知 $X_C = 50\ \Omega$, $X_L = R = 100\ \Omega$, $I_C = 2$ A;求 I_R 和 U。

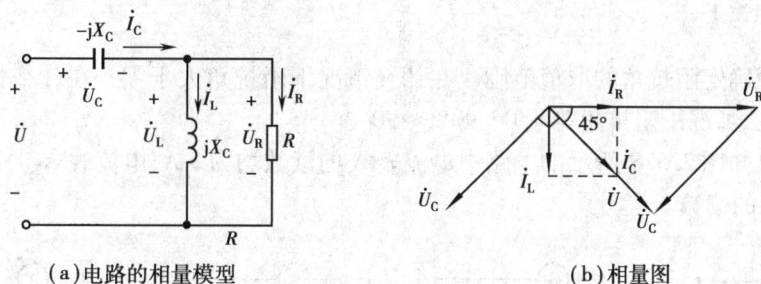

(a)电路的相量模型   (b)相量图

图 2.5.7

解 方法一:相量运算

由于

$$\dot{I}_R = \frac{jX_L}{R + jX_L}\dot{I}_C$$

根据复数运算规则得

$$I_R = \frac{X_L}{\sqrt{R^2 + X_L^2}}I_C = \frac{100}{\sqrt{100^2 + 100^2}} \times 2 \text{ A} = 1.414 \text{ A}$$

电路阻抗为

$$\begin{aligned}
Z &= -jX_C + \frac{R \times jX_L}{R + jX_L} \\
&= \left(-j50 + \frac{100 \times j100}{100 + j100}\right)\Omega \\
&= \left(-j50 + \frac{j10\ 000}{100\ \sqrt{2}\underline{/45°}}\right)\Omega \\
&= (-j50 + 70.7\underline{/45°})\ \Omega \\
&= (-j50 + 50 + j50)\Omega = 50\ \Omega
\end{aligned}$$

电路中的电压为

$$U = |Z|I_C = 50 \times 2 \text{ V} = 100 \text{ V}$$

方法二:相量图法

在没有指定参考相量时,通常串联电路以电流为参考相量,并联电路以电压为参考相量。对于本例这种串并联电路,一般以并联支路的电压为参考相量,即 $\dot{U}_R = U_R \underline{/0°}$。电阻的电流与电压同相,电感的电流滞后于电压90°;由于 $X_L = R$,$\dot{I}_C = \dot{I}_R + \dot{I}_L$,所以,$I_R = I_L = I_C \sin 45° = 2A \sin 45° = 1.41$ A。由此可以画出 $\dot{U}_R$、$\dot{I}_R$、$\dot{I}_L$ 及 $\dot{I}_C$ 的相量,如图 2.5.7(b) 所示。根据元件的 VAR 得 $U_R = RI_R = 100 \times 1.41$ V $= 141$ V。

由于电容的电压滞后于电流90°,于是可以画出 $\dot{U}_C$,其中 $U_C = X_C I_C = 50 \times 2$ V $= 100$ V。根据 $\dot{U} = \dot{U}_C + \dot{U}_R$ 可以作出总电压 $\dot{U}$ 的相量。显然,$\dot{U}$、$\dot{U}_C$、$\dot{U}_R$ 组成一个等边直角三角形,所以,$U = U_C = 100$ V。

【练习与思考】

2.5.1 试确定阻抗角的取值范围。在什么情况下阻抗角大于零? 在什么情况下阻抗角小于零? 在什么情况下阻抗角等于 $0°$、$90°$、$-90°$?

2.5.2 已知图 2.5.8 所示的电路中电流表 A 的读数均为 5 A,电流表 A_2 的读数均为3 A,试求电流表 A_1 的读数。

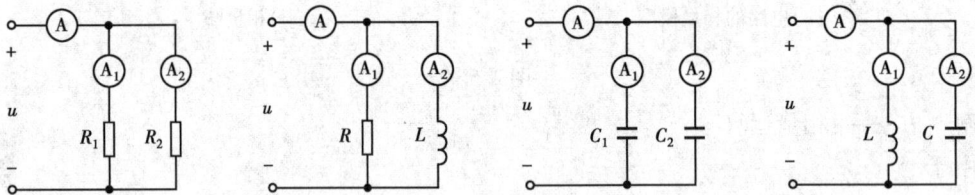

图2.5.8

2.6 正弦交流电路的功率

在 2.4 节中介绍了单一元件的功率,本节介绍任意正弦交流电路的功率。

2.6.1 有功功率、无功功率和功率因数

(1)瞬时功率

设图 2.6.1(a)所示二端网络的端口电压 u 和端口电流 i 的参考方向关联,其解析式为

$$u = \sqrt{2}U \sin(\omega t + \psi_u)$$

$$i = \sqrt{2}I \sin(\omega t + \psi_i)$$

端口电压超前于端口电流的相位角 $\varphi = \psi_u - \psi_i$,为了简化计算,令 $\psi_i = 0$,则

$$u = \sqrt{2}U \sin(\omega t + \varphi)$$

$$i = \sqrt{2}I \sin \omega t$$

（a）二端网络　　　　　（b）二端网络的瞬时功率

（c）瞬时功率的有功分量　　　（d）瞬时功率的无功分量

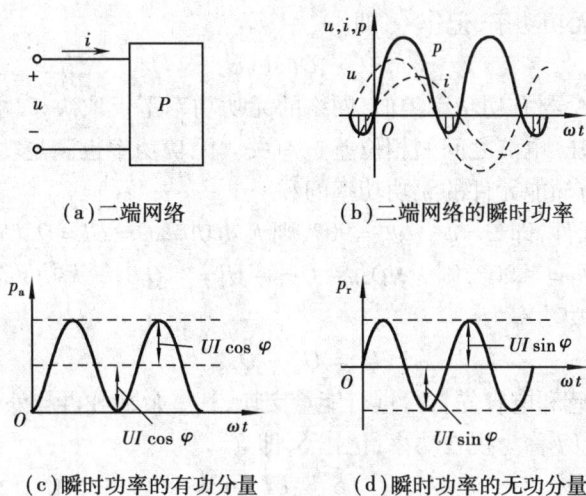

图 2.6.1　二端网络的功率

于是二端网络的瞬时功率为

$$p = ui = 2UI\sin(\omega t + \varphi)\sin\omega t = UI[\cos\varphi - \cos(2\omega t + \varphi)] \tag{2.6.1}$$

根据式(2.6.1)可以画出瞬时功率的波形图,如图 2.6.1(b)所示。瞬时功率有正有负,说明二端网络和外电路有能量交换。这种现象是因为二端网络内既有电阻元件,也有储能元件——电感和电容。

为了便于分析,将式(2.6.1)的第二项展开并整理得

$$p = UI\cos\varphi[1 - \cos(2\omega t)] + UI\sin\varphi\sin(2\omega t) \tag{2.6.2}$$

该式表明,瞬时功率有两个分量组成,第一个分量波形如图 2.6.1(c)所示,其值大于等于零,是网络内电阻吸收的瞬时功率,称为有功分量,其平均值为 $UI\cos\varphi$;第二个分量波形如图 2.6.1(d)所示,为一交变分量,平均值为零,是网络内储能元件的瞬时功率,称为无功分量。

（2）**平均功率**

由网络瞬时功率的公式可以推出网络平均功率的计算公式,即

$$P = \frac{1}{T}\int_0^T p\,\mathrm{d}t = \frac{1}{T}\int_0^T UI[\cos\varphi - \cos(2\omega t + \varphi)]\,\mathrm{d}t = UI\cos\varphi = UI\lambda \tag{2.6.3}$$

可见,平均功率等于瞬时功率的有功分量的平均值,故网络的平均功率又称为有功功率,满足功率守恒,则网络的有功功率等于网络内所有电阻消耗的有功功率的和,即

$$P = \sum P_\mathrm{R}$$

在正弦交流电路中,网络的有功功率不仅取决于网络端口的电压电流有效值的乘积,还与电压电流之间的相位差 φ 有关。因此,在正弦交流电路中,需要采用功率表来测量有功功率。式(2.6.3)中,λ 按下式可得

$$\lambda = \cos\varphi \tag{2.6.4}$$

称为网络的功率因数,φ 称为功率因数角。一般地,$\varphi = \psi_u - \psi_i$,对于无源网络,$\varphi$ 等于网络的阻抗角。

（3）**无功功率**

网络瞬时功率的无功分量为一交变量,其平均值为零,表明网络内的储能元件虽然不消耗能量,却与外界有能量交换,而瞬时功率的最大值 $UI\sin\varphi$ 反映了这种能量交换的规模。将

$UI \sin \varphi$ 定义为网络的无功功率,记作 Q,即

$$Q = UI \sin \varphi \tag{2.6.5}$$

在正弦交流电路中,与有功功率类似,网络的无功功率不仅取决于网络端口的电压、电流有效值的乘积,还与电压、电流之间的相位差 φ 有关。无功功率也满足功率守恒,即网络的无功功率等于网络内所有储能元件的无功功率的和。

若网络为纯电感元件,即 $\varphi = \psi_u - \psi_i = 90°$,则无功功率 $Q = UI = Q_L$(正无功);若网络为纯电容元件,即 $\varphi = \psi_u - \psi_i = -90°$,则无功功率 $Q = -UI = -Q_C$(负无功);若网络中既有电感元件也有电容元件,则无功功率为

$$Q = Q_L - Q_C \tag{2.6.6}$$

该式表明,网络内的电感和电容先自行进行能量交换,其多余部分再与外界进行交换。

在电工技术中,将 UI 称为视在功率,记作 S,即

$$S = UI \tag{2.6.7}$$

为了与有功功率区别,其单位用伏安($V \cdot A$)或千伏安($kV \cdot A$)。

一般交流电气设备是按额定电压 U_N 和额定电流 I_N 来设计和使用的,变压器和一些交流电机是以额定电压 U_N 和额定电流 I_N 的乘积,即额定视在功率 S_N 为

$$S_N = U_N I_N \tag{2.6.8}$$

它表示设备能够输出的最大平均功率。设备的额定功率又称为容量。应当注意,视在功率不守恒。

有功功率 P、无功功率 Q、视在功率 S 三者的关系为

$$S = \sqrt{P^2 + Q^2} \tag{2.6.9}$$

$$\cos \varphi = \frac{P}{S} \tag{2.6.10}$$

2.6.2 功率因数的提高

由式(2.6.9)和式(2.6.10)可见,对于一定容量的发电机,若负载网络占有的无功功率越多,则消耗的有功功率就会越少,功率因数也越低,发电机的容量得不到充分利用。另外,由式(2.6.3)可知,当发电机的电压 U 和输出功率 P 一定时,电流 I 与功率因数成反比;功率因数越低,线路和发电机绕组上的功率损耗 ΔP 就越大,因为

$$\Delta P = rI^2 = r\left(\frac{P}{U \cos \varphi}\right)^2$$

式中,r 为发电机的内阻和供电线路的内阻。

综上所述,提高功率因数,可以使发电机的容量得到充分利用,同时大量节约电能。因此,提高功率因数,对国民经济的发展极为重要。

要提高功率因数就必须设法减小负载网络占用的无功功率。由于通常的负载都是感性的,由式(2.6.6)知,若在负载网络中引入电容元件,就可以减小负载网络的无功功率。为了不影响负载的工作状态,采用在负载两端并联电容的方法,如图2.6.2(a)所示,这种电容称为补偿电容。

由图2.6.2(b)可见,并联电容后,电路中电流 i 与电压 u 之间的相位差由 φ_1 减小到 φ,故功率因数提高了。

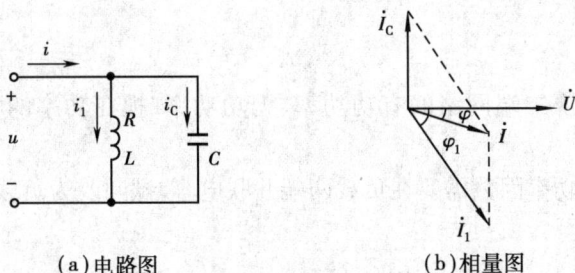

（a）电路图　　　　　　　　（b）相量图

图 2.6.2　电容器与电感性负载并联以提高功率因数

应当注意,并联电容后,负载从电源设备吸收的有功功率并没有改变,但是,整个负载网络占有的无功功率减小了,即与电源设备的能量交换少了,这意味着电源设备可以使更多的电能供其他用户使用,因此设备的容量得到了充分利用。

【例 2.6.1】　在图 2.6.2 所示电路中,已知电源电压为 220 V,频率为 50 Hz,负载阻抗为 $Z = (2 + j3)\Omega$。①试求负载的有功功率 P、无功功率 Q_L 及功率因数 λ_1;②若要将功率因数提高到 0.9,试问要并联多大的电容?

解　①$Z = (2 + j3)\Omega = 3.6\underline{/56.3°}\ \Omega$

$$\varphi_1 = 56.3°$$

$$I = \frac{U}{Z} = \frac{220}{3.6}\ \text{A} = 61\ \text{A}$$

此时没有并联电容,所以,$I = I_1$,于是

$$P = UI_1\cos\varphi_1 = 220 \times 61\cos 56.3°\ \text{W} = 7.45\ \text{kW}$$

$$Q_L = UI_1\sin\varphi_1 = 220 \times 61\sin 56.3°\ \text{V} \cdot \text{A} = 11.16\ \text{kV} \cdot \text{A}$$

$$\lambda_1 = \cos 56.3° = 0.55$$

②由图 2.6.2(b)所示相量图得

$$I_C = I_1\sin\varphi_1 - I\sin\varphi$$

$$= \frac{P}{U\cos\varphi_1}\sin\varphi_1 - \frac{P}{U\cos\varphi}\sin\varphi$$

$$= \frac{P}{U}(\tan\varphi_1 - \tan\varphi)$$

而

$$I_C = \frac{U}{X_C} = U\omega C$$

$$\varphi = \arccos 0.9 = 25.84°$$

所以并联电容为

$$C = \frac{I_C}{\omega U} = \frac{P}{\omega U^2}(\tan\varphi_1 - \tan\varphi)$$

$$= \frac{7.45 \times 10^3}{2\pi \times 50 \times 220^2}(\tan 56.3° - \tan 25.84°)\text{F} = 500\ \mu\text{F}$$

由感性负载的无功功率算出补偿电容的容量 C,再选取电容较烦琐,但将其换算成相应的无功功率用起来却很简便。因此,这种补偿电容的铭牌标识与普通电容的不同。普通电容铭牌上标的是额定电压值和容量 C,而补偿电容铭牌上标的是额定电压值和无功功率(也称为"容量"),如 0.4 kV、4 kvar。

【练习与思考】

2.6.1 试说明无源二端网络的有功功率、无功功率、视在功率的物理意义及三者间的关系。

2.6.2 为了提高功率因数需要在负载两端并联电容,试问改为负载与电容串联行吗?

2.7 三相电路

由于三相制在发电、输电和用电方面的优点,因此,目前国内外的电力系统普遍采用三相制供电方式。所谓三相制,就是由三个频率相同、波形相同但变动进程不同的交流电源组成的三相供电系统,日常生活用电就是取自三相中的一相。

下面介绍对称三相电源、负载的连接,对称三相电路中电压、电流和功率的计算及故障分析。

2.7.1 三相电压

图 2.7.1 是三相交流发电机的原理图,其主要组成部分是定子和转子。定子是固定的,图中 UX、VY、WZ 是完全相同的三个定子绕组,彼此相差 120°,安放在定子铁芯的槽内,分别称为 U 相、V 相和 W 相绕组,其中 U、V、W 是始端,X、Y、Z 是末端。

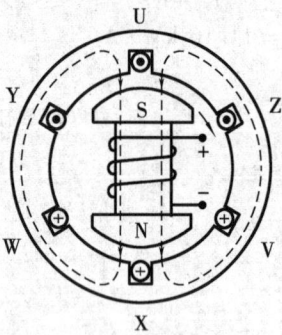

图 2.7.1 三相交流发电机的原理图

如图 2.7.1 所示,转子是可以转动的,其上绕有励磁绕组,用直流激励。励磁绕组产生恒定磁场(方向如图中虚线所示)。选择合适的极面形状和励磁绕组的布置情况,可使空气隙中的磁感应强度按正弦规律分布。当原动机(汽轮机、水轮机等)带动转子匀速的按顺时针方向旋转时,每一相绕组依次切割磁力线,所以其中将分别感生出频率相同、幅值相等而相位依次相差 120°的正弦电动势 e_U、e_V、e_W。电动势的参考方向选定为自绕组的末端指向始端。如以 U 相为参考,则有

$$\left. \begin{aligned} e_U &= E_m \sin \omega t \\ e_V &= E_m \sin(\omega t - 120°) \\ e_W &= E_m \sin(\omega t - 240°) = E_m \sin(\omega t + 120°) \end{aligned} \right\} \tag{2.7.1}$$

也可用相量表示

$$\left. \begin{aligned} \dot{E}_U &= E\underline{/0°} = E \\ \dot{E}_V &= E\underline{/-120°} = E\left(-\frac{1}{2} - j\frac{\sqrt{3}}{2}\right) \\ \dot{E}_W &= E\underline{/120°} = E\left(-\frac{1}{2} + j\frac{\sqrt{3}}{2}\right) \end{aligned} \right\} \tag{2.7.2}$$

其波形表示和相量图如图 2.7.2 所示。

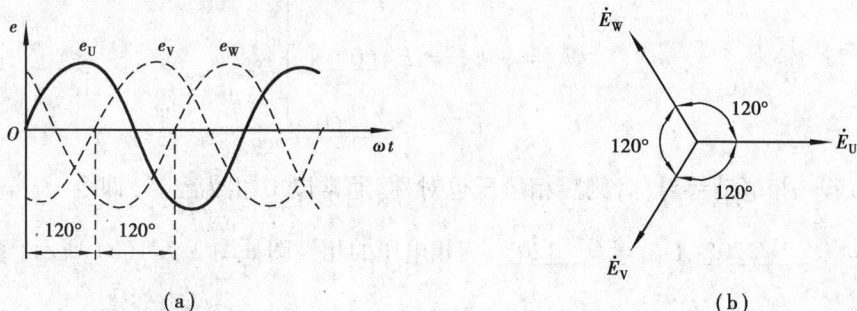

图 2.7.2　三相电动势的波形图和相量图

可见,三相电动势的幅值相等、频率相同,彼此之间相位相差也相等。这种电动势称为对称三相电动势。显然,其瞬时值或相量之和为零,即

$$
\left.\begin{array}{c}
e_U + e_V + e_W = 0 \\
\dot E_U + \dot E_V + \dot E_W = 0
\end{array}\right\}
\tag{2.7.3}
$$

三相交流电动势到达最大值的先后次序称为相序。在此,相序是 U→V→W,称为正序;若相序是 W→V→U(或 U→W→V),则称为负序。

发电机的三相绕组通常接成图 2.7.3 所示形式,即将三个末端接在一起,这一点称为电源中性点,简称中性点(或零点),用 N 表示。从中性点引出的导线称为中性线,简称中线(或零线),从绕组的始端 U、V、W 引出的三根导线称为相线(或端线),俗称火线。这种连接形式,称为星形连接。

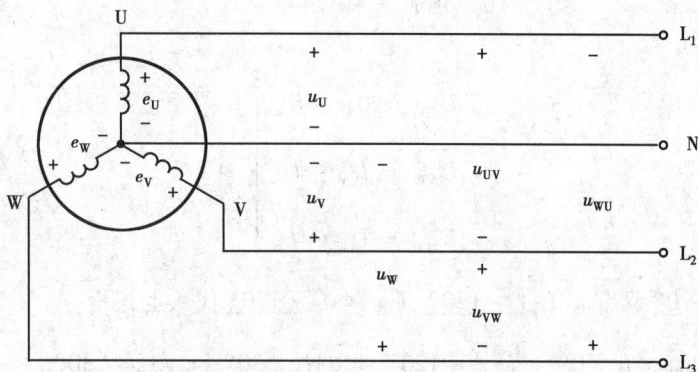

图 2.7.3　发电机的星形连接

在图 2.7.3 中,每一相线与中线之间的电压称为相电压,其有效值用 U_U、U_V、U_W 或一般地用 U_p 表示。任意两相线之间的电压称为线电压,其有效值用 U_{UV}、U_{VW}、U_{WU} 或一般地用 U_l 表示。

如前所述,各相电动势的参考方向已选定为由绕组的末端指向始端,在此各相相电压的参考方向选定为从始端指向末端。由于发电机绕组上的内阻抗压降较其相电压小得多,可以忽略不计,所以相电压和对应的电动势基本上相等。于是有

$$\left.\begin{array}{l} \dot{U}_{U} = -\dot{E}_{U} = E\underline{/180°} \\ \dot{U}_{V} = -\dot{E}_{V} = E\underline{/60°} \\ \dot{U}_{W} = -\dot{E}_{W} = E\underline{/-60°} \end{array}\right\} \tag{2.7.4}$$

可见,若三相电动势对称,则三相电压也对称。通常以 U 相为参考,即令 $\dot{U}_{U} = U_{p}\underline{/0°}$,于是,$\dot{U}_{V} = U_{p}\underline{/-120°}$,$\dot{U}_{W} = U_{p}\underline{/120°}$。三相电压的相量图如图 2.7.4(a) 所示。

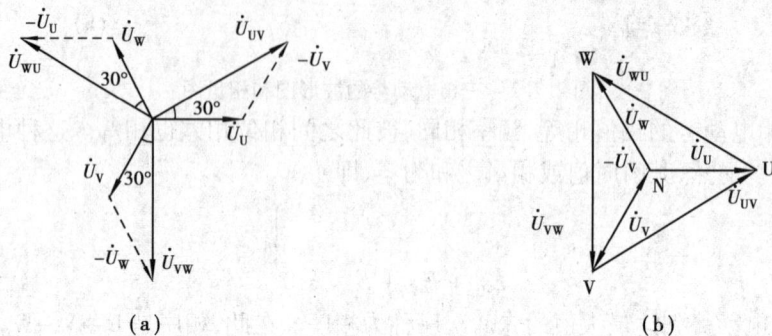

图 2.7.4 对称三相电源星形连接的相量图

由相电压和线电压的定义知

$$\left.\begin{array}{l} u_{UV} = u_{U} - u_{V} \\ u_{VW} = u_{V} - u_{W} \\ u_{WU} = u_{W} - u_{U} \end{array}\right\} \tag{2.7.5}$$

用相量表示为

$$\left.\begin{array}{l} \dot{U}_{UV} = \dot{U}_{U} - \dot{U}_{V} \\ \dot{U}_{VW} = \dot{U}_{V} - \dot{U}_{W} \\ \dot{U}_{WU} = \dot{U}_{W} - \dot{U}_{U} \end{array}\right\} \tag{2.7.6}$$

将 $\dot{U}_{U} = U_{p}\underline{/0°}$,$\dot{U}_{V} = U_{p}\underline{/-120°}$,$\dot{U}_{W} = U_{p}\underline{/120°}$ 代入上式得

$$\dot{U}_{UV} = U_{p}\underline{/0°} - U_{p}\underline{/-120°} = \sqrt{3}U_{p}\underline{/30°} = \sqrt{3}\dot{U}_{U}\underline{/30°}$$

$$\dot{U}_{VW} = U_{p}\underline{/-120°} - U_{p}\underline{/120°} = \sqrt{3}U_{p}\underline{/-90°} = \sqrt{3}\dot{U}_{V}\underline{/30°}$$

$$\dot{U}_{WU} = U_{p}\underline{/120°} - U_{p}\underline{/0°} = \sqrt{3}U_{p}\underline{/150°} = \sqrt{3}\dot{U}_{W}\underline{/30°}$$

可见,发电机绕组接成星形时,若相电压对称,则线电压也对称;线电压是相电压的 $\sqrt{3}$ 倍,即 $U_{l} = \sqrt{3}U_{p}$;在相位上,线电压超前于相电压的先行相30°。线电压的相量图如图 2.7.4(a) 所示。线电压和相电压的大小关系也可由图 2.7.4(a) 求出,即

$$U_{l} = 2U_{p}\cos 30° = \sqrt{3}U_{p} \tag{2.7.7}$$

相电压和线电压的相量图如按图 2.7.4(b) 的画法更简单。在图 2.7.4(b) 中,于 V、N 点

之间逆着 $\dot{U}_V$ 作出 $-\dot{U}_V$，因为 $-\dot{U}_V$ 和 $\dot{U}_U$ 是首尾连接，所以由 V 点向 U 点作有向线段，便得到相量 $\dot{U}_{UV}$；类似地，可以作出 $\dot{U}_{VW}$、$\dot{U}_{WU}$。用这种方法作出的相量图又称为位形图，图中各点（如图 2.7.4（b）中的 U、V、W、N 点）与电路中相应点（图 2.7.3 中的 U、V、W、N 点）的电位对应，两点间的线段长度（如图 2.7.4（b）中的线段 UN、UV）与电路中这两点间的电位差（即电压）（如图 2.7.3 中的 U_{UN}、U_{UV}）对应，作图时相量的方向逆着电压下标字母顺序的方向。如在作电路图 2.7.3 中的电压 $\dot{U}_{UN}$、$\dot{U}_{UV}$ 的位形图时，$\dot{U}_{UN}$、$\dot{U}_{UV}$ 的方向分别由 N 指向 U 和由 V 指向 U（如图 2.7.4（b）所示）。

在分析三相交流电路时，电路图中用下标字母的顺序表示电压的参考方向，而在位形图中则逆着下标字母顺序作出这个电压相量。这种方法非常简便，也是工程中分析三相交流电路的常用方法。

在图 2.7.3 中发电机接成星形，引出四根导线，这种三相电路称为三相四线制。三相四线制供电时，可以给负载提供两种电压，即低压配电系统中的相电压 220 V 和线电压 380 V（$\sqrt{3} \times 220$ V $= 380$ V）。

2.7.2 对称三相电路

下面讨论发电机绕组接成星形时的对称三相电路。相对于负载，发电机的绕组即是电源。所谓对称三相电路，就是电源和负载都对称的三相电路（当各相负载的阻抗相等，即 $Z_U = Z_V = Z_W$ 时，称为负载对称）。通常电源都是对称的，因此，在分析时只考虑负载对称与否。

三相电路中负载的接法有两种：星形（Y）连接和三角形（△）连接。负载如何连接应视其额定电压而定。通常电灯（单相负载）的额定电压是 220 V，所以要接在相线与中线之间；电灯负载是大量使用的，因此，要比较均匀地分配在各相之中，如图 2.7.5 所示。电灯的这种连接法称为负载的星形连接。其他的单相负载（如单相电动机、继电器、电焊机等），该接在相线之间还是接在相线与中线之间，取决于其额定电压是 380 V 还是 220 V。若负载的额定电压不等于电源提供的两种电压之一，则要用变压器。至于三相电动机的三个接线总是与电源的三根相线相连。但是，电动机本身的三相绕组可以接成星形和三角形，其连接方法标注在铭牌上，如 380 V 的 Y 接法或 380 V 的 △接法（图 2.7.5 中三相电动机是星形连接）。

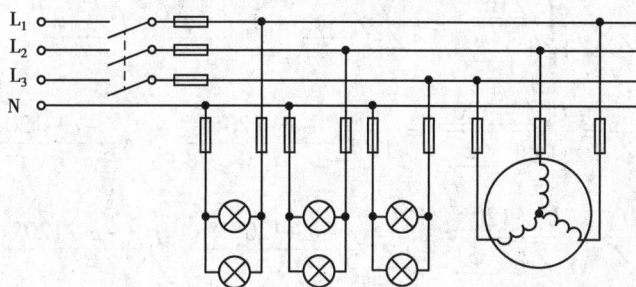

图 2.7.5　电灯与电动机的星形连接

（1）负载星形连接

图 2.7.6 是负载星形连接的对称三相电路，已将各个相线的阻抗合并到对应相的负载中，

分别记作 Z_U、Z_V、Z_W，中线的阻抗记作 Z_N。因为 $Z_U = Z_V = Z_W = Z$，所以电路对称。

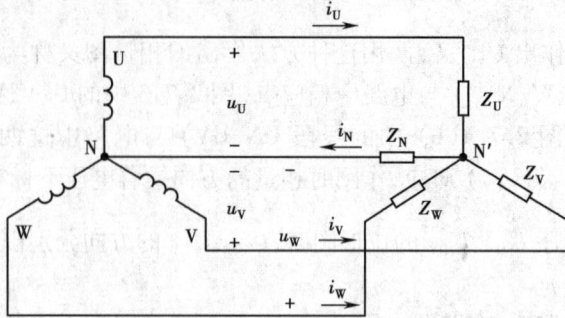

图 2.7.6　负载星形连接的三相四线制电路

下面分析计算各项负载的电流和电压：

三相电路中的电流也有线电流和相电流之分，流过每一相线的电流称为线电流，其有效值为 I_U、I_V、I_W（如图 2.7.6 所示），一般地，用 I_l 表示，而流过每相负载的电流称为相电流，一般记作 I_p。显然，负载星形连接时线电流等于相电流，即

$$I_l = I_p \tag{2.7.8}$$

图 2.7.6 中各相负载的公共连接点 N′ 称为负载中性点。由弥尔曼定理得两个中性点之间的电压，即

$$\dot{U}_{N'N} = \frac{\dfrac{\dot{U}_U}{Z_U} + \dfrac{\dot{U}_V}{Z_V} + \dfrac{\dot{U}_W}{Z_W}}{\dfrac{1}{Z_U} + \dfrac{1}{Z_V} + \dfrac{1}{Z_W} + \dfrac{1}{Z_N}} = \frac{\dfrac{\dot{U}_U + \dot{U}_V + \dot{U}_W}{Z}}{\dfrac{3}{Z} + \dfrac{1}{Z_N}} \tag{2.7.9}$$

由于电路对称，$\dot{U}_U + \dot{U}_V + \dot{U}_W = 0$，所以，$\dot{U}_{N'N} = 0$，即 N′ 点与 N 点同电位，在位形图中两点重合。于是，各相负载的相电压等于电源的相电压，即

$$\dot{U}_{UN'} = \dot{U}_U, \dot{U}_{VN'} = \dot{U}_V, \dot{U}_{WN'} = \dot{U}_W \tag{2.7.10}$$

上式说明负载的相电压对称。各相负载的相电流（即线电流）为

$$\left. \begin{aligned} \dot{I}_U &= \frac{\dot{U}_U}{Z} = \frac{U_p \underline{/0°}}{|Z| \underline{/\varphi}} = \frac{U_p}{|Z|} \underline{/-\varphi} = I_U \underline{/-\varphi} = I_p \underline{/-\varphi} \\[2mm] \dot{I}_V &= \frac{\dot{U}_V}{Z} = \frac{U_p \underline{/-120°}}{|Z| \underline{/\varphi}} = \frac{U_p}{|Z|} \underline{/-\varphi-120°} = I_p \underline{/-\varphi-120°} \\[2mm] \dot{I}_W &= \frac{\dot{U}_W}{Z} = \frac{U_p \underline{/120°}}{|Z| \underline{/\varphi}} = \frac{U_p}{|Z|} \underline{/-\varphi+120°} = I_p \underline{/-\varphi+120°} \end{aligned} \right\} \tag{2.7.11}$$

可见，负载的相电流也对称，因此中线电流为零，即

$$\dot{I}_N = \dot{I}_U + \dot{I}_V + \dot{I}_W = 0 \tag{2.7.12}$$

综上所述，可得：

①对称三相四线制电路中电源中性点和负载中性点的电位相等，中线电流为零。因此，三

相四线制电路在电路对称或接近对称时,中线可以省去,只用三根导线将电源和负载连接起来,称为三相三线制。

②由于对称三相四线制电路中,负载的相电压和相电流均对称,因此,只需计算出一相负载(通常是 U 相)的相电压和相线流,另外两相的电压和电流可以根据对称性得到。故对称三相四线制电路的计算可以简化为单相电路的计算。

【例 2.7.1】 在图 2.7.6 所示对称三相电路中,已知线电压为 380 V。试求:①负载阻抗为 $Z_U = Z_V = Z_W = Z = (10 + j10)\Omega$ 时,各相负载的相电流和中线电流;②断开中线后,各相负载的相电流;③若保持有中线,且 $Z_N = 0$,W 相负载阻抗改为 20 Ω 的电阻,再求各相负载的相电流和中线电流。

解 ①因为电路对称,所以各相负载的相电压对称,其有效值为

$$U_p = \frac{U_l}{\sqrt{3}} = \frac{380}{\sqrt{3}} \text{ V} = 220 \text{ V}$$

相电流也对称,其有效值为

$$I_p = \frac{U_p}{|Z|} = \frac{220}{|10 + j10|} \text{ A} = \frac{220}{|10\sqrt{2}\underline{/45°}|} \text{ A} = 15.56 \text{ A}$$

设 U 相电压初相为零,即 $\dot{U}_U = 220\underline{/0°}$ V,于是得各相负载的相电流,即

$$\dot{I}_U = I_p\underline{/-\varphi} = 15.56\underline{/-45°} \text{ A}$$

$$\dot{I}_V = I_p\underline{/-\varphi-120°} = 15.56\underline{/-165°} \text{ A}$$

$$\dot{I}_W = I_p\underline{/-\varphi+120°} = 15.56\underline{/75°} \text{ A}$$

中线电流为

$$\dot{I}_N = \dot{I}_U + \dot{I}_V + \dot{I}_W$$
$$= 15.56\underline{/-45°} + 15.56\underline{/-165°} + 15.56\underline{/75°} = 0$$

②由于三相电路对称,中线电流为零,所以,断开中线时,各相负载的相电流不变。

③由于保持中线,且 $Z_N = 0$,所以,虽然负载不对称,但是各相负载的相电压仍然对称。

故 $\dot{I}_U$、$\dot{I}_V$ 不变,$\dot{I}_W$、$\dot{I}_N$ 将改变为

$$\dot{I}_W = \frac{\dot{U}_W}{Z_W} = \frac{U_p\underline{/120°}}{20 \ \Omega} = 11\underline{/120°} \text{ A}$$

$$\dot{I}_N = \dot{I}_U + \dot{I}_V + \dot{I}_W$$
$$= (15.56\underline{/-45°} + 15.56\underline{/-165°} + 11\underline{/120°}) \text{A}$$
$$= 11\underline{/-150°} \text{ A}$$

由本例可知,负载对称时中线不起作用;若负载不对称,则阻抗为零(或很小)的中线可以使负载处在电源的对称电压作用下,即负载的相电压保持对称,但此时中线里有电流。

(2)负载三角形连接

负载三角形连接的三相电路一般可以用图 2.7.7(a)表示。因为各相负载都直接接在电

源的线电压上,所以负载相电压等于电源的线电压。故无论负载对称与否,其相电压总是对称的。显然若负载对称,则其相电流也对称。

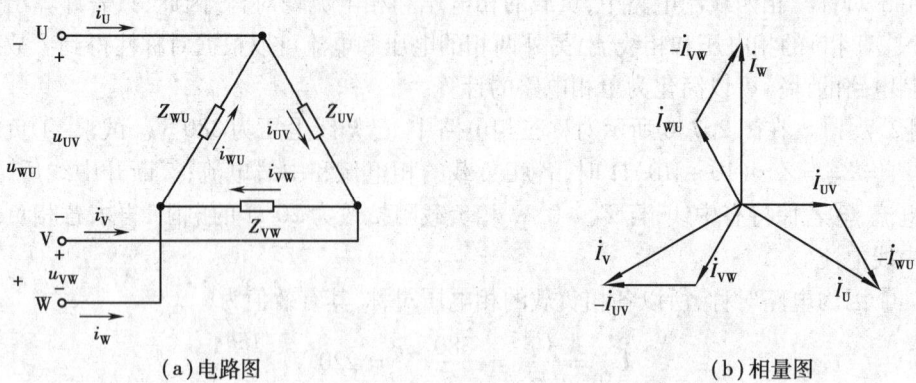

（a）电路图 （b）相量图

图2.7.7 负载三角形连接的三相三线制电路

若图2.7.7(a)中负载相电流对称,并设 $\dot{I}_{UV} = I_p\underline{/0°}$,$\dot{I}_{VW} = I_p\underline{/-120°}$,$\dot{I}_{WU} = I_p\underline{/120°}$。由基尔霍夫电流定律有

$$\left.\begin{array}{l}\dot{I}_U = \dot{I}_{UV} - \dot{I}_{WU} = I_p\underline{/0°} - I_p\underline{/120°} = \sqrt{3}I_p\underline{/-30°} \\[2mm] \dot{I}_V = \dot{I}_{VW} - \dot{I}_{UV} = I_p\underline{/-120°} - I_p\underline{/0°} = \sqrt{3}I_p\underline{/-150°} \\[2mm] \dot{I}_W = \dot{I}_{WU} - \dot{I}_{VW} = I_p\underline{/120°} - I_p\underline{/-120°} = \sqrt{3}I_p\underline{/90°}\end{array}\right\}$$

上式也可写为

$$\left.\begin{array}{l}\dot{I}_U = \sqrt{3}\dot{I}_{UV}\underline{/-30°} \\[2mm] \dot{I}_V = \sqrt{3}\dot{I}_{VW}\underline{/-30°} \\[2mm] \dot{I}_W = \sqrt{3}\dot{I}_{WU}\underline{/-30°}\end{array}\right\} \tag{2.7.13}$$

可见,负载接成三角形时,若相电流对称,则线电流也对称;线电流是相电流的 $\sqrt{3}$ 倍,即 $I_l = \sqrt{3}I_p$;在相位上,线电流滞后于相电流的后续相30°。线电流和相电流的关系也可由图2.7.7(b)所示相量图求出。应当注意,无论负载对称与否,总有

$$\dot{I}_U + \dot{I}_V + \dot{I}_W = 0$$

（3）不对称三相电路的计算

三相电路的不对称,可能是因为三相电源不对称、三相负载不对称或对称三相电路发生不对称故障(如一相短路或一相断路)引起的。在图2.7.6所示三相电路中,若负载不对称,则 $\dot{U}_{N'N} \neq 0$ (参考式(2.7.9)),即N'点与N点电位不等,在位形图中体现为N'点与N点不重合,称为负载中性点对电源中性点位移。

下面研究三相电路的电源对称而负载不对称的情况。

【例2.7.2】 图2.7.8(a)所示是一个相序测定器的电路,为不对称负载星形连接,U相

接入电容,V、W 接入功率相同的电灯泡。设$\frac{1}{\omega C} = R = \frac{1}{G}$,电源对称,试分析如何根据灯泡的亮度测定相序。

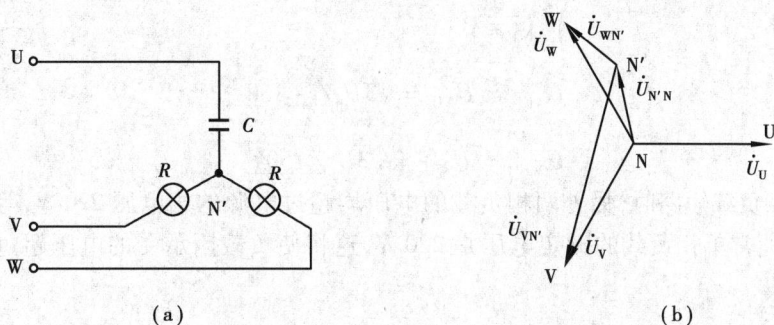

(a)　　　　　　　　　　　　(b)

图 2.7.8

解　由弥尔曼定理得三相电路中性点的电压为

$$\dot{U}_{N'N} = \frac{j\omega C\dot{U}_U + G\dot{U}_V + G\dot{U}_W}{j\omega C + 2G}$$

设$\dot{U}_U = U_p\underline{/0°}$,代入给定的参数得

$$\dot{U}_{N'N} = \frac{jU_p\underline{/0°} + U_p\underline{/-120°} + U_p\underline{/120°}}{j + 2} = 0.63U_p\underline{/108°}$$

由此可作出相量$\dot{U}_{N'N}$(如图 2.7.8(b)),可见,N'点偏离了 N 点,负载中性点相对于电源中性点发生了位移。显然,$U_{WN'} < U_{VN'}$,所以 V 相灯泡较 W 相灯泡亮。由此可以判定:电容器所在的那一相若定为 U 相,则灯泡较亮的为 V 相,较暗的为 W 相。

【例 2.7.3】　在对称三相三线制电路中(图 2.7.9),负载星形连接,若发生如下故障,试用位形图分析各相电压的变化情况:①U 相负载短路;②U 相负载开路。

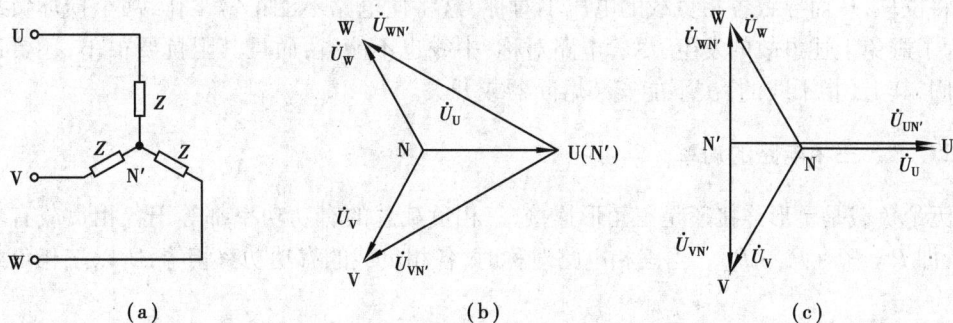

(a)　　　　　　　　　(b)　　　　　　　　　(c)

图 2.7.9

解　因为电源对称,所以电源电压的位形图是一个正三角形,顶点是 U、V、W,重心为 N,设$\dot{U}_U = U_p\underline{/0°}$。

①由于 U 相负载短路,所以,U 点与 N'点等电位,这意味着在位形图中,U 点与 N'点重合

（如图 2.7.9（b）所示），于是可作出相量 $\dot{U}_{VN'}$、$\dot{U}_{WN'}$ 的相量。各相负载的电压可以由位形图求得,分别为

$$\dot{U}_{UN'} = 0$$

$$\dot{U}_{VN'} = \dot{U}_{VU} = \sqrt{3}U_p \underline{/-150°}$$

$$\dot{U}_{WN'} = \dot{U}_{WU} = \sqrt{3}U_p \underline{/150°}$$

可见,U 相负载短路时,另外两相负载的电压均超过电源的相电压 220 V,等于电源的线电压 380 V。通常单相负载的额定电压是 220 V,这将使负载因承受的电压超过其额定值而损坏。

②由于 U 相开路,所以 V、W 两相负载串联,且处于线电压 $\dot{U}_{VW}$ 的作用之下。而 V、W 相负载阻抗相等,将平分电压 $\dot{U}_{VW}$,故位形图中 N' 点为 VW 连线的中点（如图 2.7.9（c）所示）。由此可作出 $\dot{U}_{UN'}$、$\dot{U}_{VN'}$ 和 $\dot{U}_{WN'}$ 的相量（如图 2.7.9（c）所示）。各相负载的电压可以由位形图求得,分别为

$$\dot{U}_{UN'} = \frac{3}{2}U_p \underline{/0°}$$

$$\dot{U}_{VN'} = \frac{\sqrt{3}}{2}U_p \underline{/-90°}$$

$$\dot{U}_{WN'} = \frac{\sqrt{3}}{2}U_p \underline{/90°}$$

可见,U 相负载开路时,另外两相负载的电压将减小,小于电源的相电压,这将使 V、W 两相负载因承受的电压较低而不能正常工作。

综上所述,对称负载星形连接无中线电路,因故障原因使负载一相短路或开路时,负载中性点将位移,从而导致各相负载的电压不对称,这将使电路不能正常工作,甚至损坏负载。因此,为了避免上述事故的发生,尽管电路对称,中线也不能省,而且其阻抗要很小,还要连接得很牢固,其上（指干线的）决不能安装熔断器或开关。

2.7.3 三相电路的功率

无论负载是星形连接还是三角形连接,三相负载总的有功功率都等于各相负载有功功率的和,即 $P = P_U + P_V + P_W$。当三相电路对称时,各相负载的有功功率相等,所以三相负载的总功率为

$$P = 3P_p = 3U_p I_p \cos\varphi \tag{2.7.14}$$

式中,φ 是 U_p 超前于 I_p 的相位角,即负载的阻抗角。由于对称三相负载无论采用何种接法,总是有

$$3U_p I_p = \sqrt{3}U_l I_l$$

所以,式（2.7.14）又可写为

$$P = \sqrt{3}U_l I_l \cos\varphi \tag{2.7.15}$$

式中, φ 仍是 U_p 超前于 I_p 的相位角。

通常用式(2.7.15)来计算三相负载的有功功率,因为线电压和线电流是容易测量的或是已知的(三相负载铭牌上标明的都是线电压和线电流)。

同理可以得出三相负载的无功功率和视在功率,即

$$Q = 3U_p I_p \sin\varphi = \sqrt{3} U_l I_l \sin\varphi \qquad (2.7.16)$$

$$S = 3U_p I_p = \sqrt{3} U_l I_l \qquad (2.7.17)$$

【例 2.7.4】　有一台三相电动机,各相绕组星形连接,其等效阻抗为 $Z = (10 + j5)\,\Omega$,接于线电压 $U_l = 380$ V 的对称三相电源上;试求电源提供给此电动机的有功功率。

解　电动机各相绕组上的电压为

$$U_p = \frac{U_l}{\sqrt{3}} = \frac{380}{\sqrt{3}}\ \text{V} = 220\ \text{V}$$

电动机各绕组中的相电流即线电流为

$$I_l = I_p = \frac{U_p}{|Z|} = \frac{220}{\sqrt{10^2 + 5^2}}\ \text{A} = 19.68\ \text{A}$$

电动机各绕组的阻抗角为

$$\varphi = \arctan\frac{5}{10} = 26.57°$$

三相电动机的有功功率为

$$P = \sqrt{3} U_l I_l \cos\varphi = \sqrt{3} \times 380 \times 19.68 \cos 26.57°\ \text{W}$$
$$= 11\ 584.99\ \text{W} = 11.58\ \text{kW}$$

【练习与思考】

2.7.1　发电机星形连接时,若一相的始端和末端刚好接反,是否也能产生对称的三相电压? 为什么?

2.7.2　某发电机星形连接时,每相额定电压为 220 V,投入运行时测得各相电压均为 220 V,但线电压只有一相是 380 V,另外两相均是 220 V,试问是何原因?

2.7.3　某栋楼房有三个单元,接成三相四线制,每一个单元为一相。一次故障时,一个单元的电灯全部熄灭,另外两个单元的电灯仍然亮着,试分析故障原因。

2.7.4　对称三相负载,先后接成星形和三角形,并由同一对称三相电源供电,试问哪种连接方式的线电流较大?

2.7.5　电源对称的三相电路何时会产生负载中性点位移? 试说明中性点位移对负载电压有何影响?

2.7.6　图 2.7.5 中为什么中线上不接开关,也不接熔断器?

小 结

1. 正弦量及其表示方法

正弦量有最大值(或有效值)、频率(或角频率或周期)和初相位三个要素,可以用解析式、波形图和相量三种方法来表示。相量对应着正弦量的最大值(或有效值)和初相位两个要素,是相量运算的基础,要求深刻理解,牢固掌握,熟练应用。

周期电流的有效值又称为方均根值,正弦量的有效值是其最大值的 $1/\sqrt{2}$。

2. 两类约束的相量形式

电阻、电容和电感元件的伏安关系的相量形式及两层含义见下表:

	电 阻	电 容	电 感
相量关系	$\dot{U} = R\dot{I}$	$\dot{U} = -jX_C\dot{I}$	$\dot{U} = jX_L\dot{I}$
有效值关系	$U = RI$	$U = X_C I$	$U = X_L I$
相位关系	$\psi_i = \psi_u$	$\psi_i = \psi_u + 90°$	$\psi_i = \psi_u - 90°$

基尔霍夫定律的相量形式:

$$\text{KCL} \quad \sum \dot{I} = 0$$

$$\text{KVL} \quad \sum \dot{U} = 0$$

3. 无源二端网络的阻抗及欧姆定律的相量形式

无源二端网络的阻抗定义为

$$Z = R + jX = \frac{\dot{U}}{\dot{I}}$$

该式的两层含义如下:

$$|Z| = \frac{U}{I} \qquad \varphi = \psi_u - \psi_i$$

由电抗 X 或阻抗角 φ 可以判定网络的性质。无源二端网络电压与电流的相位差等于其等效阻抗的阻抗角。

由阻抗定义得

$$\dot{U} = Z\dot{I}$$

上式又称为欧姆定律的相量形式。可见,前面表中电阻、电容和电感元件的相量关系即为欧姆定律相量形式的特例。

4. 正弦交流电路的分析方法

在将一般电路形式转换成对应的相量模型后,由于电压、电流均遵循电路的基本定律——基尔霍夫定律和欧姆定律的相量形式,因而在分析时就可以照搬直流电路的分析方法。这就是正弦交流电路的分析方法,即相量法。因此,将一般电路形式转换成对应的相量模型,并正确应用基尔霍夫定律和欧姆定律的相量关系式,是分析计算正弦交流电路的关键,要求深刻理解,牢固掌握,熟练应用。

有时(尤其是)在已知条件均为有效值的情况下,采用作相量图的方法会更简便。

5. 正弦交流电路的功率

有功功率是电路实际消耗的功率;无功功率是电路占有的功率,它反映了电路与外界进行能量交换的规模;视在功率标识电源或设备的容量。

电路的有功功率即平均功率

$$P = UI \cos \varphi$$

电路的无功功率

$$Q = UI \sin \varphi$$

视在功率

$$S = UI$$

功率因数

$$\lambda = \cos \varphi$$

单个元件的功率是电路功率的特例,读者可自己总结。

在正弦交流电路中,电阻消耗功率,电容和电感不消耗功率。有功功率是电路中所有电阻的有功功率的总和,即 $P = \sum P$;电路的无功功率 Q,是电路中所有的电容和电感元件的无功功率的代数和,即 $Q = Q_L - Q_C$。

为了提高设备的利用率,要尽力减少电路占有的无功功率,即提高功率因数。

6. 三相电路

对称三相负载有两种连接方式:Y 接法和△接法。

负载 Y 连接时,有

$$\dot{U}_{UV} = \sqrt{3}\dot{U}_{U}\angle 30°$$

$$\dot{U}_{VW} = \sqrt{3}\dot{U}_{V}\angle 30°$$

$$\dot{U}_{WU} = \sqrt{3}\dot{U}_{W}\angle 30°$$

$$I_l = I_p$$

负载△连接时,有

$$U_l = U_p$$

$$\dot{I}_{U} = \sqrt{3}\dot{I}_{UV}\angle -30°$$

$$\dot{I}_{V} = \sqrt{3}\dot{I}_{VW}\angle -30°$$

$$\dot{I}_{W} = \sqrt{3}\dot{I}_{WU}\angle -30°$$

在对称三相电路的一相负载发生故障时,可以运用位形图进行分析计算。

对称三相电路的功率可以按下式计算:

$$P = 3U_pI_p\cos \varphi = \sqrt{3}U_lI_l\cos \varphi$$

$$Q = 3U_pI_p\sin \varphi = \sqrt{3}U_lI_l\sin \varphi$$

$$S = 3U_pI_p = \sqrt{3}U_lI_l$$

习　题

2.1　已知工频电压 u_{ab} 的最大值为 220 V，$t = 0$ 时的瞬时值为 110 V；①求 u_{ab} 的有效值、角频率和初相；②写出 u_{ab} 的解析式，画出波形，并求 $t = 0.025$ s 时的瞬时值；③写出 u_{ba} 的解析式，并画出波形。

2.2　已知某正弦电压的角频率为 314 rad/s，初相为 $-45°$。当 $t = 0.006$ s 时，其瞬时值为 5.2 V；试写出该电压的解析式。

2.3　在图 2.1 所示的电路中，若 $i_1 = 3\sqrt{2}\sin(\omega t + 45°)$ A，$i_2 = 3\sqrt{2}\sin(\omega t - 45°)$ A；试求：①i_1 与 i_2 的相位差；②在相位上 i_1 与 i_2 比较，哪个超前，哪个滞后？超前或滞后的相位是多少？③写出 i_1 与 i_2 的有效值相量，并画出相量图；④求各支路电流表的读数。

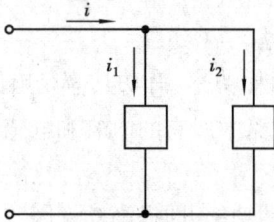
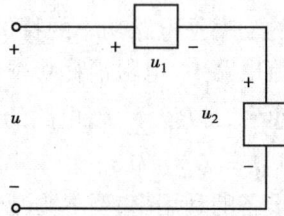

图 2.1　　　　　　　　　　　　　　　　图 2.2

2.4　两个元件串联，若正弦电压的有效值 $U_1 = U_2 = 6$ V，二者之和的有效值为 10.4 V，试求二者的相位差。

2.5　某电源电压 $u = 10\sin 100t$ V，试求外接负载分别为电阻、电容、电感时的回路电流 i。已知 $R = 2$ Ω，$L = 1$ mH，$C = 1$ μF。

2.6　图 2.2 所示的电路中的两个元件，分别可能是一个电阻、一个电容或一个电感。已知 $u = 10\sin(100t - 60°)$ V，$u_2 = 5\sqrt{2}\sin(100t - 105°)$ V；试求：①u_1 的最大值相量，并画出 u、u_1、u_2 相量图；②试确定这两个元件各是什么元件（写出所有可能答案）。

（提示：先假定其中一个元件的类型，再作相量图。）

2.7　在图 2.3 所示的电路中，已知 $u = 8\sqrt{2}\sin 100t$ V，试求输出电压 u_C，并说明 u_C 与输入电压 u 的相位关系。

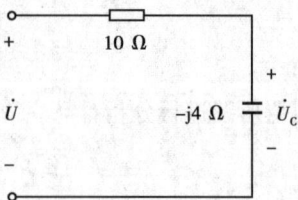
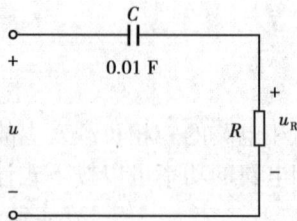

图 2.3　　　　　　　　　　　　　　　　图 2.4

2.8 在图 2.4 所示的移相电路中,输入电压 $u = 10\sqrt{2}\sin 100t$ V,今欲使输出电压 u_R 在 u 的相位上前移 45°,问应配多大的电阻 R? 此时输出电压有效值等于多少?

2.9 试求图 2.5 所示电路的阻抗 Z_{ab}。

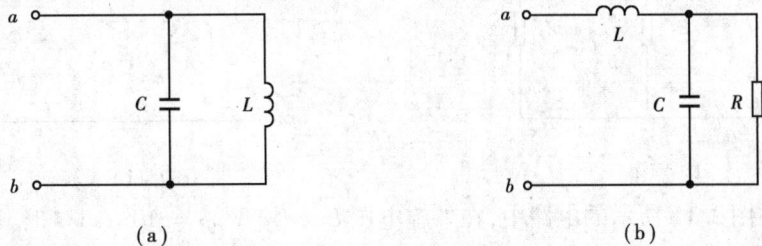

(a)   (b)

图 2.5

2.10 在图 2.6 所示的电路中,电阻 $R = 2$ Ω,电感 $L = 1$ H,$C = 0.1$ F,输入电压 $u = 10\sqrt{2}\sin 2t$ V;试求电路的输入阻抗 Z,并求总电流 i。

2.11 在图 2.7 所示的电路中,V、V_1、V_2 各电压表的读数分别为 150 V、200 V、80 V,$\omega = 314$ rad/s,$X_C = 80$ Ω;试求电阻 R 和电感 L。

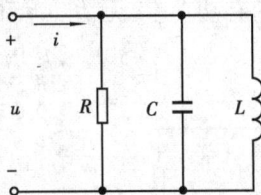 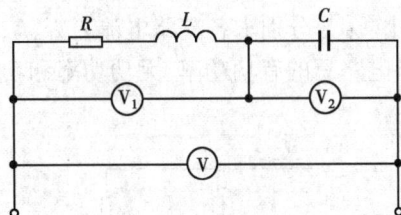

图 2.6   图 2.7

2.12 在图 2.8 所示的电路中,已知电流表 A_1、A_2 及 A 的读数分别是 40 mA、40 mA 及 50 mA;试求电流表 A_3 的读数。

2.13 图 2.9 所示为一种测量电感线圈参数的电路。将电感线圈接到工频正弦电源上,通过电压表、电流表和功率表可以分别测出电感线圈的电压、电流和功率,分别为 120 V、6 A 和 360 W;试计算电感线圈的电阻和电感。

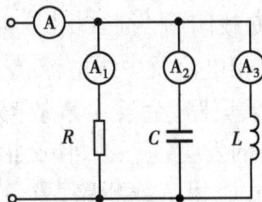 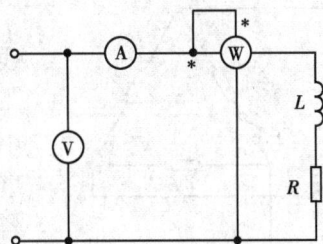

图 2.8   图 2.9

2.14 在图 2.10 所示的电路中,已知 $Z_1 = (1 - j2)$ Ω,$Z_2 = (3 + j2)$ Ω,$Z_3 = (2 + j3)$ Ω,$\dot{U} = 10$ V;试求各支路电流 $\dot{I}_1$、$\dot{I}_2$、$\dot{I}_3$。

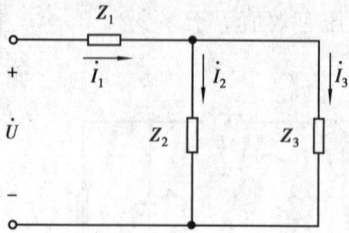

图 2.10

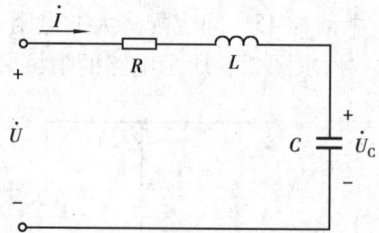

图 2.11

2.15 在图 2.11 所示的电路中,在外施电压 $U = 40$ V,$\omega = 10^3$ rad/s 时,调节电容使电路谐振,此时测得电压 $U_C = 160$ V,电流有效值 $I = 1$ A;试求元件电阻、电感和电容的参数。

2.16 有一只 60 W 的日光灯,使用时灯管与镇流器(可近似的视为纯电感)串联,接在电压为 220 V 的工频电源上;已知灯管工作时属于纯电阻负载,其管压降为 110 V;试分析计算:① 镇流器的电感;② 电路的功率因数;③ 若将电路的功率因数提高到 0.85,则应并联多大的电容?

2.17 在图 2.12 所示的电路中,已知 $U = 220$ V,$R_1 = 2$ Ω,$X_L = 2$ Ω,$R_2 = 1$ Ω,$X_C = \sqrt{3}$ Ω;试分析计算:① 分别求各支路电流 $\dot{I}$、$\dot{I_1}$、$\dot{I_2}$;② 分别求并联支路的有功功率、无功功率和功率因数;③ 求电路总的有功功率、无功功率和功率因数。

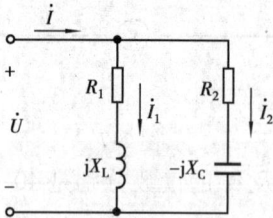

图 2.12

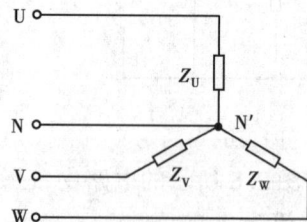

图 2.13

2.18 宿舍楼共有 220 V、60 W 的白炽灯 150 只,由三相四线制供电,其线电压为 380 V;试求:①这些白炽灯应如何连接;②这些白炽灯全部工作时,线电流等于多少?

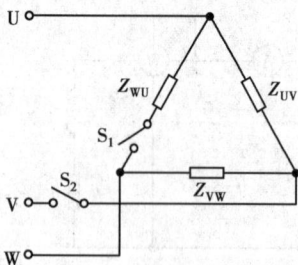

图 2.14

2.19 图 2.13 所示为对称三相电路,已知三相电源线电压为 380 V,各相负载阻抗为 $(100\sqrt{3} + j100)$ Ω,①求各相负载的相电压、相电流及中线电流;②若保持有中线,且 $Z_N = 0$,U 相负载短路,会发生事故吗? 若会发事故,为了避免该类事故的发生,应采取什么措施? ③仍若保持有中线,且 $Z_N = 0$,U 相负载断路,求各相负载的相电压、相电流及中线电流;④若中线断开,分别求 U 相负载短路和断路时的 $\dot{U}_U$、$\dot{U}_V$、$\dot{U}_W$。

2.20 图 2.14 所示为对称三相电路,已知三相电源线电压为 380 V,各相负载阻抗为 $(100 + j100\sqrt{3})$ Ω,①若开关 S_1、S_2 均闭合,求各相负载的相电压、相电流及线电流;②若开关

S_1 闭合，S_2 断开，求各相负载的相电压、相电流及线电流；③若开关 S_2 闭合，S_1 断开，求各相负载的相电压、相电流及线电流。

2.21 有一台三相电动机各相绕组三角形连接，接到线电压 380 V 的三相电源上，若总功率为 3 kW，功率因数为 0.65；试求电动机的各相绕组的阻抗。

第**3**章

磁路与变压器

磁路是磁场聚集在空间一定范围内的总体,磁路是电机、电器与电工仪表的重要组成部分,各类电机在进行电能与机械能之间的相互转换,变压器在进行不同等级电压与电流的电能转换,以及继电器、接触器在进行电路的切换时,磁路都起着非常重要的作用。因此,仅从电路的角度去分析是不够的,只有同时掌握电路和磁路的基本理论、基本规律,熟悉电和磁之间的关系,才能对各种电工设备作全面的分析和应用。

本章在复习磁场及其基本物理量的基础上,阐述磁路的基本概念,以及变压器的基本结构、工作原理和运行特性。

3.1 磁路的基本概念

3.1.1 磁场的基本物理量

磁路实质上是局限在一定路径内的磁场,故磁路问题本质上就成了局限于一定路径内的磁场问题,磁场中的各个基本物理量也适用于磁路,现简述如下:

(1)**磁感应强度 B**

磁感应强度 B 是描述空间某点磁场强弱与方向的物理量。定义为单位正电荷 q 以单位速度 v 沿垂直方向运动时所受到的电磁力 F,即

$$B = \frac{F}{qv} \tag{3.1.1}$$

在国际单位制(SI)中,各量的单位分别为:F,牛[顿](N);q,库[仑](C);v,米每秒(m/s);B,特[斯拉](T)。

B 的方向即该点的磁场方向,与产生该磁场的电流之间的方向关系符合右手螺旋法则。

(2)**磁通量 Φ**

磁通量 Φ(或称为磁通)是表示穿过某一截面 S 的磁感应强度矢量 B 的通量,也可理解为穿过该截面的磁力线总数。在均匀磁场中,如果 S 与 B 垂直,则有

$$\Phi = B \cdot S \tag{3.1.2}$$

式中各量的 SI 单位为:B,特[斯拉](T);S,平方米(m^2);Φ,韦[伯](Wb)。

(3)磁场强度 H

将磁介质放入磁场中,它将受到磁场的作用力而被磁化,并且产生附加磁场。该磁场的出现反过来又影响外磁场,从而引起了原有空间磁感应强度 B 的变化。不同的介质对磁场的影响也不同,可见,磁感应强度 B 与介质有关,所以磁感应强度 B 的计算比较复杂。为了便于找出磁场与激励电流之间的关系,引入了另一个物理量,即磁场强度 H。

磁场中某点的磁场强度 H 的大小等于该点的磁感应强度 B 与介质磁导率 μ 的比值,即

$$H = \frac{B}{\mu} \tag{3.1.3}$$

在国际单位制(SI)中,H 的单位为安/米(A/m)。

显然,磁场强度 H 的大小只与其激励电流有关,而与介质材料的磁导性能无关。H 也是一个矢量,其方向与该点的磁感应强度方向一致。

(4)磁导率 μ

磁导率 μ 是表示物质导磁性能的物理量。其 SI 单位是亨/米(H/m)。由实验测出,真空中的磁导率 $\mu_0 = 4\pi \times 10^{-7}$ H/m。$\mu \approx \mu_0$ 的物质称为非磁性材料;$\mu \gg \mu_0$ 的物质称为铁磁性材料。

3.1.2 铁磁性材料的磁性能

(1)铁磁性物质的磁化

在铁磁性物质内部存在许多体积约 10^{-9} cm^3 的磁化小区域,称为磁畴。在没有外磁场作用时,这些磁畴的排列是无序的,它们所产生的磁场的平均值几乎等于零,对外不显示磁性,如图 3.1.1(a)所示。但是,在一定的外磁场作用下,这些磁畴将转向外磁场方向,呈有序排列,如图 3.1.1(b)所示,显示出很强的磁性,形成磁化磁场,从而使铁磁性物质内的磁感应强度 B 大大增强,这就是铁磁性物质在外磁场作用下产生的磁化现象。

非磁性材料内没有磁畴结构,所以不具有磁化特性。

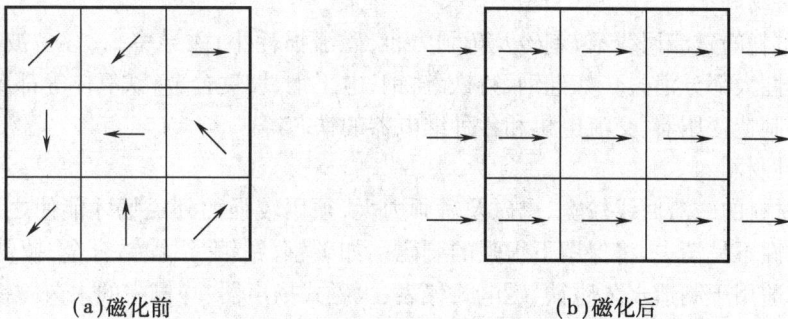

(a)磁化前　　　　　　　　　　　　　　(b)磁化后

图 3.1.1　铁磁性物质的磁化

(2)高导磁性

由于磁化现象,从而使铁磁性材料具有高导磁性能,其磁导率 μ 很大,是工业生产中用于制造电机、电器与电工仪表的主要材料。利用铁磁性物质的高导磁性,可用较小的励磁电流产生足够大的磁通,如优质的铁磁性物质可使相同容量的变压器或电动机的重量和体积大大减小。

（3）磁饱和性

铁磁性材料还具有磁饱和性。此特点充分反应在它的 B-H 曲线或称磁化曲线上。如图 3.1.2 所示，由曲线可知，B-H 关系是非线性的，当 H 较小时，B 增长很快，如曲线的 Oa 段，随后 B 的增长就逐渐缓慢了；过了 b 点后，即便 H（或 I）增加很大，B（或 Φ）的数值几乎不再增长，即进入饱和状态。

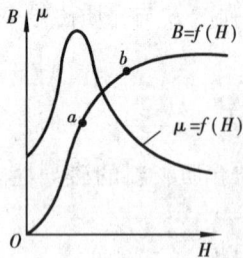

图 3.1.2 磁化曲线

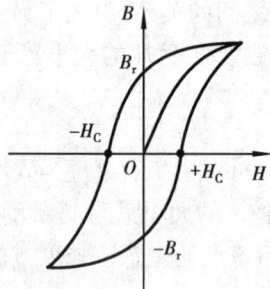

图 3.1.3 铁磁性物质的磁滞回线

（4）磁滞性

磁滞性表现在铁磁性物质在交变磁场中反复磁化时，磁感应强度 B 的变化总是滞后于磁场强度 H 的变化，如图 3.1.3 所示。当 H 减小时，B 也随之减小，但当 $H=0$ 时，B 并未能回到 0 值，而是等于 B_r，B_r 称为剩磁。若要使 B 等于 0（去掉剩磁），则应使铁磁性材料反向磁化，即施加一反向磁场强度（ $-H_C$），H_C 称为矫顽力。由于 $B=f(H)$ 回线表现了铁磁材料的磁滞性，故称为磁滞回线。

磁滞性是由于分子热运动所产生的。在交变磁化过程中，磁畴在外磁场作用下不断转向，但它的分子热运动又阻止其转向。故磁畴的转向总是跟不上外加磁场的变化，从而产生了磁滞现象。

（5）铁磁性物质的分类和用途

不同的铁磁性物质具有不同的磁滞回线，其剩磁和矫顽力也不同，故具有不同的用途。

1）软磁性材料

软磁性材料的磁滞回线窄，剩磁及矫顽力小，磁滞损耗小，磁导率高，容易被磁化，但去掉外磁场后，磁性大部分消失。如硅钢、铸铁、铸钢、电工钢、坡莫合金、铁氧体等都属于软磁性材料，常被用来制造变压器、交流电机和各种继电器的铁芯等。

2）硬磁性材料

硬磁性材料的磁滞回线较宽，剩磁及矫顽力大，须用较强的外磁场才能使之磁化，但去掉外磁场后，磁性不易消失，将保留下很强的剩磁。如碳钢、钴钢、铝镍钴合金、钕铁硼等都属于硬磁性材料，适用于制造永久磁铁、磁电式仪表、永磁式扬声器、耳机中的永久磁铁和小型直流电机中的永磁磁极等。

3）矩磁性材料

矩磁性材料的磁滞回线几乎成矩形，矫顽力小，剩磁大，易磁化，并且去掉外磁场后，磁性不易消失，将保留下很强的剩磁。如镁锰铁氧体及锂锰铁氧体等，适用于存储与记录信号，常用来制作记忆元件，比如计算机内部存储器的磁芯和外部设备中的磁鼓、磁带及磁盘等。

3.1.3 涡流与趋肤效应

(1) 涡流及涡流损耗

铁芯线圈在外加交流电源作用下,产生交变磁通 Φ 穿过铁芯,使得铁芯内部产生感应电动势和感应电流。由于这种感应电流在铁芯中自成回路,其形状如同水中漩涡,所以称为涡流,如图 3.1.4(a) 所示。

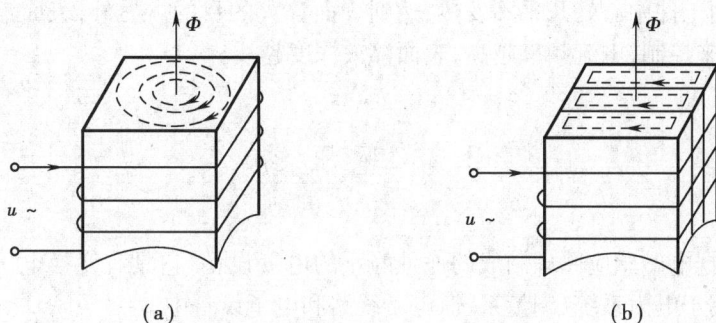

图 3.1.4 涡流

由于涡流所经路径是有电阻的,因此会消耗能量而使得铁芯发热,这种由涡流引起的电能损耗称为涡流损耗。

可以证明,涡流的大小与铁芯材料的电阻率成反比,与铁芯的厚度成正比。故减小涡流损耗常用两种方法:一是增大铁芯材料的电阻率,在钢片中渗入硅,能使其电阻率大大提高;二是将铁芯沿磁场方向剖分为许多薄片且相互绝缘后再叠装成铁芯,以减小铁芯的厚度,增大铁芯中涡流路径的电阻,如图 3.1.4(b) 所示。

(2) 趋肤效应

当直流电通过导线时,导线横截面上各处的电流密度相等。而交流电通过导线时,导线横截面上电流的分布是不均匀的。越靠近导线中心处,电流密度越小;越靠近导线表面,电流密度越大。此种交变电流在导线内趋于导线表面流动的现象称为趋肤效应(或称为集肤效应)。

图 3.1.5(a) 为通电导体横截面内的磁场分布图。当电流交变时,磁场也随之变化,将会在导线中感应出阻碍电流变化的感应电动势。越靠近导线中心处,与之交链的磁力线数越多,产生的感应电动势也就越大,导致导线横截面内各处的电流密度不同,导线表面密度最大,中心处最小。

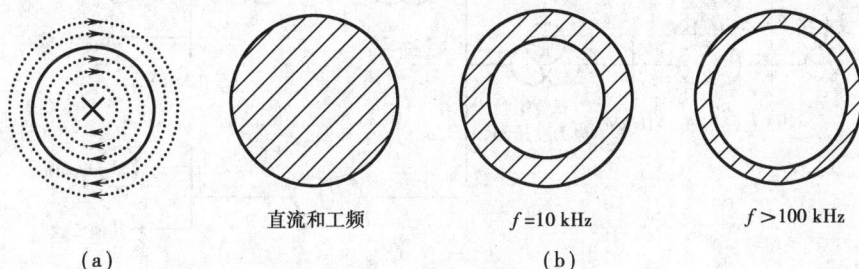

直流和工频　　　　　$f=10$ kHz　　　　　$f>100$ kHz

(a)　　　　　　　　　　　　(b)

图 3.1.5 导体的趋肤效应

由于趋肤效应的影响,使电流比较集中地分布在导线表面,实质上等于减少了导线的有效截面积,使电阻增加。此种现象随着频率的增加而更加显著,如图 3.1.5(b)所示。

为了减小趋肤效应带来的不利影响,在高频电路中常采用空心导线,以节省有色金属,有时则用若干条细导线绞合而成的多股绞线,以增大导线的表面积,从而减小趋肤效应的影响。

趋肤效应也可以加以利用,其中高频淬火就是一例。将待处理的金属工件放置在通有高频电流的线圈中,由于趋肤效应,金属工件中将产生趋于工件表面的高频涡流,使工件表面的温度急速升高,而工件中心处几乎不发热,达到表面淬火的目的。另外,表面淬火的深度还可用改变电流频率来控制,电流频率越高,表面淬火深度越浅。

3.2 变压器

变压器是根据电磁感应原理制成的一种静止的电气设备,它具有变换电压、电流、阻抗等作用,被广泛应用于电力系统、测量系统、电子线路和电子设备中。

3.2.1 变压器的用途、分类和基本结构

(1)变压器的用途和分类

从发电厂发出来的交流电,经过电力系统传输和分配到用户(负载),图 3.2.1 为一个简单的电力系统示意图。为了减少输电时线路上的电能和电压损失,采用高压输电,比如 110 kV、220 kV、330 kV、500 kV 等。发电机发出的电压比如为 10 kV,首先经过变压器升高电压后再经输电系统送到用户地区;到了用户地区后,还需要先把高电压降到 35 kV 以下,再按用户的具体需要进行配电,用户需要的电压等级一般为 6 kV、3 kV、380/220 V 等。在输配电中会升压和降压多次,因此变压器的安装容量是发电机容量的 5~8 倍。这种用于电力系统中的变压器称为电力变压器,它是电力系统中的重要设备。

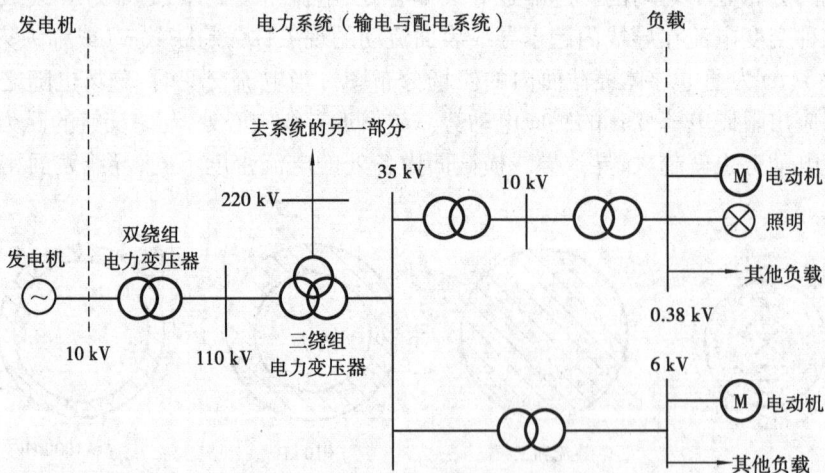

图 3.2.1 简单的电力系统示意图

变压器的种类很多,按交流电的相数不同,一般分为单相变压器和三相变压器;按用途可分为输配电用的电力变压器,局部照明和控制用的控制变压器,用于平滑调压用的自耦变压

器,电加工用的电焊变压器和电炉变压器,测量用的仪用互感器以及电子线路和电子设备中常用的电源变压器、耦合变压器、输入/输出变压器、脉冲变压器等。

(2) 变压器的基本结构

变压器的种类很多,结构形状各异,用途也各不相同,但其基本结构和工作原理却是相同的。变压器的主要结构是铁芯、绕组、箱体及其他零部件,图 3.2.2 是目前普遍使用的油浸式电力变压器的外形图,对之简述如下:

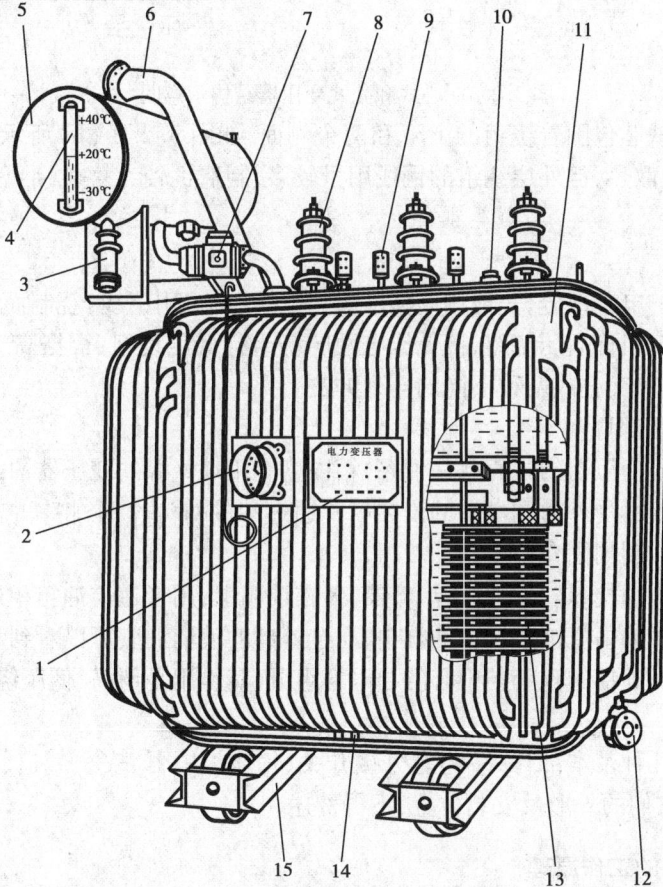

图 3.2.2　油浸式电力变压器外形示意图

1—铭牌;2—讯号式温度计;3—吸湿器;4—油表;5—储油柜;
6—安全继电器;7—气体继电器;8—高压导管;9—低压导管;10—分接开关;
11—油箱;12—放油阀门;13—器身;14—接地板;15—小车

1) 铁芯

铁芯是变压器的主磁路,又作为绕组的支撑骨架。为了减少铁芯内的磁滞和涡流损耗,通常采用含硅量为 5%、厚度为 0.35 mm 或 0.5 mm 两平面涂绝缘漆或经氧化膜处理的硅钢片叠装而成。

按绕组套入铁芯的形式,变压器分为心式和壳式两种,如图 3.2.3 所示。

心式变压器的绕组套在铁芯的两个铁芯柱上,如图 3.2.3(a)所示。此种结构比较简单,有较多的空间装设绝缘,装配容易,适用于容量大、电压高的变压器,一般的电力变压器均采用心式结构。

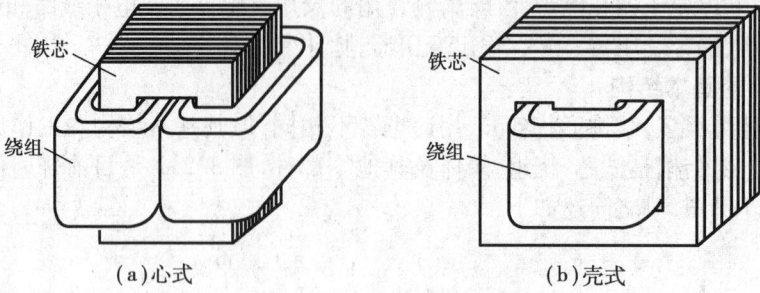

图 3.2.3　心式和壳式变压器结构示意图

壳式变压器的铁芯包围着绕组的上下和两个侧面,如图 3.2.2(b)所示。这种结构的机械强度好,铁芯容易散热,但外层绕组的铜线用量较多,制造也较为复杂,小型干式变压器多采用这种结构形式。

2)绕组

绕组是变压器的电路部分,一般用高强度漆包铜线(也可用铝线)绕制而成。

接高压电网的绕组称高压绕组,接低压电网的绕组称低压绕组,根据高、低压绕组的相对位置,可分为同心式和交叠式两种不同的排列方法。

3)油箱及其他零部件

①油箱　油浸式变压器的外壳就是油箱,箱内盛有用来绝缘的变压器油,它在绝缘的同时还保护了铁芯和绕组不受外力和潮湿的浸蚀。并通过油的对流作用,将铁芯和绕组产生的热量传递到油箱壁而散到周围介质中去。

②储油柜　又称油枕,是一个圆筒形容器,装在油箱上,用管道与油箱相连,使油刚好充满到油枕的一半。油面的高度被限制在油枕中,通过外部的玻璃油表可以看到油面的高低。

③绝缘导管　由外部的瓷套与中心的导电杆组成,其作用是使高、低压绕组的引出线与变压器箱体绝缘。

变压器除上述几种基本部件外,还有分接开关、气体继电器、安全气道、测温器等。在图 3.2.2 中已标出了它们的外形及安装位置,不再赘述。

3.2.2　变压器的工作原理

图 3.2.4 是单相变压器的工作原理图。它有高、低压两个绕组,其中接电源的绕组称为一次绕组(又称原边或初级绕组),匝数为 N_1,其电压、电流、电动势分别用 u_1、i_1、e_1 表示;与负载相接的绕组称为二次绕组(又称副边或次级绕组),匝数为 N_2,其电压、电流、电动势分别用 u_2、i_2、e_2 表示,图中标明的是它们的参考方向。

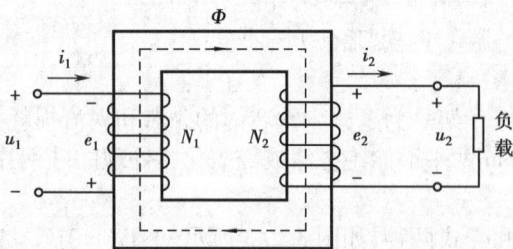

图 3.2.4　单相变压器的工作原理图

由于变压器的工作原理涉及电路、磁路以及它们的相互联系等方面的问题,比较复杂。为了便于分析,在此把它们分为变压、变流、变阻抗三种情况来讨论。

（1）变压器的变压原理（变压器的空载运行）

变压器的空载运行是指原绕组接在正弦交流电源 u_1 上,副绕组开路不接负载($i_2 = 0$),如图 3.2.5 所示。

在 u_1 的作用下,原绕组中有电流 i_1 通过,此时,$i_1 = i_0$ 称为空载电流。它在原边建立磁动势 $i_0 N_1$,在铁芯中产生同时交链着原、副绕组的主磁通 Φ,主磁通 Φ 的存在是变压器运行的必要条件。

根据电磁感应原理,主磁通会在原、副绕组中分别产生频率相同的感应电动势 e_1 和 e_2,即

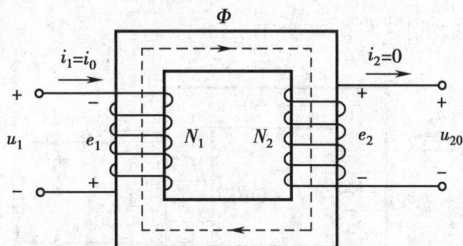

图 3.2.5　变压器的空载运行

$$e_1 = -N_1 \frac{\mathrm{d}\Phi}{\mathrm{d}t} \tag{3.2.1}$$

$$e_2 = -N_2 \frac{\mathrm{d}\Phi}{\mathrm{d}t} \tag{3.2.2}$$

由于 u_1 是按正弦规律变化的,所以主磁通 Φ 也会按正弦规律变化。

设 $\Phi = \Phi_{\mathrm{m}} \sin \omega t$,则有

$$e_1 = -N_1 \frac{\mathrm{d}\Phi}{\mathrm{d}t} = -N_1 \frac{\mathrm{d}}{\mathrm{d}t} \Phi_{\mathrm{m}} \sin \omega t = -N_1 \omega \Phi_{\mathrm{m}} \cos \omega t = E_{\mathrm{m1}} \sin \left(\omega t - \frac{\pi}{2} \right)$$

$$e_2 = -N_2 \frac{\mathrm{d}\Phi}{\mathrm{d}t} = -N_2 \frac{\mathrm{d}}{\mathrm{d}t} \Phi_{\mathrm{m}} \sin \omega t = -N_2 \omega \Phi_{\mathrm{m}} \cos \omega t = E_{\mathrm{m2}} \sin \left(\omega t - \frac{\pi}{2} \right)$$

感应电动势的有效值分别为

$$E_1 = \frac{E_{1\mathrm{m}}}{\sqrt{2}} = \frac{N_1 \omega \Phi_{\mathrm{m}}}{\sqrt{2}} = \frac{2\pi f}{\sqrt{2}} N_1 \Phi_{\mathrm{m}} = 4.44 f N_1 \Phi_{\mathrm{m}} \tag{3.2.3}$$

$$E_2 = \frac{E_{2\mathrm{m}}}{\sqrt{2}} = \frac{N_2 \omega \Phi_{\mathrm{m}}}{\sqrt{2}} = \frac{2\pi f}{\sqrt{2}} N_2 \Phi_{\mathrm{m}} = 4.44 f N_2 \Phi_{\mathrm{m}} \tag{3.2.4}$$

由于原、副绕组本身阻抗压降很小,可以近似认为

$$U_1 \approx E_1 = 4.44 f N_1 \Phi_{\mathrm{m}} \tag{3.2.5}$$

$$U_{20} = E_2 = 4.44 f N_2 \Phi_{\mathrm{m}} \tag{3.2.6}$$

由此可以得出原边电压 U_1 与副边电压 U_{20} 之间的关系为

$$\frac{U_1}{U_{20}} \approx \frac{E_1}{E_2} = \frac{N_1}{N_2} = K \tag{3.2.7}$$

式(3.2.7)中,K 称为变压器的变压比(简称为变比),该式表明变压器原、副绕组的电压与原副绕组的匝数成正比。当 $K > 1$ 时,为降压变压器;当 $K < 1$ 时,为升压变压器。对于已经制成的变压器而言,K 值一定,故副绕组电压随原绕组电压的变化而变化。

【例 3.2.1】 某单相变压器接到 $U_1 = 220$ V 的正弦交流电源上,已知副边空载电压 $U_{20} = 20$ V,副绕组匝数 $N_2 = 50$ 匝,求变压器的变压比 K 及原边匝数 N_1。

解 变压比　　　　　　$K = \dfrac{U_1}{U_{20}} = \dfrac{220}{20} = 11$

原边匝数　　$N_1 = KN_2 = 11 \times 50$ 匝 $= 550$ 匝

（2）变压器的变流原理（变压器的负载运行）

变压器的原绕组接在正弦交流电源 u_1 上,副绕组接上负载的运行情况,称为变压器的负载运行,如图 3.2.6 所示。

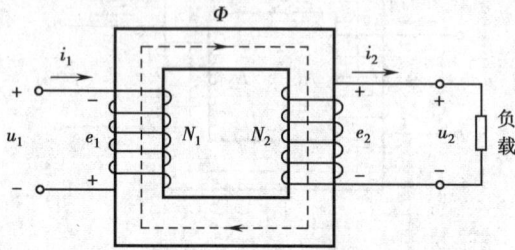

图 3.2.6　变压器的负载运行

接上负载后,副绕组中便有电流 i_2 通过,建立副边磁动势 $i_2 N_2$,根据楞次定律,$i_2 N_2$ 将有改变铁芯中原有主磁通 Φ 的趋势。但是,在电源电压 u_1 及其频率 f 一定时,铁芯具有恒磁通特性,即主磁通 Φ 将基本保持不变。因此,原绕组中的电流由 i_0 变到 i_1,使原边的磁动势由 $i_0 N_1$ 变成 $i_1 N_1$,以抵消副边磁动势 $i_2 N_2$ 的作用。也就是说变压器负载时的总磁动势应该与变压器空载时的磁动势基本相等,其磁动势平衡方程为

$$i_1 N_1 + i_2 N_2 = i_0 N_1$$

可写成相量形式

$$\dot{I}_1 N_1 + \dot{I}_2 N_2 = \dot{I}_0 N_1 \tag{3.2.8}$$

则

$$\dot{I}_1 = \dot{I}_0 + \left(-\frac{N_2}{N_1}\dot{I}_2\right) = \dot{I}_0 + \dot{I}_1' \tag{3.2.9}$$

上式表明,原边电流 $\dot{I}_1$ 由两部分组成:其中 $\dot{I}_0$ 用以产生主磁通 $\dot{\Phi}$,称为励磁分量(即空载电流);而 $\dot{I}_1'$ 用以抵消副边电流 $\dot{I}_2$ 的去磁作用,称为负载分量。当变压器的负载电流 $\dot{I}_2$ 变化时,原边电流 $\dot{I}_1$ 会有一个相应的变化 $\dot{I}_1'$,以补偿副边电流的影响,使铁芯中的磁通 $\dot{\Phi}$ 基本保持不变。正是由于负载的去磁作用和原边电流所作的相应变化以维持主磁通不变的这种特性,使得变压器可以通过电与磁的联系,将输入到原边的功率传递到副边电路中去。

当变压器在额定负载下运行时,励磁分量 I_0 很小,约为原边额定电流 I_{1N} 的 $2\% \sim 10\%$,在分析原、副边电流的数量关系时,可将 I_0 忽略不计。于是有

$$\dot{I}_1 = -\frac{N_2}{N_1}\dot{I}_2 \tag{3.2.10}$$

式(3.2.10)中的负号说明 $\dot{I}_1$ 和 $\dot{I}_2$ 的相位相反,即 $i_2 N_2$ 对 $i_1 N_1$ 有去磁作用。

写成有效值关系为

$$I_1 = \frac{N_2}{N_1}I_2$$

或

$$\frac{I_1}{I_2} = \frac{N_2}{N_1} = \frac{1}{K} \tag{3.2.11}$$

式(3.2.11)说明,变压器负载运行时,其原绕组和副绕组电流有效值之比,等于它们匝数比的倒数,即变压比 K 的倒数。这也就是变压器的电流变换原理。

（3）变压器的变阻抗原理

在图 3.2.7 (a)中,变压器的原边接上电源电压 $\dot{U}_1$,副边接入负载阻抗 Z_L,从原边看进

去,可用一个阻抗 Z' 来等效,图(b)是其等效电路。

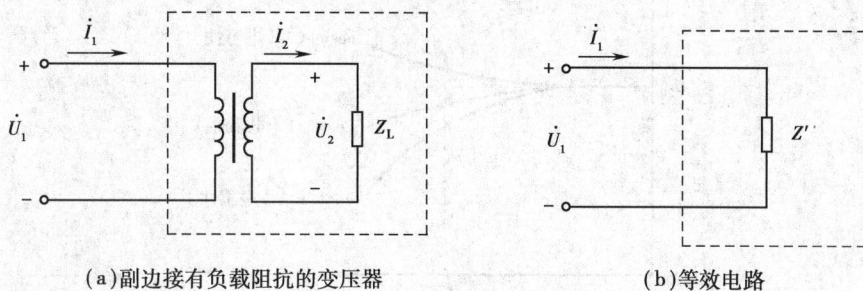

（a）副边接有负载阻抗的变压器　　　　　　　（b）等效电路

图 3.2.7　变压器的阻抗变换

由图 3.2.7 (b)可得出

$$|Z'| = \frac{U_1}{I_1} = \frac{KU_2}{\frac{1}{K}I_2} = K^2\frac{U_2}{I_2} = K^2|Z_L| \tag{3.2.12}$$

式(3.2.12)说明以下两点:

①当变压器的副边接入负载阻抗 $|Z_L|$ 时,反映(反射)到变压器原边的等效阻抗是 $|Z'| = K^2|Z_L|$,即增大 K^2 倍,这就是变压器的阻抗变换作用。

②当副边的负载阻抗 $|Z_L|$ 一定时,通过选取不同的匝数比的变压器,在原边可得到不同的等效阻抗 $|Z'|$ 。因此,在一些电子设备中,为了获得最大的功率输出,可以利用变压器将负载的阻抗变换到正好等于电源的内阻抗,即"阻抗匹配"。

【例 3.2.2】　一个 $R_L = 10\ \Omega$ 的负载电阻,接在电压有效值 $U = 12\ V$ 、内阻 $R_0 = 250\ \Omega$ 的交流信号源上。试求:① R_L 上获得的功率 P_L ;②若在负载 R_L 与信号源之间接入一个变压器进行阻抗变换,为了使该负载获得最大功率,需选择多大变压比的变压器?③ R_L 上获得的最大功率 P_{Lmax} 。

解　① R_L 直接接到信号源上时, R_L 上获得的功率 P_L 为

$$P = \left(\frac{U}{R_0 + R_L}\right)^2 \times R_L = \left(\frac{12}{250 + 10}\right)^2 \times 10\ W = 21.3\ mW$$

②阻抗匹配时变压器的变压比为

$$K = \sqrt{\frac{R'}{R_L}} = \sqrt{\frac{R_0}{R_L}} = \sqrt{\frac{250}{10}} = 5$$

③ R_L 上获得的最大功率 P_{Lmax} 为

$$P_{Lmax} = \left(\frac{U}{R_0 + R'}\right)^2 \times R' = \left(\frac{12}{250 + 250}\right)^2 \times 250\ W = 144\ mW$$

显然,利用变压器使其负载阻抗与电源内阻抗相匹配,可以获得较高的功率输出。

3.2.3　变压器的外特性与效率

（1）变压器的外特性

当变压器的原边电压 U_1 与负载的功率因数 $\cos\varphi_2$ 保持不变时,副边电压 U_2 随副边电流 I_2 的变化关系可用曲线 $U_2 = f(I_2)$ 来表示,称为变压器的外特性曲线。外特性曲线可通过实验求

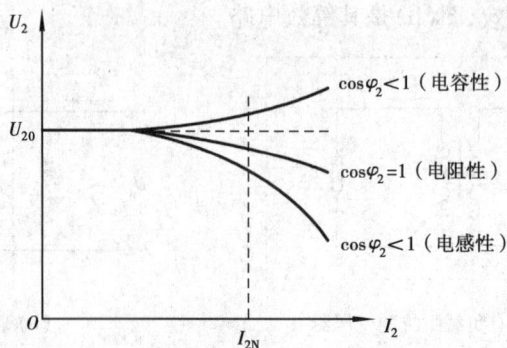

图 3.2.8 变压器的外特性曲线

得,如图 3.2.8 所示。

当负载是电阻或电感时,变压器的外特性是一条微微向下降低的曲线。负载的功率因数 $\cos \varphi_2$ 越低,U_2 下降越大。一般地,人们总是希望副边电压 U_2 的变动越小越好,副边电压的变化程度可用电压调整率 $\Delta U\%$ 来表示,即

$$\Delta U\% = \frac{U_{20} - U_2}{U_{20}} \times 100\% \tag{3.2.13}$$

式(3.2.13)中,U_{20} 为空载时变压器副边电压,U_2 为满载时变压器副边电压。

显然,变压器由空载到满载,副边电压 U_2 的相对变化率即是电压调整率。电压调整率表示了变压器运行时输出电压(副边电压)的稳定性,是变压器的主要性能指标之一。电力变压器的电压调整率一般在 5% 左右。

(2)变压器的效率

变压器在运行时存在两种损耗:铜损和铁损。

变压器的铜损是变压器运行时其原、副绕组的直流电阻 R_1 和 R_2 上所耗,即 $\Delta P_{Cu} = I_1^2 R_1 + I_2^2 R_2$,它与负载电流的大小有关;铁损是交变的主磁通在铁芯中产生的磁滞损耗和涡流损耗,即 ΔP_{Fe},它与铁芯的材料、电源电压 U_1、电源频率 f 等参数有关,而与负载的大小无关。

设变压器的输出功率为 P_2,则输入功率 P_1 为

$$P_1 = P_2 + \Delta P_{Cu} + \Delta P_{Fe} \tag{3.2.14}$$

变压器的效率就定义为输出功率 P_2 与输入功率 P_1 的百分比,即

$$\eta = \frac{P_2}{P_1} \times 100\% = \frac{P_2}{P_2 + \Delta P_{Cu} + \Delta P_{Fe}} 100\% \tag{3.2.15}$$

变压器中没有转动的部分,故效率较高。通常在额定负载的 80% 左右时,变压器的工作效率最高。小型变压器的效率为 60% ~ 90%,大型电力变压器的效率可达 99%。

3.2.4 变压器绕组的极性

当变压器具有两个或两个以上的原绕组和多个副绕组时,可以将绕组串联,以提高电压;或将绕组并联,以增大电流。此时必须注意绕组的正确连接,接线错误有可能损坏变压器。

(1)同名端(也叫同极性端)

图 3.2.9(a)为一个多绕组变压器,当电流 i_1 和 i_2 分别从绕组的 1 端和 3 端流入时,铁芯中产生的磁通方向是一致的(满足右手螺旋法则),称 1 端和 3 端是其同名端,显然,2 端和 4 端

也是其同名端。同名端的概念还可以这样理解:当电流从两个绕组的同名端流入时,产生的磁通方向相同,是相互加强的。

在变压器的绕组中,常用"＊""△"或"●"作为同名端的标记,如图 3.2.9(b)所示。

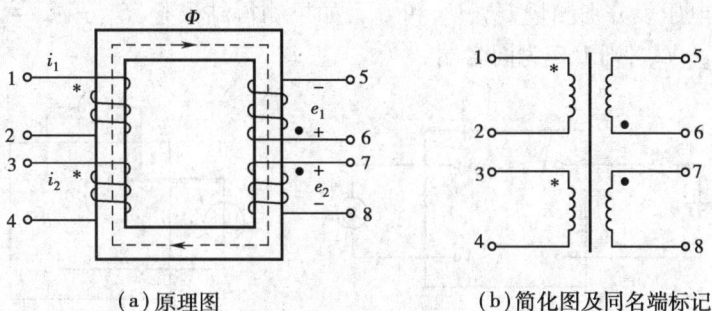

（a）原理图　　　　　　　　　（b）简化图及同名端标记

图 3.2.9　多绕组变压器

当两绕组串联时,应将其异名端 2 与 3 相连接,1 和 4 接电源,如图 3.2.10(a)所示。假如连接错误,如图 3.2.10(b)所示,在任何时刻两绕组中产生的磁通就相互抵消,铁芯中不产生磁通,绕组中也就没有感应电压,外加的电源电压全部加在绕组内阻上,原绕组中将流过很大的电流,变压器会因为迅速发热而烧毁。

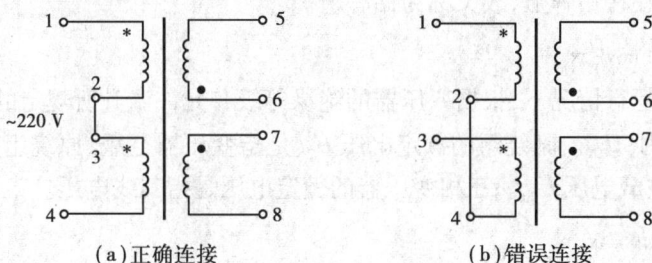

（a）正确连接　　　　　　　　（b）错误连接

图 3.2.10　两绕组的串联

当两绕组并联时,应将两绕组的同名端 1 与 3 相连接、2 与 4 相连接,然后再接电源,如图 3.2.11 所示。

同理,变压器的副边也有串联和并联两种连接方式。但必须注意,只有完全相同的两个绕组才可以并联使用,不然,可能会因为两绕组中的感应电压不同而在绕组中产生环流而烧毁绕组。

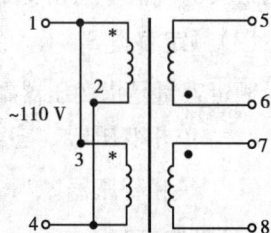

图 3.2.11　两绕组的并联

(2)同名端的测定

绕组的同名端取决于它们的绕向及相对位置。在实际工程中,由于绕组要经过浸漆、封装及其他工艺处理,从外观上已不能辨认绕组的绕向,需要用实验的方法来测定。通常可用下述两种方法来测定变压器的同名端。

1)直流法

用直流法测定绕组同名端的电路如图 3.2.12(a)所示。图中 1、2 为一个绕组的两端,3、4 为另一个绕组的两端。当开关 S 闭合的瞬间,若观测到直流电压表的指针正向偏转,则 1 和 3 是同名端;若指针反向偏转,则 1 和 4 是同名端。

91

2)交流法

用交流法测定同名端的电路如图 3.2.12(b)所示。将两个绕组的任意两个接线端(比如 2 和 4)连接在一起,并在其中任一绕组的两端(比如 1、2 两端)加上一个较低的便于测量的交流电压。用交流电压表分别测量 U_{12}、U_{34} 和 U_{13},如果测得结果是:$U_{13} = U_{12} + U_{34}$,则 1、4 为同名端;若 $U_{13} = U_{12} - U_{34}$,则 1、3 为同名端。

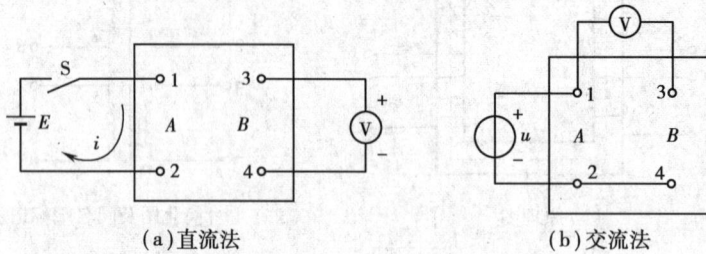

(a)直流法   (b)交流法

图 3.2.12 绕组同名端的测定

3.2.5 变压器的额定值

额定值是变压器制造厂家根据国家技术标准,对变压器正常可靠工作所作的使用规定,由于额定值通常是标注在铭牌上,故又称为铭牌值。

(1)**额定电压** U_{1N}、U_{2N}

变压器在额定运行情况下,根据变压器的绝缘等级和允许温升所规定的原绕组的电压值,称为原绕组额定电压 U_{1N}。副绕组的额定电压 U_{2N} 是指变压器空载、原绕组加上额定电压 U_{1N} 时,副绕组两端的空载电压 U_{20}。三相变压器的额定电压是指其线电压。

(2)**额定电流** I_{1N}、I_{2N}

变压器在额定运行情况下,根据绝缘材料所允许的温升而规定的原、副绕组中允许长期通过的最大电流值。三相变压器的额定电流是指其线电流。

(3)**额定容量** S_N

额定容量是指变压器副边输出的视在功率,单位是 V·A 或 kV·A。

$$\text{单相变压器} \qquad S_N = U_{2N} I_{2N} \tag{3.2.16}$$

$$\text{三相变压器} \qquad S_N = \sqrt{3} U_{2N} I_{2N} \tag{3.2.17}$$

(4)**额定频率** f

我国规定标准工业频率为 50 Hz。

3.3 特殊用途变压器

变压器的种类很多,除大量采用前面讨论过的双绕组结构的电力变压器以外,在实际应用中,还有许多其他类型的特殊用途的变压器。本节将对自耦调压器、仪用互感器和电焊变压器等作简单的介绍。

3.3.1 自耦调压器

在实验室中,为了能平滑地变换交流电压,经常会采用自耦调压器。图 3.3.1 是自耦调压器的外形和原理电路图。从原理图中看出它只有一个绕组,该绕组既是原绕组又是副绕组,即副绕组是原绕组的一部分,因而原、副绕组之间不仅有磁的耦合,而且还有电的直接联系。

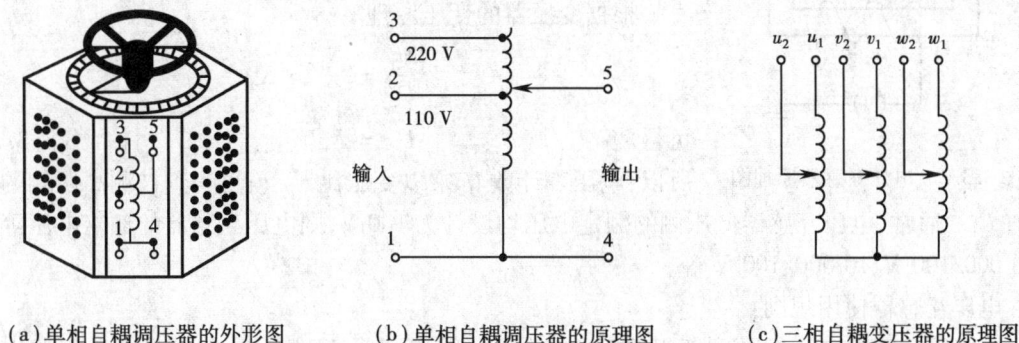

(a)单相自耦调压器的外形图　　(b)单相自耦调压器的原理图　　(c)三相自耦变压器的原理图

图 3.3.1　自耦调压器

自耦调压器的工作原理与普通双绕组变压器基本相同。双绕组变压器的变压、变流关系等都适用于自耦变压器,则原、副边的电压和电流关系为

$$\frac{U_1}{U_2} = \frac{N_1}{N_2} = K \tag{3.3.1}$$

$$\frac{I_1}{I_2} = \frac{N_2}{N_1} = \frac{1}{K} \tag{3.3.2}$$

由于自耦变压器的原、副边共用一套绕组,原、副边之间有直接的电的联系,故高压侧的电气故障可以波及到低压侧,已不具备电气隔离作用。所以,接在低压侧的电气设备必须按高压侧电压绝缘。

使用自耦调压器时还应注意如下几点:

①原绕组接交流电源,副绕组接负载,不能接错;否则,可能会发生触电事故或烧毁变压器。所以,自耦变压器不允许作为安全变压器使用。

②接通电源前,应将调压器上的手柄(滑动触头)旋至零位,通电后再逐渐将输出电压调到所需数值。使用完毕后,手柄应退回到零位。

3.3.2 仪用互感器

配合测量仪表专用的变压器称为仪用互感器,简称互感器。使用互感器的主要目的是:扩大测量仪表的量程,便于仪表的标准化;使测量仪表与高电压或大电流电路隔离,保证测量仪表和人身的安全;大大减少测量中的能量损耗,提高测量的准确度。

根据用途的不同,互感器有电压互感器和电流互感器两种。电压互感器可扩大交流电压表的量程,电流互感器可扩大交流电流表的量程。

(1)电压互感器(TV)

电压互感器是一个降压变压器,其工作原理与普通双绕组变压器的空载运行相似,其原理图如图 3.3.2 所示。

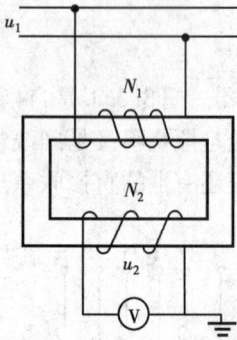

图 3.3.2 电压互感器原理图

电压互感器的原绕组匝数较多,其端线并联在被测的高压线路上;副绕组匝数较少,其端线可同电压表、电压继电器、功率表或电能表的电压线圈相连接。由于上述负载的阻抗都较高,因此,电压互感器在使用时相当于副边开路的降压变压器。

根据变压器的变压原理

$$\frac{U_1}{U_2} = \frac{N_1}{N_2} = K_u$$

可得
$$U_1 = K_u U_2 \tag{3.3.3}$$

所以,电压表计数 U_2 乘以变压比 K_u,就可得到被测高压侧的电压值 U_1。通常,电压互感器低压侧的额定电压均设计为 100 V,则电压互感器的额定电压等级有 6 000/100 V、10 000/100 V 等。

电压互感器使用规则:

①电压互感器在运行时副绕组绝对不允许短路。因为副绕组匝数少、阻抗小,如发生短路,短路电流将很大,足以烧坏互感器。使用时低压侧要串联熔断器作短路保护。

②电压互感器的铁芯和副绕组的一端都必须可靠接地,以防止高、低压绕组间的绕组层绝缘损坏时,副绕组和仪表带上高电压而危及人身安全。

(2)电流互感器(TA)

电流互感器是利用变压器的电流变换作用,将大电流变为小电流的升压变压器。图3.3.3为电流互感器测量时的原理图。

电流互感器的原绕组匝数很少(可少至一匝),导线粗,直接串入被测大电流电路中;而副绕组匝数很多,导线细,与阻抗很小的电流表、电流继电器、功率表或电能表的电流线圈串联。因此,它相当于升压变压器副边几乎短路的工作状态。

根据变压器的变流原理

$$\frac{I_1}{I_2} = \frac{N_2}{N_1} = K_i$$

可得
$$I_1 = K_i I_2 \tag{3.3.4}$$

式(3.3.4)中,K_i 称为电流互感器的变流比。所以,电流表读数 I_2 乘以变流比 K_i,就可得被测的大电流 I_1。通常,电流互感器的副边额定电流设计成标准值 5 A,则电流互感器的额定电流等级有 5/5 A、15/5 A、20/5 A、50/5 A、75/5 A … 1 000/5 A、3 000/5 A、5 000/5 A 等。

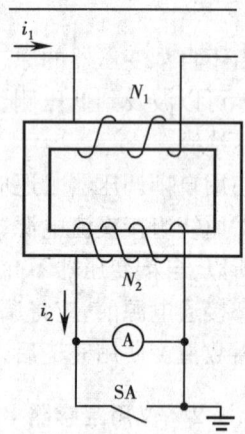

图 3.3.3 电流互感器原理图

电流互感器使用规则:

①电流互感器在运行时副绕组绝对不允许开路。因为其原绕组是串联在被测线路中的,流过的电流是线路中的负载电流,很大。所以,当副绕组开路时,副边电流和磁动势立即消失,副绕组的去磁作用也消失。原绕组中的大电流 I_1 成了励磁电流,使铁芯中的磁密猛增,铁芯严重磁饱和而过热损坏。同时还可能在副绕组中感应出数千伏的感应电压,击穿绝缘危及人身的安全。故在电流互感器的副绕组中,绝对不允许安装熔断器,副绕组不接电表时要短路,若

要拆下运行中的电表,必须先将副绕组短接后才能拆下。

②电流互感器的铁芯和副绕组的一端都必须可靠接地,以防止高、低压绕组间的绝缘层损坏时危及仪表或人身安全。

3.3.3　电焊变压器

交流电焊机在工程技术上应用很广泛,其主要部分是一台特殊的降压变压器即电焊变压器。

电弧焊是靠电弧放电的热量来熔化金属的,焊接时的起弧电压为 60~75 V,起弧后(即焊接时)电压降至为 30~35 V 的维弧电压,当焊条碰到工件但不引弧时,短路电流不应过大。另外,为了适应不同的焊接要求,焊接电流应能够在较大范围内进行调节。

为此,对电焊变压器的要求是:空载时,应具有 60~75 V 的引弧电压;负载时,要求电压随负载的增大而急剧下降,通常在额定负载时的电压为 30~35 V;在焊条碰到工件(副绕组短路)时,短路电流不应过大,也即是电焊变压器必须具有陡降的外特性;为了适应不同焊件和不同规格的焊条,焊接电流的大小要能调节。因此,电焊变压器必须有大的漏抗,且漏抗的大小(焊接电流的大小)可以调节。

如果一台变压器的特性能满足上述要求,它就可以作为一台电焊变压器使用。常用电焊变压器的基本类型有:磁分路动铁式电焊变压器、动圈式电焊变压器和副边带电抗器的电焊变压器等。

如图 3.3.4 为磁分路动铁式电焊变压器的工作原理图。这种变压器有三只铁芯柱,两边是主铁芯柱,上面套有原、副绕组,中间为动铁芯柱。

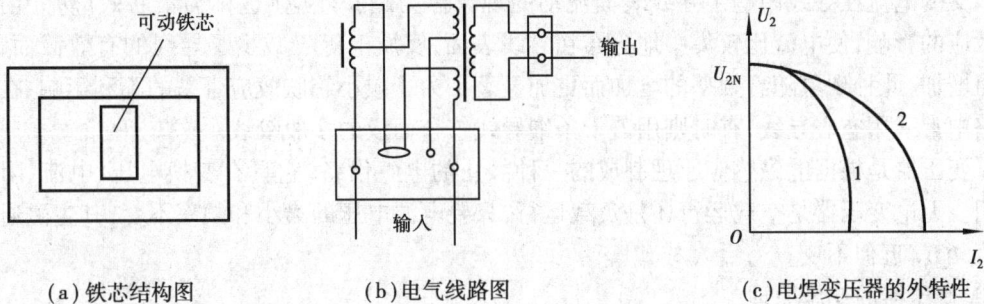

（a）铁芯结构图　　（b）电气线路图　　（c）电焊变压器的外特性

图 3.3.4　磁分路动铁式电焊变压器的原理图

磁分路动铁式电焊变压器的原绕组为圆筒形绕组,套在一个主铁芯柱上,副绕组分为两部分:一部分套装在原绕组的外层,另一部分绕在另一只主铁芯柱上。由于动铁芯柱是可动的,且两头都有较大的气隙,这样就大大增加了变压器的漏抗;另外,还可通过手柄移动铁芯柱的位置来调节分路磁阻,从而改变漏抗的大小,以满足不同焊件和焊条的要求。

小　结

1. 磁路是用来将磁场聚集在空间一定范围内的总体,磁路是电机、电器与电工仪表的重要组成部分,各类电机在进行电能与机械能之间的相互转换,变压器在进行不同等级电压与电流的电能转换,以及继电器、接触器在进行电路的切换时,磁路都起着非常重要的作用。

2. 磁感应强度 B 是描述空间某点磁场强弱与方向的物理量。B 的单位为特[斯拉](T),B 的方向即该点的磁场方向,与产生该磁场的电流之间的方向关系符合右手螺旋法则。磁感应强度 B 的大小与介质的磁导率 μ 有关。

3. 磁通量 Φ(或称为磁通)是表示穿过某一截面 S 的磁感应强度矢量 B 的通量,也可理解为穿过该截面的磁力线总数。Φ 的单位为韦[伯](Wb),其方向与 B 的方向一致。

4. 磁场中某点的磁场强度 H 的大小等于该点的磁感应强度 B 与介质磁导率 μ 的比值,即 $H = \dfrac{B}{\mu}$。磁场强度 H 的大小只与其激发电流有关,而与介质材料的导磁性能无关。H 也是一个矢量,其方向与该点的磁感应强度方向一致。

5. 磁导率 μ 是表示物质导磁性能的物理量。其 SI 单位是亨/米(H/m)。真空中的磁导率 $\mu_0 = 4\pi \times 10^{-7}$ H/m。$\mu \approx \mu_0$ 的物质称为非磁性材料;$\mu \gg \mu_0$ 的物质称为铁磁性材料。

6. 铁磁性材料的磁性能表现在以下几方面:

①铁磁性物质的磁化;

②高导磁性;

③磁饱和性;

④磁滞性。

7. 铁芯线圈在外加交流电源作用下产生的形如漩涡状的感应电流称为涡流;由涡流引起的铁芯中的电能损耗称为涡流损耗。减小涡流损耗常用两种方法:一是采用硅钢,二是将铁芯做成片状,且片间绝缘。

8. 交变电流在导线内趋于导线表面流动的现象称为趋肤效应(也称为集肤效应)。由于趋肤效应的影响,使电流比较集中地分布在导线表面,实质上等于减少了导线的有效截面积,使电阻增加,此种现象随着频率的增加而更加显著。为了减小趋肤效应带来的不利影响,在高频电路中常采用空心导线,有时则用若干条细导线绞合而成的多股绞线。

9. 变压器是根据电磁感应原理制成的一种静止的电气设备,它具有变换电压、电流、阻抗的作用。无论变压器是空载运行还是负载运行,只要电源电压的大小和频率不变,其主磁通的最大值 Φ_m 就近似不变。

10. 变压器的变压原理

$$\frac{U_1}{U_{20}} \approx \frac{E_1}{E_2} = \frac{N_1}{N_2} = K$$

①变压器的变流原理

$$\frac{I_1}{I_2} = \frac{N_2}{N_1} = \frac{1}{K}$$

②变压器的变阻抗原理

$$|Z'| = K^2 |Z_L|$$

11. 为了正确选择和使用变压器,必须了解和掌握其额定值(额定容量、额定电压、额定电流、额定频率等),并了解其外特性的意义和作用,变压器的外特性 $U_2 = f(I_2)$ 与负载的功率因数 $\cos \varphi_2$ 有关,$\cos \varphi_2$ 是评价供电质量的重要指标。

12. 变压器在运行时存在两种损耗:铜损和铁损。铜损是变压器运行时其原、副绕组的直

流电阻 R_1 和 R_2 上所耗,即 $\Delta P_{Cu} = I_1^2 R_1 + I_2^2 R_2$,它与负载电流的大小有关;铁损是交变的主磁通在铁芯中产生的磁滞损耗和涡流损耗,即 ΔP_{Fe},它与铁芯的材料、电源电压 U_1、电源频率 f 等参数有关,而与负载的大小无关。

13. 设变压器的输出功率为 P_2,输入功率为 P_1,那么变压器的效率就定义为输出功率 P_2 与输入功率 P_1 的百分比,即

$$\eta = \frac{P_2}{P_1} \times 100\% = \frac{P_2}{P_2 + \Delta P_{Cu} + \Delta P_{Fe}} 100\%$$

14. 当变压器具有两个或两个以上的原绕组和多个副绕组时,可以将绕组串联,以提高电压;或将绕组并联,以增大电流。但在使用时必须注意绕组的正确连接,接线错误有可能损坏变压器。

15. 自耦变压器是一种原、副边公用一个绕组的变压器,即副绕组是原绕组的一部分。因而原、副绕组之间不仅有磁的耦合,而且还有电的直接联系。由于这种变压器可以输出平滑的可调电压,故又称自耦调压器,常应用于实验室中。

16. 配合测量仪表专用的变压器称为仪用互感器,简称互感器。使用互感器的主要目的是:扩大测量仪表的量程,便于仪表的标准化;使测量仪表与高电压或大电流电路隔离,保证测量仪表和人身的安全;大大减少测量中的能量损耗,提高测量的准确度。

17. 电压互感器(TV)是一个降压变压器,其工作原理与普通双绕组变压器的空载运行相似。因为 $U_1 = KU_2$,所以电压表计数 U_2 乘以变压比 K,就可得到被测高压侧的电压值 U_1。通常,电压互感器低压侧的额定电压均设计为 100 V。电压互感器在运行时副绕组绝对不允许短路,而且铁芯和副绕组的一端都必须可靠接地。

18. 电流互感器(TA)是利用变压器的电流变换作用,将大电流变为小电流的升压变压器。因为 $I_1 = K_i I_2$,所以电流表读数 I_2 乘以变流比 K_i,就可得被测的大电流 I_1。通常,电流互感器的副边额定电流设计成标准值 5 A。电流互感器在运行时副绕组绝对不允许开路,而且铁芯和副绕组的一端都必须可靠接地。

19. 交流电焊机在工程技术上应用很广泛,其主要部分是一台特殊的降压变压器(即电焊变压器)。对电焊变压器的要求是:空载时应具有 60～75 V 的引弧电压;负载时,要求电压随负载的增大而急剧下降,通常在额定负载时的电压为 30～35 V;在焊条碰到工件(副绕组短路)时,短路电流不应过大,也即是电焊变压器必须具有陡降的外特性;为了适应不同焊件和不同规格的焊条,焊接电流的大小要能调节。

习　题

3.1　什么是磁通、磁感应强度、磁场强度、磁导率? 它们的符号、单位及物理含义各是什么?

3.2　什么是铁磁性材料? 它们有哪些磁性能? 大致分为哪几类? 各有何用途?

3.3　什么是涡流? 它有哪些利弊?

3.4　什么是趋肤效应? 它有哪些利弊?

3.5　什么叫变压器? 其主要用途有哪些?

3.6 变压器的基本结构有哪些？各部分的主要作用是什么？

3.7 变压器的铁芯为什么要用硅钢片叠成？

3.8 变压器能否改变直流电压？如果将变压器的原绕组误接到与额定电压等值的直流电源上，有什么后果？

3.9 简述变压器的基本结构及工作原理，举例说明变压器的用途。

3.10 变压器原绕组的电阻很小，空载运行时，在原绕组上加额定电压，为什么空载电流却不大？空载电流的主要作用是什么？

3.11 什么是变压器的外特性和电压变化率？它们与负载的性质有什么关系？

3.12 变压器的损耗主要有哪些？

3.13 变压器的铭牌包括哪些内容？

3.14 某单相变压器的额定电压为 220/110 V，如将其副绕组误接到 220 V 的交流电源上，将有什么影响？

3.15 当变压器的副边电流变化时，原边电流及铁芯中主磁通是否变化？为什么？

3.16 虽然双绕组变压器的原、副绕组间没有直接的电的联系，但在负载时，随着负载电流的变化，原边电流也随之变化，为什么？

3.17 试分析和说明变压器原绕组接通电源后，副绕组没有电压输出的可能原因。

3.18 电压互感器和电流互感器相当于普通变压器的什么工作状态？其原绕组与被测电路应该怎么连接？在使用时应特别注意什么问题？

3.19 电焊变压器具有什么样的外特性？其结构上有什么特点？怎样调节输出电流？

3.20 自耦变压器在结构上有什么特点？其主要优缺点有哪些？

3.21 有一台额定容量为 50 kV·A，额定电压为 3 300/220 V 的单相变压器，其高压侧绕组为 6 000 匝；试求：①低压绕组的匝数；②高压侧和低压侧的额定电流。

3.22 有一单相照明变压器的额定容量为 10 kV·A，额定电压为 3 300/220 V。欲在副绕组接上 60 W、220 V 的白炽灯，若要变压器在额定负载下运行，此种电灯可接多少个？并求变压器原、副绕组的电流。

3.23 某三相变压器，$S_N = 5\,000$ kV·A，Y/△接法，额定电压为 35/10.5 kV。试求：①高、低压绕组的相电压；②高、低压绕组的线电流和相电流。

第 **4** 章

电动机及控制基础

电机是发电机和电动机的统称,是一种实现机械能和电能相互转换的电磁装置。将机械能转变为电能的装置称为发电机,将电能转变为机械能的装置称为电动机。由于电源分为交流电源和直流电源,故电机也分为交流电机和直流电机两大类。

直流电机分为直流发电机和直流电动机两大类。直流发电机是过去工业用直流电的主要电源,被广泛地应用在电解、电镀等设备中,也可作为大型同步电机的励磁机和直流电动机的电源。近年来,由于晶闸管变流技术的发展及其应用,它已逐步被取代。直流电动机具有良好的启动性能和调速性能,因而被广泛应用于电力牵引、轧钢机、起重设备,以及要求调速范围广的各种机床、设备中,但是,直流电动机的结构复杂,造价高,维护困难,运行可靠性差。

交流电机分同步电机和异步电机两大类,无论哪一种交流电机都既可作发电机,也能作电动机运行。同步电机具有效率高、过载能力强等优点,但制造工艺复杂,启动困难,运行维护麻烦,故多用于特殊场合,比如用作发电机或拖动大负载等。异步电机具有构造简单,价格便宜,工作可靠,坚固耐用,使用和维护方便等优点,因此得到了极为广泛的使用。

本章主要讨论交流异步电机,并以异步电动机为主体,重点分析三相交流异步电动机的结构、工作原理和运行特性等。

4.1 三相交流异步电动机

4.1.1 三相交流异步电动机的基本结构及铭牌数据

(1)三相交流异步电动机的基本结构

三相交流异步电动机由两个基本部分组成:固定不动的部分称为定子,转动的部分称为转子。为了保证转子能在定子腔内自由地转动,定子与转子之间需要留有 $0.2 \sim 2 \, mm$ 的空气隙,如图 4.1.1 所示。

1)定子

定子由机座、定子铁芯和定子绕组三部分组成。

①机座 主要是用来固定定子铁芯和定子绕组,并以前后两个端盖支承转子的转动,其外

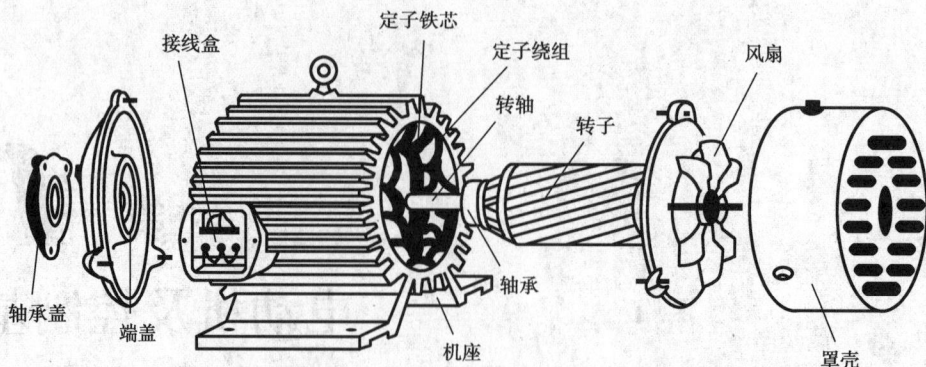

图 4.1.1　三相异步电动机的结构

表还有散热作用。中、小型机一般用铸铁制造,大型机多采用钢板焊接而成。为了搬运方便,常在机座上装有吊环。

②定子铁芯　是电机磁路的一部分。为了减少磁滞和涡流损耗,它常用 0.35 mm 或 0.5 mm厚的硅钢片叠装而成,铁芯内圆上冲有均匀分布的槽,以便嵌放定子绕组,如图 4.1.2 所示。

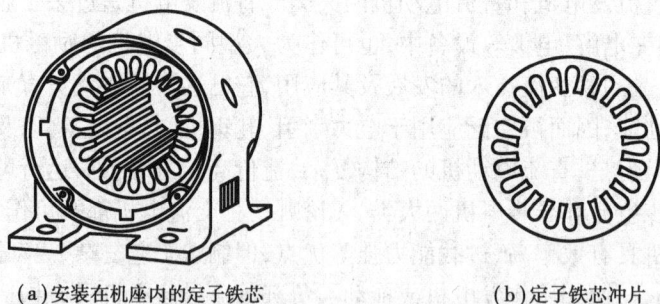

（a）安装在机座内的定子铁芯　　　　　（b）定子铁芯冲片

图 4.1.2　定子铁芯

③定子绕组　它是电机的电路部分。一般采用高强度聚酯漆包铜线或铝线绕制而成。三相定子绕组对称分布在定子铁芯槽中,每一相绕组的两端分别用 U_1-U_2,V_1-V_2,W_1-W_2 表示,可根据需要接成星形(Y)或三角形(△),如图 4.1.3 所示。

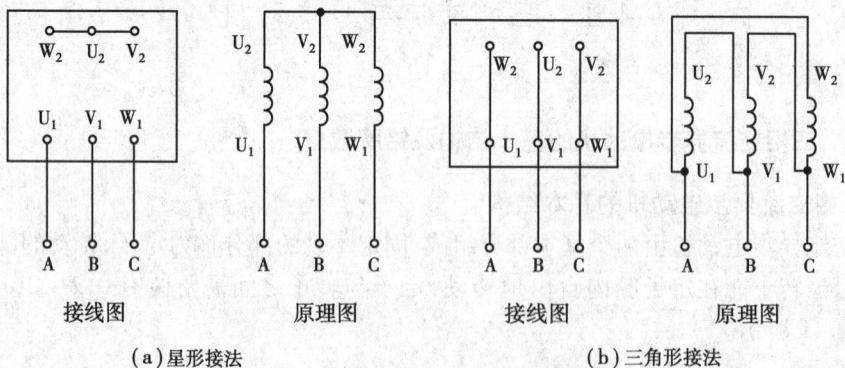

接线图　　　　　原理图　　　　　接线图　　　　　原理图

（a）星形接法　　　　　　　　　　（b）三角形接法

图 4.1.3　三相定子绕组的连接方式

100

2)转子

转子由转子铁芯、转子绕组和转轴三部分组成。

①转子铁芯 它是电机磁路的一部分。常用0.5 mm厚的硅钢片叠装成圆柱体,并紧固在转轴上。铁芯外圆上冲有均匀分布的槽,以便嵌放转子绕组,如图4.1.4(a)所示。

转子绕组分为笼型和绕线型两种。

A.笼型绕组 它是在转子铁芯槽中嵌放裸铜条或铝条,其两端用端环连接。由于形状与鼠笼相似,故称为鼠笼转子,简称笼型转子,如图4.1.4(b)、(c)所示。

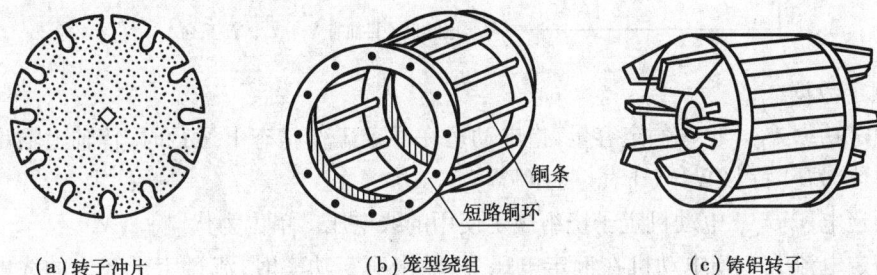

（a）转子冲片　　　　（b）笼型绕组　　　　（c）铸铝转子

图4.1.4 转子铁芯冲片及笼型转子示意图

B.绕线式转子绕组 它与定子绕组相似,也是由绝缘的导线绕制而成的三相对称绕组,其极数与定子绕组相同。转子绕组一般接成星形,三个首端分别接到固定在转轴上的三个滑环(也称集电环)上,由滑环上的电刷引出与外加变阻器连接,构成转子的闭合回路,如图4.1.5所示。

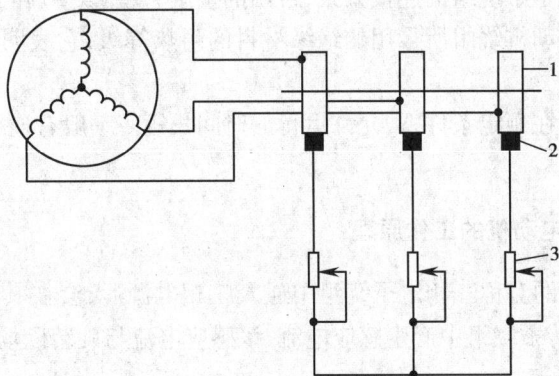

图4.1.5 绕线式转子连接示意图

1—集电环;2—电刷;3—变阻器

②转轴 转轴的作用是支承转子,传递和输出转矩,并保证转子与定子之间圆周有均匀的空气隙。转轴一般用中碳钢棒料经车削加工而成。

3)空气隙

空气隙也是电机磁路的一部分。气隙越小,磁阻越小,功率因数越高,空载电流也就越小。中小型电动机的气隙一般为0.2~2 mm。

(2)三相异步电动机的铭牌数据

每一台电动机出厂时,在机座上都有一块铭牌,上面标有电动机的型号、规格和有关技术数据。

1）型号

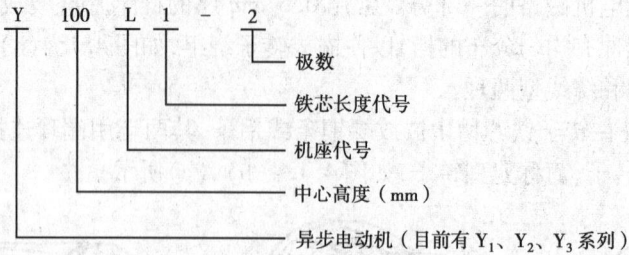

2）额定数据

①额定功率 P_N　也称额定容量，指电动机在额定工作状态下运行时，转轴上输出的机械功率。单位为瓦［特］（W）或千瓦［特］（kW）。

②额定电压 U_N　电动机定子绕组规定使用的线电压。单位为伏［特］（V）。

③额定电流 I_N　指电动机在额定电压下，输出额定功率时，流过定子绕组的线电流。单位为安［培］（A）。

④额定频率 f_N　指电动机所接交流电源的频率，单位为赫［兹］（Hz）。我国规定电力网的频率为 50 Hz。

⑤额定转速 n_N　指电动机在额定电压、额定频率及额定输出功率的情况下，转子的转速。单位为转/分（r/min）。

⑥接法　指电动机定子绕组的连接方式，常用的接法为星形（Y）和三角形（△）两种。

⑦绝缘等级　指电动机绕组所采用的绝缘材料的耐热等级，它表明了电动机所允许的最高工作温度。

⑧定额　指电动机在额定条件下，允许运行的时间长短。一般有连续、短时和周期性断续三种工作制。

4.1.2　三相异步电动机的工作原理

在三相异步电动机的对称三相定子绕组中通入三相电源后，会在其铁芯中产生一个旋转磁场，通过电磁感应在转子绕组中产生感应电流，该感应电流与旋转磁场相互作用产生电磁转矩，从而驱动转子旋转。

（1）旋转磁场的产生

图 4.1.6 为三相定子绕组接线示意图（Y 形连接），三相定子绕组 U_1U_2、V_1V_2 和 W_1W_2 对称分布（互差 120°电角度）在定子铁芯槽内。当接入对称三相交流电源后，则有对称三相电流通过绕组。设每相电流的瞬时值表达式为

$$i_U = I_m \sin \omega t$$
$$i_V = I_m \sin(\omega t - 120°)$$
$$i_W = I_m \sin(\omega t + 120°)$$

其波形图如图 4.1.7 所示。

为了研究方便，规定电流从绕组的首端流入时取正，从尾端流入时取负。下面从几个不同

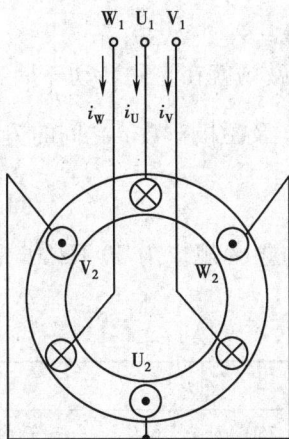

图4.1.6 三相定子绕组接线示意图

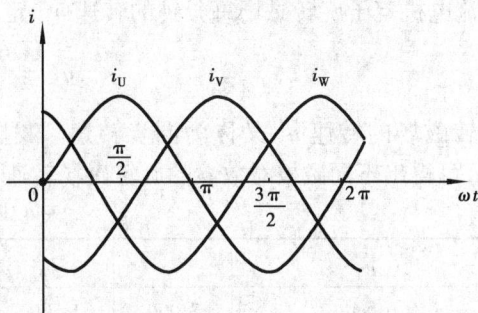

图4.1.7 三相对称电流波形图

的瞬间来分析三相交流电流流入定子绕组后形成合成磁场的情况。

①当 $\omega t = 0$ 时：$i_U = 0$，U 相绕组内没有电流；i_V 为负，V 相绕组中的电流是从末端 V_2 流入，首端 V_1 流出；i_W 为正，W 相绕组中的电流是从首端 W_1 流入，尾端 W_2 流出，根据右手螺旋法则，可确定合成磁场的方向及 N、S 极，如图4.1.8(a)所示。

②当 $\omega t = \dfrac{\pi}{2}$ 时：i_U 为正，电流从 U_1 流入，U_2 流出；i_V 为负，电流从 V_2 流入，V_1 流出；i_W 也为负，电流从 W_2 流入，W_1 流出，如图4.1.8(b)所示。合成磁场在空间顺相序旋转了90°。

③当 $\omega t = \pi$ 时：$i_U = 0$，i_V 为正，i_W 为负，如图4.1.8(c)所示。合成磁场在空间顺相序旋转了180°。

④当 $\omega t = \dfrac{3\pi}{2}$ 时：i_U 为负，i_V 为正，i_W 为正，如图4.1.8(d)所示。此时与 $\omega t = 0$ 时相比，合成磁场在空间顺相序旋转了270°。

⑤当 $\omega t = 2\pi$ 时：$i_U = 0$，i_V 为负，i_W 为正，如图4.1.8(e)所示。合成磁场在空间顺相序旋转了360°。

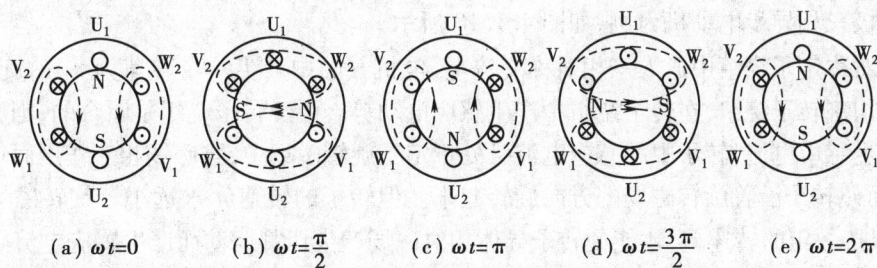

(a) $\omega t=0$　(b) $\omega t=\dfrac{\pi}{2}$　(c) $\omega t=\pi$　(d) $\omega t=\dfrac{3\pi}{2}$　(e) $\omega t=2\pi$

图4.1.8 旋转磁场的产生

综上所述，当对称三相电流通入对称三相绕组时，必然会产生一个大小不变，转速一定的旋转磁场。

（2）旋转磁场的转速和转向

当旋转磁场具有 p 对磁极时，交流电每变化一周，其旋转磁场就在空间转动 $\frac{1}{p}$ 周。因此，三相交流电机定子旋转磁场每分钟的转速 n_1、定子电流频率 f_1 及磁极对数 p 之间的关系为

$$n_1 = \frac{60f_1}{p} \tag{4.1.1}$$

旋转磁场的转速 n_1 又称为同步转速。我国三相电源的频率规定为 50 Hz，于是，由式（4.1.1）可得出不同磁极对数 p 的旋转磁场转速 n_1，见表 4.1.1。

表 4.1.1

p	1	2	3	4	5	6
$n_1/(\text{r} \cdot \text{min}^{-1})$	3 000	1 500	1 000	750	600	500

旋转磁场的转向由定子绕组中通入电流的相序来决定，欲改变旋转磁场的转向，只需要改变通入三相定子绕组中电流的相序，即将三相定子绕组首端（U_1、V_1、W_1）的任意两根与电源相连的线对调，就改变了定子绕组中电流的相序，旋转磁场的转向也就改变了，如图 4.1.9 所示。

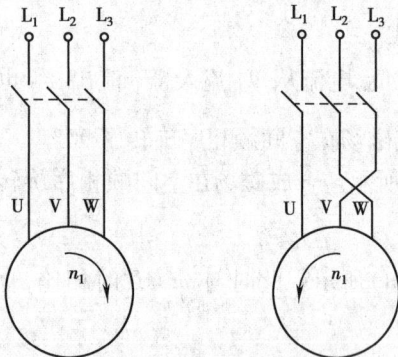

图 4.1.9　改变旋转磁场的方向

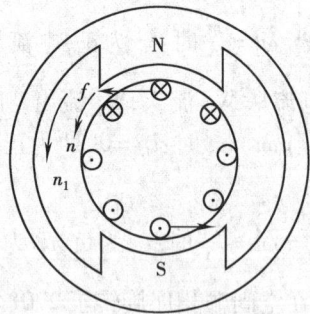

图 4.1.10　异步电动机的工作原理示意图

（3）异步电动机的工作原理

以两极三相异步电动机为例，如图 4.1.10 所示。

三相对称定子绕组中通入三相对称交流电，电机气隙中产生一个转速为 n_1 的旋转磁场，该磁场将切割转子绕组，在转子绕组中产生感应电动势。由于转子绕组是闭合的，则会在转子绕组中产生感应电流，转子中的感应电流又处于定子旋转磁场中，与磁场相互作用而产生电磁转矩，从而使转子沿着旋转磁场的方向旋转起来。但转子的转速 n 永远小于旋转磁场的转速 n_1，只有保持一定的转速差，才能使转子导体相对磁场产生切割运动而产生感应电流。如果没有切割运动，就不会产生感应电流，也就不会产生电磁转矩，当然转子就无法旋转起来。异步电动机的名称就是由此而得来，又由于这种电机是借助于电磁感应而传递能量的，故又称为感应式异步电动机。

4.1.3　三相交流异步电动机的使用

三相交流异步电动机的使用主要包括电机的启动、反转、调速和制动等内容。

（1）**交流异步电动机的启动**

异步电动机接入三相电源后，转子从静止状态过渡到稳定运行状态的中间过程称为启动。异步电动机在启动瞬时，因为转子是静止不动的，所以旋转磁场与转子的相对切割速度最大，故会在转子绕组中产生很大的感应电动势和感应电流，电动机直接启动时的定子电流一般为其额定电流的4~7倍。过大的启动电流不但会使电动机出现过热现象，而且还会在线路上产生较大的电压降，影响接在同一线路上的其他负载的正常运行。

异步电动机在启动时，虽然启动电流很大，但因其功率因数甚低，所以启动转矩较小，将使启动速度变慢，启动时间延长，甚至不能启动。

由此可知，异步电动机的启动电流大与启动转矩小是启动时存在的主要问题。为此，需在启动时限制启动电流，以获得适当的启动转矩，根据不同类型与不同容量的异步电动机采取不同的启动方式。下面对笼型异步电动机常用的几种启动方式进行讨论。

1）直接启动

所谓直接启动，就是将电动机的定子绕组直接接到具有额定电压的三相电源上，故又称全压启动。直接启动的优点是启动设备和操作都比较简单，缺点就是启动电流大，启动转矩小。一台电动机能否直接启动，各地供电部门有不同的规定，一般规定如下：

如果用电单位有独立的变压器供电，若电动机启动频繁，当电动机容量小于变压器容量的20%时，允许直接启动；若电动机不是频繁启动，则其容量小于变压器容量的30%时，允许直接启动。如果没有独立的供电变压器，以电动机启动时电源电压的降低量不超过额定电压的5%为准则。

凡不符合上述规定者只能采用降压启动。

2）降压启动

所谓降压启动，就是在电动机启动时采用启动设备，降低加在电动机定子绕组上的电压来限制启动电流，待启动完毕电动机达到额定转速时再恢复至全压，使电动机正常运行。

因为启动转矩与电压的平方成正比，所以降压启动在减少启动电流的同时，也会使启动转矩下降较多，故降压启动只适用于在空载或轻载下启动的电动机。

下面介绍几种常用的降压启动方法：

①Y-△降压启动

若电动机在正常工作时，其定子绕组是三角形连接，则启动时就可以把它改接成星形，待启动完成后再换接成三角形。这样，在启动时就把电动机每相定子绕组上的电压降低到正常工作电压的$1/\sqrt{3}$，可使启动电流减少到直接启动时的1/3，其原理如图4.1.11所示。

Y-△降压启动具有设备简单，体积小，成本低，使用寿命长，操作可靠等优点，因此得到了广泛的应用。

②自耦变压器降压启动

自耦变压器降压启动，是利用三相自耦变压器将电动机启动时的端电压降低，以减小启动电流，图4.1.12是其启动原理图。启动程序是：先合上电源开关QS_1，然后将启动器上的手柄开关QS_2扳到"启动"位置，电网电压经自耦变压器降压后送到电动机定子绕组上，实现降压启动；待电动机转速上升到接近额定转速时，再将QS_2迅速扳至"运行"位置，切除自耦变压器，电动机定子绕组直接接通三相电源，在额定电压下正常运行。

自耦变压器常有多个抽头，使其输出电压分别为电源电压的40%、60%、80%、（或55%、

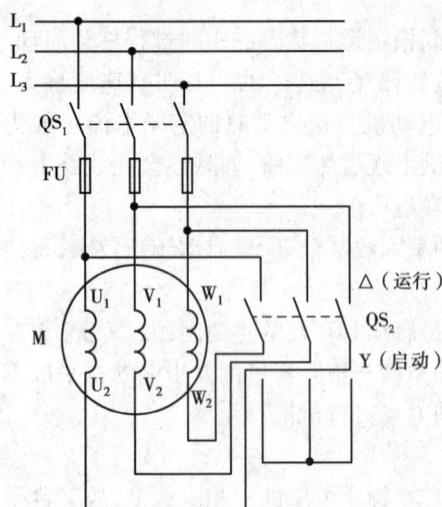

图 4.1.11 Y-△降压启动原理图

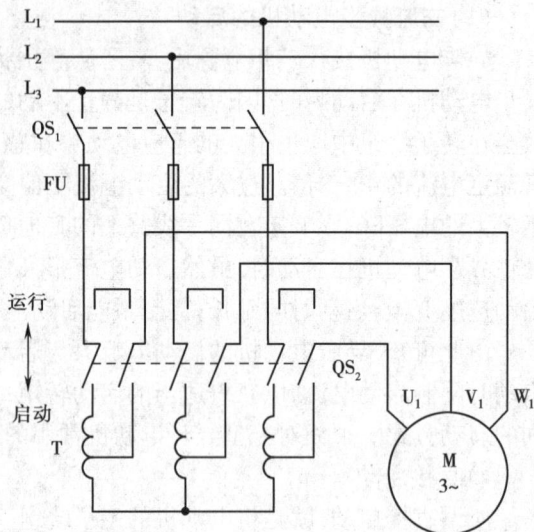

图 4.1.12 自耦变压器降压启动

64%、73%)可供用户根据对启动转矩的要求不同而选择。

若自耦变压器的变比为 K,则启动时的启动电流和启动转矩均减小为直接启动时的 $1/K^2$,这种启动方式不宜用于频繁启动的场合。

总之,上述降压启动以减小启动电流为目的,但启动转矩也随之而被减小了,故降压启动一般是用于笼型异步电动机在轻载或空载下的启动。

③电子软启动器

近年来,随着电力电子技术以及智能控制技术的不断发展,电子软启动器已经逐步取代了传统的启动方法,例如,前已述及的 Y-△降压启动、自耦变压器降压启动等。所谓的电子软启动器,就是使用晶闸管调压技术,采用单片机控制的启动器,在用户规定的启动时间内,自动地将启动电压平滑地上升到额定电压,从而达到有效控制启动电流的目的。

软启动器的控制原理如图 4.1.13 所示,它采用三相平衡调压式主电路,将三对反向并联的大功率晶闸管串接于电动机的定子绕组上,通过控制其触发角的大小来改变晶闸管的导通程度,由此控制电动机输入电压的大小,以达到实现电动机软启动的过程。当电动机启动完成并达到额定电压时,闭合三相旁路接触器 KM,短接晶闸管,使电动机直接投入电网运行,以避免晶闸管元件的持续损耗。其中,主回路的晶闸管和接触器随系统容量不同可以选择不同的器件。RC 串联支路是用来作晶闸管的过压保护。

(2)异步电动机的反转

由异步电动机的工作原理知,电动机转子的旋转方向与旋转磁场的转向相同,假若需要电动机反转,只要改变其旋转磁场的转向即可。根据旋转磁场的转向与通入定子绕组三相电源的相序可知,只要将三根电源线中的任意两根对调,改变接入电动机电源的相序,就能实现电动机的反转,如图 4.1.9 所示。

(3)异步电动机的调速

电动机的调速是指在负载不变的情况下,人为地改变电动机的转速,以满足各种生产机械的要求。调速的方法很多,可以采用机械调速(变速机构),也可以采用电气调速。由于电气

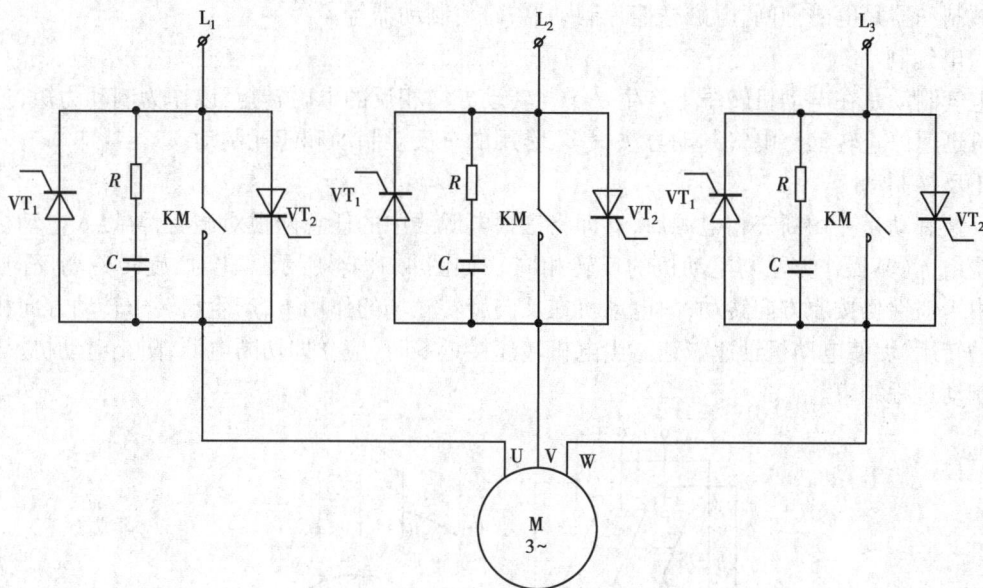

图 4.1.13 软启动器主回路示意图

调速可以大大简化机械变速机构,降低调速成本,并获得较好的调速效果,故得到了广泛的应用。其转速表达式为:

$$n = (1 - S) \frac{60f_1}{p}$$

由上式可知:异步电动机的转速可以通过改变定子电源的频率 f_1、电机的磁极对数 p 和转差率 S 来调节。

1)变频调速

改变电源频率 f_1 是一种很有效的无级调速方法,由于电网频率是工频 50 Hz,若要改变,必须配备较为复杂的变频设备,目前采用变频器调速已非常普遍,它不仅可用于调速,还可用于电动机的软启动和软制动。

2)变极调速

变极调速是通过改变电动机磁极对数 p 的一种调速方法,由于磁极对数 p 只能成对的改变,所以它属于有级调速。

3)变转差率调速

改变转差率 S 的调速方法有:改变电源电压、改变绕线式转子的转子回路电阻等。

(4)异步电动机的制动

所谓制动,就是刹车。当切断电动机的交流电源后,由于电动机转动部分的惯性作用,它将继续转动一定时间才能慢慢地停下来。为了提高生产效率,或从工作的安全、可靠角度考虑,就要求电动机能既快而又准确地停车,为此,必须对电动机进行制动控制。即当电动机断开交流电源后,给它施加一个与转动方向相反的转矩,使电动机很快停转的方法称为制动。

三相异步电动机的制动可分为机械制动和电气制动两大类。

1)机械制动

机械制动是利用机械装置使电动机在交流电源切断之后迅速停止转动的方法。比较常见

107

的机械制动器是电磁抱闸、电磁摩擦片制动器,磁粉制动器等。

2)电气制动

电气制动是在电动机转子上产生一个与转动方向相反的电磁转矩,以作为制动力矩,迫使电动机迅速停止转动。电气制动方法很多,常用的有反接制动和能耗制动。

①反接制动

反接制动是在切断三相电源后,立即将三根电源线中的任意两根对调后,再接入电动机的定子绕组上(其操作方法与电动机的反转相同),如图 4.1.14 所示。此时,旋转磁场反向,而转子由于惯性仍按原方向转动,故电动机在反向旋转磁场的作用下,产生与转子转动方向相反的制动转矩,促使电动机迅速减速。当电机转速接近零时,应立即切断电源,防止电动机反转,反接制动过程结束。

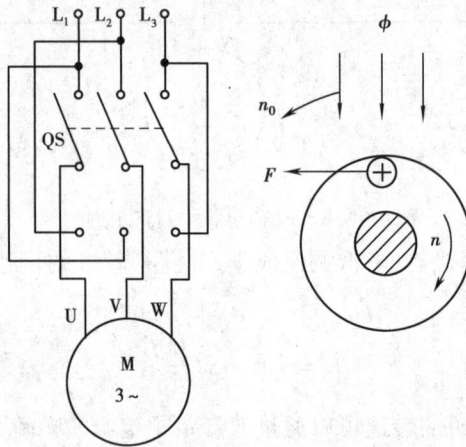

图 4.1.14 反接制动

制动时由于转子与旋转磁场的相对转速为 $n + n_0$ 很大,会产生很大的制动电流和制动转矩,所以,反接制动的优点是:制动方法简单,制动过程迅速,制动效果好。反接制动的缺点是:制动时有机械冲击,能量损耗较大。

②能耗制动

能耗制动是在切断三相电源后,立即在其定子绕组中通入直流电,如图 4.1.15 所示。此时,电动机内将产生一个稳恒直流磁场,转子由于惯性仍按原方向转动而切割静止磁场,在转子绕组中产生感应电动势和感应电流,转子感应电流与静止磁场相互作用,产生与转子转动方向相反的制动转矩,使电动机迅速停转。

在制动过程中,将转子的动能转换为电能,并以热能的形式消耗在转子电阻上,故称为能耗制动。此种制动方式的优点是:制动平稳,制动时能量损耗较小;缺点是需要外接直流电源,而且在低速时制动效果不太好。

4.1.4 三相交流异步电动机的选用

三相交流异步电动机是电力拖动系统中的主要动力,在拖动系统中,电动机的选择包括确定电动机的种类、电动机的结构形式、电动机的额定电压、额定转速和额定功率等。

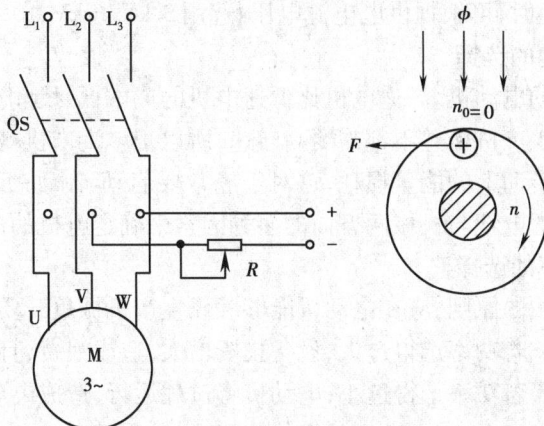

图4.1.15 能耗制动

（1）电动机选择的基本原则

①电动机应满足生产机械提出的有关机械特性的要求（即电动机种类的选择）。

②电动机的结构形式应满足安装要求和周围环境要求。

③电动机在工作中，应最经济合理地选用电动机的功率，使其额定功率得以充分的利用。

（2）电动机种类的选择

选择电动机的种类，首先要考虑的是电动机的性能是否满足生产机械的要求。在此前提下，优先选用结构简单、运行可靠、价格便宜、维护方便的电动机。

①由于三相笼型异步电动机具有结构简单，价格便宜，维护方便，体积小，以及重量轻等优点，所以，在选择三相异步电动机时，首先应考虑笼型。比如切削机床、水泵、通风机等生产机械上。

②对于启、制动频繁，要求启动转矩大，启动电流小，以及机械特性硬的生产机械，宜选用绕线式异步电动机。比如起重机、矿井提升机、电梯等生产机械上。

（3）电动机结构形式的选择

在选择电动机时，还要注意电动机的结构形式。

1）按工作方式分

按生产机械不同工作制，相应选择连续、短时、周期性断续工作制的电动机。

2）按安装方式分

卧式电机的转轴是水平安放的，故水平安装的电动机应选卧式；立式电机的转轴是垂直于地面安装的，故垂直安装的电动机应选立式。这两种电机的价格是不同的，立式的更贵。

3）按防护方式分

开启式适用于干燥、清洁及安全的环境；防护式适用于干燥、灰尘不多、无腐蚀性和无爆炸性气体的场合；封闭式中的自冷和强迫风冷式适用于多尘、水土飞溅、潮湿、有腐蚀性气体的场合。而封闭式中的密闭式适用于浸入水中工作的机械；防爆式适用于有易燃气体和爆炸危险的场所；在露天环境，可选用户外式电动机。

（4）电动机额定电压的选择

根据电动机使用地点的电源电压来选择电动机的额定电压。一般工厂中都使用380 V电压，所以，中小型异步电动机额定电压大多是380 V，通常有220/380 V及380/660 V两种，当电机容量在 100 kW 以上时,可根据供电电源电压,选用 3 kV、6 kV、10 kV 的高压电动机。

(5)电动机额定转速的选择

对于额定功率相同的电动机,高速电机比低速电机的成本低、尺寸小、重量轻。因此,选用高速电机较为经济。但生产机械并不都需要高转速,所以很多生产机械需要配备减速箱,从而增加了减速箱的造价和传动上的能量损耗,这对于经常要启动、制动、反转的生产机械影响就更为明显。故应综合考虑电气与机械两方面的多种因素来确定电机的额定转速。

(6)电动机额定功率的选择

正确选择电动机容量的原则,应在电动机能够胜任生产机械负载要求的前提下,最经济合理地决定电动机的功率。若功率选得过大,设备投资增大,造成浪费,且电动机经常欠载运行,效率及功率因数低;反之,若功率选得过小,电动机将过载运行,造成电动机寿命缩短。决定电动机功率的最主要因素有三个:①电动机的发热与温升,这是决定电动机功率的最主要因素;②允许短时过载能力;③对交流笼型异步电动机还要考虑其启动能力。

在实际生产中,电动机容量的选择有如下两种方法:一种是分析估算法;另一种是统计类比法。

1)分析估算法

将生产机械中主要参数与电动机容量之间的关系用数学公式表示出来,作为选择电动机容量的参考。例如:

①立式车床

$$P = 20D^{0.88} \text{ kW}$$

式中,D 为工件最大直径,单位为 m。

②卧式车床

$$P = 36.5D^{1.54} \text{ kW}$$

式中,D 为工件最大直径,单位为 m。

③摇臂钻床

$$P = 0.064\,6\,D^{1.19} \text{ kW}$$

式中,D 为最大钻孔直径,单位为 mm。

④外圆磨床

$$P = 0.1KB \text{ kW}$$

式中,K 为系数,砂轮主轴为滚动轴承时 $K = 0.8 \sim 1.1$,砂轮主轴为滑动轴承时 $K = 1.0 \sim 1.3$;B 为砂轮宽度,单位为 mm。

⑤龙门铣床

$$P = \frac{B^{1.15}}{116} \text{ kW}$$

式中,B 为工作台宽度,单位为 mm。

由于影响电动机容量的因素很多,所以,以上各式仅供选用时参考,使用中还需要进一步调整。

2)统计类比法

通过对长期运行的同类生产机械的电动机容量调查,取重要参数与工作条件进行类比,从而确定新生产机械的电动机容量。

4.2 常用低压电器及继电接触控制系统

低压电器是现代工业过程自动化的重要部件,它们是组成电气设备的基础配套元件。低压电器包括了配电电器和控制电器,前者用于低压供配电系统,后者用于电力拖动控制系统。

电气控制技术是电力拖动控制系统中以各类电动机为动力的传动装置和系统为对象,实现生产过程自动化的控制技术,它包括了普通电气传动控制(位置、速度、压力、流量等)系统,综合自动化系统以及自动生产线,是现代化生产的重要组成部分和基石。电气控制线路的实现,有继电接触控制、可编程逻辑控制以及计算机控制方法(PLC、单片机)等方法。现代控制技术涵盖了上述方法,但继电接触控制仍然是其中最基本、最重要的方法之一。

由按钮、接触器、继电器等低压电器组成,可以实现远距离控制的电气控制系统,称为继电接触控制系统。它能实现电力拖动系统的启动、反转、制动、调速和保护,实现生产过程的自动化。我们知道,任何复杂的控制系统都是由一些简单的基本控制环节、保护环节根据不同要求组合而成,因此,掌握继电接触控制系统的基本环节是学习电气控制技术的基础。

本节将介绍常用低压电器及三相交流异步电动机继电接触控制的基本单元电路。

4.2.1 常用低压电器

低压电器,通常是指工作在交流电压 1 200 V 及其以下或直流电压 1 500 V 及其以下的电路中,起通断、控制、检测、保护和调节作用的电气设备。

低压电器的种类很多,就其用途或控制的对象不同,主要可分为两大类,即低压配电电器(如:刀开关、转换开关、低压断路器、熔断器等)和低压控制电器(如:接触器、继电器、主令电器等)。

(1)刀开关

刀开关是一种非自动切换的配电电器,主要用作低压电源(电压在 500 V 以下)的引入开关,使用时为确保维修人员的安全,由其将负载电路和电源的隔开。

刀开关的结构简单,其极数有单极、两极和三极三种,每种又有单投与双投之分。应当注意,在安装刀开关时,电源进线应接在静触头(刀座)上,负载则接在可动刀片一端。这样,当断开电源的时候,裸露在外的触刀就不会带电。

目前常用的刀开关产品有两大类:一类能切断额定电流值以下的负载电流,主要用于低压配电装置中的开关板或动力箱等产品,属于这类产品的有 HD12、HD13、HD14 系列单投刀开关,HS12、HS13 系列的双投刀开关、HK 系列开启式负荷开关和 HH 系列封闭式负荷开关;另一类是不能带负荷作分断操作,只能作为隔离电源用的隔离器,一般安装于控制屏的电源进线侧,这类产品有 HD11 系列单投或 HS11 系列双投刀开关。

HK2 系列开启式负荷开关(瓷底胶盖刀开关),它的闸刀装在瓷制底座上,每相还附有熔体,主要用作照明电路和功率小于 5.5 kW 电动机的主电路中不频繁通断的控制开关。其外形结构和符号如图 4.2.1 所示。

(2)组合开关

组合开关又称为转换开关,也是一种刀开关,不过它的刀片是转动式的。它的双断点动触

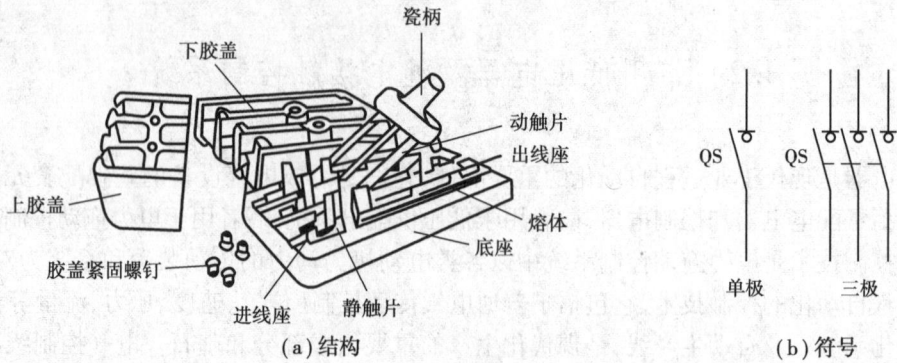

图 4.2.1 开启式负荷开关的结构及符号

头(刀片)和静触头装在数层封闭的绝缘件内,采用叠装式结构,其层数由动触头决定。动触头装在操作手柄的转轴上随转轴旋转而改变各对触头的通断状态。由于组合开关采用扭簧储能,可使其快速接通和分断电路而与手柄旋转速度无关。

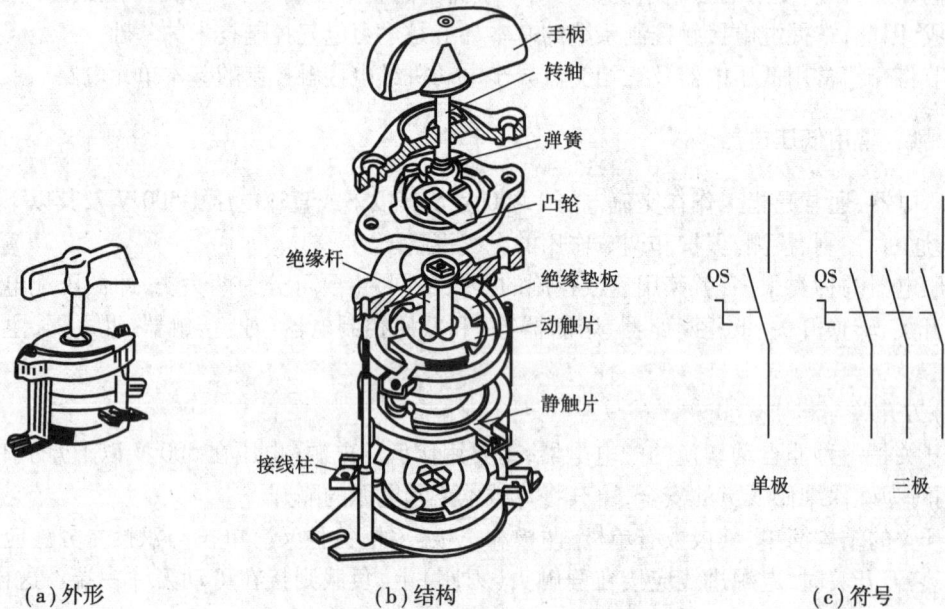

图 4.2.2 组合开关的结构图及符号

组合开关的结构比较紧凑,其实质是一种具有多触点、多位置的刀开关,有单极、双极、多极之分。除用作电源的引入开关外,还被用来直接控制小容量电动机及控制局部照明电路等,其外形结构及符号如图 4.2.2 所示。

常用的组合开关有 HZ5、HZ10、HZ15 等系列产品。

(3)主令电器

主令电器是电气控制系统中,用于发送控制指令的非自动切换的小电流开关电器,利用它控制接触器、继电器或其他电器,使电路接通和分断来实现对生产机械的自动控制。主令电器应用广泛,种类繁多,主要有按钮、行程开关、接近开关、万能转换开关、凸轮控制器、主令控制器等。

1）按钮

按钮又称按钮开关,是一种用来短时接通或分断小电流电路的手动控制电器。常用的按钮与前面介绍过的两种开关不同的是它能够自动复位,通常它远距离发出"指令"控制继电器、接触器等电器,再由它们去控制主电路的通断。

按钮一般由按钮帽、复位弹簧、桥式动触点、静触点和外壳组成。根据其触点的分合状况,可分为常开按钮(或启动按钮)、常闭按钮(或停止按钮)和复合按钮(常开常闭组合的按钮)。按钮可以做成单个(称单联按钮)、两个(称双联按钮)和三个(三联式)的形式。按钮的外形结构及符号如图4.2.3所示。

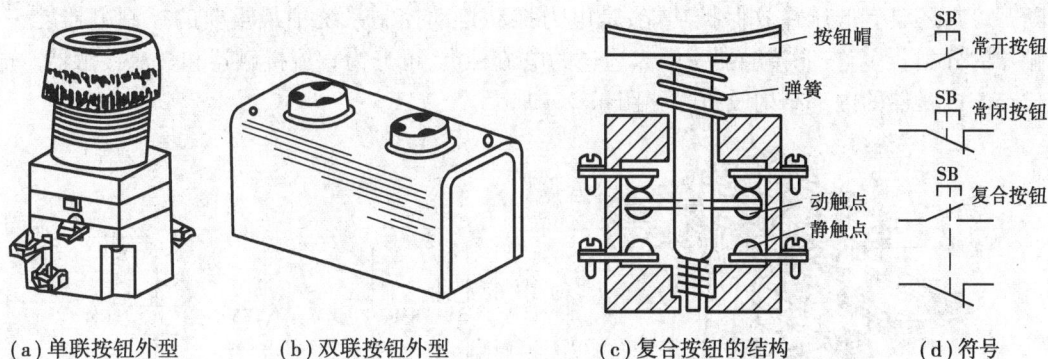

（a）单联按钮外型　　　（b）双联按钮外型　　　（c）复合按钮的结构　　　（d）符号

图 4.2.3　按钮结构图及符号

复合按钮的动作原理:按下按钮,常闭触点先断开,常开触点后闭合;松开按钮,常开触点先恢复断开,常闭触点后恢复闭合,这就是按钮的自动复位功能。

为便于识别按钮的作用,避免误操作,通常在按钮帽上做出不同标志或以不同颜色,以示区别,例如红色表示停止,绿色表示启动。同时,为了满足不同控制和操作的需要,按钮的结构形式也有所不同,如紧急式、钥匙式、旋钮式、揿钮式、带灯式、打碎玻璃式等。

常用的按钮有国产的 LA2、LA18、LA19、LA20 系列,ABB 公司的 C 系列、K 系列。

2）其他主令电器

行程开关是一种利用生产机械的某些运动部件的碰撞来发出控制指令的主令电器,用于控制生产机械的运动方向、速度、行程大小或位置。若将行程开关安装于生产机械行程的终点处,以限制其行程,则又称为限位开关或终点开关。常用型号有 LX19、LX22、LX32、LX33、JLXK1、LXW-11 和引进的 3SE3 等系列。

接近开关又称无触点行程开关,当运动的物体(如金属)与之接近到一定距离,则发出接近信号,它不仅可完成行程控制和限位保护,还可实现高速计数、测速、物位检测等。按照工作原理接近开关可以分为电感式、电容式、差动线圈式、永磁式、霍尔式、超声波式等,其中电感式最为常用。常用型号有国产的 3SG、LJ、SJ、AB、LXJ0 等系列,德国西门子公司的 3RG4、3RG6、3RG7、3RG16 等系列。

万能转换开关是一种由多组相同结构的开关元件叠装而成,用以控制多回路的主令电器,由凸轮机构、触头系统和定位装置构成。主要用于控制高压油断路器、空气断路器等操作结构的分合闸、各种配电设备中线路的换接、遥控和电压表、电流表的换向测量等;也可以用于控制小容量电动机的启动、换相和调速。由于用途广泛,故称为万能转换开关。常用型号有 LW5

和 LW6 系列。

主令控制器是一种用来较为频繁地切换复杂的多回路控制电路的主令电器。它一般由触头、凸轮、转轴、定位机构等组成。主令控制器主要用于轧钢、大型起重机及其他生产机械的电力拖动控制系统中对电动机的启动、制动和调速等进行远距离控制用。常用型号有 LK1、LK5、LK6、LK14 等系列。

（4）接触器

接触器是用来频繁接通和断开交直流主电路及大容量控制电路的一种自动切换电器，并具有低压释放、欠压失压保护功能。电磁式接触器利用电磁吸力与弹簧反力配合，使触点闭合与断开。它还具有低压释放保护功能，是电力拖动自动控制系统中最重要的控制电器之一。接触器的分类较多，按照接触器主触点通过的电流种类，可分为直流接触器和交流接触器。电磁式交流接触器的内部结构及符号如图 4.2.4 所示。

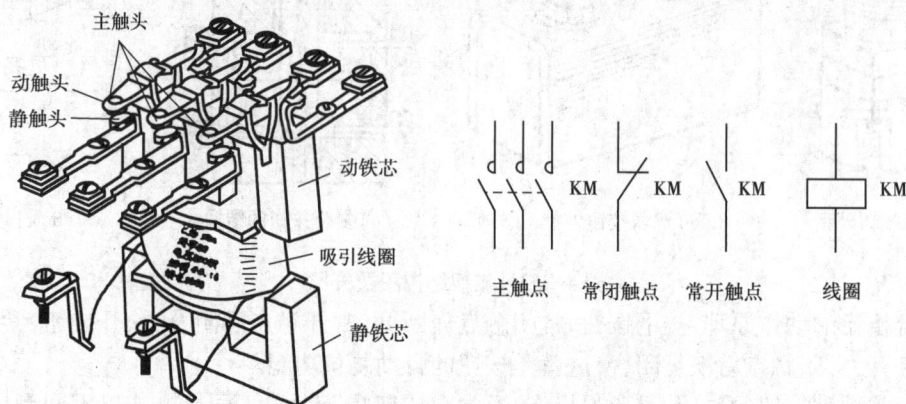

图 4.2.4　交流接触器结构及符号

电磁式交流接触器主要由电磁系统、触点系统和灭弧装置三大部分组成。电磁系统由吸引线圈、静铁芯和动铁芯（也称衔铁）组成。为了减少涡流与磁滞损耗，铁芯用硅钢片叠压铆成；为了减少接触器吸合时产生的震动和噪声，在铁芯上装有短路环。触点系统采用桥式触点形式，由静触点和动触点组成，触点必须接触良好，工作可靠，常用银或银合金制成。按功能不同，触点分为主触点和辅助触点两类。主触点接触面积较大，并具有断弧能力，用于通、断主电路，一般由三对常开触点组成。辅助触点额定电流较小（一般不超过 5 A），有常开、常闭两种，常用来通、断电流较小的控制回路。而灭弧装置（金属栅片灭弧、窄缝灭弧等装置）则在分断大电流或高电压电路时，起着熄灭电弧的作用。

交流接触器的工作原理是：当线圈通电后（俗称线圈得电），产生磁场，磁通经铁芯、衔铁和气隙形成闭合回路，产生电磁吸力，在电磁吸力的作用下，衔铁克服弹簧反力被吸合，在衔铁的带动下，常闭触点断开，常开触点闭合；当线圈断电时（俗称线圈失电），电磁吸力消失，衔铁在弹簧反力的作用下复位，带动主、辅触点恢复原来状态。

常用交流接触器有国产的 CJ20、CJ40、CKJ、CJX1、CJX2 系列、德国西门子公司的 3TB 系列、ABB 公司的 B 系列、法国 TE 公司的 LC1-D、LC2-D 系列等产品。

（5）熔断器

熔断器是利用物质过热熔化的性质制成的保护电器。熔断器主要由熔体和安装熔体的熔管或熔座两部分组成,熔体主要是用高电阻率低熔点的铅锡合金或低电阻率高熔点的银铜合金制成的,使用时将其串接在被保护的电路中。熔管是熔体的保护外壳,由陶瓷、绝缘钢纸或玻璃纤维制成,有的里面还装有填充料(如石英砂),在熔体熔断时兼起灭弧的作用。其结构及符号如图4.2.5所示。

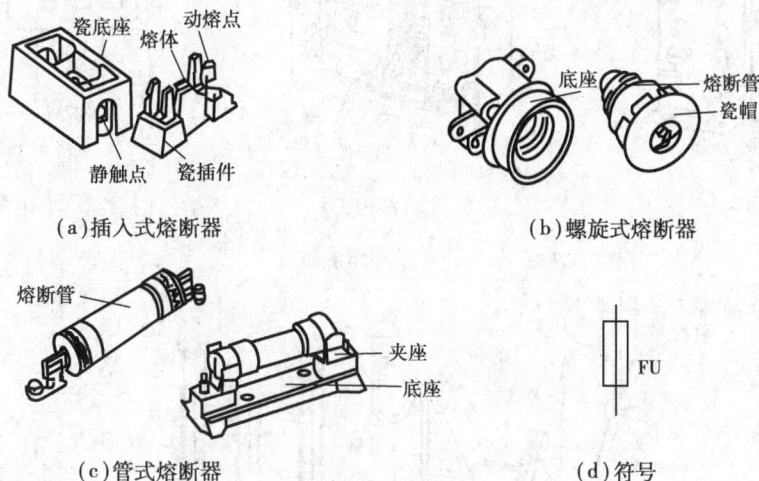

（a）插入式熔断器　　　　　　（b）螺旋式熔断器

（c）管式熔断器　　　　　　　　（d）符号

图4.2.5　常用熔断器的结构及符号

熔断器常用在低压配电系统和电力拖动系统中,使用时熔断器串联在所保护的电路中,当电路发生短路故障或严重过载时,通过熔体的电流达到或超过了某一规定值时,熔体因其自身产生的热量将会熔断,从而切断电路,达到保护电路的目的。

常用的熔断器有RC1A系列瓷插式、RL1系列螺旋式、RM10系列无填料封闭管式和RT0、RT14等系列有填料封闭管式、RS系列快速式等几种。

前面介绍的几种熔断器,虽能起到短路保护作用,但熔体一旦熔断就不能再继续使用,用于电力网络的输配电线路中,新型的自复式熔断器结构解决了这一矛盾。自复式熔断器的熔体采用非线性电阻元件制成,在特大短路电流产生的高温高压下,熔体电阻值突变(即瞬间呈高阻状态),从而能将短路电流限制在很小的数值范围内。

（6）热继电器

热继电器是利用电流热效应原理来推动动作机构,使触点系统闭合或分断的保护电器,常用做电动机的过载保护、缺相保护和电流不平衡保护,以及其他电气设备发热状态的控制。其结构及符号如图4.2.6所示。

如果电动机过载时间过长,绕组温升就会超过允许值,将会加剧绕组的绝缘老化,缩短电动机的使用年限,严重时甚至会使电动机绕组烧毁。因此,对于长期运行的电动机,都必须提供过载保护装置。

热继电器主要由热元件、双金属片、触点系统和动作机构等几部分组成。热元件是一段电阻不太大的电阻片(或电阻丝),串接在电动机的主电路中,它对双金属片的加热方式主要有直接加热、间接加热和复合加热,其中间接加热应用最为广泛。热继电器的常闭触点串接在控制电路中,当电动机正常工作时,热继电器不动作。如果电动机过载,流过热元件的电流超过允许值一定时间后,热元件的温度升高,双金属片(由两层热膨胀系数不同的金属片经热轧黏合而成)因受热弯曲位移增大而推动导板使触点动作,常闭触点的断开使控制电路失电,从而

（a）外形 　　　　　（b）结构 　　　　　（c）符号

（d）原理结构

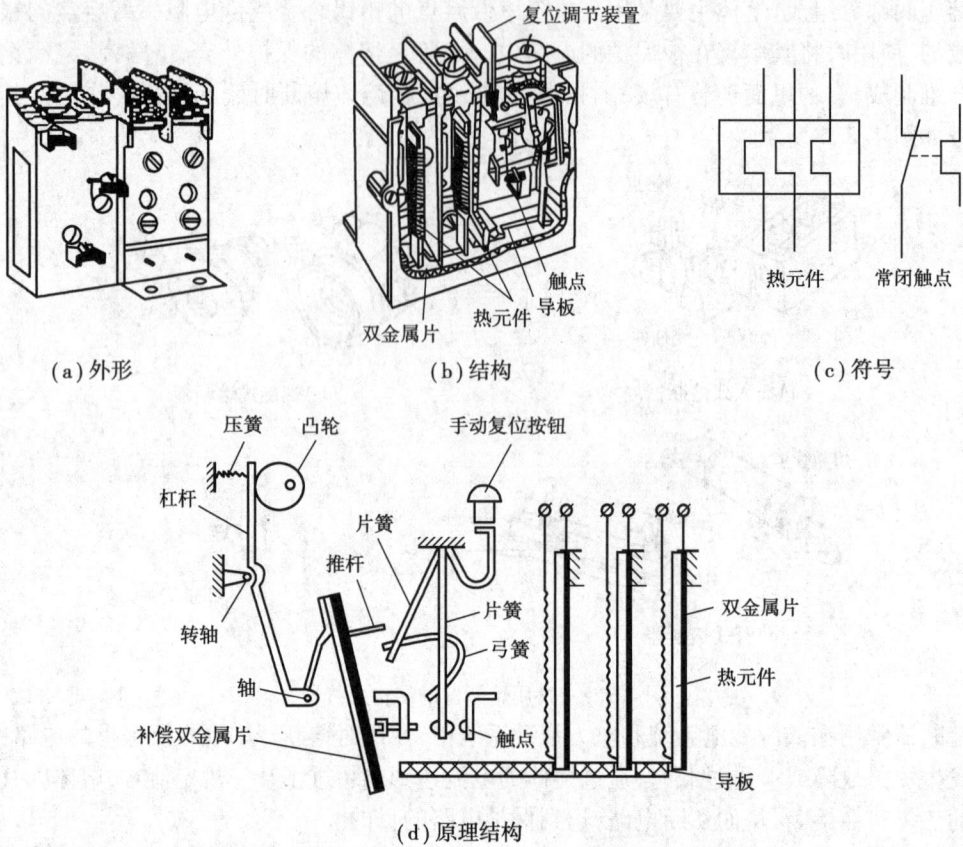

图 4.2.6　热继电器的结构及符号

断开电动机的主电路而起到保护作用。

常用的热继电器有国产的 JR0、JR10、JR16、JR20、JRS1 系列、德国西屋—芬纳尔公司的 JR23（KD7）系列、西门子公司的 JRS3（3UA）系列、ABB 公司的 T 系列等多种。

由于热继电器中双金属片受热时具有热惯性，不可能瞬间变形动作，因此热继电器不同于过电流继电器和熔断器，它不能作瞬时过载保护，更不能用作短路保护。当然也正因为热惯性，热继电器在电动机启动过程或短时过载时不会误动作。

综上所述，虽然熔断器和热继电器都是保护电器，但是它们的保护作用是各不相同的。熔断器用作短路保护，只有在严重过载时才能作过载保护；而热继电器由于它的热惯性，只能作过载保护，绝对不能用来作电路的短路保护。

（7）时间继电器

时间继电器是一种利用各种延时原理（例如电磁原理或机械动作）来延迟触点的闭合或分断的自动控制电器。其种类很多，按动作原理可分为电磁阻尼式、空气阻尼式、电动式和电子式等；按延时方式可分为通电延时型和断电延时型两种。

下面以空气阻尼式继电器为例，介绍时间继电器的结构、工作原理及符号等。

空气阻尼式时间继电器又称气囊式时间继电器，它是利用空气阻尼原理来获得延时，主要由电磁机构、延时机构、工作触点等构成。电磁机构有交流、直流两种，当衔铁位于静铁芯和延时机构之间时为通电延时型，其结构如图 4.2.7 所示；而静铁芯位于衔铁和延时机构之间时则为断电延时型。

通电延时型空气阻尼式时间继电器,当线圈通电后,衔铁吸合,在衔铁的带动下弹簧片使瞬时触点立即动作,同时推杆在宝塔弹簧的作用下推动挡板,由于气室中橡皮膜下的空气变得稀薄,形成负压,推杆只能慢慢移动,其移动速度由调节螺钉控制的进气孔的进气大小来决定,经过一段延时后杠杆压动延时触点,使其动作,起到了通电延时的作用。当线圈断电,衔铁释放,气室中橡皮膜下的空气迅速排出,使推杆、杠杆、瞬时触点、延时触点等迅速复位。由线圈得电到延时触点动作得一段时间,这即为时间继电器的延时时间,其大小可以通过调节螺钉调节进气孔的气隙大小来改变。其线圈和延时触点如图 4.2.8(b)、(d)、(e)所示。

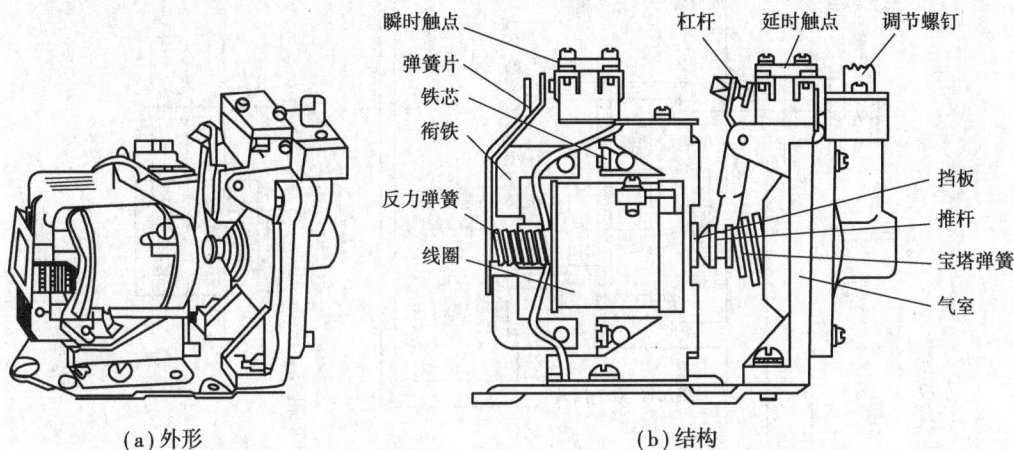

(a) 外形　　　　　　　　　　　(b) 结构

图 4.2.7　空气阻尼式通电延时型时间继电器的结构示意图

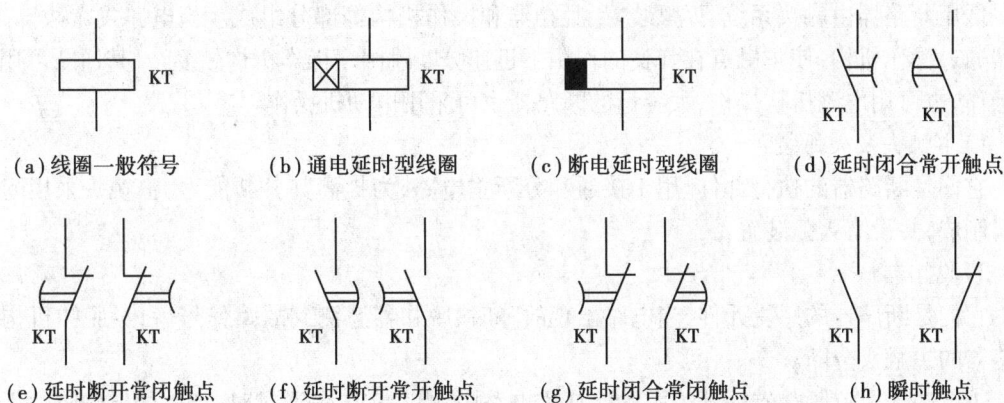

(a) 线圈一般符号　　(b) 通电延时型线圈　　(c) 断电延时型线圈　　(d) 延时闭合常开触点

(e) 延时断开常闭触点　(f) 延时断开常开触点　(g) 延时闭合常闭触点　(h) 瞬时触点

图 4.2.8　时间继电器的符号

断电延时型空气阻尼式时间继电器,当其线圈得电时,延时触点和瞬动触点立即动作,只是在线圈失电时,瞬动触点立即复位,对于延时触点而言,已经闭合的常开触点会延时断开,而断开的常闭延时触点则会延时闭合。其线圈和延时触点如图 4.2.8(c)、(f)、(g)所示。

目前国内新式的产品有 JS23 系列,用于取代老式的 JS7-A、JS7-B 及 JS16 系列。空气阻尼式时间继电器具有结构简单、调整简便、延时范围大,不受电源电压及频率波动的影响,价格低等优点。但延时精度低,一般用于对延时精度要求不高且无粉尘污染的场合。

(8)低压断路器

低压断路器又称自动空气开关或自动空气断路器。在低压电路中,用于分断和接通负荷电路,不频繁地启动异步电动机,对电源线路及电动机等实行保护。其作用相当于是刀开关、热继电器、熔断器和欠电压继电器的组合。可以实现短路、过载、欠压和失压保护,是低压电器中应用较广的一种保护电器。按照结构的不同可分为装置式和万能式两种,图4.2.9是一般三极低压断路器原理图和符号。

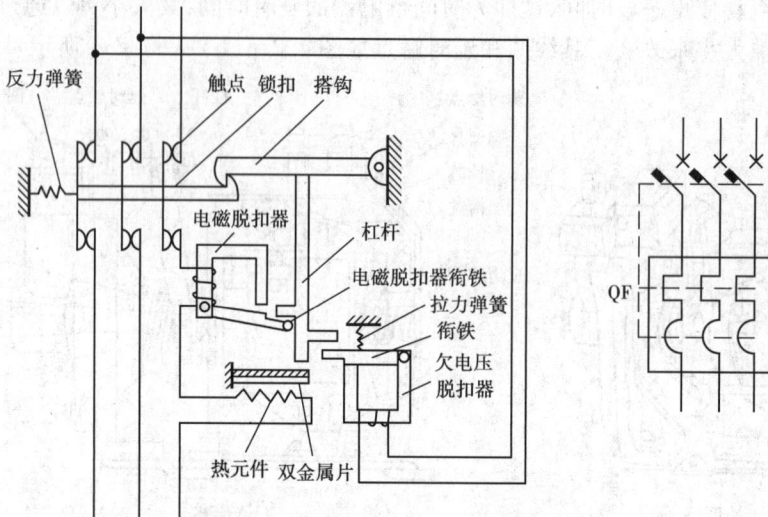

图 4.2.9 低压断路器的原理图及符号

低压断路器由触头系统、灭弧装置、脱扣器和操作机构等部分组成。当电路发生故障,脱扣器通过操作机构,使主触点在弹簧的作用下迅速分断跳闸。操作机构较复杂,其通断可用手柄操作,也可用电磁机构操作,大容量的断路器也可采用电动机操作。

1)主触头及灭弧装置

它们是断路器的执行部件,用于接通和分断主电路,为提高其分断能力,主触头采用耐弧金属制成,并设有灭弧装置。

2)脱扣器

它们是断路器的感受元件,当电路出现故障时,脱扣器感测到故障信号后,经脱扣机构使断路器的主触头分断。

①电磁式电流脱扣器 其线圈串接在主电路中,当额定电流通过时,产生的电磁吸力不足以克服弹簧反力,衔铁不吸合。当出现瞬时过电流或短路电流时,衔铁被吸合并带动脱扣机构,使低压断路器跳闸,从而达到瞬时过电流或短路电流保护目的。

②过载脱扣器 常采用双金属片制成脱扣器,加热元件串联在主电路中,当电流过载到一定值时,双金属片受热弯曲带动脱扣机构,使低压断路器跳闸,达到过载保护目的。

③欠压、失压脱扣器 它是一个具有电压线圈的电磁机构,线圈并接在主电路中。当主电路电压正常时,脱扣器产生足够大的吸力,克服弹簧反力将衔铁吸合,断路器的主触点闭合。当主电路电压消失或降至一定数值以下时,其电磁吸力不足以继续吸持衔铁,在弹簧反力作用下,衔铁推动脱扣机构,使低压断路器跳闸,从而达到欠压失压保护目的。

④分励脱扣器 它用于远距离操作。正常工作时,其线圈断电,需要远方操作时,使线圈通电,电磁铁带动操作机构动作,使低压断路器跳闸。

不是所有型号的低压断路器都具有上述几种脱扣器,因为低压断路器具有的多种功能,是以脱扣器或附件的形式实现,根据用途不同,断路器可以配备不同的脱扣器或附件。随着智能化低压电器的发展,以微处理器或单片机为核心的智能控制器构成的智能化断路器不仅具备普通断路器的各种保护功能,还对电路具有在线监视、自行调节、测量、诊断、热记忆、通信等功能,并可显示、设定、修改各种保护功能的动作参数。

装置式低压断路器又称为塑壳式低压断路器,通过用模压绝缘材料制成的封闭型外壳将所有构件组装在一起,用于电动机及照明系统的控制、供电线路的保护等,操作方式多为手动。主要型号有 DZ5、DZ10、DZ15、DZ20、DZX10、DZX19、DZS6-20、C45N、S060 等系列以及带漏电保护功能的 DZL25 等系列。

万能式低压断路器又称为框架式低压断路器,由具有绝缘衬垫的框架结构底座将所有的构件组装在一起,用于配电网络的保护。主要型号有 DW10、DW16(一般型)、DW15、DW15HH(多功能、高性能型)、DW45(智能型)、ME、AE(高性能型)和 M(智能)等系列。

4.2.2 三相笼型异步电动机的基本控制电路

(1)电动机的点动控制电路

所谓点动控制,就是:按下按钮,三相笼型异步电动机启动运转;松开按钮,三相笼型异步电动机断电停转。图 4.2.10 为三相笼型异步电动机点动控制电路。

点动控制原理:按下 SB 按钮,接触器 KM 线圈通电吸合,主触点闭合,三相笼型异步电动机启动旋转;松开 SB 按钮时,接触器 KM 线圈断电释放,主触点断开,三相笼型异步电动机停转。

(2)电动机的连续运转控制电路

生产机械不仅需要点动控制,常需要连续运转。三相笼型电动机的单向连续运转控制电路可以由负荷开关、低压断路器或者接触器来控制。图 4.2.11 是接触器控制电动机单向连续运转电路。

电动机启动:按下启动按钮 SB_2,接触器 KM 线圈通电并吸合,主触点 KM 闭合,电动机启动旋转,同时与 SB_2 并联的常开辅助触点 KM 也闭合。当松开按钮 SB_2 时,KM 线圈仍可通过其自身的常开辅助触点这一条路径来继续保持通电,从而使电动机获得连续运转。接触器依靠自身的常开触点使线圈保持通电的效果,称为自锁(俗称自保)。此时,这对常开辅助触点称为自锁触点。

电动机停转:按下停车按钮 SB_1,接触器 KM 线圈断电并释放,其主触点和自锁触点均分断,切断接触器线圈电路和电动机电源,电动机断电停转。

此电路具有的保护环节:

1)短路保护

由熔断器 FU_1 作主电路的短路保护(若选用断路器作电源开关时,断路器本身已经具备短路保护功能,故熔断器 FU_1 可不用)、FU_2 用作控制电路的短路保护。

2)过载保护

热继电器 FR 用作电动机的过载保护和缺相保护。当电动机出现长期过载时,串接在电

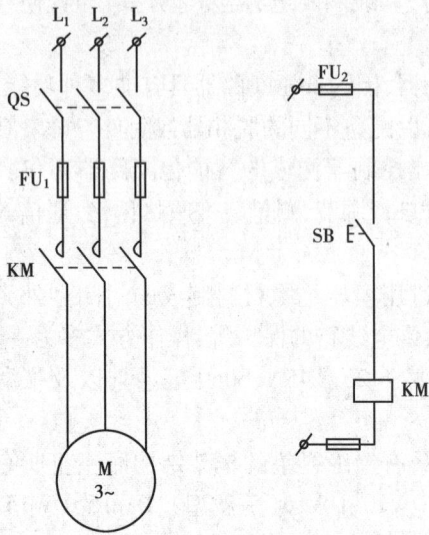

图 4.2.10　点动控制原理图　　图 4.2.11　电动机单向旋转连续控制电路

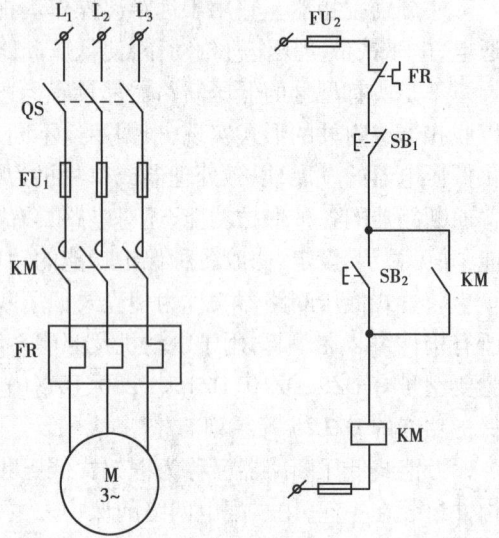

动机定子绕组电路中的热元件使双金属片受热弯曲,这时串接在控制电路中的常闭触点断开,切断接触器线圈电路,使电动机断开电源,实现过载保护。

3)欠压和失压(零压)保护

这种电路本身具有欠压和失压保护功能。在电动机运行中,当电源电压降低到一定值(一般在额定电压的85%以下)时,接触器线圈磁通量减小,电磁吸力不足,使衔铁释放,主触点和自锁触点断开,电动机停转,实现欠压保护;在电动机运行中,电源突然停电,电动机停转。当电源恢复供电时,由于接触器主触点和自锁触点均已断开,若不重新启动,电动机不会自行工作,实现了失压保护。因此,带有自锁功能的接触器控制电路具有欠压失压保护作用。

(3)电动机的正反转控制

生产机械的运动部件往往要求正反两个方向的运动,这就要求拖动电动机能正反向旋转。由电机原理可知,只要改变电动机定子绕组的三相交流电源相序,就可实现电动机的正反转。因此,可采用两个接触器来实现不同电源相序的换接,图 4.2.12 为三相笼型电动机的正反转控制电路图。

三相笼型异步电动机的正反转控制电路基本上是由两组单相旋转控制电路组合而成,其主电路由正转接触器 KM_1、反转接触器 KM_2 的主触点来改变电动机的相序,实现电动机的正反转,如图 4.2.12(a)所示。很显然,当正转接触器 KM_1 接通时,电动机正转;当反转接触器 KM_2 接通时,电动机反转;假若两个接触器同时接通,那么主电路将有两根电源线通过它们的主触点使电源出现相间短路事故。因此,对正反转控制电路最基本的要求是:必须保证两个接触器不能同时得电。

两个接触器在同一时间里利用各自的常闭触点锁住对方的控制电路,只允许一个线圈通电的控制方式称为互锁或联锁,如图 4.2.12(b)所示。将正反转接触器 KM_1、KM_2 的常闭触点串接在对方的线圈电路中,形成相互制约的控制。这样,当正转接触器 KM_1 工作时,其常闭互锁触点 KM_1 断开了反转接触器 KM_2 的线圈电路,即使再误按下反转启动按钮 SB_3 也不可能使 KM_2 线圈通电;同理,当反转接触器 KM_2 通电时,正转接触器 KM_1 也不可能动作。

这种控制电路的优点是安全可靠,不会出现误操作。缺点是在正转过程中若要反转时,必须先按停车按钮 SB_1,使 KM_1 失电,互锁触点 KM_1 恢复闭合后,再按反转启动按钮 SB_3 才能使 KM_2 得电,电动机反转;反之亦然。这就构成了"正—停—反"或"反—停—正"的操作顺序。

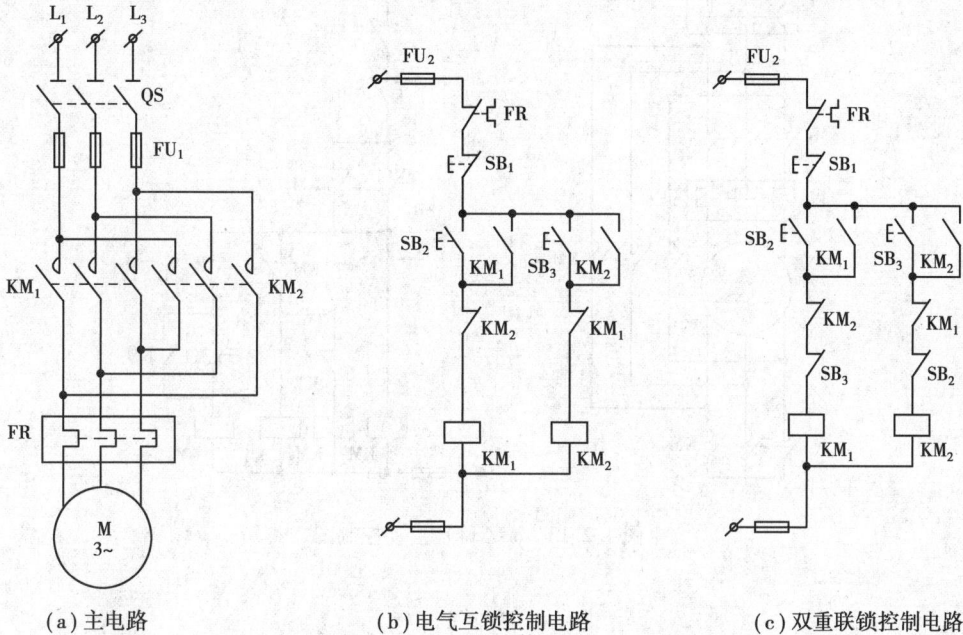

(a) 主电路　　　　　　(b) 电气互锁控制电路　　　　　　(c) 双重联锁控制电路

图 4.2.12　电动机的正反转控制图

对于要求电动机直接由正转变反转或者反转直接变正转,可以采用双重联锁电路,如图 4.2.12(c)所示。它增设了启动按钮的常闭触点作互锁,构成具有电气、按钮互锁的控制电路。此电路既可实现"正—停—反"操作,又可实现"正—反—停"操作。

(4) 电动机的 Y-△ 降压启动

额定电压运行时定子绕组接成三角形的三相笼型异步电动机,可以采用 Y-△ 降压启动方式来实现限制启动电流的目的。电动机启动时,定子绕组接成星形,启动快运转后再接成三角形全压运行。采用三个接触器来实现电动机的 Y-△ 降压启动,其控制电路如图 4.2.13 所示。它由断路器 QF、接通电源接触器 KM_1、Y 形连接接触器 KM_3、△形连接接触器 KM_2、通电延时型时间继电器 KT 等组成。

电路控制原理:合上电源开关 QS,按下启动按钮 SB_2,接触器 KM_1、KM_3 得电自锁,电动机定子绕组星形接线,降压启动;同时时间继电器 KT 得电延时,当延时时间到,KT 常闭触点断开,KM_3 失电,KT 常开触点闭合使 KM_2 得电自锁,电动机定子绕组换接为三角形全压运行。当 KM_2 得电后,其常闭触点断开使 KT 失电,以免 KT 长期通电。KM_2、KM_3 的常闭触点为互锁触点,以防止电动机定子绕组同时连接成星形和三角形,造成电源短路。时间继电器 KT 延时动作时间,就是电动机接成 Y 形的降压启动过程时间。Y-△ 降压启动,仅适用于空载或轻载启动的场合。

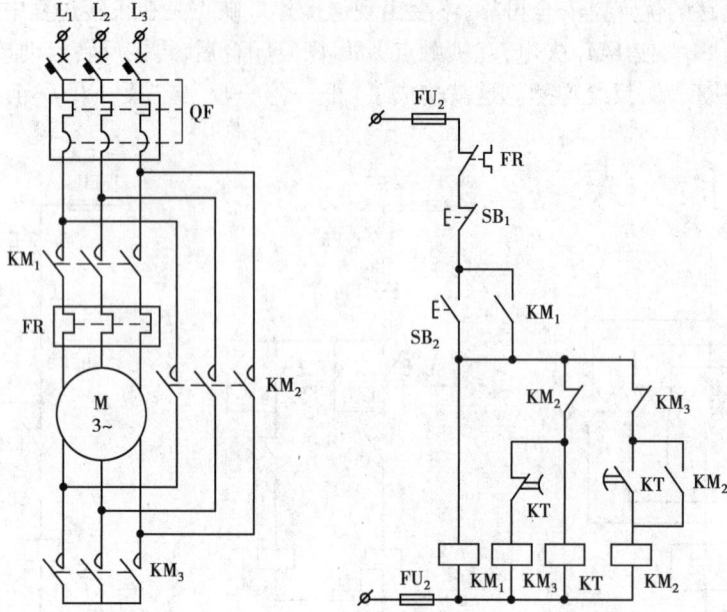

图 4.2.13　Y-△降压启动控制图

小　结

1. 三相交流异步电动机又称为感应式电动机,它们的结构较简单,其静止部分称为定子,转动部分称为转子,定子和转子均由铁芯和绕组组成。转子有两种结构形式:一种是笼型,一种是绕线型。

2. 三相对称交流电通入电动机的对称三相定子绕组中,将在气隙中产生圆形旋转磁场。该磁场以同步转速 n_1 切割转子绕组,则在转子绕组中感应出电动势及电流,转子电流又与旋转磁场相互作用产生电磁转矩,使转子旋转。

3. 由于此种电动机的转子导体与旋转磁场之间必须有相对运动,即转子的转速总是低于旋转磁场的转速,故被称为异步电动机。旋转磁场的转速 n_1 在电源频率一定的情况下主要由定子绕组的磁极对数来确定,即

$$n_1 = 60 f_1/p$$

4. 若改变加于三相异步电动机定子绕组的三相电源的相序,便可改变旋转磁场的旋转方向,从而改变异步电动机的旋转方向。

5. 异步电动机的铭牌标出了这台电动机的主要技术参数,是选择和使用电动机的依据。这些技术参数主要是额定功率(又称为额定容量)、额定电流、额定电压、额定转速、定子绕组接法、绝缘等级、工作方式等。

6. 异步电动机的启动性能较差,启动电流大,启动转矩小。因为电动机在启动时转子与旋转磁场之间的相对切割速度很大,转子中的电流就很大,因而定子中的启动电流也大,通常启动电流为额定电流的 4 ~ 7 倍。在电源容量允许的情况下,小容量笼型异步电动机可以直接启

动,大容量笼型异步电动机一般采用降低定子绕组端电压的方法启动,常采用 Y-△降压启动与自耦变压器降压启动方式,以降低启动电流,但同时启动转矩也被减小了,故降压启动适用于笼型电动机空载或轻载启动。

7. 异步电动机的转速,其表达式为

$$n = (1 - s)\frac{60f_1}{p}$$

由此可知,异步电动机的转速可以通过下列方式进行调节:

(1)变极调速 通过改变定子绕组的连接方式,可得到不同的磁极对数 p,只有采用特殊绕组结构的笼型异步电动机,才能实现变极调速。

(2)变频调速 采用变频装置改变电源电压的频率 f_1,该调速方法性能优良、平滑性好、调速范围大,但设备费用较大,多用于对调速要求较高的笼式异步电动机。

(3)变转差率调速 笼型转子采用改变定子电压来改变转差率 S,绕线转子采用在转子绕组中串电阻或电抗器来改变转差率 S。

8. 异步电动机的制动方法有机械制动和电气制动。常用的电气制动方法有反接制动和能耗制动两种。反接制动制动迅速,效果好,但制动时有冲击,制动过程中能量损耗大;能耗制动需要直流电源或整流设备,制动平稳、准确,能量消耗小。

9. 选择异步电动机时,首先应根据工作环境和生产机械的要求选择电动机的种类和结构形式,并根据生产机械的功率和工作方式选择电动机的容量、额定电压和额定转速等。

10. 继电接触控制是一种有触点控制系统。常用的继电接触控制电器分为控制电器与保护电器两大类。其中刀开关、组合开关、按钮和接触器等属于控制电器,用来控制电路的通断;熔断器和热继电器等属于保护电器,用来保护电路或电机的安全。

11. 电动机控制线路分为主电路与控制电路两大部分。主电路是从电源到电动机的供电电路,其中有较大的电流通过,主电路一般画在线路图的左边或上边,用粗实线表示,主电路应设隔离开关、短路保护、过载保护等;控制电路是用来控制主电路的电路,保证主电路安全正确地按照要求工作,控制电路以及信号、照明等辅助电路中通过的是小电流,一般画在线路图的右边或下边,用细实线来表示。同一个电器的线圈、触点分开画出,并用同一文字符号标明。控制电路应具有短路保护、欠压与失压保护等功能。

12. 三相笼型异步电动机单向连续运转控制电路正常工作的关键是自锁的实现。而电动机正反转控制电路的关键则是改变电源相序,但必须设置互锁,使得换向时避免电源短路并能正常工作。电动机的 Y-△降压启动则是利用时间继电器来实现电动机定子绕组 Y 连接降压启动到定子绕组△连接全压运行的自动切换,这种降压启动可以使电压降到工作电压的 $1/\sqrt{3}$,电流降到直接启动的 1/3。

习 题

4.1 为什么三相交流异步电动机的定子、转子铁芯要用导磁性能良好的硅钢片制成?

4.2 什么是旋转磁场?三相交流旋转磁场产生的条件是什么?假如三相电源的一相断线,那么三相异步电动机能否产生旋转磁场?为什么?

4.3　三相交流异步电动机旋转磁场的速度由那些参数决定? 当电源频率为 50 Hz 时,两极、四极、六极电动机的同步转速各为多少?

4.4　一台三相异步电动机铭牌上标明 $f_N = 50$ Hz, $n_N = 960$ r/min,该电动机的磁极对数是多少?

4.5　旋转磁场的转向由什么决定? 如何改变旋转磁场的转向?

4.6　试简述三相交流异步电动机的工作原理,并解释"异步"的意义。

4.7　为什么异步电动机又称为感应电动机?

4.8　三相交流异步电动机的定子绕组通入三相交流电源,但转子三相绕组开路,问电动机能否转动? 为什么?

4.9　三相交流异步电动机的旋转方向由什么因素决定? 如何改变其转向?

4.10　笼型异步电动机和绕线式异步电动机在结构上有何不同?

4.11　三相异步电动机接通电源后,如果转轴被卡住,长久不能启动,对电动机有什么影响? 为什么?

4.12　异步电动机的启动电流为什么很大? 启动电流大有些什么危害?

4.13　笼型异步电动机常用的启动方法有哪些?

4.14　有一台笼型电动机,其铭牌上规定电压为 380/220 V,当电源电压为 380 V 时,试问能否采用 Y-△降压启动?

4.15　笼型异步电动机通常用什么方法调速?

4.16　怎样实现三相异步电动机的反转? 频繁反转对电动机有何影响? 为什么?

4.17　三相异步电动机有哪几种制动方法? 各有何特点? 各适用于哪些场合?

4.18　异步电动机的运行状态与制动状态的主要区别是什么? 试说明能耗制动与反接制动的原理。

4.19　热继电器与熔断器在电路中功能有何不同? 热继电器为什么不能作短路保护?

4.20　什么是零压保护? 如何实现零压保护?

4.21　什么是过载保护? 怎样实现过载保护?

4.22　图 4.1 是一控制电路图,试分析该控制电路中哪些地方画错了? 加以更正,并说明更正理由。

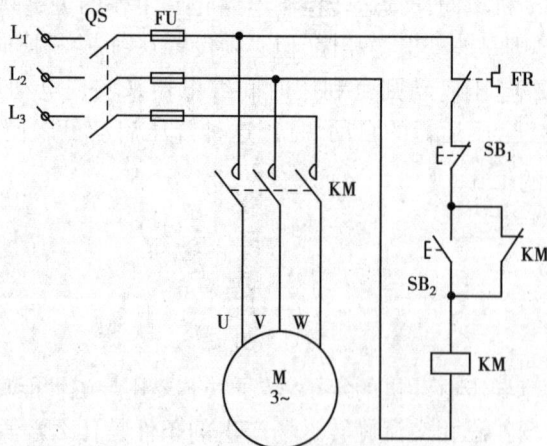

图 4.1

4.23 电动机点动控制与连续运转控制电路的关键环节是什么?

4.24 试设计一个既能点动又能连续的电动机控制线路。

4.25 三相笼型异步电动机正反转控制电路,若在现场调试试车时,将电动机的接线相序接错,将会造成什么样的后果? 为什么?

4.26 Y-△降压启动控制电路中,时间继电器 KT 起什么作用? 若 KT 延时时间为零,则在操作时会出现什么问题?

4.27 试设计一个单向连续运转的电动机控制线路,但是按下停止按钮后电动机需要延时 20 s 后才停止。

第5章

电气安全知识

5.1 概　述

电能是一种特殊形式的能量,一方面它依附于导体上,具有传输速度快(3×10^5 km/s),发、供、用在瞬间同时完成,网络性强等特点;另一方面,由于它的产生、存在和运动变化都不可见,导体上是否有电,人们直观不易发觉,不知电的危险存在,容易失去警惕而遭受触电带来的伤害,轻则电伤,重则电击死亡。可见,电能对人的威胁性和危险性要比其他能量大得多。多年来,在生产、生活和工程施工中,由于各种各样的原因导致的大小电气事故层出不穷,带来的危害性不容忽视,尤其是电气火灾和爆炸事故,往往造成巨大破坏和群死群伤等严重后果,给人民生命财产和国民经济造成重大损失。因此,必须从理论上加深对电气事故的了解,寻找电气事故的规律,对其进行科学的分析,并认识到对电气事故以预防为主的重要性。

5.2 电气事故

5.2.1 电气事故的种类

电气事故的种类繁多,从电气事故危害对象的角度可分为人身事故和设备事故两种。

电气事故的主要类型有:

(1)触电事故

触电事故是指人体触及电流所发生的人身伤害事故。一般情况为人体与带电体直接接触而触电,而在高压触电事故中,往往是人体接近带电体至一定间距时,其间发生击穿放电造成触电,另外,还有可能是人体接触到平时没有电压,但由于对地绝缘损坏而呈现电压的电气设备的金属结构和外壳造成触电。

(2)电气火灾和爆炸事故

由于电气方面的原因引起的火灾和爆炸称为电气火灾和爆炸事故。它在所有火灾和爆炸事故中占很大的比例,因此应该加以重视。线路、开关、保险、插销、照明器具、电炉等电气设备都可引起火灾。特别是这些电气设备在工作时与可燃物接触或接近时极易引起火灾。在高压电气设备中,电力变压器、电力电容器、多油断路器不仅有较大的火灾危险性,而且还有爆炸的危险。电气火灾和爆炸事故不仅直接造成电气设备的损坏和人身的伤亡,而且还可能造成大规模或长时间停电,以致带来不可估量的其他间接损失。

(3)雷电事故

雷电是一种大气中的放电现象。它电压极高,电流极大。雷击是一种自然灾害,它危及面广,破坏性大。雷击过电压的产生有直击雷、雷电感应和雷电侵入波。当电气设备遭受雷击时,电气设备的绝缘层被击穿,绝缘损坏引起的短路火花与雷电的放电火花常常造成爆炸而引起伤亡事故。

(4)静电事故

静电事故是指生产过程中产生的有害静电造成的事故,它与雷电事故相比,一般多在局部场所造成危害。静电放电不仅会给人一定程度的电击,还可能引起爆炸性混合物发生爆炸的严重危害。石油、化工、橡胶等行业的静电事故较多。

(5)电磁场伤害事故

电磁场所产生的辐射能量被人体吸收过多会对人体造成不同程度的伤害。如果人长期在高频电磁场内工作,容易引起中枢神经系统失调,主要表现为神经衰弱症候群,如头痛、头晕、乏力、失眠、记忆力减退等。

5.2.2　电气事故产生的根源

虽然电气事故的危害性不容忽视,但它并不可怕,只要能找出它产生的根源,在实践中不断分析和总结规律,是可以预防和避免发生电气事故的。

电气事故发生的主要原因有以下几个方面:

(1)管理不善

如某些单位电气管理部门不重视或不落实电气安全管理,用电、供电制度不完善。职工培训中对安全教育不深入,造成其缺乏电气安全技术知识。更有甚者让非电工人员从事电气设备安装、架设和检修工作。

(2)失于防护

在电气作业时,没有做好停电、验电、挂标志牌等工作。电工没有正确穿戴防护服装和没有坚持使用绝缘工具等。

(3)安全技术措施不当

安装使用未经检验的、不合格的电气设备,在安装架设电气设备和线路时,没有采取相应的技术措施。例如,没有保护接地或接零、机床照明未采用安全电压等。

(4)检查维修不善

例如,电气线路老化而不更换,设备损坏长期不修理等。

(5)缺乏知识,违章作业

有些电工缺乏电气安全方面的知识,或者为了省事而不认真按规程标准作业。例如,将低压线架在高压线上方,雷雨天不穿绝缘靴巡视室外高压设备等。

5.3 电气安全防护技术

绝缘、屏护与障碍、安全间距、安全电压、保护接地和保护接零等电气安全技术措施,是基本的、通用的安全措施,无论什么行业,什么电气设备,周围环境如何,都必须满足这些安全技术要求。

5.3.1 绝缘

为了防止带电体直接或间接接触人体,而将带电体用不导电的物质紧密地包裹、隔绝起来,这种用绝缘物将带电体封闭起来的措施称为绝缘。各种线路和设备都有绝缘部分。设备和线路的绝缘必须与所采用的电压相符合,必须与周围环境和运行条件相适应。选择电气绝缘材料时,材料的电阻率一般在 $10^9\ \Omega \cdot cm$ 以上,瓷、玻璃、云母、橡胶、木材、塑料、布、纸、矿物油等都是常用的绝缘材料。

(1)绝缘的破坏

绝缘物在强电场的作用下,会遭到急剧的破坏,丧失绝缘性能,这就是击穿现象。这种击穿称为电击穿。电击穿时的电压称为击穿电压。

气体绝缘击穿后都能自行恢复绝缘性能;固体绝缘击穿后不能恢复绝缘性能。

固体绝缘还有热击穿和电化学击穿的问题。热击穿是绝缘物在外加电压作用下,由于流过泄漏电流引起温度过分升高所导致的击穿。电化学击穿是由于游离、化学反应等因素的综合作用所导致的击穿。

绝缘物除因击穿而破坏外,腐蚀性气体、蒸气、潮气、粉尘、机械损伤也都会降低其绝缘性能或导致破坏。在正常工作情况下,绝缘物也会逐渐老化而失去绝缘性能。

(2)绝缘性能指标

为了防止绝缘损坏造成事故,应当按照规定严格检查绝缘性能。电气设备绝缘性能好坏的指标有绝缘电阻、耐压强度、泄漏电流、介质损耗等。

1)绝缘电阻

绝缘电阻是最基本的绝缘性能指标,足够的绝缘电阻能将电气设备的泄漏电流限制在很小的范围内,防止由漏电引起的触电事故。

绝缘电阻用兆欧表测定,兆欧表测量是指给被测物加上一定电压等级的测量。兆欧表盘面上给出的则是经过换算得到的绝缘电阻值。

不同线路或设备对绝缘电阻有不同的要求,一般说来,高压较低压要求高,新设备较老设备要求高,室外较室内要求高。

2)耐压强度

绝缘物发生电击穿时的电场强度称为材料的耐压强度(击穿强度)。电气设备的绝缘材料应有足够的耐压强度。电气设备承受过电压的能力可用耐压试验来检验。耐压试验是通过对被测物施加略高于运行中可能遇到的过电压来进行的。例如,在不接地的三相系统中,发生一相接地时,另外两相对地电压升高到原来的1.73倍。在特殊情况下,内部过电压可升到原来的3~3.5倍;遭受雷击时,可能出现更高的过电压。耐压试验主要有工频耐压试验和直流耐压试验。电力变压器、电动机、低压配电装置等在投入运行前都需要作工频耐压实验,油浸电力电缆投入运行前需要作直流耐压实验。

3)泄漏电流

泄漏电流是线路或设备在外加电压作用下流经绝缘部分的电流,可以通过兆欧表或泄漏电流实验测得。兆欧表所测值是以电阻值形式指示出来。在测量过程中,兆欧表不能发现绝缘物的硬伤、脆裂和高阻接地等缺陷。可采用泄漏电流实验,即用高压试验变压器、高压整流器等装置提供稳定的直流电压来测量通过绝缘的泄漏电流。泄漏电流实验设备比较复杂,一般只对某些高压设备或要求较高的设备(如阀型避雷针、某些安全用具等)才有必要作这个试验。

4)介质损耗

绝缘物在交变电场的作用下,引起发热而消耗能量即为介质损耗。介质损耗通常用绝缘材料介质耗角的正切值表示,该值能很好地反应绝缘材料的性能。

5.3.2　屏护与障碍

屏护与障碍是采用屏护装置和设置一定的障碍将带电体与外界隔绝开来,防止人体触及或接近带电体所采取的安全措施。

配电线路和电气设备的带电部分,有的不便采取绝缘或者绝缘不足以保证安全,就可以采用遮栏、护罩、箱、匣等将带电体同外界隔绝开来。采用这些方法可有效防止触电,并且能起到防止电弧伤人、弧光短路,以及便于检修的作用。

开关电器的可动部分一般不能包以绝缘,而需要屏护。其中,防护式开关电器本身带有屏护装置,如胶盖刀开关的胶盖,铁壳开关的铁壳、塑壳或断路器的塑料外壳等。对于高压设备,由于全部绝缘往往有困难,而当人接近至一定程度时,即会发生严重的触电事故。因此,无论高压设备是否绝缘,均应采取屏护或采取其他措施防止接近。

变配电设备、安装在室外地上的变压器和安装在车间或公共场所的变配电装置均需设遮栏或栅栏作为屏护,采用网眼遮栏高度不应低于 1.8 m,下部边缘离地不应超过 0.1 m,网眼不应大于 40 mm × 40 mm。对于低压设备,网眼遮栏与裸导体距离不应小于 0.15 m;10 kV 设备不应小于 0.35 m;20 ~ 35 kV 设备不应小于 0.6 m。户内栅栏高度不应低于 1.2 m,户外不应低于 1.5 m。对低压设备,栅栏裸导体距离不应小于 0.8 m,户外变电装置围墙高度不应低于 2.5 m。

屏护装置不直接与带电体接触,对所用材料的电性能没有严格要求,但所用材料应当有足够的机械强度和良好耐火性。金属材料制成的屏护装置必须接地或接零。

屏护装置的种类有永久性的屏护装置(如配电装置的遮栏、开关罩等),临时性的屏护装置,固定屏护装置,以及移动屏护装置。

屏护装置应与以下安全措施配合使用:

①屏护装置应有足够的尺寸,与带电体之间保持必要的距离。

②被屏护的带电部分应有明显标志,标明规定的符号或涂上规定的颜色。

③遮栏、栅栏等屏护装置上,应根据屏护对象挂上"高压,生命危险""站住,生命危险""切勿攀登,生命危险"等警告牌,必要时应上锁。

④配合信号装置和联锁装置。前者一般是用灯光或仪表指示有电,后者是采用专门装置,

当人体越过屏护装置可能接近带电体时,使被屏护部分自动断电。

5.3.3 安全电气间距

为了防止人体触及或接近带电体造成触电事故,为了避免车辆或其他器具接触或过分接近带电体造成事故,以及为了防止火灾、过电压放电和各种短路事故,在带电体与地面之间、带电体与其他设施和设备之间、带电体与带电体之间均须保持一定的安全距离。安全距离的大小决定于电压的高低、设备的类型、安装的方式等。

(1)线路安全距离

1)架空线路

架空线路所用导线可以是裸线,也可以是绝缘线,即使是绝缘线,如果露天架设,导线绝缘经风吹日晒也极易损坏,因此,架空线路的导线与地面,与各种工程设施,与建筑,与树木,与其他线路之间,以及同一线路的导线与导线之间均应保持一定的安全距离。

10 kV 及以下架空线路间导线距离,见表 5.3.1。

架空电力线路边导线与建筑物的距离,见表 5.3.2。架空线路不应跨越屋顶为燃烧材料的建筑物。对耐火材料屋顶的建筑物,也应尽量不跨越,如需跨越,应与有关单位协商或取得当地政府同意。

表 5.3.1 架空线路间导线距离

线路电压 \ 导线距离/m \ 挡距/m	40 及以下	50	60	70	80	90	100	110
10 kV	0.6	0.65	0.7	0.75	0.85	0.9	1.0	1.05
低压	0.3	0.4	0.45	0.5	—	—	—	—

注:①表中所列数值适用于导线的各类排列方式;
②近电杆的两导线的水平距离,不应小于 0.5 m。

表 5.3.2 导线与建筑物的最小距离

线路电压/kV	<3	3~10	35
垂直距离/m	2.5	3.0	4.0
水平距离/m	1.0	1.5	3.0

几种线路同杆架设时,电力线路必须位于弱电线路的上方,高压线路必须位于低压线路的上方。线路间距离应参照表 5.3.3。

2)接户线与进户线

接户线是指从配电网到用户进线处第一支持物的一段导线;进户线是指从接户线引入室内的一段导线。

130

表5.3.3　同杆线路的最小距离

项　目	直线杆/m	分支(或转角)杆/m
10 kV 与 10 kV	0.8	0.45/0.60
10 kV 与低压	1.2	1.0
低压与低压	0.6	0.3
低压与弱电	1.2	—

10 kV 接户线对地距离不应小于 4 m;低压接户线对地距离不应小于 2.5 m。低压接户线跨越通车的街道时,对地距离不应小于 6 m;跨越通车困难或人行道时,不得小于 3.5 m。

低压接户线与建筑物有关部分的距离,不小于下列数值:

与接户线下方窗户的垂直距离	30 cm
与接户线上方阳台或窗户的垂直距离	80 cm
与窗户或阳台的水平距离	75 cm
与墙壁、构架的距离	5 cm

低压接户线的挡距不宜超过 25 m,挡距超过 25 m 时,宜设接户杆。

低压接户线的线间距离参照表5.3.4。

表5.3.4　低压接户线的线间距离

架设方式	挡距/m	线间距离/m
自电杆上引下	≤25	15
	>25	20
沿墙敷设	≤6	10
	>6	15

低压进户线进线管口对地面不应小于 2.7 m;高压一般不应小于 4.5 m;进户线进线管口与接户线端头之间的距离一般不应超过 0.5 m。

(2)用电设备安全距离

用电设备的安装应考虑到防震、防尘、防潮、防火、防触电等安全要求,也包括安全距离的要求。

车间低压配电盘底口距地面高度,暗装的可取 1.4 m,明装的可取 1.2 m,明装的电度表板底口距地面高度可取 1.8 m。

常用开关设备安装高度为 1.3 ~ 1.5 m,为了便于操作,开关手柄与建筑物之间应保持 50 mm 的距离,扳把开关离地面高度可取 1.4 m。拉线开关离地面高度可取 2.3 m,明装插座离地面高度 1.3 ~ 1.5 m,暗装的可取 0.2 ~ 0.3 m。

室内吊灯灯具高度应大于 2.4 m,受条件限制时可减为 2.2 m。如果还需要降低,可采取适当安全措施。当灯具在桌面上方或人碰不到的地方时,高度可减为 1.5 m。户外照明灯具高度不应小于 3 m,墙上灯具高度允许减为 2.5 m。

（3）检修安全距离

为了防止人体接近带电体,必须保证足够的检修安全距离。

在低压操作中,人体或其所携带工具等与带电体之间的最小距离不应小于 0.1 m。

在高压无遮栏操作中,人体或其所携带工具与带电体之间的最小距离不应小于下列数值:

| 10 kV 及以下 | 0.7 m |
| 20 ~ 35 kV | 1.0 m |

当不足上述距离时,应装设临时遮栏,并符合有关间距的要求。

工作中使用喷灯或气焊时,火焰不得喷向带电体,火焰与带电体的最小距离不得小于下列数值:

| 10 kV 及以下 | 1.5 m |
| 35 kV | 3.0 m |

对于其他的安全距离可参阅有关规程。

5.3.4　安全电压

根据欧姆定律,电压越高,电流越大。因此,可以将可能加在人体上的电压限制在某一范围之内,使得通过人体的电流不超过允许的范围,这个电压即安全电压。

我国国家标准《安全电压》(GB 3805—1983)规定的安全电压等级见表 5.3.5。表内的额定电压值是由特定电源供电的电压系列,这个特定电源是指用安全隔离变压器或具有独立绕组的互感器与供电干线隔离开的电源。表中所列空载上限值,主要是考虑到某些重载的电气设备。其额定电压虽符合规定,但空载电压往往很高,如果超过规定的上限值,仍不认为符合安全电压标准。

表 5.3.5　安全电压(GB 3805—1983)

安全电压(交流有效值)/V		选用举例
额定值	空载上限值	
42	50	在有触电危险的场所使用的手持式电动工具等
36	43	在矿井、多导电粉尘等场所使用的行灯等
24	29	可供某些具有人体可能偶然触及的带电体设备选用
12	15	
6	8	

实际上,从电气安全的角度来说,安全电压与人体电阻是有关系的。

人体电阻由体内电阻和皮肤电阻两部分组成。体内电阻约为 500 Ω,与接触电压无关。皮肤电阻随皮肤表面的干湿、洁污状况以及接触面积而变。从人身安全的角度考虑,人体电阻一般取下限值 1 700 Ω(平均值为 2 000 Ω)。由于安全电流取 30 mA,而人体电阻取 1 700 Ω,因此,人体允许持续接触的安全电压为

$$U_{saf} = 30 \text{ mA} \times 1 \text{ 700 } \Omega \approx 50 \text{ V}$$

这50 V(50 Hz交流有效值)称为一般正常环境条件下允许持续接触的"安全特低电压"。

5.3.5　接地与接零

在发电、供电、用电过程中,由于电气绝缘装置老化,被过压击穿或磨损,致使原来不应带电部分(如金属、底座、外壳等)带电,或原来带低压电部分带上高压电,由这些意外的不正常带电所引起电气设备损坏和人身伤亡事故不断增加。为了避免这类电气事故的发生,最常用的防护措施是接地与接零。电气设备应采用接地或接零哪种保护方式,取决于配电系统的中性点是否接地,低压电网的性质及电气设备的额定电压等级。下面分别介绍接地和接零的有关知识。

(1)接地

电气设备的任何部分与大地之间进行良好的电气连接,称为接地。安全接地是保证电气设备正常工作和工作人员人身安全最重要的措施。与大地直接接触的金属体或金属体组,称为接地体或接地极。接地体与电气设备之间连接用的金属导线称为接地线,接地线可分为接地干线和接地支线。接地体和接地线合称为接地装置。

接地时的对地电压是指电气设备的接地部分与大地零电位之间的电位差。通常,可以认为距接地体20 m及以上大地即为零电位点。另外,接地电阻是指接地体的对地电阻和接地线电阻的总和,它也等于对地电压与通过接地体流入地中的电流的比值。

接地可分为:保护接地、工作接地、过电压保护接地、防静电接地。保护接地,这是为了保证人身安全所采取的接地,如电气设备金属外壳的接地;工作接地,这是为了正常工作需要采取的接地,如电力变压器、电压互感器中性点的接地;过电压保护接地,这是为了消除过电压而采取的接地,如电力线路杆塔的接地;防静电接地,这是为了防止蓄积静电荷而采取的接地,如油罐、天然气罐等的接地。

在供配电系统中,为了实现更高的可靠性、安全性,常采用防止触电的保护接地系统,主要有IT、TT系统。下面就这两种系统的工作特点及应用问题作一些简单的介绍。

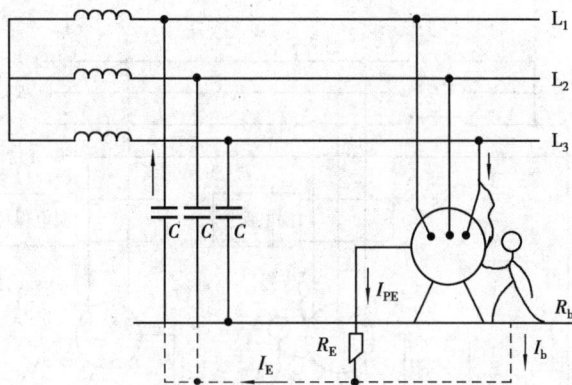

图5.3.1　IT系统

1)IT系统的保护接地

在电源中性点不接地的三相三线制低压系统中,用电设备外壳与大地进行电气连接,构成IT系统(图5.3.1),通常称为保护接地。在IT系统中,人触及单相碰壳的设备时,通过人体的

133

电流 I_b 只是接地电流 I_E 的一部分,即 $I_b = I_E R_E/(R_E + R_b)$。其中 R_b 为人体电阻,如果接地电阻 $R_E \leq 4\ \Omega$,人体电阻按最恶劣环境下考虑,取 $R_b = 1\ 000\ \Omega$,则通过人体的电流只占接地电流的 $1/250$,这样就可避免人体触电的危险,对人体起到保护作用。

对设备而言,由于 I_E 仅是未故障两相漏电流(电容电流)的和,其值很小,不会危及设备安全,也不会引起火灾等恶性事故,所以不必切断电源,故障设备在规定的时间内还可以继续运行。针对石油化工、矿井、船舶等工业生产中易燃易爆气体较多,要求连续供电的特点,采用 IT 系统,不仅可提高供电的可靠性,而且也能起到触电保护的作用。为了及时发现和排除故障,防止同时出现两相接地故障,IT 系统必须装设绝缘监视设备。

应当指出,IT 系统不应配出 N 线。若配出 N 线,并采取设备外壳接零,一旦出现设备外壳带电,就会通过零线形成单相短路,并在短路点产生电火花,引起火灾时,某一相的大电流也会促使系统的保护装置迅速动作,从而中断了正常供电,这就丧失了 IT 系统固有的优点。

2)TT 系统的保护接地

在电源中性点直接接地的三相四线制系统中,将设备外壳经各自的 PE 线(公共保护接地线)分别接地,构成 TT 系统,亦称保护接地,如图 5.3.2 所示。TT 系统中某设备碰壳时,其单相接地电流 $I_E = 220\ V/(4+4)\ \Omega = 27.5\ A$,设备外壳对地电压 $V_E = 110\ V$,I_E 小、V_E 大是 TT 系统的特点。27.5 A 的故障电流一般不会使中等容量以上的保护装置动作,设备外壳长期带电,触电危险不能消除,与故障设备共用接地极的其他设备外壳上也出现同样的危险电压。理论上解决问题的办法是将接地电阻 R_E 降至 0.78 Ω 以下,就可将 V_E 降至安全电压 36 V 以下。但这会增大接地装置的费用和工程难度,从技术经济上看,显然是不合理的,所以,人们曾对保护接地在中性点直接接地系统中的应用持否定态度。但近年来,随着高灵敏度漏电保护器的推广应用,大大放宽了对接地电阻值的要求,如欲使漏电保护的动作电流在安全电流 30 mA 以下,只要使 $R_E \leq 1\ 200\ \Omega$ 即可,实际工作中取 $R_E \leq 100\ \Omega$,这是很容易实现的。因此,保护接地作为安全措施已被广泛用于中性点直接接地的三相四线制系统中,尤其在供电范围广、负荷不平衡、零线电压较高的情况下,采用 TT 系统是合理的。这种系统在国外应用比较广泛,国内也有推广的趋势。

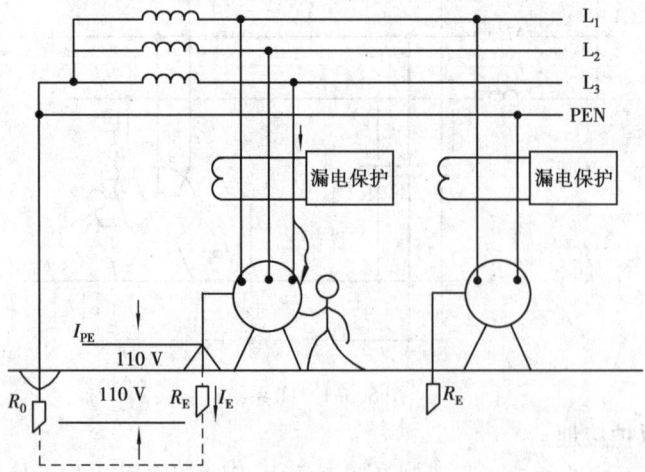

图 5.3.2　TT 系统(R_0 为接地体,以下同)

（2）**接零**

接零是指将与带电部分相绝缘的电气设备的金属外壳或构架与中性点直接接地系统中的零线相连接。保护接零是将接于 380/220 V 三相四线系统中的电气设备在正常情况下不带电的金属部分与系统中的零线相连接,以避免人体遭受触电的危险。

TN 系统其电源中有一点直接接地,其中所有设备的外露可导电部分均接公共保护接地线（PE 线）或公共保护中性线（PEN 线）。这种接公共 PE 线或 PEN 线的方式,也可通称接零。TN 系统又分三种形式,TN 系统按其 PE 线的形式不同分为:TN-C 系统、TN-S 系统和 TN-C-S 系统。

1）TN-C 系统

系统中的 N 线与 PE 线合为一根 PEN 线,所有设备的外露可导电部分均接 PEN 线,如图 5.3.3 所示。其 PEN 线中可有电流通过,通过 PEN 线的电流可对有些设备产生电磁干扰。如果 PEN 断线,还可使接 PEN 线的设备外露可导电部分（如外壳）带电,对人可有触电危险。因此,该系统不适用于对抗电磁干扰和安全要求较高的场所。但由于 N 线与 PE 线合一,从而可节约有色金属（导线材料）和投资。该系统过去在我国低压配电系统中应用最为普遍,但现在在安全要求较高的场所包括住宅建筑、办公大楼及要求抗电磁干扰的场所均不允许采用。

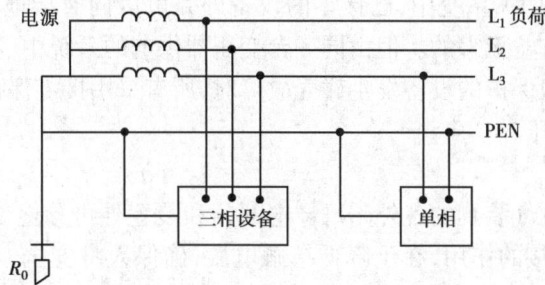

图 5.3.3　TN-C 系统

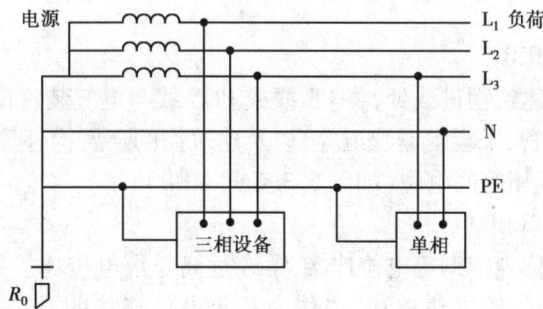

图 5.3.4　TN-S 系统

2）TN-S 系统

系统中的 N 线与 PE 线完全分开,所有设备的外露可导电部分均接 PE 线,如图 5.3.4 所示。PE 线中无电流通过,对接 PF 线的设备不会产生电磁干扰。如果 PE 线断线,正常情况下也不会使接 PE 线的设备外露可导电部分带电;但在有设备发生一相接壳故障时,将使其他接 PE 线的设备外露可导电部分带电,使人有触电危险。由于 N 线与 PE 线分开,与上述 TN-C 系统相比,在有色金属消耗量和投资方面均有增加。该系统现广泛应用在对安全要求及抗电磁干扰要求较高的场所,如重要办公地点、实验场所和居民住宅等处。

3)TN-C-S 系统

在 TN-C-S 系统中,N 线与 PE 线可根据负载特点与环境条件合用一根或分开敷设 PEN 线,PEN 线不准再合并,如图 5.3.5 所示。它的优点在于解决了 TN-C 系统线路末端零线对地电压过高的问题,兼有前两系统的特点,适用于配电系统末端环境条件恶劣或有数据处理的场合。

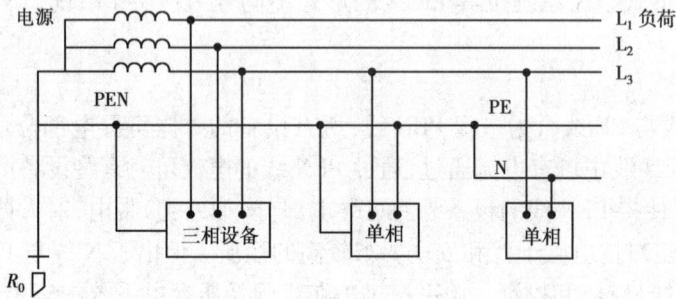

图 5.3.5　TN-C-S 系统

注意:在保护接零的 TN 系统中,已接零的设备外壳可以同时接地,这属于带重复接地的接零系统,其对安全是有益无害的。但由同一台变压器供电的系统中,不能混用接零保护和接地保护。否则,采用接地保护的设备发生碰壳故障时,所有采用接零保护的设备外壳可能会带上接近 110 V 的危险电压。

(3)等电位连接

等电位连接,是使电气装置的各外露可导电部分和装置外可导电部分电位基本相等的一种电气连接。等电位连接的作用,在于降低接触电压,确保人身安全。《低压配电设计规范》(GB 50054—1995)规定:在低压配电系统中,采取接地故障保护时,在建筑物内应做总等电位连接(MEB)。当电气装置或某一部分的接地故障不能满足要求时,应在局部范围内做等电位连接(LEB)。

1)总等电位连接(MEB)

总等电位连接是在建筑物进线处,将 PE 线或 PEN 线与电气装置接地干线,建筑物内的各金属管道(如水管、煤气管、采暖空调管道等)以及建筑物的金属构件等,都接向总等电位连接端子,使它们都具有基本相等的电位(如图 5.3.6 的 MEB)。

2)局部等电位连接(LEB)

局部等电位连接又称为辅助等电位连接,是在远离总等电位连接处、非常潮湿、触电危险性大的局部地域内进行的等电位连接,以作为总等电位连接的一种补充,如图 5.3.6 中的 LEB,通常在容易触电的浴室及安全要求极高的胸腔手术室等地,宜做局部的等电位连接。

等电位连接主母线的截面,规定不应小于装置中最大 PE 线截面的一半,且不小于 6 mm^2。如果采用铜导线,其截面可不超过 25 mm^2。如果为其他材质的导线时,其截面应能承受与之相当的载流量。

连接两个外露可导电的局部等电位线,其截面不应小于接至该两个外露可导电部分的较小 PE 线的截面。

连接装置外露可导电部分与装置外可导电部分的局部等电位连接线,其截面不应小于相应 PE 线截面的一半。

PE 线、PEN 线和等电位连接线以及引至接地装置的接地干线等,在安装竣工后应做跨接线。管道连接处,一般不需跨接线,但若导电不良,则应做跨接线。

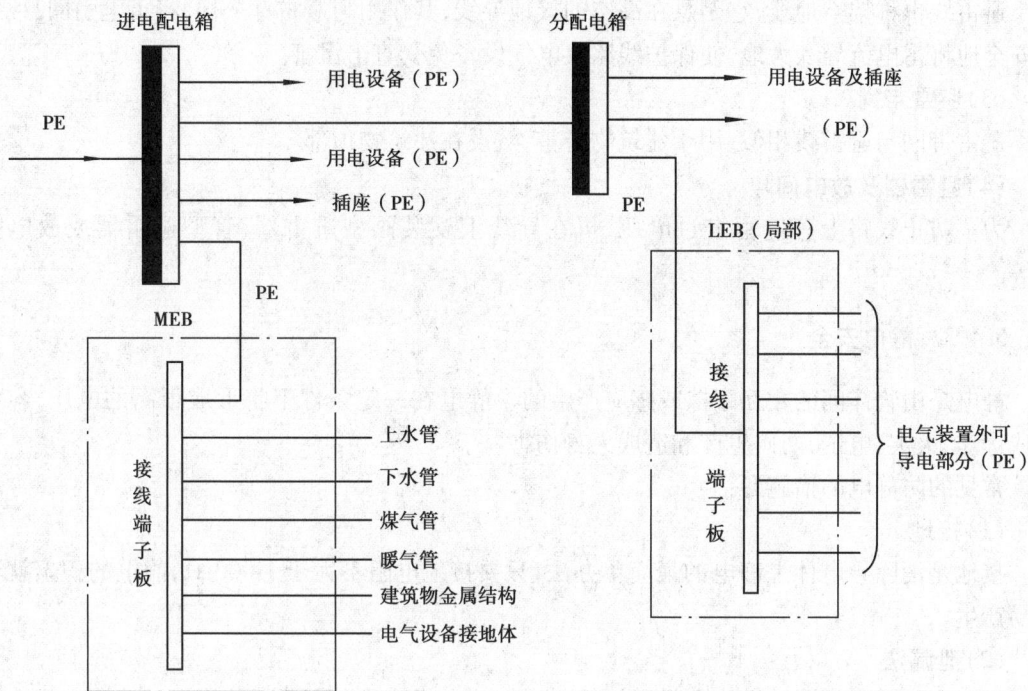

图 5.3.6 局部等电位连接

5.4 电气防火、防雷、静电安全及电磁场安全

5.4.1 电气防火

发生电气火灾常见的原因有设备缺陷、安装不当、危险温度、电火花、电弧等。其中引起电气设备过度发热的原因大致包括:短路、过载、接触不良、铁芯发热、散热不良等,应注意避免;电火花则是电极间的击穿放电或触头间气体在强电场作用下产生的放电现象。电火花与电弧的温度都很高,极易引起火灾。

电气防火措施有:合理选择用电设备;保持安全防火间距;保持电气设备正常运行;良好通风;可靠接地;合理选用保护装置等。

5.4.2 防雷

为了防止直击雷带来的灾害,常采用下列有效措施:

(1)避雷针

避雷针由针尖接闪器、支持物、接地引下线和接地体组成。当雷云放电接近地面时,放电

137

就朝地面电场强度最大的方向(即避雷针尖端)发展,雷云通过避雷针放电,而使避雷针周围的线路、电气设备、建筑物等免受直击雷害。

（2）避雷线

避雷线也称架空地线,它是悬在高空的接地导线,其作用与避雷针一样,将雷电引向自己,并安全地将雷电流导入大地,使保护线路及电气设备免受直击雷害。

（3）避雷带网

避雷带网与避雷线相似,用于建筑物防雷,敷设在建筑物顶部。

（4）避雷器及放电间隙

为了防止线路上感应雷击过电压,可在导线上安装阀型避雷器、管型避雷器或放电间隙等。

5.4.3　静电安全

静电是由物体间的相互摩擦或感应产生的。静电在一定条件下将形成很高的电压,容易造成爆炸、火灾、电击,妨碍生产和造成人身伤害。

常见的防静电的措施有:

（1）接地

接地是消除导电体上静电的最简单办法,只要接地电阻不大于 1 000 Ω,静电的积聚就不容易产生。

（2）泄漏法

实际中常采用增湿的措施和采用抗静电添加剂来促使静电电荷从绝缘体上泄漏出去。增湿就是提高空气湿度,作用在于降低带静电绝缘体的表面电阻率,增强其表面导电性,提高泄漏的速度。而对于表面不宜吸湿的物质,可以采用各种抗静电剂,作用是增加材料的吸湿性或离子性,从而增强导电性能,提高静电泄漏的效果。

（3）静电中和法

静电中和法是在静电电荷密集的地方设法产生带电离子,将该处静电电荷中和掉。此法是用来消除绝缘体上静电的重要措施。

5.4.4　电磁场安全

人体长期在电磁场作用下,会造成不同程度伤害。由于电磁场能量转化成热,从而引起人体内的生物学作用。

电磁场对人体的影响主要是在机体内感应涡流,产生热量。由于热量,会使人体一些器官的功能受到不同程度的伤害,电磁场频率不同,伤害程度也不同。一定强度短波电磁场照射会使人体中枢神经系统失调,甚至还会引起交感神经抑制为主的植物神经功能失调;在微波和超短波电磁场照射下,除引起较严重神经衰弱外,还会导致心血管病症发生。

可见,电磁场对人体的作用主要是功能性改变,虽具有可恢复性特征,但应注意避免高强度长时间地接触电磁场。

为了防止电磁场危害,应根据现场特点,采取屏蔽措施以及采用不同结构和不同材料的屏蔽装置。

（1）**屏蔽**

电磁场屏蔽是限制电磁场扩散,防止电磁场对人体的伤害,常采用钢板、铝板,或网眼极小的铜、铝网制成屏蔽体。必要时,采用双层屏蔽体,增加屏蔽体厚度和适当加大屏蔽体至场源之间的距离,可提高屏蔽效果。

（2）**高频接地**

高频接地包括高频设备金属外壳接地和屏蔽接地,它除了符合一般电气设备的接地要求外,还有特殊要求。高频接地线不宜太长,其长度限制在波长的 1/4 之内。如果条件不许可,也要避开波长的 1/4 的奇数倍;要求采用多股铜线或多层铜皮制成;要求只在屏蔽的一点与接地体相连,如果同时有几点与接地体相连,由于各点情况差异,可能产生有害的不平衡电流。

5.5 触电的急救

5.5.1 触电事故的种类

人体触电伤害的形式分为电击和电伤。

电击是指人体内部器官受到电伤害。人体受到电击时,电流通过人体内部,如果电流超过一定数值,就使人与导体接触部分的肌肉痉挛、发麻,持续下去,人体电阻迅速降低,电流随之增加;最后,便全身肌肉痉挛,呼吸困难,心脏麻痹,以致死亡,所以电击危害性最大。

电伤是指人体的外部受到电的损伤。属于电伤的有灼伤、电烙印及皮肤金属化。灼伤是电流的热效应造成的,是在电流直接经过人体或不经过人体时发生的。电烙印是由电流的化学效应和机械效应所引起的,通常是在人体与导电部分有良好的接触下产生的。皮肤金属化是在电流的作用下,使熔化和蒸发的金属微粒渗入皮肤表面层,使皮肤的伤害部分呈粗糙的坚硬表面,日久会逐渐脱落。

5.5.2 影响触电伤害程度的因素

触电对人体伤害程度与以下因素有关:

（1）**与电流的大小有关**

电流越大,伤害越重。实践证明,通过人体的交流电（频率为 50 Hz）超过 10 mA,直流电超过 50 mA 时,触电者就不容易自己脱离电源。

（2）**与电压的高低有关**

电压越高,伤害越严重。当电压低至 50 V 时,就不会引起严重后果。

（3）**与触电时间长短有关**

触电时间越长,后果越严重。所以,一旦发现有人触电,应力争尽快地使触电者脱离电源。

（4）**与人体的电阻有关**

人体电阻主要决定于皮肤的角质层。皮肤干燥时,人体电阻一般为 1 000 ~ 10 000 Ω,如果人的皮肤有汗水或受到电击时,人体电阻会显著降低,所以在潮湿地方工作触电危险性大。

（5）与电流通过人体的途径有关

电流通过呼吸器官、神经中枢时，危险性较大，电流通过心脏最危险。

（6）与人的健康状态和精神状态有关

患有心脏病、内分泌失调病、肺病和精神病的人，触电后果比较严重。酒醉、疲劳过度出汗过多等，也能加重触电伤害程度。

5.5.3 触电的急救方法

触电者的现场急救，是抢救过程中关键的一步，如处理及时和正确，则因触电而呈假死的人有可能获救；反之，则会带来不可弥补的后果。在触电急救中，可以遵循八字方针：迅速、准确、就地、坚持。

（1）使触电者迅速脱离电源

①脱离电源就是要将触电者接触的那一部分带电设备的开关断开，或设法使触电者与带电设备脱离。触电者未脱离电源前，救护人员不得直接用手触及触电者。在脱离电源时，救护人既要救人，又要注意保护自己，防止触电。

②如果触电者触及低压带电设备，救护人员应设法迅速切断电源。例如，拉开电源开关或拔下电源插头，或者使用绝缘工具、干燥木棒等不导电物体解脱触电者。也可抓住触电者干燥而不贴身的衣服将其拖开；也可戴绝缘手套或将手用干燥衣物等包住绝缘后解脱触电者。救护人员也可站在绝缘垫上或于木板上进行救护。为了使触电者与带电体解脱，最好用一只手进行救护。

③如果触电者触及高压带电设备，救护人员应迅速切断电源，或用适合该电压等级的绝缘工具（戴绝缘手套、穿绝缘靴并用绝缘棒）解脱触电者。救护人员在抢救过程中，应注意保持自身与周围带电部分必要的安全距离。

④如果触电者处于高处，解脱电源后触电者可能从高处坠落，因此，要采取相应的安全措施，以防触电者摔伤或致死。

⑤在切断电源救护触电者时，应考虑到救护必需的应急照明，以便继续进行急救。

（2）对触电者进行就地抢救

①如果触电者神志尚清醒，则应使其就地平躺，严密观察，暂时不要让其站立或走动。

②如果触电者已神志不清，则应使其就地仰面平躺，且确保呼吸道通畅，并用 5 s 时间呼叫伤员或轻拍其肩部，以判定其是否意识丧失。禁止摇动伤员头部呼叫伤员。

③如果触电者失去知觉，停止呼吸，但心脏微有跳动（可用两指去试伤员喉结旁凹陷处的颈动脉有无搏动）时，应在通畅呼吸道后，立即施行口对口或口对鼻的人工呼吸。

④如果触电者伤害相当严重，心跳和呼吸均已停止，完全失去知觉时，则在通畅呼吸道后，立即同时进行口对口（鼻）的人工呼吸和胸外按压心脏的人工循环。如果现场仅有一人抢救时，可交替进行人工呼吸和人工循环，先胸外按压心脏 4～8 次，然后口对口（鼻）吹气 2～3 次，再按压心脏 4～8 次，又口对口（鼻）吹气 2～3 次……如此循环反复进行。

由于人的生命维持主要靠心脏跳动，使血液循环和呼吸，从而形成氧气和废气的交换，因此，采用胸外按压心脏的人工循环和口对口（鼻）吹气的人工呼吸的方法，能对处于因触电而停止了心跳和中断了呼吸的"假死"状态的人起暂时弥补的作用，促使其血液循环和正常呼吸。

（3）**急救过程必须坚持进行**

下面介绍两种有用的触电急救方法：

1）人工呼吸法

①首先迅速解开触电者衣服、裤带，松开上身的紧身衣、胸罩、围巾等使其胸部能自由扩张，不致妨碍呼吸。

②使触电者仰卧，不垫枕头，头先偏向一侧，清除其口腔内的血块、假牙及其他异物。如果舌根下陷，应将舌头拉出，使气道畅通。如果触电者牙关紧闭，救护人应以双手托住其下颌骨的后角处，大拇指放在下颌角边缘，用手将下颌骨慢慢向前推移，使下牙移到上牙之前；也可用开口钳、小木片、金属片等，小心地从口角伸入牙缝，撬开牙齿，清除口腔内异物；然后将其头部扳正，使其尽量后仰，鼻孔朝天，让气道畅通。

③救护人位于触电者一侧，用一只手捏紧鼻孔，不使漏气，用另一只手将下颌拉向前下方，使嘴巴张开。可在其嘴上盖一层纱布，准备接受吹气。

④救护人作深呼吸后，紧贴触电者嘴巴，向其大口吹气，如图5.5.1（a）所示。如果掰不开嘴，也可捏紧嘴巴，紧贴鼻孔吹气。吹气时，要使其胸部膨胀。

⑤救护人吹气完毕换气时，应立即离开触电者的嘴巴（或鼻孔），并放松紧捏的鼻（或嘴），使其自由排气，如图5.5.1（b）所示。

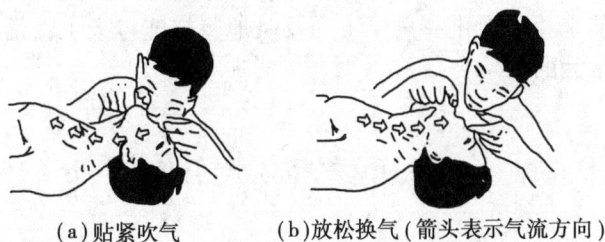

(a)贴紧吹气　　　(b)放松换气（箭头表示气流方向）

图5.5.1　口对口吹气的人工呼吸法

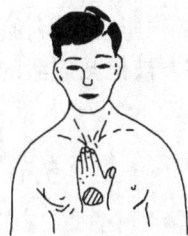

图5.5.2　胸外按压心脏
的正确压点

按照上述操作要求对触电者反复地吹气、换气，每分钟约12次。对幼儿施行此法时，鼻子不捏紧，任其自由漏气，而且吹气也不能过猛，以免肺包胀破。

2）胸外按压心脏的人工循环法

按压心脏的人工循环法，有胸外按压和开胸直接挤压两种。后者是在胸外按压心脏效果不大的情况下，由胸外科医生进行。

下面介绍胸外按压心脏的人工循环法：

①与上述人工呼吸法的要求一样，首先要解开触电者衣服、裤带及胸罩、围巾等，并清除口腔内异物，使呼吸道畅通。

②使触电者仰卧，姿势与上述口对口吹气法一样，但后背着地处的地面必须平整牢固，最好为硬地或木板之类。

③救护人位于触电者一侧，最好是跨腰跪在触电者腰部，两手相叠（对儿童可只用一只手），手掌根部放在心窝稍高一点的地方（掌根放在胸骨的下1/3部位），如图5.5.2所示。

④救护人找到触电者的正确按压点后，自上而下、垂直均衡地用力向下按压，压出心脏里面的血液，如图5.5.3（a）所示。对儿童用力应适当小一些。

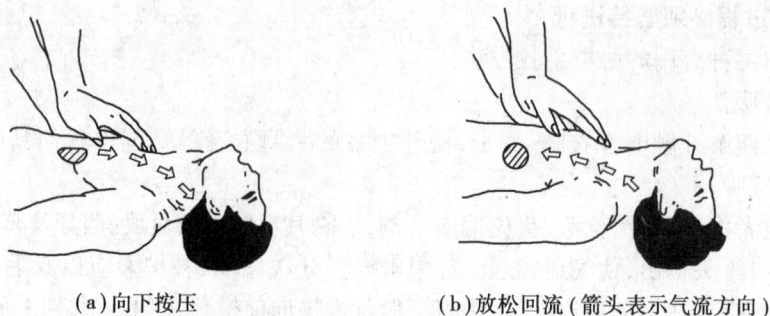

（a）向下按压　　　　　　　　　（b）放松回流（箭头表示气流方向）

图 5.5.3　人工胸外按压心脏法

⑤按压后,掌根迅速放松(但手掌不要离开胸部),使触电者胸部自动复原,心脏扩张,血液又回到心脏里来,如图 5.5.3(b)所示。

按照上述操作要求对触电者的心脏反复地进行按压和放松,每分钟约 60 次。按压时定位要准确,用力要适当。在施行人工呼吸和心脏按压时,救护人应密切观察触电者的反应,只要发现触电者有苏醒征象(如眼皮闪动或嘴唇微动),就应终止操作几秒钟,以让触电者自行呼吸和心跳。

对触电者施行人工呼吸和心脏按压,对于救护人员来说是非常劳累的,但为了救治触电者,还必须坚持不懈,直到医务人员前来救治为止。只要正确及时地坚持施行人工救治,触电假死的人被抢救成活的可能性是非常大的。

5.6　电磁兼容的基本概念和基本技术简介

广泛应用的电子和电气设备中的电磁转换带来了无线电干扰,影响了各电气设备的正常工作,尤其是灵敏电子设备,由此而发展了对无线电干扰和抗干扰的研究,这一技术原称无线电干扰技术,现称为电磁兼容性(EMC),即电磁兼容是由无线电干扰演变而来的。

5.6.1　电磁兼容的基本概述

(1)电磁兼容性的概念

电磁兼容(EMC)一般指电气及电子设备在共同的电磁环境中能执行各自的功能的共存状态,即是说在复杂的电磁环境中,每台电子、电气产品除了本身要能抗一定的外来电磁干扰保持正常工作以外,还不能产生对该电磁环境中的其他电子、电气产品所不能容忍的电磁干扰。又或者说,既要满足有关标准规定的电磁敏感度极限值要求,又要满足其电磁发射极限值要求。中国国家标准《电磁兼容术语》(GB/4765—1995)对"电磁兼容"一词的定义是:"设备或系统在其电磁环境中能正常工作,且不对该环境中的任何事物构成不能承受的电磁骚扰的能力"。国际电工技术委员会(IEC)给出的电磁兼容性定义为:"电磁兼容性是设备的一种能力,它在其电磁环境中能完成自身的功能,而不致于在其环境中产生不允许的干扰"。

(2)电磁兼容的核心问题

电磁兼容的核心问题就是通过对干扰的研究,实现对干扰的控制和防护。

（1）电磁干扰（EMI）

由干扰源发出干扰电磁能量，经过一定的传播途径将干扰能量传输到敏感设备，使敏感设备工作受到影响。

2）电磁干扰的三要素

电磁干扰的三要素是：电磁干扰源、传输通道或耦合途经、接受干扰的敏感体。

①电磁干扰源　能产生电磁干扰的任何元件、器件、设备、系统或自然现象。如雷电、无线电发射设备、自动控制系统、家用电器、汽车点火装置等都是电磁干扰源。

②电磁干扰的传播通道或耦合途径　将电磁干扰信号传输到接受干扰的系统的通道或媒介。主要方式有：

A. 辐射　干扰以电磁场和波的形式通过空间传播。它是以空间作为干扰传播的介质。无论高频还是低频电磁信号都可以在空间传播，而且高频的传播强度更大，范围更广。

B. 传导电磁传输通道　干扰信号通过金属线路传播，即干扰源和接收器之间有完整的电路连接。电路可包括导线、公共阻抗、设备机壳、接地线、变压器、互感和电容等集中元器件。其可分为：

a. 电容传导耦合（静电场耦合）　干扰源和接收器之间通过导线以及部件的电容互相交链而构成的传导电磁耦合。特点是：高频强，低频弱。

b. 电感传导耦合（磁场耦合）　干扰源和接收器之间通过干扰源电流或电压的互相交链而构成的传导电磁耦合。特点是：低频强（包括工频），高频弱。

c. 电阻传导耦合（公共端阻抗耦合）　干扰源与接收器之间通过公共阻抗上的电流或电压交链而构成的传导电磁耦合。

③敏感体　指受到电磁干扰影响，或者对电磁干扰产生响应的电子设备，特别是具有快速响应和高灵敏性的设备。

衡量敏感体对干扰响应的指标：

A. 敏感度　存在电磁干扰的情况下，装置、设备或系统不能避免性能降低的能力。

B. 抗扰度　装置、设备或系统面临电磁骚扰不降低运行性能的能力。在工程实践中通过提高"抗扰度"来增加设备、系统的电磁兼容能力。

由于快速响应和高灵敏电子设备越来越多，干扰和抗干扰的问题已成为当今不容忽视的重大技术问题。

5.6.2　电磁兼容性的基本技术方法简介

电磁兼容性防护和控制技术常用方法有：屏蔽、滤波、接地和搭接技术，地点位置隔离、时间共用准则、频率管制等多种技术方法。

（1）**屏蔽技术**

在电磁兼容技术中，抑制以场的形式产生的干扰的有效方法是电磁屏蔽。

1）电磁屏蔽

用于减弱由某些源在空间某个区（不包含这些源）内所产生的电磁场的强度，称为电磁屏蔽。

2）电磁屏蔽的分类

①静电屏蔽　防止由于静电耦合而产生的相互干扰，即防止静电场的干扰。如在变压器

的绕组间插入梳齿形的导体,并使之接地,就是一种静电屏蔽。

②磁屏蔽　在低频条件下,用磁导率高的材料防止磁感线的感应。

③电磁屏蔽　在高频下采用低电阻金属,利用流过金属的电流而防止磁感线的相互干扰。

（2）滤波技术

滤波技术是抑制电气、电子设备传导电磁干扰,提高电气、电子设备抗干扰能力的主要手段,同时也能对设备整体和局部屏蔽的效能进行补偿。

①滤波技术就是将信号频谱分为有用频率分量和骚扰频率分量,滤去和抑制骚扰频率分量,切断骚扰信号沿信号线或电源线传播的路径。

②电磁干扰（EMI）滤波器的分类

a. 信号滤波器　用于通信系统中的 EMI 抑制。

b. 电源滤波器　用于抑制电子系统中出现的电源干扰。

（3）接地技术

接地在传统意义上讲是为了安全。而 EMC 的接地是要为所有无用电流提供低阻通路,并对系统提供等电位参考点,使得系统能按预期的功能工作。

现代电子系统不可能只有一个地和一根地线。为了使电子系统能正常工作,出现了结构地、信号地、屏蔽地、直流地、交流地等多种形式的接地。一个电子系统或几个子系统可以同时采用多种接地方式。

电路、设备的接地方式有单点接地、多点接地、混合接地和悬浮接地。

（4）塔接技术

塔接是指两个金属物体之间通过机械、化学或物理方法实现结构连接,以建立一条稳定的低阻抗电气通路的工艺过程。

良好塔接是减小电磁干扰,实现电磁兼容的一种重要方式。塔接的方法分为:

1）永久性塔接

利用铆接、熔焊、压接等方式,使两种金属永久保持固定的连接。

2）半永久性塔接

利用螺栓、螺钉等辅助器件使两种金属保持连接的方式。

（5）频谱管理

无线电频谱是有限的,频谱管理就是依据有序的办法来划分频带、审批和登记频率的使用,建立管理频谱的法规和标准,解决频谱的冲突,促进频谱科学、合理、有效的利用。

电磁兼容技术性方法很多,由于所涉及的综合知识较多,因而不再一一介绍。有兴趣的读者可以参看这方面的专业书。

5.6.3　电磁兼容的发展和认证

（1）电磁兼容的发展

电磁兼容是通过控制电磁干扰来实现的,因此,电磁兼容技术是在认识电磁干扰、研究电磁干扰和对抗电磁干扰的过程中发展起来的。从英国科学家希维塞德于 1881 年发表《论干扰》一文开始,整个工程界就拉开了电磁干扰问题研究的帷幕。1933 年由国际电工技术委员会 IEC（International Electrotechnical Commission）和国际广播联合会 UIR（Union International de Radiodiffusion）共同资助,在巴黎成立了国际无线电干扰特别委员会 CISPR（Committee International Specialties Perturbations Radio-electriques），简称"无干委"，它是第一个颁布无线电干扰协议的国际性组织。IEC 在 20 世纪 60 年代初期开始进行电磁兼容（EMC）标准的研究和制订工作，后来又成立了电磁兼容技术委员会（TC77）和电磁兼容咨询委员会（ACEC）。1990 年由 TC77 专委会制订了一套完整的电磁兼容基础标准——IEC1000 系，即

IEC1000—1　总论

IEC1000—2　环境

IEC1000—3　限值

IEC1000—4　试验和测量技术

IEC1000—5　安装调试指南

IEC1000—6　其他

（2）**电磁兼容的标准**

我国的电磁兼容技术标准分为四类：基础标准、通用标准、产品类标准、系统间电磁兼容标准。其中基础标准是其他标准的基础。

在 1966 年由原第一机械工业部制定的部级标准《船用电气设备工业无线电干扰端子电压测量方法与允许值》（JB—854—66）是我国的第一个干扰标准。在 1983 年发布了第一个国家电磁兼容标准（GB/T 3907—1983）。现行的标准是在原有基础上不断完善并与国际化接轨后制定的（见附录 B）。

欧洲 EMC 标准为 EN50、EN55、EN60 等系列。

（3）**强制性产品认证制度**

强制性产品认证制度是各国政府为保护广大消费者人身和动植物生命安全，保护环境、保护国家安全，依照法律法规实施的一种产品合格评定制度，它要求产品必须符合国家标准和技术法规。

欧洲在 1970 年成立"共同标准化委员会"，制定了统一的 EMC 标准。1985 年公布了电磁兼容测试指令，并于 1996 年 1 月开始对 EMC 标准进行强制执行，该指令规定凡未达到欧洲 EMC 标准的设备和产品，将被排斥在统一的欧洲市场之外，对达标的产品必须用一个 CE 合格的标签确认，称为"CE"认证。后又在 1999 年 3 月 9 日颁布了最新的 1999/5/EC 指令。

随着我国加入 WTO，电磁兼容技术壁垒成为我国电子产品出口的更大障碍。为了适应国际大环境，我国加快了标准化的进程，2001 年 12 月国家发布《强制性产品认证管理规定》英文名为"China Compulsory Certification"英文缩写为"CCC"，简称"3C"认证。3C 认证对所规定的产品的安全性能、电磁兼容性、防电磁辐射等方面都作了详细规定。2002 年国家将包括涉及安全、电磁兼容、环境保护要求的 19 大类，132 种产品列入第一批强制性目录，对列入目录的产品，凡未获得强制性产品认证证书和未加施"CCC"即"3C"强制性认证标志的产品，不得出厂、进口和销售。

现行的"3C"强制性认证标志如图 5.6.1 所示。

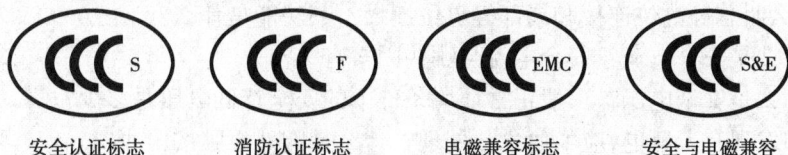

安全认证标志　　　　消防认证标志　　　　电磁兼容标志　　　　安全与电磁兼容

图 5.6.1　"3C"强制认证标志

小　结

对于电气事故,从危害对象的不同分为人身事故和设备事故两种。电气事故的主要类型有:触电事故、电气火灾和爆炸事故、雷电事故、静电事故、电磁场伤害事故。电气事故发生的主要原因有:管理不善,失于防护,安全技术措施不当,检查、维修不善,缺乏知识,违章作业。基本的电气安全技术措施有:绝缘、屏护与障碍、安全间距、安全电压、保护接地和保护接零等,其中安全间距本章主要介绍了线路的安全距离、用电设备的安全距离和检修的安全距离。

安全电压是指不会使人直接致死或致残的电压。本章介绍了安全电压的等级,安全电压与人体电阻的关系,安全特低电压为 50 V。

接地与接零在电力系统中得到广泛使用。接地可分为:保护接地、工作接地、过电压保护接地、防静电接地。保护接地系统:IT 系统、TT 系统,工作特点及应用。接零及 TN 系统的保护接零。重复接地。等电位连接:总等电位连接,局部等电位连接。

电气防火,防雷,静电安全,电磁场安全的基本知识。

触电事故种类。人体触电伤害的种类分为:电击和电伤。影响触电伤害程度的因素有:电流大小、电压高低、触电时间长短、人体电阻、电流通过人体的途径、人的精神状态。触电急救遵循的八字方针:迅速、准确、就地、坚持。急救方法:人工呼吸法,胸外按压心脏法。

电磁兼容性的核心问题是干扰和抗干扰。针对电磁干扰源、干扰传输通道和敏感体三个干扰要素,电磁兼容性的基本技术有屏蔽、滤波、接地、频率管理等。

电磁兼容性的标准有中国国家标准和统一的国际标准。"3C"认证是强制性的电子及相关产品的安全、电磁兼容性和防电磁辐射等方面的认证。

习　题

5.1　电气事故的主要类型有哪些? 各有什么特点?

5.2　电气事故产生的根源主要有哪些?

5.3　什么是电击穿? 什么是击穿电压?

5.4　屏护装置的种类有哪些? 屏护装置应与哪些安全措施配合使用?

5.5　什么是安全电压? 人体电阻由哪两部分组成?

5.6　什么叫接地? 什么叫接地装置? 什么是接地电流和对地电压?

5.7　什么叫工作接地和保护接地? 什么叫保护接零?

5.8　在 TN 系统中为什么要采取重复接地?

5.9　什么叫总等电位连接和局部等电位连接? 其功能是什么?

5.10　什么是安全电流? 安全电流与哪些因素有关?

5.11　什么是安全电压? 一般正常环境条件下的安全特低电压是多少?

5.12　如发现有人触电,应如何急救处理? 什么是胸外心脏按压法?

第**6**章

半导体器件、集成运放及其应用

6.1 半导体的基础知识

半导体器件是构成电子电路的基本元件,它们所用的材料是经过特殊加工且性能可控的半导体材料。

6.1.1 本征半导体

纯净的具有晶体结构的半导体称为本征半导体。常用的半导体材料是硅和锗,它们都是4价元素,原子外层有4个价电子,且在相邻原子之间形成稳定的共价键结构,如图6.1.1所示。

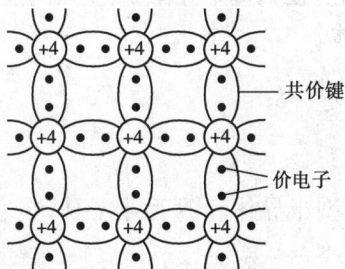

图 6.1.1 本征半导体结构示意图　　　　图 6.1.2 本征半导体中的自由电子和空穴

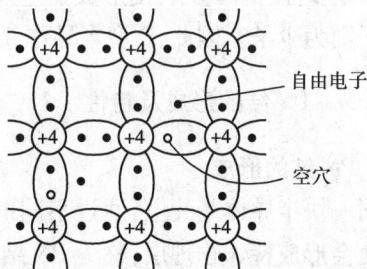

当受到外界能量(热、光等)激发时,有些价电子能够挣脱共价键的束缚而成为自由电子,同时在共价键上留出了空位,称为空穴,如图6.1.2所示。电子带负电,失去电子的空穴带正电。在本征半导体中,自由电子和空穴是成对出现的,称为电子空穴对。

在电场作用下,一方面自由电子可以定向移动,形成电流;另一方面由于空穴的存在,价电子将按一定的方向依次填补空穴,即空穴也产生了移动。电子移动时是负电荷的移动,空穴移动时是正电荷的移动,电子和空穴都能运载电荷,所以它们都称为载流子。

6.1.2　杂质半导体

在本征半导体中掺入微量的杂质元素,会使其导电性能发生显著变化,成为杂质半导体。杂质半导体分为 N 型半导体和 P 型半导体。

（1）N 型半导体

N 型半导体是在本征半导体硅（或锗）中掺入少量的 5 价元素（如磷）而形成的。杂质原子有 5 个价电子,与周围硅（锗）原子组成共价键,多出一个价电子,这个价电子易成为自由电子,使杂质原子成为不能移动的正离子,如图 6.1.3 所示。由于杂质的掺入,使得晶体中自由电子数目远大于空穴数目,成为多数载流子（简称多子）,而空穴则为少数载流子（简称少子）。因此,N 型半导体又称为电子型半导体。

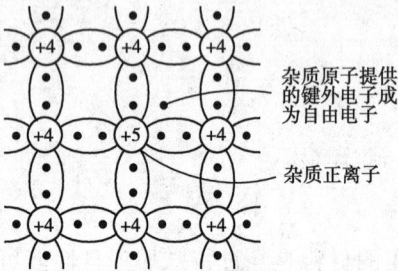

图 6.1.3　N 型半导体晶体结构　　　　图 6.1.4　P 型半导体晶体结构

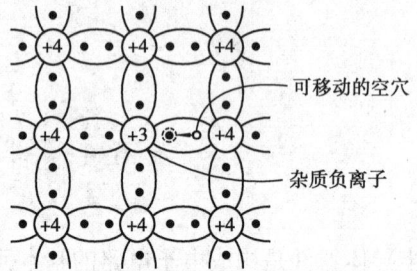

（2）P 型半导体

P 型半导体是在本征半导体硅（或锗）中掺入微量的 3 价元素（如硼）而形成的。杂质原子有 3 个价电子,它与周围硅（锗）原子组成共价键时,多出了一个空穴,当相邻共价键上的电子受热激发时,就有可能填补这个空穴,使杂质原子成为不能移动的负离子,而原来硅原子的共价键因缺少了一个电子,便形成了空穴,如图 6.1.4 所示。在 P 型半导体中,空穴为多子,而自由电子则为少子。因此,P 型半导体又称为空穴型半导体。

6.1.3　PN 结的形成及特性

（1）PN 结的形成

在同一块半导体基片上,通过不同的掺杂工艺制成 P 型半导体和 N 型半导体,在它们的交界面处会形成特殊物理层,称为 PN 结。

如图 6.1.5（a）所示,在 P 型和 N 型半导体交界面两侧,由于载流子的浓度差,P 区中的空穴必然向 N 区扩散,N 区中的电子也会向 P 区扩散。P 区一侧因失去空穴留下了不能移动的负离子,N 区一侧因失去电子留下了不能移动的正离子。结果在界面的两侧形成了由等量正、负离子组成的空间电荷区,如图 6.1.5（b）所示。空间电荷区形成了一个由 N 区指向 P 区的内电场。内电场对扩散运动起到阻碍作用,但却有利于 P 区的电子向 N 区漂移,N 区的空穴向 P 区漂移,多子的扩散运动使空间电荷区变厚,少子的漂移运动使空间电荷区变薄,当扩散与漂移达到动态平衡时,便形成了一定厚度的空间电荷区,称为 PN 结。

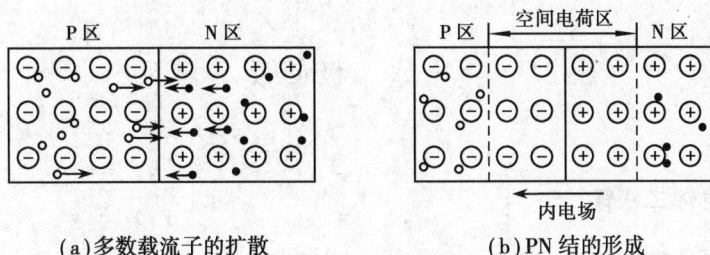

(a) 多数载流子的扩散　　　　　(b) PN 结的形成

图 6.1.5　PN 结的形成

(2) **PN 结的单向导电性**

1) PN 结正向偏置

当电源正极接到 PN 结的 P 区，电源负极接到 PN 结的 N 区，称 PN 结为正向偏置，如图 6.1.6(a) 所示。此时外加电场与内电场方向相反，因而削弱了内电场，使 PN 结变薄，有利于两区多子向对方扩散，形成较大的正向电流，PN 结处于正向导通状态。

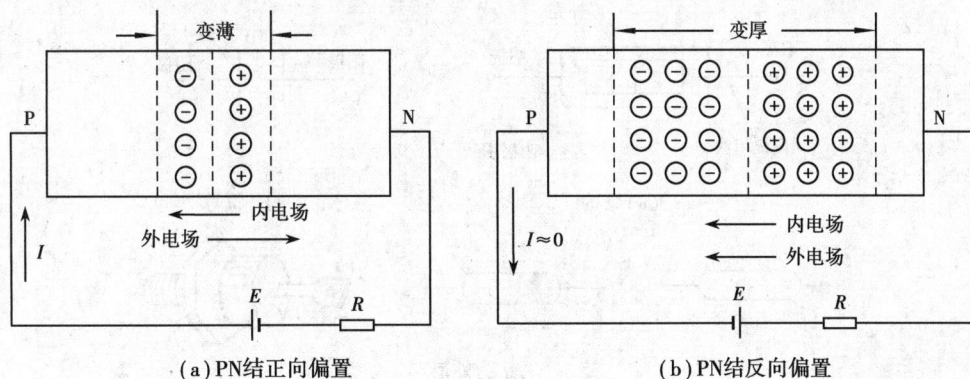

(a) PN 结正向偏置　　　　　　(b) PN 结反向偏置

图 6.1.6　PN 结的单向导电性

2) PN 结反向偏置

当电源正极接到 PN 结的 N 区，电源负极接到 PN 结的 P 区，称 PN 结反向偏置，如图 6.1.6(b) 所示。此时外加电场与内电场的方向一致，因而加强了内电场，使 PN 结变厚，阻止多子的扩散运动，加剧少子的漂移运动，形成反向电流。因为少子的数目极少，所以反向电流也非常小，可认为 PN 结反向截止。

综上所述，PN 结具有单向导电性，即正向偏置时导通，反向偏置时截止。

【练习与思考】

6.1.1　什么是本征半导体？

6.1.2　什么是杂质半导体？有几种类型？它们是如何形成的？

6.1.3　空穴导电和自由电子导电有什么区别？它们形成的电流方向是否是一致？

6.1.4　简述 PN 结的形成过程，PN 结的特性是什么？

6.2　半导体二极管及其应用

6.2.1　半导体二极管

(1)半导体二极管的结构

半导体二极管就是由一个 PN 结加上相应的电极引线及管壳封装而成的。由 P 区引出的电极称为阳极(正极),由 N 区引出的电极称为阴极(负极)。因为 PN 结的单向导电性,二极管导通时的电流方向是由阳极通过管子内部流向阴极。半导体二极管的种类很多,按材料来分,最常用的有硅管和锗管;按功率来分,有大功率二极管、中功率二极管及小功率二极管;按用途来分,有普通二极管、整流二极管、稳压二极管等多种。

二极管的结构示意图、符号及常见的外形结构如图 6.2.1 所示。

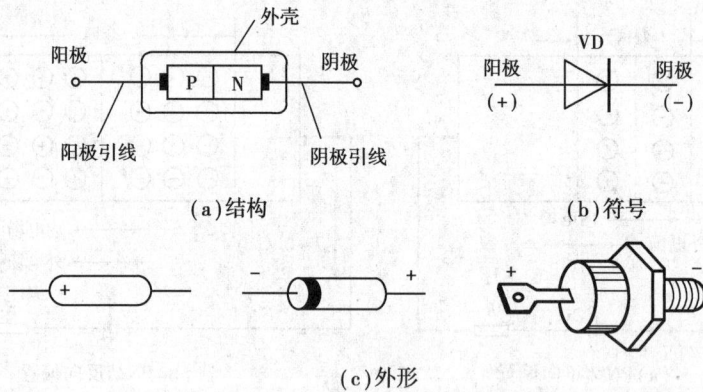

(a)结构　　　　　　(b)符号

(c)外形

图 6.2.1　二极管结构、符号及外形图

(2)半导体二极管的伏安特性

半导体二极管的伏安特性是指流过二极管的电流与二极管端电压之间的关系,伏安特性可以用曲线来表示。图 6.2.2 表示某硅管和锗管的伏安特性曲线。下面以硅管为例来分析二极管的伏安特性。

1)正向特性

OA 段:称为"死区"。当二极管承受正向电压小于某一数值(称为死区电压,用 U_{on} 表示)时,还不足以克服 PN 结内电场对多数载流子运动的阻挡作用,二极管正向电流很小,几乎为零,称为死区。通常,硅管的死区电压约为 0.5 V,锗管约为 0.1 V。

AB 段:称为正向导通区。当正向电压超过死区电压时,外电场抵消了内电场,正向电流随外加电压的增加而明显增大。当二极管完全导通后,正向压降基本维持不变,称为二极管正向导通压降。这也是二极管正向导通的恒压区。一般硅管为 0.6~0.7 V,锗管为 0.2~0.3 V。

在使用中,应特别注意死区至恒压区这一过渡区域。

2)反向特性

OC 段:称为反向截止区。当二极管加上反向电压时,外电场与内电场方向一致,只有少

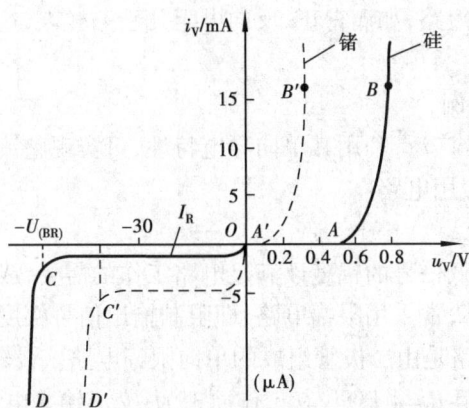

图 6.2.2　二极管的伏安特性曲线

数载流子的漂移运动,形成的反向电流极小,且不随反向电压而变化,故也称为反向饱和电流。这时二极管反向截止。

CD 段:称为反向击穿区。当反向电压增大到某一数值时,反向电流将随反向电压的增加而急剧增大,这种现象称为二极管反向击穿。击穿时对应的电压称为反向击穿电压 U_{BR}。在反向击穿状态,若不限制二极管的反向击穿电流,就可能使其 PN 结过热烧坏。

(3)半导体二极管的主要参数

1)最大整流电流 I_F

I_F 是指二极管长期运行时,允许通过的最大正向平均电流。在使用时,若二极管的正向平均电流超过此值,将使 PN 结过热而烧坏管子。

2)最大反向工作电压 U_{RM}

U_{RM} 是指二极管正常工作时,允许外加的最大反向电压(峰值)。超过此值,二极管可能因反向击穿而损坏。通常为击穿电压 U_{BR} 的一半。

3)反向电流 I_R

I_R 是指二极管未被击穿时的反向电流。其值越小,二极管的单向导电性能越好。硅管的反向电流较小,一般在几微安以下,锗管的反向电流较大,为硅管的几十到几百倍。I_R 受温度影响很大,使用时要加以注意。

4)最高工作频率 f_M

f_M 是指二极管正常工作时的上限频率值。超过此值,由于 PN 结的结电容的作用,二极管的单向导电性变差。

(4)半导体二极管的识别与简单测试

1)二极管的极性判别

将指针式万用表置为 $R \times 100$ 或 $R \times 1k$ 挡,红、黑表笔分别接二极管两个引脚,可测得一个阻值,再将红、黑表笔对调,又测得另一个阻值,若两次测量的阻值相差很大,则表明二极管是好的。在测得阻值小的那一次中,与黑表笔相连的管脚为二极管的阳极,与红表笔相连的管脚为二极管的阴极。

2)性能测试

二极管正、反向电阻的测量值相差愈大愈好,一般二极管的正向电阻测量值为几百欧姆,反向电阻为几十千欧姆到几百千欧姆。如果测得正、反向电阻均为无穷大,说明内部断路;若测量值均为零,则说明内部短路;如测得正、反向电阻几乎一样大,这样的二极管已经失去单向导电性,没有使用价值了。

（5）二极管应用电路举例

半导体二极管应用十分广泛,利用其单向导电特性,可实现整流、限幅、钳位、保护、开关等功能。下面介绍两种基本应用电路:

1）限幅电路

在电子电路中,为了降低信号的幅度以满足电路工作的需要,或者为了保护某些器件不受过高的信号电压作用而损坏,常采用限幅电路,即限制输出信号幅度的电路。

如图6.2.3（a）所示电路是由二极管组成的单向限幅电路。设输入电压$u_i = 5 \sin \omega t$ V,直流电压$U_S = +3$ V,限流电阻$R = 1$ kΩ。其工作原理为:交流输入电压u_i和直流电源U_S同时作用于二极管 VD 上,当u_i的幅值高于 3 V 时,VD 导通,$u_o = 3$ V（忽略二极管正向压降）;当u_i的幅值小于 3 V 时,VD 截止,$u_o = u_i$。输入、输出端电压波形如图6.2.3（b）所示。

通常将输出电压u_o开始不变的电压称为限幅电平。改变U_S值,可改变限幅电平大小。

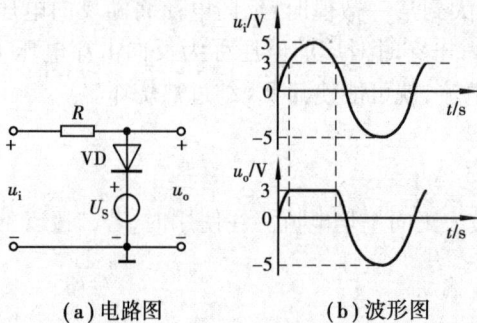

（a）电路图　　　（b）波形图

图6.2.3　单向限幅电路及波形图

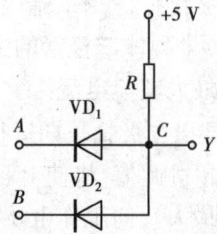

图6.2.4　钳位电路

2）钳位电路

钳位电路是利用二极管正向导通后其两端电压很小且基本不变的特性,使输出电位钳制在某一数值上保持不变的电路。如图6.2.4所示电路中,设二极管为理想元件,当输入$U_A = U_B = 3$ V 时,二极管VD_1、VD_2正向偏置导通,输出被钳制在U_A和U_B上,即$U_Y = 3$ V;当$U_A = 0$ V,$U_B = 3$ V,则VD_1导通,输出被钳制在$U_Y = U_A = 0$ V,VD_2反向偏置截止。

6.2.2　特殊二极管

除普通二极管外,还有一些特殊用途的二极管,如稳压二极管、发光二极管、光电二极管等,它们在电子设备中得到广泛应用。

（1）稳压二极管

稳压二极管是利用 PN 结反向击穿后具有稳压特性制作的二极管,简称稳压管。稳压管的伏安特性曲线、符号如图6.2.5所示。稳压管工作在反向击穿区,当反向电压达到一定数值以后,反向电流突然上升,而且电流在一定范围内增长时,管子两端电压只有少许增加,变化很小,具有稳压特性。

稳压二极管击穿后,电流急剧增大,使管耗相应增大。因此,必须对击穿后的电流加以限制,以保证稳压二极管的安全。

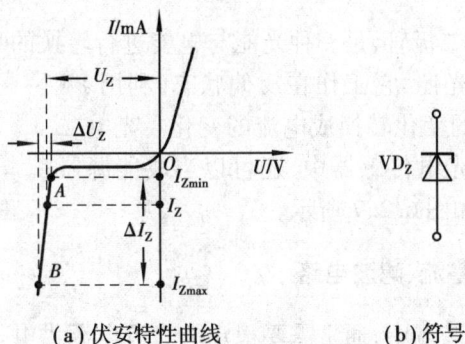

(a) 伏安特性曲线   (b) 符号

图 6.2.5   稳压二极管的特性曲线和符号

稳压管的主要参数：

1）稳定电压 U_Z

U_Z 是指稳压管正常工作时管子两端的电压。由于制作工艺的原因，即使型号规格相同稳压值也有一定的分散性，使用时可通过测量确定其准确值。

2）稳定电流 I_Z

I_Z 是指稳压管工作在稳压状态时的工作电流。其范围为 $I_{Zmin} \sim I_{Zmax}$。

3）最小稳定电流 I_{Zmin}

I_{Zmin} 是指稳压管进入反向击穿区时的转折点电流，其工作电流必须大于此值，否则将失去稳压作用。

4）最大稳定电流 I_{Zmax}

I_{Zmax} 是指稳压管长期工作时允许通过的最大反向电流，其工作电流应小于此值，否则管子会因过热而损坏。

5）最大耗散功率 P_M

P_M 是指稳压管工作时允许承受的最大功率，其值为 $P_M = I_{Zmax} \cdot U_Z$。

6）动态电阻 r_Z

r_Z 是指稳压管工作在稳压区时，端电压的变化量与其相应电流的变化量之比，即

$$r_Z = \frac{\Delta U_Z}{\Delta I_Z}$$

稳压管的反向特性越陡，r_Z 越小，稳压性能就越好。

（2）**发光二极管**

发光二极管是一种将电能转换成光能的半导体器件。它是由特殊材料构成的 PN 结，同样具有单向导电性，但在正向导通时能发光，电路符号如图6.2.6所示。

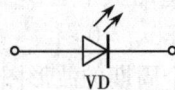

图 6.2.6   发光二极管符号

发光二极管包括可见光、不可见光等类型。普通发光二极管的发光颜色决定于所用半导体材料，目前有红、绿、黄、橙、蓝等色，常用作显示器件，如指示灯、七段数码管及手机背景灯等。红外线发光二极管能发射一定波长的红外线光，可用于各种红外遥控发射器中。激光二极管能发射出激光，常用于 CD 机及激光打印机等电子设备中。

（3）光电二极管

光电二极管又称为光敏二极管，是一种光能与电能进行转换的半导体器件。它的管壳上有一个玻璃窗口，以便接受光照，它工作在反偏状态，利用 PN 结的光敏性，将接受到的光的变化转换成电流的变化。光电二极管广泛用于遥控接收器、光电传感器中，还可以当成能源器件，即光电池。其电路符号如图 6.2.7 所示。

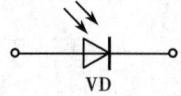

图 6.2.7　光电二极管符号

6.2.3　半导体二极管整流、滤波电路

在电子设备和自动控制装置中，通常需要稳定的直流电源供电。小功率的直流电源的组成方框图如图 6.2.8 所示，它由电源变压器、整流、滤波和稳压电路四部分组成。

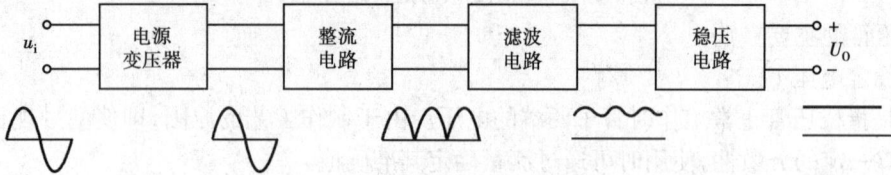

图 6.2.8　直流稳压电源组成方框图

电源变压器是将电网电压变为用电设备所需的交流电压；整流电路是将交流电压转变为单向脉动的直流电压；滤波电路是将单向脉动的直流电压中的交流成分滤掉，使其成为平滑的直流电压；稳压电路是当电网电压波动、负载或温度变化时能保证输出电压的稳定。

（1）单相整流电路

整流就是将交流电转变为单方向脉动的直流电的过程。完成这一任务主要是靠二极管的单向导电作用，因此，二极管是构成整流电路的关键元件。为了简化分析过程，把二极管当成理想元件来处理，即它的正向导通电阻为零，而反向电阻为无穷大。

1）单相半波整流电路

①电路组成及工作原理

如图 6.2.9 所示为单相半波整流电路。它由电源变压器 T、整流二极管 VD 及负载 R_L 组成。设变压器的次级电压 $u_2 = \sqrt{2}U_2\sin \omega t$，有效值为 U_2。

在 u_2 的正半周，A 点为正，B 点为负，二极管因正向偏置而导通，电流从 A 点流出，经过二极管 VD 和负载 R_L 流入 B 点，负载上的电压 $u_0 = u_2$。

在 u_2 的负半周，B 点为正，A 点为负，二极管因反向偏置而截止，电路中无电流流过，负载上的电压 $u_0 = 0$。

整个周期的波形图如图 6.2.10 所示。

②输出电压平均值和输出电流平均值

A. 输出电压平均值 U_0

$$U_0 = \frac{1}{2\pi}\int_0^{2\pi} u_0 \mathrm{d}(\omega t)$$

$$= \frac{1}{2\pi}\int_0^{\pi} \sqrt{2}U_2\sin \omega t \mathrm{d}(\omega t) = \frac{\sqrt{2}U_2}{\pi} = 0.45U_2 \qquad (6.2.1)$$

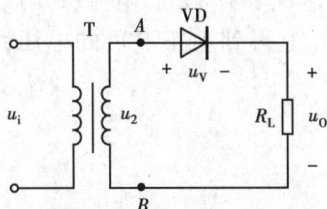

图 6.2.9　单相半波整流电路

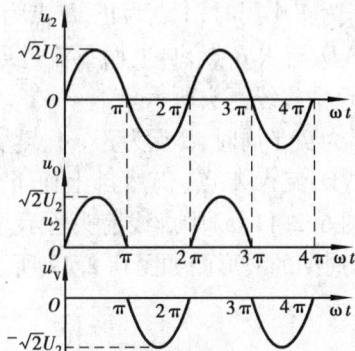

图 6.2.10　单相半波整流电路波形图

B. 输出电流平均值 I_O

$$I_O = \frac{U_O}{R_L} = 0.45 \frac{U_2}{R_L} \qquad (6.2.2)$$

③整流二极管的选择

A. 流过二极管的平均电流 I_V

$$I_V = I_O = 0.45 \frac{U_2}{R_L} \qquad (6.2.3)$$

B. 二极管承受的最大反向电压 U_{RM}

$$U_{RM} = \sqrt{2} U_2 \qquad (6.2.4)$$

根据式(6.2.3)、式(6.2.4)就可以确定二极管的型号,但考虑到电网电压的波动,具体选择二极管时应至少留有 10% 的余地。

单相半波整流电路简单易行,但是由于它只利用了交流电压的半个周期,所以输出电压低,脉动大,效率低。因此,这种电路仅适用于整流电流小,对脉动要求不严的场合。

2)单相桥式整流电路

为了克服单相半波整流电路的缺点,在实际电路中多采用单相全波整流电路,最常用的是单相桥式整流电路。

①电路组成及工作原理

如图 6.2.11(a)所示电路为桥式整流电路。它由电源变压器 T、整流二极管 VD_1、VD_2、VD_3、VD_4 及负载 R_L 组成,如图 6.2.11(b)是它的简化画法。设变压器的次级电压 $u_2 = \sqrt{2} U_2 \sin \omega t$,$U_2$ 为有效值。

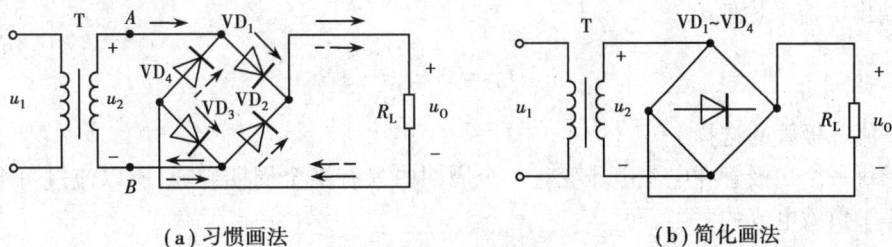

（a）习惯画法　　　　　　　　　　　　（b）简化画法

图 6.2.11　单相桥式全波整流电路

155

当 u_2 为正半周时,A 点为正,B 点为负,VD_1、VD_3 导通,VD_2、VD_4 截止,电流从 A 点流出,经 VD_1、R_L、VD_3 流入 B 点,自上而下流过 R_L,在负载 R_L 上得到上正下负的电压,即 $u_0 = u_2$,如图 6.2.11(a)中实线箭头所示。

当 u_2 为负半周时,B 点为正,A 点为负,VD_2、VD_4 导通,VD_1、VD_3 截止,电流从 B 点流出,经 VD_2、R_L、VD_4 流入 A 点,仍然自上而下流过 R_L,在负载 R_L 上得到上正下负的电压,即 $u_0 = -u_2$,如图 6.2.11(a)中虚线箭头所示。

整个周期的波形图如图 6.2.12 所示。

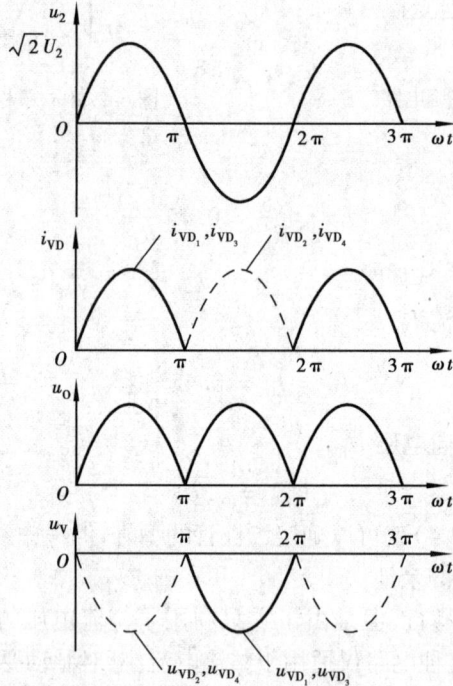

图 6.2.12　单相桥式整流电路波形图

②输出电压平均值和输出电流平均值

由波形图可知,桥式整流电流的输出电压平均值和输出电流平均值比半波整流电路增加一倍,即

A. 输出电压平均值 U_0

$$U_0 = 0.9U_2 \tag{6.2.5}$$

B. 输出电流平均值 I_0

$$I_0 = 0.9\frac{U_2}{R_L} \tag{6.2.6}$$

③整流二极管的选择

由于每一个二极管在电源电压变化一个周期内只有半个周期导通,所以流过每个二极管的电流等于负载电流的一半,即

A. 流过二极管的平均电流 I_V

$$I_{\mathrm{V}} = \frac{1}{2}I_0 = 0.45\frac{U_2}{R_{\mathrm{L}}} \tag{6.2.7}$$

B. 二极管承受的最大反向电压 U_{RM}

$$U_{\mathrm{RM}} = \sqrt{2}U_2 \tag{6.2.8}$$

【例 6.2.1】　在单相桥式整流电路中,已知负载电阻 $R_{\mathrm{L}} = 200\ \Omega$,要求输出直流电压为 90 V,试问如何选择变压器次级电压的有效值及二极管的型号。

解　根据 $U_0 = 0.9U_2$,可得

变压器次级电压的有效值

$$U_2 = \frac{U_0}{0.9} = \frac{90}{0.9}\ \mathrm{V} = 100\ \mathrm{V}$$

输出电流平均值

$$I_0 = \frac{U_0}{R_{\mathrm{L}}} = \frac{90}{200}\ \mathrm{A} = 0.45\ \mathrm{A}$$

流过二极管的平均电流

$$I_{\mathrm{V}} = \frac{1}{2}I_0 = \frac{1}{2} \times 0.45\ \mathrm{A} = 0.225\ \mathrm{A}$$

二极管承受的最大反向电压

$$U_{\mathrm{RM}} = \sqrt{2}U_2 = 1.414 \times 100\ \mathrm{V} = 141.4\ \mathrm{V}$$

查手册可知,选择二极管的型号为 2CZ54D 即可满足要求。

(2)滤波电路

整流电路的输出电压虽然是单一方向的,但是脉动较大,不能满足大多数电子设备对电源的要求。因此,一般在整流后,还需利用滤波电路将脉动的直流电压变为平滑的直流电压。常用的滤波电路有电容滤波、电感滤波和复式滤波。

1)电容滤波电路

如图 6.2.13 所示为单相半波整流电容滤波电路。它是在整流电路的输出端并联一个电容组成,由于电容两端电压不能突变,因而负载两端的电压也不会突变,使输出电压平滑,脉动减小。

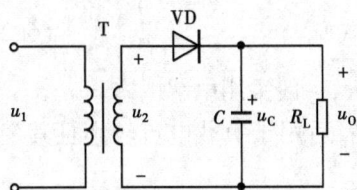

图 6.2.13　半波整流电容滤波电路

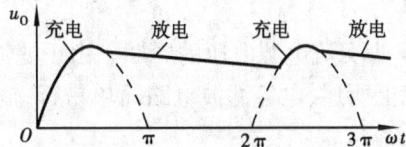

图 6.2.14　半波整流电容滤波电路输出波形

①工作原理

当 u_2 处于正半周时,若 $u_2 > u_{\mathrm{C}}$ 时,则二极管 VD 导通,u_2 对电容 C 充电,由于充电回路电阻很小,充电时间常数就很小,因而充电速度很快。在忽略二极管的正向压降的情况下,$u_{\mathrm{C}} = u_2$,当 u_2 达到峰值时,u_{C} 也达到最大值。当 u_2 由峰值下降时,使得 $u_2 < u_{\mathrm{C}}$,二极管截止,电容 C 向 R_{L} 放电,由于放电时间常数很大,故放电速度很慢,u_{C} 按指数规律缓慢下降。当 u_2 进入负半周

时,二极管仍处于截止状态,放电过程一直持续到 u_2 的下一个正半周中的 $u_2 > u_C$ 时为止,二极管 VD 又导通,电容 C 再次充电,重复上述过程。负载上的电压波形即电容电压波形,如图 6.2.14 所示。

桥式整流电容滤波电路如图 6.2.15 所示,其工作原理与半波整流滤波电路滤波原理一样,不同的是 u_2 在一个周期内对电容充电两次,电容向负载放电的时间缩短,输出电压更加平滑,平均电压值更高,如图 6.2.16 所示。

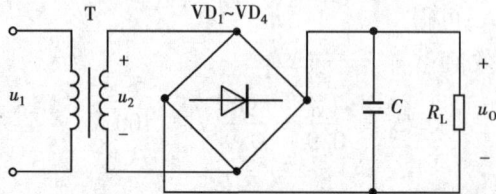

图 6.2.15   桥式整流电容滤波电路

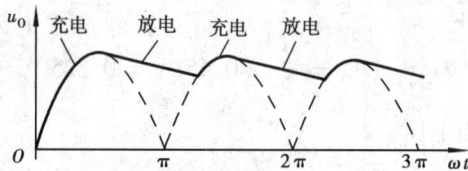

图 6.2.16   桥式整流电容滤波电路输出波形

②输出电压平均值的估算与滤波电容 C 的选择

A. 输出电压平均值 U_0

$$U_0 \approx U_2 \quad (半波) \tag{6.2.9}$$

$$U_0 \approx 1.2U_2 \quad (桥式) \tag{6.2.10}$$

B. 滤波电容 C 的选择

滤波电容 C 的大小取决于放电时间常数,$R_L C$ 越大,输出电压越平滑,输出电压越高。为了获得比较平坦的输出电压,一般要求:

$$R_L C \geqslant (3 \sim 5)T \quad (半波) \tag{6.2.11}$$

$$R_L C \geqslant (3 \sim 5)\frac{T}{2} \quad (桥式) \tag{6.2.12}$$

式中,T 为交流电源电压的周期。由于滤波电容的容量较大,一般采用电解电容。

综上所述,电容滤波电路简单易行,输出电压平均值高,适用于负载电流较小且其变化也较小的场合。

2)电感滤波电路

图 6.2.17 所示电路为单相桥式整流电感滤波电路。电感 L 与负载 R_L 相串联,由于通过电感的电流不能突变,因而负载上的流过的电流也不会突变,使输出电流平滑,负载一定,则输出电压也平滑,达到滤波的目的。

电感滤波电路的输出电压平均值为

$$U_0 \approx 0.9U_2 \tag{6.2.13}$$

电感滤波电路中,电感量 L 越大,负载电阻 R_L 越小,滤波效果越好。其缺点是由于铁芯的

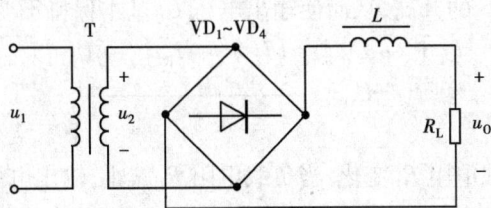

图 6.2.17　桥式整流电感滤波电路

存在,笨重、体积大,易引起电磁干扰。一般只适用于负载电流较大的场合。

3)复式滤波电路

为了进一步减小输出电压的脉动程度,当单独使用电容或电感进行滤波,效果不理想时,可采用由电容和电感组成的复式滤波电路。常见的几种复式滤波电路如图 6.2.18 所示。

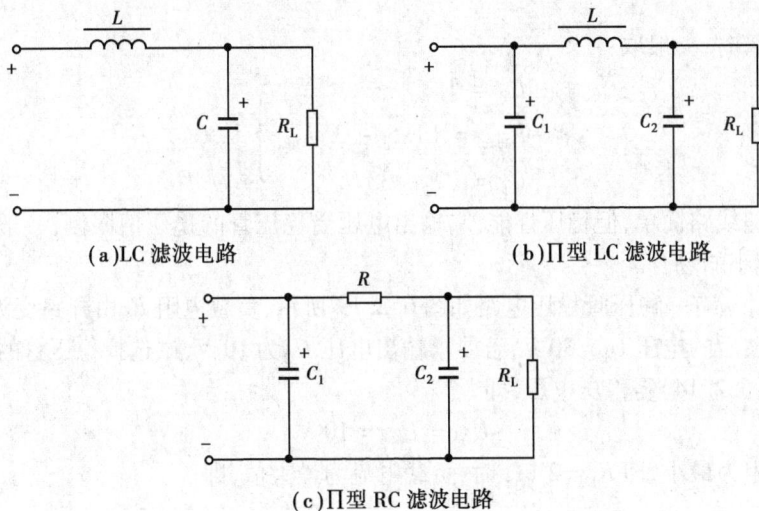

(a)LC 滤波电路

(b)∏型 LC 滤波电路

(c)∏型 RC 滤波电路

图 6.2.18　复式滤波电路

6.2.4　稳压管稳压电路

经过整流滤波后的电压还会随电网电压、负载及温度的变化而变化,可能引起电子设备工作不稳定,甚至不能正常的工作。因此,在整流滤波电路之后,还需接稳压电路。最简单的直流稳压电源是采用稳压管来稳定电压的。

如图 6.2.19 所示为稳压管稳压电路。它由经整流滤波后得到的直流电压作为稳压电路的输入电压 U_I,限流电阻 R 和稳压管 VD_Z 组成,输出电压 $U_O = U_Z$。

在该电路中,无论是电网电压波动还是负载电阻 R_L 变化,都能起到稳压作用。下面分析其稳压原理:

①负载电阻 R_L 不变,电网电压变化:当电网电压升高时,将使 U_I 增加,输出电压 U_O 也将增加,由稳压管伏安特性可见,I_Z 将急剧增大,则流过 R 上的电流 I_R 也增加,导致 R 上

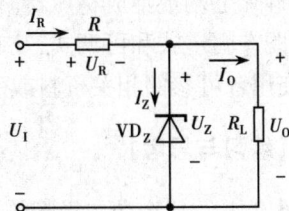

图 6.2.19　稳压管稳压电路

的压降增大,以此来抵消 U_I 的升高,从而使输出电压 U_O 基本保持不变,即

$$U_I \uparrow \rightarrow U_O \uparrow \rightarrow I_Z \uparrow \rightarrow I_R \uparrow \rightarrow U_R \uparrow$$
$$U_O \downarrow \leftarrow$$

反之亦然。

②电网电压不变,负载电阻 R_L 变化:当负载电阻 R_L 减小,输出电压 U_O 将下降,由于稳压管并联在输出端,由稳压管伏安特性可见,电流 I_Z 将急剧减小,流过 R 上的电流 I_R 也减小,导致 R 上的压降 U_R 下降,以此来补偿 U_O 的下降,从而保证输出电压 U_O 基本不变,即

$$R_L \downarrow \rightarrow U_O \downarrow \rightarrow I_Z \downarrow \rightarrow I_R \downarrow \rightarrow U_R \downarrow$$
$$U_O \uparrow \leftarrow$$

反之亦然。

当电网电压波动和负载的变化同时存在,以上两种调节也都同样存在,从而达到稳压的目的。

选择稳压管时,一般取

$$\left. \begin{array}{l} U_Z = U_O \\ I_{Zmax} = (1.5 \sim 3)I_{Omax} \\ U_I = (2 \sim 3)U_O \end{array} \right\} \tag{6.2.14}$$

该稳压电路线路简单,但稳压性能差,输出电压受稳压管的稳压值限制,一般适用于电压固定、负载电流小的场合。

【例 6.2.2】 有一稳压管稳压电路如图 6.2.19 所示,负载电阻 R_L 由开路变为 2 kΩ,交流电压经整流滤波后的电压 $U_I = 30$ V,若要求输出电压 U_O 为 10 V,试选择稳压管的型号。

解 由式(6.2.14)得稳压电压,即

$$U_O = U_Z = 10 \text{ V}$$

当负载电阻为最小,即 $R_L = 2$ kΩ 时,负载电流为最大值,即

$$I_{Omax} = \frac{U_O}{R_L} = \frac{10}{2} \text{ mA} = 5 \text{ mA}$$

由式(6.2.14)得

$$I_{Zmax} = 3I_{Omax} = 15 \text{ mA}$$

查手册可知,选择稳压管的型号为 2CW58 即可满足要求。

通过以上简单稳压电路的分析,可以理解稳压管的稳压原理,而实际工作中的稳压电路要复杂得多,但其基本元件仍是稳压二极管。随着半导体工艺的发展,把复杂的稳压电路集成在一块硅片上构成集成稳压器。目前已有多种集成稳压器可供选用,如三端集成稳压器,它输出电压既有固定式和可调式,又有正电压和负电压,它还具有体积小、使用方便和性能稳定的优点,使用者可参阅相关资料或手册正确地选用集成稳压器。

【练习与思考】

6.2.1 什么是二极管的死区电压?为什么会出现死区电压,硅管和锗管的死区电压各为多少?

6.2.2 怎样用万用表测量二极管的正、负极及管子的好坏?

6.2.3 稳压二极管与普通二极管相比较,工作特点有何不同?

6.2.4　小功率直流电源由哪几部分组成？各部分作用是什么？

6.2.5　半波整流和桥式整流电路有什么区别？

6.2.6　滤波电容容量大小是否能够随意选取？为什么？

6.3　半导体三极管及其应用

6.3.1　半导体三极管

半导体三极管又称为晶体三极管，简称三极管或晶体管，是组成放大电路的核心元件。三极管的几种常见外形如图6.3.1所示。

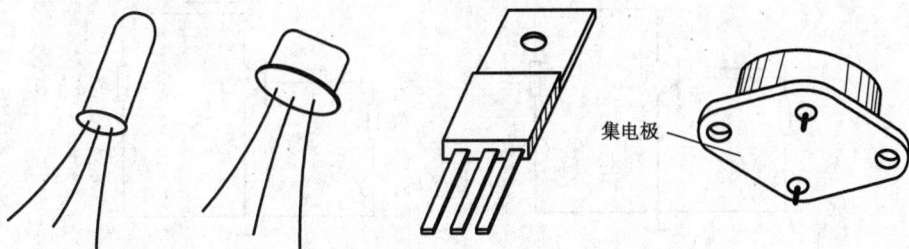

图6.3.1　几种半导体三极管的外形图

（1）半导体三极管的结构与分类

三极管是由两个PN结、三个杂质半导体区域组成。因杂质半导体有P型和N型，所以三极管有NPN型和PNP型两种，其结构示意图与电路符号如图6.3.2所示。

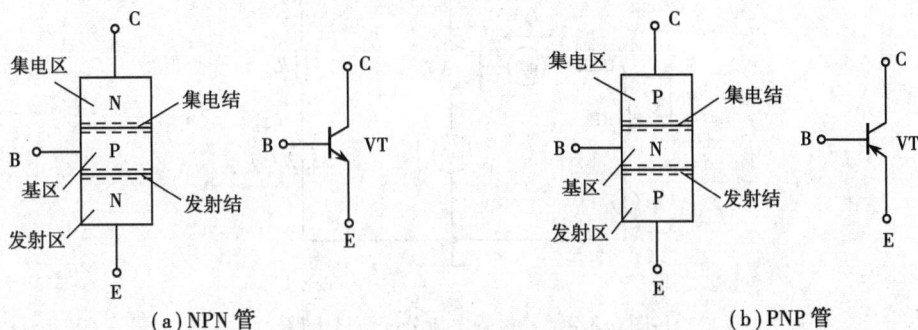

（a）NPN管　　　　　　　　　　（b）PNP管

图6.3.2　三极管结构示意图与电路符号

不管是NPN型还是PNP型三极管，都有三个区：基区、发射区、集电区，以及分别从这三个区引出的电极：基极（B）、发射极（E）、集电极（C）。发射区与基区之间形成的PN结称为发射结，集电区与基区之间形成的PN结称为集电结。

三极管在制作时，内部结构的特点是：其一，发射区掺杂浓度最高；其二，基区很薄，且掺杂浓度最低；其三，集电区结面积大于发射结面积。这也就是三极管实现电流放大的内部条件。

三极管的种类很多，按其结构类型分为NPN管和PNP管；按其制作材料分为硅管和锗管；按其工作频率分为高频管和低频管；按其功率大小分为大功率管、中功率管和小功率管；按其工作状态分为放大管和开关管。

目前 NPN 型管多数为硅管,PNP 型管多数为锗管。因硅 NPN 型三极管应用最为广泛,故本书以硅 NPN 型三极管为例来分析三极管及其放大电路的工作原理,所得结论对于 PNP 型管同样适用。

(2)半导体三极管的电流分配关系和放大作用

半导体三极管实现放大作用的外部条件是发射结正向偏置,集电结反向偏置。如图 6.3.3(a)为 NPN 管偏置电路,U_{BB} 通过 R_B 为发射结提供正向偏置电压,U_{CC} 通过 R_C 为集电结提供反向偏置电压,即满足 $U_C > U_B > U_E$,可实现放大作用。如图 6.3.3(b)为 PNP 管的偏置电路,为了实现放大作用,则必须满足 $U_E > U_B > U_C$。

为了定量地了解三极管的电流分配关系和放大作用,可用图 6.3.4 所示电路进行测试。

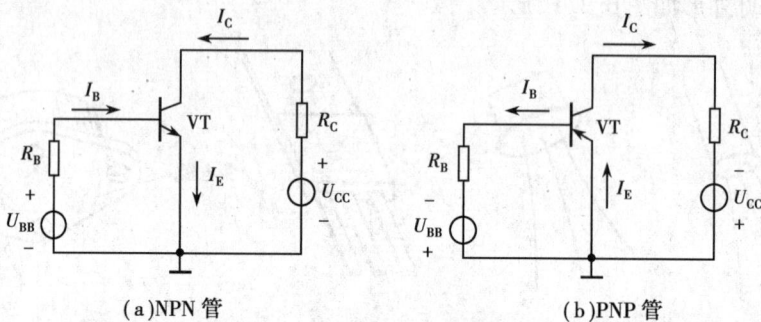

(a)NPN 管   (b)PNP 管

图 6.3.3　三极管电源的接法

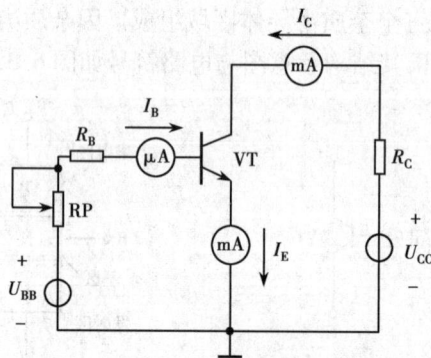

图 6.3.4　三极管电流分配测试电路

调节电位器 RP,基极电流 I_B、集电极电流 I_C 和发射极电流 I_E 都随之发生变化,用电流表测得相应的 I_B、I_C、I_E 数据,见表 6.3.1。

表 6.3.1　三极管各极电流的测试数据

I_B/mA	0	0.02	0.04	0.06	0.08	0.10
I_C/mA	<0.001	0.70	1.52	2.30	3.10	3.95
I_E/mA	<0.001	0.72	1.56	2.36	3.18	4.05

1)I_B、I_C、I_E 之间的关系

观察实验数据中每一列,可得

$$I_E = I_B + I_C$$

它表明了三极管的电流分配关系,符合基尔霍夫电流定律。

2)I_B、I_C 之间的关系

由第三列、第四列中数据,I_C 与 I_B 的比值分别为

$$\bar{\beta} = \frac{I_C}{I_B} = \frac{1.52}{0.04} = 38.0 \qquad \bar{\beta} = \frac{I_C}{I_B} = \frac{2.30}{0.06} = 38.3$$

通过第三列和第四列的数据,还可得到:

$$\beta = \frac{\Delta I_C}{\Delta I_B} = \frac{2.30 - 1.52}{0.06 - 0.04} = 39.0$$

从表中数据可知,I_B 虽小,但对 I_C 有控制作用。基极电流 I_B 的微小变化,就能引起集电极电流 I_C 较大的变化,这就是三极管的电流放大作用。$\bar{\beta}$ 和 β 分别为三极管的直流电流放大系数和交流电流放大系数。

3)半导体三极管的电流放大原理

三极管为什么具有电流放大的作用呢? 这可以通过在三极管内部载流子的运动规律来解释。三极管内部载流子运动示意图如图 6.3.5 所示。

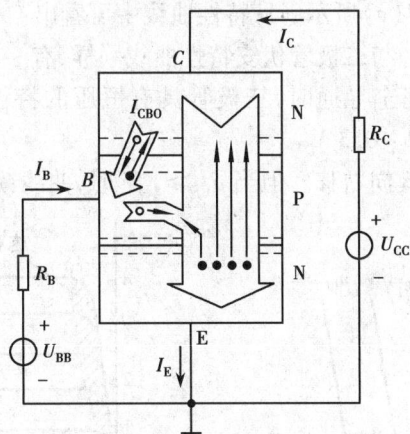

图 6.3.5　三极管内部载流子运动

①发射区向基区扩散电子——形成发射极电流 I_E

当发射结处于正向偏置时,有利于多数载流子的扩散运动,即发射区的电子不断扩散到基区,基区的空穴也向发射区扩散,形成较大的发射极电流 I_E。由于发射区的掺杂浓度远高于基区,而从基区注入发射区的空穴很少,形成的空穴电流很小,可忽略,所以 I_E 主要是由发射区注入基区的电子形成。

②电子在基区扩散和复合——形成基极电流 I_B

由于基区很薄,掺杂浓度低,则其多子(空穴)浓度很低,所以从发射极扩散过来的电子只有很少部分可以和基区空穴复合,形成比较小的基极电流 I_B,而剩下的绝大部分电子都能扩散到集电结边缘。

③集电区收集从发射区扩散过来的电子——形成集电极电流 I_C

由于集电结反向偏置,并且集电结面积大,可将从发射区扩散到基区并到达集电区的电子

基本全部拉入集电区,从而形成较大的集电极电流 I_C。

除此之外,由于集电结反向偏置,集电区的少子(空穴)与基区的少子(电子)产生漂移运动,形成集电结反向饱和电流,用 I_{CBO} 表示。I_{CBO} 的数值虽然很小,但对温度变化造成的影响十分敏感,容易使三极管工作状态不稳定。

(3)半导体三极管的特性曲线

三极管的特性曲线是指各电极间的电压与电流之间的关系曲线。它反映了三极管的性能,是分析三极管电路的重要依据。特性曲线分为输入特性曲线和输出特性曲线,它们可用晶体管特性图示仪直接显示出来,也可以通过如图 6.3.6 所示测试电路,改变 U_{BB}、U_{CC} 逐点描绘。

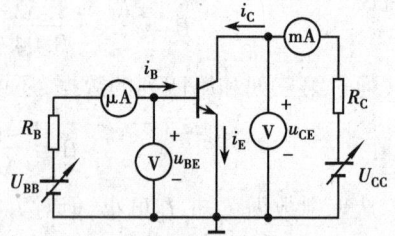

图 6.3.6 三极管特性曲线测试电路

1)输入特性曲线

输入特性曲线描述了在管压降 U_{CE} 一定的情况下,基极电流 i_B 与发射结压降 u_{BE} 之间函数关系,即

$$i_B = f(u_{BE})\big|_{u_{CE} = 常数} \tag{6.3.1}$$

输入特性曲线如图 6.3.7(a)所示。从特性曲线中可看出:

①输入特性是非线性的。与二极管伏安特性曲线一样,有一段"死区"。硅管约为 0.5 V,锗管约为 0.1 V。当发射结完全导通时,三极管具有恒压的特性,硅管的导通电压为 0.6 ~ 0.7 V,锗管的导通电压为 0.2 ~ 0.3 V。

②随着 u_{CE} 的增大,曲线簇向右移。但当 $u_{CE} \geq 1$ V 时,曲线簇基本重合。

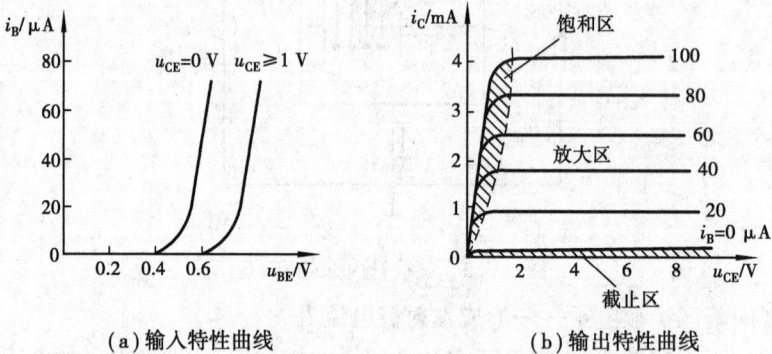

图 6.3.7 三极管特性曲线

2)输出特性

输出特性曲线描述基极电流 i_B 为一常量时,集电极电流 i_C 与管压降 u_{CE} 之间的函数关系,即

$$i_C = f(u_{CE})\big|_{i_B = 常数} \tag{6.3.2}$$

输出特性曲线如图 6.3.7(b)所示。从曲线中可看出这是一组以 i_B 为参变量的曲线簇。在输出特性曲线上可划分为三个区域:放大区、截止区、饱和区。

①放大区 指曲线上 $i_B > 0$ 和 $u_{CE} > 1$ V 之间的部分,此时发射结正偏,集电结反偏,三极管处于放大状态。其特征是当 i_B 不变时,i_C 也基本不变,即具有恒流特性;当 i_B 变化时,i_C 也随

之变化,即 $i_C = \beta i_B$,这就是三极管的电流放大作用。

②截止区 指曲线上 $i_B \leqslant 0$ 的区域,此时发射结零偏或反偏,集电结反偏,三极管为截止状态。i_C 很小,集电极与发射极间相当于开路,三极管相当于断开的开关。

③饱和区 指曲线上 $u_{CE} \leqslant u_{BE}$ 的区域,此时发射结和集电结均处于正偏,三极管为饱和状态。i_C 与 i_B 无对应关系,此时的 u_{CE} 称为饱和压降,用 U_{CES} 表示。硅管的 U_{CES} 约为 0.3 V,锗管的 U_{CES} 约为 0.1 V,三极管相当于闭合的开关。

三极管在电路中既可以作放大元件,也可作为开关元件使用。只要改变三极管的发射结和集电结的偏置,便可以使管子或是工作在放大状态,或是工作在开关状态。

(4)**半导体三极管的主要参数**

三极管的参数是用来表征三极管的各种性能指标,是评价三极管的优劣和选用三极管的依据。主要参数有:

1)电流放大系数

①共射直流电流放大系数 $\bar{\beta}$

$\bar{\beta}$ 表示集电极电压一定时,集电极电流 I_C 与基极电流 I_B 之比,即

$$\bar{\beta} = \frac{I_C}{I_B} \tag{6.3.3}$$

②共射交流电流放大系数 β

β 表示 U_{CE} 一定时,集电极电流的变化量与基极电流的变化量之比,即

$$\beta = \frac{\Delta I_C}{\Delta I_B} \tag{6.3.4}$$

上述两个电流放大系数 $\bar{\beta}$ 与 β 含义虽然不同,但在输出特性曲线的放大区域的平坦部分时,两者数值较为接近,在估算三极管电路时常认为 $\bar{\beta} = \beta$。

由于制造工艺的分散性,同一类型的三极管的 β 有差异,常用的小功率三极管的 β 值为 20~200。β 太小,管子电流放大作用小;β 太大,则工作稳定性差。一般选用 β 值为 40~100 的管子较为合适。

2)极间反向电流

①反向饱和电流 I_{CBO}

I_{CBO} 是指发射极开路,集电结在反向电压作用下,流过集电极和基极之间的反向电流。它是由少数载流子漂移形成,随温度的升高而增大,影响三极管工作的稳定性,因此其值越小越好。小功率的硅管一般在 0.1 μA 以下,锗管为几微安至几十微安。

②穿透电流 I_{CEO}

I_{CEO} 是指基极开路,集电结—发射极间加一定的反向电压时,流过的集电极和发射极之间的电流。它与 I_{CBO} 的关系为

$$I_{CEO} = (1 + \beta)I_{CBO} \tag{6.3.5}$$

I_{CEO} 也要受温度的影响,且 β 大的三极管的温度稳定性较差。

3)极限参数

极限参数是指为使三极管安全工作,对它的电压、电流和功率损耗的限制。

①集电极最大允许电流 I_{CM}

当三极管的集电极电流超过一定数值时,电流放大系数 β 将下降。I_{CM} 是指 β 下降至正常

值的 2/3 时集电极电流。在使用中,为了保证三极管正常工作,必须满足 $i_C < I_{CM}$。

②反向击穿电压 $U_{(BR)CEO}$

$U_{(BR)CEO}$ 是指基极开路时,允许加在集电极—发射极间的最高反向电压。在使用中,为了保证三极管正常工作,必须满足 $u_{CE} < U_{(BR)CEO}$。

③集电极最大允许功率损耗 P_{CM}

P_{CM} 是指三极管正常工作时最大允许消耗的功率。三极管消耗的功率 $P_C = i_C u_{CE}$ 转化为热能消耗在管内,使管子的温度升高,若超过 P_{CM} 会使三极管因温度过高而导致管子的性能变差,甚至烧坏管子。在使用中,必须满足 $P_C < P_{CM}$。

根据管子的 P_{CM} 值,可在晶体管的输出特性曲线上作出一条 P_{CM} 曲线,由 P_{CM}、I_{CM}、$U_{(BR)CEO}$ 三条曲线所包围的区域称为三极管的安全工作区,如图 6.3.8 所示。三极管工作时必须保证工作在安全区,并留有一定的余量。对于功率三极管,P_{CM} 还应有相应的散热条件,例如加装必要的散热器。

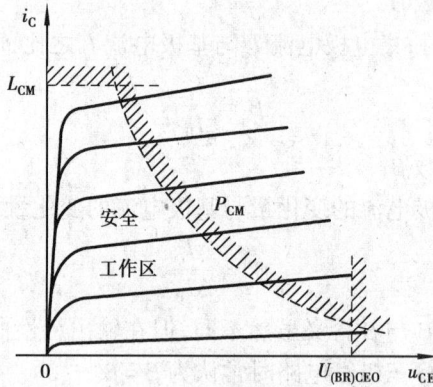

图 6.3.8　三极管的安全工作区

三极管手册给出了三极管的技术参数和使用方法,在实际工作中,可根据三极管的型号来查阅其性能参数和使用范围,或根据使用要求通过手册来选择三极管。

(5)温度对半导体三极管参数的影响

由于半导体材料的热敏性,温度对三极管的参数几乎都有影响,其中影响最大的是 I_{CBO}、β 和 u_{BE}。

1)对 I_{CBO} 的影响

在室温下,晶体管的反向饱和电流 I_{CBO} 很小,当温度升高时,反向电流急剧增大。大约温度每升高 10 ℃,I_{CBO} 增大一倍。

2)对 β 的影响

晶体管的电流放大系数 β 值随温度升高而变大。温度每升高 1 ℃,β 值约增大 0.5% ~ 1%。

3)对 u_{BE} 的影响

温度升高时,输入特性曲线向左移,u_{BE} 减小。温度每升高 1 ℃,u_{BE} 约减小 2 ~ 2.5 mV。

由此可见,温度升高,u_{BE} 减小、I_{CBO} 和 β 的增大,集中表现为三极管的集电极电流 i_C 增大,即集电极电流 i_C 随温度的变化而变化。

(6)半导体三极管的简单检测

由于三极管内部是由两个 PN 结构成的,因此,可以用万用表对三极管的电极和性能的好坏作大致的判断。对于基极和集电极之间的正向电阻、基极与发射极之间的正向电阻,都应在几千欧到十几千欧的范围内,一般硅管的正向阻值为 6 ~ 20 kΩ,锗管为 1 ~ 5 kΩ;而反向电阻则应趋近于无穷大。若测出的正向电阻和反向电阻均为零,说明此结已经击穿;若测出的电阻均为无穷大,说明此结已断。

6.3.2　放大电路的基础知识

模拟电子电路中的三极管通常都工作在放大状态,它和电路中的其他元件构成各种用途的放大电路,而基本放大电路则是构成各种复杂电路的基本单元。三极管基本放大电路有共发射极电路、共集电极电路和共基极电路,本书只讨论共射放大电路。

(1)放大的概念

在电子线路中,放大的对象是变化量,常用的测试信号是正弦波。放大的本质是在输入信号的作用下,通过三极管对直流电源的能量进行控制和转换,使负载从电源中获得的输出信号能量,比输入信号的能量大得多,表现为输出电压大于输入电压,或输出电流大于输入电流,或兼而有之。

(2)放大电路的组成

基本共射放大电路如图 6.3.9 所示。该电路由输入信号 u_i、三极管 VT、输出负载 R_L 及偏置电路(U_{CC}、R_B、R_C)组成。

电路中各元件的作用是:

1)三极管 VT

VT 是电路的放大元件。利用集电极电流与基极电流之间满足 $i_C = \beta i_B$ 关系,对输入微弱的电信号进行放大。

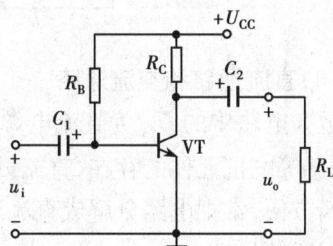

图 6.3.9　基本共发射极放大电路

2)集电极电源 U_{CC}

U_{CC} 是整个放大电路的能源。它使集电结处于反向偏置,发射结处于正向偏置,这是三极管具有放大作用的必要条件;同时,它还向负载提供能量。U_{CC} 通常为几伏至几十伏。

3)基极电阻 R_B

R_B 为三极管基极提供合适的正向偏流,既保证三极管工作在线性放大区,又有合适的工作点。R_B 一般为几十千欧到几百千欧。

4)集电极电阻 R_C

R_C 可将集电极的电流变化变换成集电极—发射极的电压 u_{CE} 的变化,以实现电压放大。R_C 一般为几千欧到几十千欧。

5)耦合电容 C_1 和 C_2

C_1 和 C_2 起隔直流通交流的作用。C_1 和 C_2 通常采用电解电容,其值为几微法至几十微法,视工作频率的高低而定。

(3)放大电路中电压、电流方向及符号的规定

为了便于分析和讨论,对放大电路中各电压和电流的表示符号作如下规定。

1)电压、电流正方向的规定

输入、输出回路的公共端为负,其他各点均为正。电流方向以三极管各极电流实际方向为正方向。

2)电压、电流符号的规定

①直流分量　用大写字母和大写下标表示。如 I_B 表示基极的直流电流。

②交流分量　用小写字母和小写下标表示。如 i_b 表示基极的交流电流。

③总变化量　是直流分量和交流分量之和,即交流叠加在直流上,用小写字母和大写下标表示。如 i_B 表示基极电流总的瞬时值,其数值为 $i_B = I_B + i_b$。

④交流有效值　是交流分量的有效值,用大写字母和小写下标表示。如 I_b 表示基极的正弦交流电流的有效值。

将电路中各电量的符号归纳为表6.3.2。

表6.3.2　电压、电流符号的规定

类　别	基本符号	下　标	示　例
直流分量	大写	大写	I_B、I_C、U_{BE}、U_{CE}
交流分量	小写	小写	i_b、i_c、u_{be}、u_{ce}
总瞬时值	小写	大写	i_B、i_C、u_{BE}、u_{CE}
有效值	大写	小写	I_b、I_c、U_{be}、U_{ce}

(4)直流通路和交流通路

放大电路中的 U_{CC} 为直流电源,u_i 为交流信号,所以电路中既有直流,又有交流。由于电容、电感等电抗元件的存在,直流量所流经的通路与交流信号流经的通路是不完全相同的。为了分析方便,常把电路分解成直流通路和交流通路。

1)直流通路

直流通路是在直流电源作用下直流电流流过的通路,用于研究静态工作点。画直流通路时,①电容视为开路;②电感视为短路;③信号电压源视为短路,但应保留其内阻。如图6.3.10(a)所示。

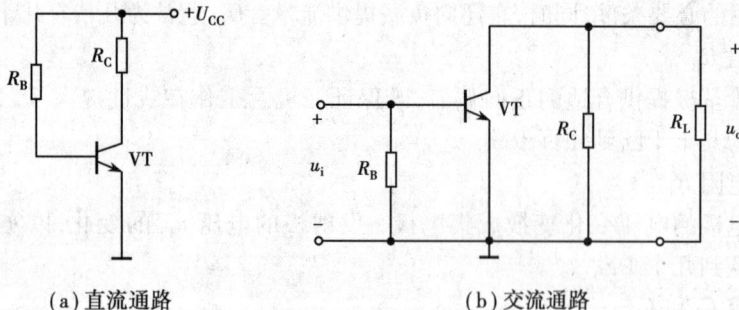

(a)直流通路　　　　　　　　　　(b)交流通路

图6.3.10　直流通路和交流通路

2)交流通路

交流通路是输入信号作用下交流信号流经的通路,用于研究动态参数。画交流通路时,①耦合电容视为短路;②直流电源对交流信号视为短路。如图6.3.10(b)所示。

6.3.3 放大电路的工作状态分析

当输入信号为零($u_i = 0$)时,放大电路的工作状态称为静态。当输入信号不为零时,放大电路的工作状态称为动态。下面对基本共射放大电路的静态和动态进行分析:

（1）**静态分析**

静态分析就是确定静态值,即直流电量,用电路中的 I_B、I_C 和 U_{CE} 一组数据来表示。这组数据在三极管的特性曲线上所确定的工作点称为静态工作点 Q,静态工作点的数据常用 I_{BQ}、I_{CQ}、U_{CEQ} 表示,如图6.3.11所示。

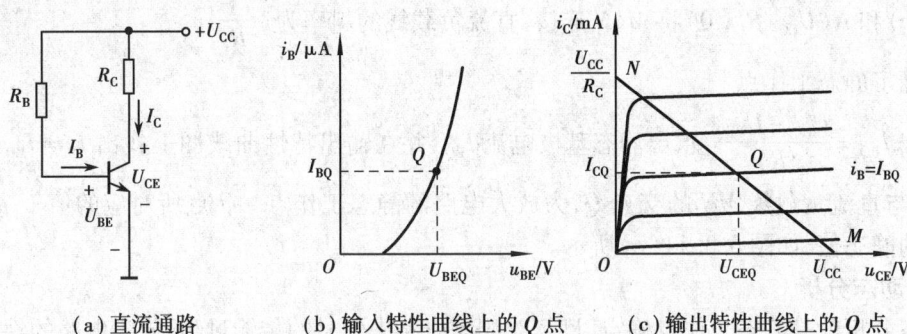

| (a) 直流通路 | (b) 输入特性曲线上的 Q 点 | (c) 输出特性曲线上的 Q 点 |

图6.3.11 基本放大电路的静态工作情况

静态分析常用的方法是估算法和图解法,估算法就是通过放大电路的直流通路来确定静态工作点参数。图解法在三极管特性曲线上,用作图的方法来确定静态工作点参数。

1）估算法确定静态工作点

基本共射放大电路如图6.3.9所示,其直流通路如图6.3.11(a)所示,静态工作点的参数为基极电流 I_{BQ},即

$$I_{BQ} = \frac{U_{CC} - U_{BEQ}}{R_B} \tag{6.3.6}$$

式中,U_{BEQ} 为发射结的正向压降,对于放大状态的三极管通常硅管取 0.6 V;锗管取 0.2 V。当 $U_{CC} \gg U_{BEQ}$ 时,$I_{BQ} \approx U_{CC}/R_B$。

根据三极管电流放大的关系,集电极电流 I_{CQ} 为

$$I_{CQ} = \beta I_{BQ} \tag{6.3.7}$$

集电极-发射极电压 U_{CEQ} 为

$$U_{CEQ} = U_{CC} - I_{CQ} R_C \tag{6.3.8}$$

【例6.3.1】 在图6.3.9所示的放大电路中,已知 $U_{CC} = 12$ V,$R_B = 300$ kΩ,$R_C = 3$ kΩ,三极管为3DG100,$\beta = 50$,试求放大电路的静态工作点。

解 画出直流通路如图6.3.11(a)。由于三极管为 NPN 型硅管,取 $U_{BEQ} = 0.7$ V,则

$$I_{BQ} = \frac{U_{CC} - U_{BEQ}}{R_B} \approx \frac{U_{CC}}{R_B} = \frac{12}{300} \text{ mA} = 0.04 \text{ mA}$$

$$I_{CQ} = \beta I_{BQ} = (50 \times 0.04) \text{ mA} = 2 \text{ mA}$$

$$U_{CEQ} = U_{CC} - I_{CQ} R_C = (12 - 2 \times 3) \text{V} = 6 \text{ V}$$

2)图解法确定静态工作点

图解法确定静态工作点参数的步骤如下:

①作直流负载线

因为

$$U_{CE} = U_{CC} - I_C R_C$$

所以

$$I_C = \frac{U_{CC} - U_{CE}}{R_C} = \frac{U_{CC}}{R_C} - \frac{U_{CE}}{R_C} \qquad (6.3.9)$$

式中,I_C 与 U_{CE} 为线性关系,可在输出特性曲线上用一条直线表示,这条直线就完全由直流负载电阻 R_C 确定,称为直流负载线。直流负载线的做法是:在输出特性曲线图上找出两个特殊点 $M(0, U_{CC})$ 和 $N(U_{CC}/R_C, 0)$ 将 M、N 连接,直流负载线的斜率为 $-\frac{1}{R_C}$。

②确定静态工作点

根据 $I_{BQ} = \frac{U_{CC} - U_{BEQ}}{R_B}$,求出静态基极电流 I_{BQ},并在输出特性曲线图上找出 $I_B = I_{BQ}$ 的那条曲线,它与直流负载线 MN 的交点 Q,为放大电路的静态工作点。Q 点所对应的值 U_{CEQ} 和 I_{CQ} 为电路的静态值,如图 6.3.11(c)所示。

(2)动态分析

动态分析就是静态工作点确定以后,对放大电路中信号的传输过程、放大电路的性能指标进行分析,即在已设置了合适的静态工作点的前提下,讨论放大电路的电压放大倍数、输入电阻、输出电阻等性能指标。

1)放大电路中信号的传输与放大

在图 6.3.12(a)所示的电路中,设 u_i 为正弦信号,u_i 通过耦合电容 C_1 传送到三极管的发射结上,发射结电压为

$$u_{BE} = U_{BEQ} + u_i$$

u_{BE} 随 u_i 变化而变化,从而产生相应正弦变化基极电流 i_b,并叠加到静态电流 I_{BQ} 上,基极的总电流为

$$i_B = I_{BQ} + i_b$$

由于三极管的电流放大作用,在集电极也相应地引起一个放大了 β 倍的正弦变化的集电极电流 i_c,叠加在静态电流 I_{CQ} 上,集电极的总电流为

$$i_C = I_{CQ} + i_c$$

当 i_C 流过集电极电阻 R_C 时,产生电压 $i_C R_C$,从而使管压降为

$$u_{CE} = U_{CC} - i_C R_C = U_{CC} - (I_{CQ} + i_c) R_C = U_{CEQ} - i_c R_C = U_{CEQ} + u_{ce}$$

其中,u_{CE} 由两部分组成:一部分为静态电压 U_{CEQ},另一部分为交流动态电压分量 $u_{ce} = -i_c R_C$,经 C_2 耦合输出,得负载上的电压,即

$$u_o = u_{ce} = -i_c R_C$$

式中符号"−"表示 u_o 与 u_i 反相。

三极管的工作波形如图 6.3.12(b)所示。

通过上述分析,可以得到如下几个结论:

①无输入信号时,放大电路工作于静态情况,三极管的各极电压、电流都是直流分量,即静态值。

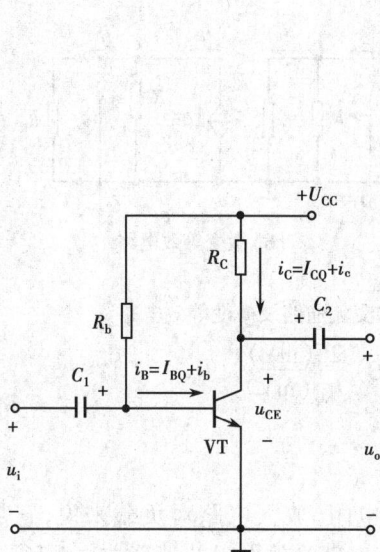

（a）基本共射放大电路　　　　（b）三极管的工作波形

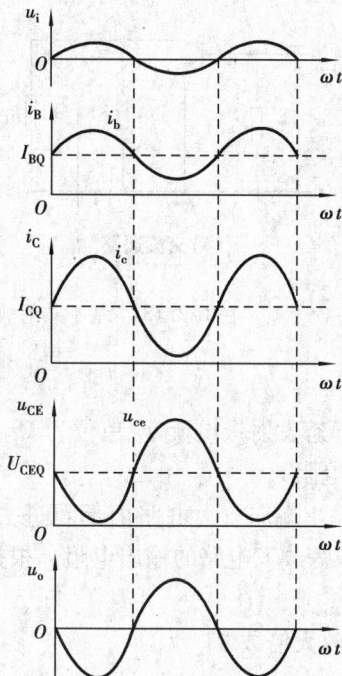

图 6.3.12　放大电路动态工作情况

②有输入信号后,放大电路工作于动态情况,i_B、i_C、u_{CE} 是在原来静态值的基础上分别叠加了交流分量 i_b、i_c、u_{ce},即为交直流混合量。

③输出电压 u_o 与输入电压 u_i 频率相同,且 u_o 比 u_i 的幅度大得多,实现了对交流信号的不失真的放大。

④电流 i_b、i_c 与输入电压 u_i 相位一致,输出电压 u_o 与输入电压 u_i 相位相差 180°,即共射放大电路对输入信号具有"反相"的放大作用。

2）动态参数估算

放大电路的动态参数包括输入电阻 r_i、输出电阻 r_o 和电压放大倍数 A_u,标注在图 6.3.13（a）所示的交流通路中。

动态参数可以通过微变等效电路求取。微变等效电路就是三极管工作在小信号的情况下的等效电路。基本共射放大电路的微变等效电路如图 6.3.13（b）所示。

微变等效电路法的具体计算过程请参考其他有关书籍,本书直接给出几种典型电路的动态参数的估算公式。

①输入电阻 r_i

r_i 是指电路的动态输入电阻,放大电路对信号源而言,相当于一个负载电阻,r_i 等于输入电压与输入电流之比,即

$$r_i = \frac{u_i}{i_i} = R_B // r_{be} \approx r_{be} \qquad (6.3.10)$$

r_{be} 为三极管的输入电阻,一般为几百到几千欧。低频小功率管常用下式估算,即

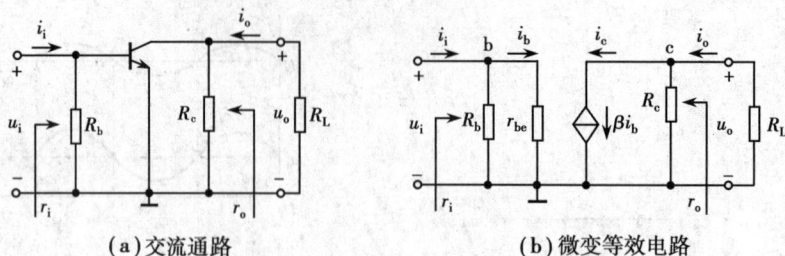

（a）交流通路   （b）微变等效电路

图 6.3.13 基本共射放大电路的交流通路及微变等效电路

$$r_{be} = 300 + (1 + \beta) \frac{26(mV)}{I_{EQ}(mV)} \qquad (6.3.11)$$

式中，I_{EQ} 为静态发射极电流，r_{be} 单位为 Ω。

②输出电阻 r_o

r_o 是由输出端向放大电路内部看进去的动态电阻，放大电路对负载来说，它是一个信号源，其内阻即为放大电路的输出电阻。根据戴维南定理等效电阻的计算方法，可得

$$r_o = R_C \qquad (6.3.12)$$

③电压放大倍数 A_u

$$A_u = \frac{u_o}{u_i} = -\frac{\beta R'_L}{r_{be}} \qquad (6.3.13)$$

式中，$R'_L = R_C // R_L$，符号" $-$ "表示输出电压与输入电压相位相反。

当放大电路空载时，即不接负载 R_L，$R_L \to \infty$，空载电压放大倍数为

$$A'_u = -\frac{\beta R_C}{r_{be}} \qquad (6.3.14)$$

放大电路带负载电阻 R_L 后的电压放大倍数比空载时减小了，R_L 越小，电压放大倍数越小。在共射放大电路中，为了提高电压放大倍数，总希望 R_L 大一些。

【例 6.3.2】 在图 6.3.9 所示的基本共射放大电路中，已知 $R_B = 300 \text{ k}\Omega$，$R_C = 4 \text{ k}\Omega$，$R_L = 4 \text{ k}\Omega$，$U_{CC} = 12 \text{ V}$，$\beta = 40$，试求：

①估算静态工作点；

②估算动态指标 A_u、r_i、r_o 的值。

解 ①估算静态工作点

由图 6.3.10(a)所示直流通路得

$$I_{BQ} = \frac{U_{CC} - U_{BEQ}}{R_B} \approx \frac{U_{CC}}{R_B} = \frac{12}{300 \times 10^3} \text{ mA} = 0.04 \text{ mA} = 40 \text{ } \mu A$$

$$I_{CQ} = \beta I_{BQ} = 40 \times 0.04 \times 10^{-3} \text{ mA} = 1.6 \text{ mA}$$

$$U_{CEQ} = U_{CC} - I_{CQ} R_C = (12 - 1.6 \times 10^{-3} \times 4 \times 10^3) \text{V} = 5.6 \text{ V}$$

②计算动态指标 A_u、r_i、r_o 的值

$$r_{be} = 300 + (1 + \beta) \frac{26(mV)}{I_{EQ}} = \left(300 + \frac{41 \times 26}{1.6}\right)\Omega = 966 \text{ } \Omega \approx 0.966 \text{ k}\Omega$$

$$A_u = \frac{-\beta R'_L}{r_{be}} = \frac{-40 \times (4//4) \text{ k}\Omega}{0.966 \text{ k}\Omega} = -82.8$$

$$r_i = R_B // r_{be} \approx r_{be} = 0.966 \text{ k}\Omega$$
$$r_o \approx R_C = 4 \text{ k}\Omega$$

6.3.4　放大电路的静态工作点稳定

(1)静态工作点与失真的关系

失真是指输出信号的波形与输入信号的波形不成比例的现象。对一个放大电路而言,要求输出波形的失真尽可能的小。如果静态值设置不当,即静态工作点位置不合适,输出波形将产生严重失真。

1)截止失真

如图 6.3.14(a)所示,若静态工作点 Q 设置过低,在输入电压负半周的部分时间内,动态工作点进入截止区,使 i_B、i_C 不能跟随输入变化而恒为零,从而引起 i_B、i_C 和 u_{CE} 的波形发生失真,这种失真称为截止失真。当发生截止失真时,其输出电压波形的顶部被限幅在某一数值上,出现顶部失真。

消除截止失真的办法是适当减小放大电路基极偏置电阻 R_B,即增大 I_{BQ},使静态工作点 Q 上移。

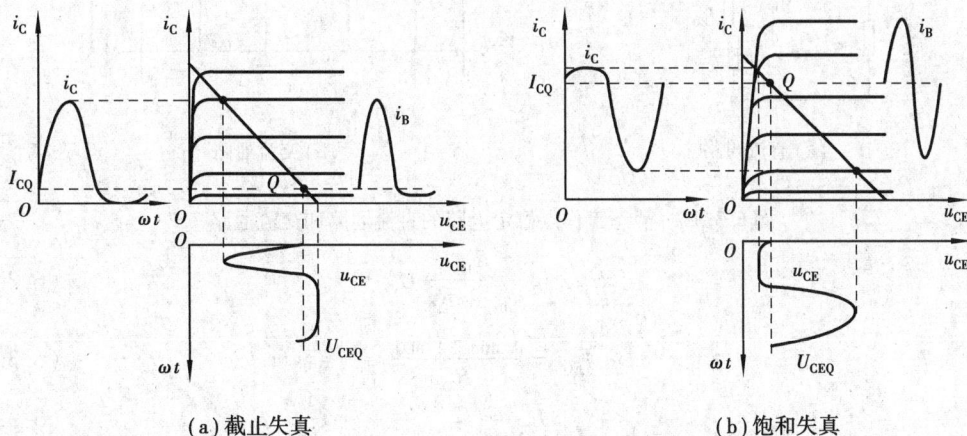

(a)截止失真　　　　　　　　　　　　　(b)饱和失真

图 6.3.14　静态工作点与非线性失真的关系

2)饱和失真

如图 6.3.14(b)所示,若静态工作点 Q 设置过高,则在输入电压正半周的部分时间内,动态工作点进入饱和区。此时,当 i_B 增大时,i_C 则不能随之增大,因而也将引起 i_C 和 u_{CE} 波形的失真,这种失真称为饱和失真。当发生饱和失真时,其输出电压波形的底部将被限幅在某一数值上,出现底部失真。

消除饱和失真的办法是适当增大放大电路基极偏置电阻 R_B,即减小 I_{BQ},使静态工作点 Q 下移。

放大电路的静态工作点设置的不合理,会出现失真。同理可以分析,如果静态工作点不稳定,同样也会出现失真。设置一个合适的、稳定的静态工作点,才能保证有较好的放大效果。

(2)典型的静态工作点稳定电路

当温度变化、更换三极管、电路元件老化、电源电压波动时,都可能导致共射放大电路静态

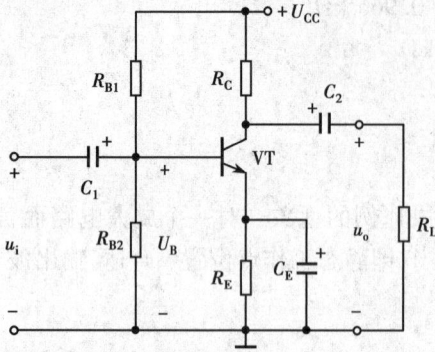

图 6.3.15　静态工作点稳定电路

工作点不稳定,进而影响放大电路的正常工作。在这些因素中,又以温度变化的影响最大。因此,必须采取措施稳定放大电路的静态工作点。典型的静态工作点稳定电路如图 6.3.15 所示,它对稳定静态工作点有较好的效果。

1)静态分析

画出直流通路如图 6.3.16(a),对静态工作点参数进行估算。

当三极管工作在放大区时,I_B 很小,当满足 $I_1 \gg I_B$ 时,U_{BQ} 基本固定不变,则有

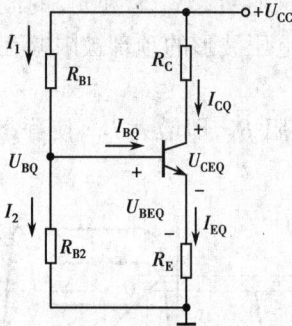

(a)直流通路

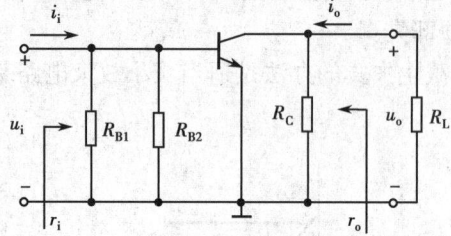

(b)交流通路

图 6.3.16　静态工作点稳定电路的直流通路和交流通路

$$U_{BQ} \approx \frac{R_{B2}}{R_{B1} + R_{B2}} U_{CC} \qquad (6.3.15)$$

$$I_{EQ} = \frac{U_{BQ} - U_{BEQ}}{R_E} \qquad (6.3.16)$$

$$I_{CQ} \approx I_{EQ} \qquad (6.3.17)$$

$$I_{BQ} = \frac{I_{CQ}}{\beta} \qquad (6.3.18)$$

$$U_{CEQ} \approx U_{CC} - I_{CQ}(R_C + R_E) \qquad (6.3.19)$$

Q 点的稳定过程如下:

$$T\uparrow \text{ 或 } \beta\uparrow \to I_{CQ}\uparrow \to I_{BQ}\uparrow \to U_{EQ}\uparrow \xrightarrow{(U_{BQ} \text{ 固定})} U_{BEQ}\downarrow$$
$$I_{CQ}\downarrow \leftarrow I_{BQ}\downarrow \leftarrow$$

可见,这种电路是在固定基极电压的条件下,利用发射极电流 I_{EQ} 随温度 T(或 β)的变化所引起的 U_{EQ} 变化,来影响 U_{BEQ} 和 I_{BQ} 的变化,使 I_{CQ} 趋于稳定的,达到稳定静态工作点的目的,所以该电路又称为分压式偏置放大电路。

2)动态参数估算

画出交流通路如图 6.3.16(b)。

①输入电阻 r_i

$$r_i = R_{B1}//R_{B2}//r_{be} \qquad (6.3.20)$$

②输出电阻 r_o。

$$r_o = R_c \tag{6.3.21}$$

③电压放大倍数 A_u。

$$A_u = -\frac{\beta R_L'}{r_{be}} \tag{6.3.22}$$

式中，$R_L' = R_c /\!/ R_L$。

【例 6.3.3】　在图 6.3.15 所示的放大电路中，其中硅三极管的 $\beta = 50$，已知 $R_{B1} = 50 \text{ k}\Omega$，$R_{B2} = 20 \text{ k}\Omega$，$R_C = 5 \text{ k}\Omega$，$R_E = 2.8 \text{ k}\Omega$，$R_L = 5 \text{ k}\Omega$，$U_{CC} = 12 \text{ V}$，试求：

①估算静态工作点；

②计算动态指标 A_u、r_i、r_o 的值。

解　①估算静态工作点。由图 6.3.16(a) 所示直流通路得

$$U_{BQ} = \frac{R_{B2}}{R_{B1} + R_{B2}} U_{CC} = \frac{20}{20 + 50} \times 12 \text{ V} = 3.4 \text{ V}$$

$$I_{CQ} \approx I_{EQ} = \frac{U_{BQ} - U_{BEQ}}{R_E} = \frac{3.4 - 0.6}{2.8} \text{ mA} = \frac{2.8}{2.8} = 1 \text{ mA}$$

$$I_{BQ} = \frac{I_{CQ}}{\beta} = \frac{1}{50} = 0.02 \text{ mA} = 20 \text{ μA}$$

$$U_{CEQ} \approx U_{CC} - I_{CQ}(R_C + R_E) = [12 - 1 \times (5 + 2.8)] \text{V} = 4.2 \text{ V}$$

$$r_{be} = 300 + (1 + \beta)\frac{26}{I_{EQ}} = \left(300 + 51 \times \frac{26}{1}\right)\Omega = 1\,626 \text{ }\Omega \approx 1.6 \text{ k}\Omega$$

②计算动态指标 A_u、r_i、r_o 的值。

$$r_i = R_{B1} /\!/ R_{B2} /\!/ r_{be} = 50 /\!/ 20 /\!/ 1.6 \text{ k}\Omega \approx 1.4 \text{ k}\Omega$$

$$r_o = R_C = 5 \text{ k}\Omega$$

$$A_u = \frac{-\beta R_L'}{r_{be}} = -\frac{50 \times (5 /\!/ 5)}{1.6} \approx -78.1$$

以上仅对共射放大电路工作情况进行了分析，其分析方法可推广应用到共集放大电路、共基放大电路以及由这三种基本形式组成的其他类型的放大电路。

【练习与思考】

6.3.1　三极管有两个 PN 结，能否将两只二极管反向串联起来作为三极管用？为什么？

6.3.2　发射区和集电区都是由相同类型的杂质半导体构成，发射极和集电极可以互换吗？为什么？

6.3.3　有两只三极管，一个管子的 $\beta = 60$，$I_{CBO} = 2 \text{ μA}$，另一个管子的 $\beta = 150$，$I_{CBO} = 50 \text{ μA}$，其他参数基本相同，你认为哪一个管子的性能更好一些？

6.3.4　分析放大电路时，如何画交流通路和直流通路？

6.3.5　在放大电路中，输出波形产生失真的原因是什么？如何克服？

6.3.6　放大电路放大的是交流信号，电路中为什么还要加直流电源？

6.3.7　r_{be} 是静态电阻还是动态电阻？它与一般电阻有什么不同？

6.3.8　分压式偏置放大电路稳定静态工作点的条件和过程是怎样的？

6.4 集成运算放大器

由二极管、三极管、电阻、电容等单个元件组成的电路称为分立元件电路,将分立元件集成在一个硅片上组成一个不可分离的整体,就是集成电路。集成电路具有可靠性高、性能优良、价格低廉和使用方便等优点。

集成运算放大器(简称集成运放)是集成电路的一种,由于它最早用于模拟计算机,完成对信号的加、减、除、积分、微分等运算,由此而得名。随着近代集成技术的发展,集成运放除了进行信号运算外,还广泛应用于信号的测量、处理、产生及变换等方面。

6.4.1 集成运算放大器简介

集成运放实质上是一种具有高放大倍数、高输入电阻、低输出电阻的直接耦合多级放大电路。在应用集成运放时,需要知道它的管脚的用途以及放大器的主要参数,至于它的内部结构一般是无关紧要的。

(1)集成运算放大器的外形与电路符号

集成运放常见的外形有圆壳式、双列直插式等,而且以后者居多,如图 6.4.1(a)、(b)所示。双列直插式有 8、10、12、14、16 管脚等种类。集成运放的电路符号如图 6.4.1(c)所示。

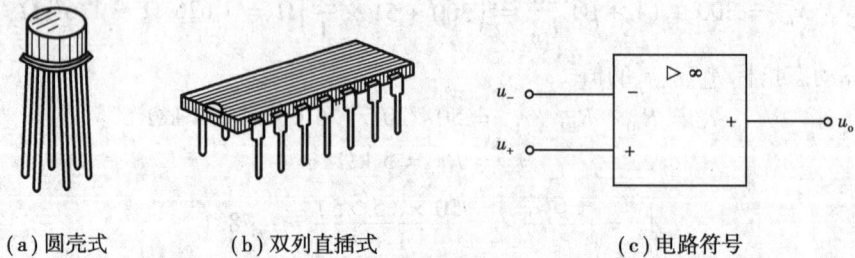

(a)圆壳式   (b)双列直插式   (c)电路符号

图 6.4.1 集成运放的外形与电路符号

从集成运放的外部结构可知,集成运放具有两个输入端 u_+、u_- 和一个输出端 u_o,这两个输入端一个称为同相输入端,另一个称为反相输入端。这里的同相和反相只是输入电压和输出电压之间的关系。若输入正电压从同相端输入,则输出端输出正电压,若输入正电压从反相端输入,则输出端输出负电压。

当两个输入端的信号大小相等而方向相同,即 $u_+ = u_-$ 时,称为共模输入,这种信号称为共模信号;当两个输入端的信号大小相等而方向相反,即 $u_+ = -u_-$ 时,称为差模输入,这种信号称为差模信号。通常差模信号是需要放大的有用信号,而共模信号是无用的干扰信号。例如,温度变化对集成运放的影响就是一种共模干扰,它将使得集成运放在输入为零时,输出端有一个无规则的缓慢变化的输出信号,这就是温度漂移,简称温漂。

(2)集成运放的主要参数

集成运放的参数是评价其性能优劣的依据,为了正确选择和使用集成运放,必须弄清这些参数的含义。

1）开环差模电压放大倍数 A_{ud}

A_{ud} 是集成运放开环时输出电压与输入差模信号电压之比。A_{ud} 体现了运放的放大能力。

2）开环共模电压放大倍数 A_{uc}

A_{uc} 是集成运放开环时输出电压与输入共模信号电压之比。A_{uc} 反映集成运放抗温漂、抗共模干扰的能力。

3）共模抑制比 K_{CMR}

K_{CMR} 是差模电压放大倍数和共模电压放大倍数之比，即 $K_{CMR} = |A_{ud}/A_{uc}|$。$K_{CMR}$ 值越大越好。

4）差模输入电阻 r_{id}

r_{id} 是集成运放在输入差模信号时的输入电阻。r_{id} 越大，从信号源索取的电流越小。

5）输入失调电压 U_{IO}

当输入为零时，输出电压应该为零，但实际集成运放的输出往往不为零。U_{IO} 是为了使输出电压为零，需要在集成运放两输入端额外附加的补偿电压。U_{IO} 越小越好。

6）输入失调电流 I_{IO}

I_{IO} 是当运放输出电压为零时，两个输入端的偏置电流之差。它是由内部元件参数不一致等原因造成的。I_{IO} 越小越好。

7）最大差模输入电压 U_{idmax}

U_{idmax} 是集成运放同相端和反相端之间所能承受的最大电压值。输入差模电压超过 U_{idmax} 时，可能会使输入级的管子反向击穿等。

8）最大共模输入电压 U_{icmax}

U_{icmax} 是在线性工作范围内集成运放所能承受的最大共模输入电压。超过此值，集成运放的共模抑制比、差模放大倍数等会显著下降。

集成运放还有其他一些参数，例如，最大输出电压、最大输出电流、通频带宽度等。近年来，各种专用集成运放不断问世，可以满足特殊要求，有关具体资料，可参看产品说明。

（3）集成运放的特性

1）理想运算放大器的特点

①开环差模电压放大倍数 $A_{ud} \to \infty$；

②差模输入电阻 $r_{id} \to \infty$；

③输出电阻 $r_o \to 0$；

此外还有：失调电压、失调电流及温漂为零，共模抑制比趋于无穷大等。

由于实际集成运放的技术指标接近理想运放，在分析集成运放的应用电路时，将集成运放视为理想运算放大器，这样可以简化分析过程，所造成的误差很小，在一般工程计算中是允许的。

2）集成运放的传输特性

实际电路中集成运放的传输特性如图 6.4.2 所示。从图中可见，集成运放有两个工作区：线性区和非线性区。在线性区，曲线的斜率为开环放大倍数，输出电压与输入的差

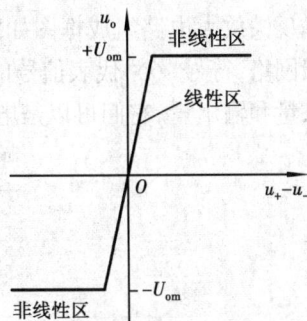

图 6.4.2　集成运放的传输特性

模输入电压成正比;在非线性区,输出电压只有两种:即正饱和电压与负饱和电压值。

3)集成运放工作在线性区的特性

集成运放工作在线性区的必要条件是引入负反馈。集成运放工作在线性区时,有两个重要的特性:

①由于集成运放的电压放大倍数 $A_{ud} \to \infty$,而输出电压 u_o 有限,因而有

$$u_i = u_+ - u_- \approx 0$$

即
$$u_+ \approx u_- \qquad\qquad (6.4.1)$$

说明集成运放两个输入端的电位相等,同相与反相输入端之间的电压为 0 V,相当于短路,常称为"虚短"。

②由于集成运放的输入电阻 $r_{id} \to \infty$,因此同相端和反相端的输入电流等于 0 A,即

$$i_+ = i_- \approx 0 \qquad\qquad (6.4.2)$$

说明集成运放的两个输入端相当于开路,常称为"虚断"。

"虚短"与"虚断"的概念是分析工作在线性区的集成运放电路的基本法则,可大大简化电路的分析过程。

4)集成运放工作在非线性区的特性

当集成运放在开环状态或外接正反馈时,就一定工作在非线性区。其特点是:

①输出电压只有两种状态,不是正饱和电压 $+U_{om}$,就是负饱和电压 $-U_{om}$,即

当 $u_+ > u_-$ 时,$u_o = +U_{om}$;

当 $u_+ < u_-$ 时,$u_o = -U_{om}$。

②由于集成运放的输入电阻 $r_{id} \to \infty$,因此 $i_+ = i_- \approx 0$,"虚断"的概念仍然成立。

综上所述,在分析具体的集成运放应用电路时,首先判断集成运放工作在线性区还是非线性区,再运用线性区和非线性区的特性分析电路的工作原理。

6.4.2　放大电路中的反馈

(1)反馈的基本概念

1)反馈的定义

将放大电路输出量的一部分或全部,通过反馈网络回送到放大电路的输入端,对原输入量产生影响的过程,称为反馈。在反馈放大电路中,电路的输出不仅取决于输入,而且还取决于输出本身,这样电路可根据输出状况自动地对输出进行调节,改善电路的性能。

反馈放大电路组成框图如图 6.4.3 所示。图中 A 代表没有反馈的基本放大电路,F 代表反馈网络,符号"⊗"代表信号的比较环节。x_i、x_f、x_{id} 和 x_o 分别表示电路的输入量、反馈量、净输入量和输出量,它们可以是电压,也可以是电流。

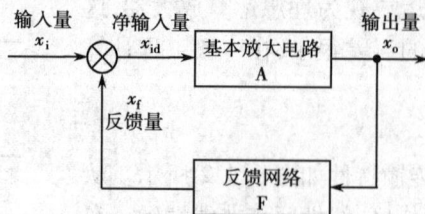

图 6.4.3　反馈放大电路组成框图

2)反馈的极性

在反馈放大电路中,反馈量使放大器净输入量得到增强的反馈称为正反馈,使净输入量减弱的反馈称为负反馈。

判断是正反馈还是负反馈的方法是"瞬时极性法",其方法是:

①假定输入信号某一瞬时的极性;

②根据输入与输出信号的相位关系,确定输出信号的极性,再根据输出信号的极性判断出反馈信号的极性;

③根据反馈信号与输入信号的连接情况,分析净输入量的变化,若反馈信号使净输入量增强,即为正反馈;反之,则为负反馈。

图 6.4.4(a)所示电路中,假定输入电压 u_i 的瞬时极性为正,由于输出端与同相输入端的极性相同,所以输出电压的瞬时极性为正,通过反馈支路 R_1 和 R_2 回送到输入端的反馈电压 u_f 的瞬时极性为正。由于 $u_{id} = u_i - u_f$,u_f 使净输入减小,说明该电路引入的负反馈。

图 6.4.4(b)所示电路中,假定输入电压 u_i 为正,由于输出端与反相输入端的极性相反,则输出电压为负,通过反馈支路 R_1 和 R_2 回送到同相输入端的反馈信号 u_f 为负。由于 $u_{id} = u_i - u_f$,u_f 使净输入量 u_{id} 增大,说明该电路引入的是正反馈。

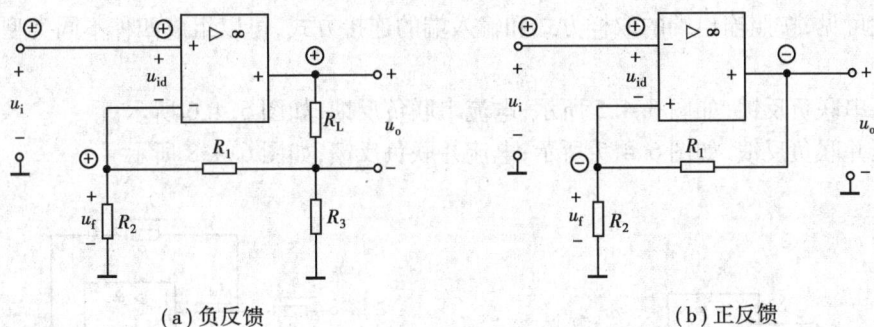

(a)负反馈　　　　　　　　　　　　　　　(b)正反馈

图 6.4.4　反馈极性判断

对于单个集成运放引入的反馈,用瞬时极性法分析,可得到这样的结论:若反馈支路接在反相输入端,则为负反馈;若接在同相输入端,则为正反馈。

3)直流反馈和交流反馈

若反馈量只包含直流信号,称为直流反馈;若反馈量只包含交流信号,就是交流反馈。直流反馈一般用于稳定静态工作点,而交流反馈用于改善放大器的性能。若反馈信号中既有直流信号又有交流信号,则反馈对电路的直流性能和交流性能都有影响。对于直流反馈和交流反馈,可以通过直流通路和交流通路来判断。本节重点研究交流反馈。

4)反馈电路的类型

①电压反馈与电流反馈

根据反馈在输出端的取样方式可分为电压反馈与电流反馈。若取自输出电压,并与之成正比,则为电压反馈;若反馈信号取自输出电流,并与之成正比,则为电流反馈。

电压反馈与电流反馈的常用判断方法是"负载电阻短路法",其方法是:假设将负载 R_L 短路,即 $u_o = 0$,此时若反馈量为零,就是电压反馈;否则,为电流反馈。

如图 6.4.5 所示电路中,如果将 R_L 短路,即 $u_o = 0$,此时反馈不存在,所以为电压反馈。而在图 6.4.6 所示电路中,如果将 R_L 短路,即 $u_o = 0$,此时反馈电压 u_f 存在,所以为电流反馈。

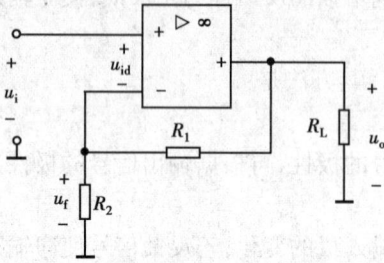

图 6.4.5　电压串联负反馈

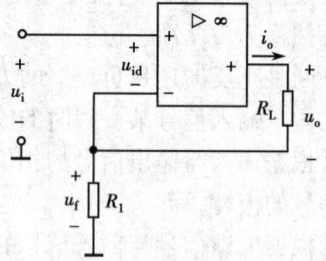

图 6.4.6　电流串联负反馈

②串联反馈与并联反馈

根据反馈在输入端的连接方式可分为串联反馈与并联反馈。若输入电压是净输入电压与反馈电压之和,则为串联反馈。若输入电流是净输入电流与反馈电流之和,则为并联反馈。如图 6.4.5、图 6.4.6 所示电路为串联反馈。如图 6.4.7、图 6.4.8 所示电路为并联反馈。

串联反馈与并联反馈的判断方法可用观察法:若反馈信号与信号源接在不同的端子上,即为串联反馈;若接在同一个端子上,则为并联反馈。

由此可见,按照输出端的取样方式和输入端的连接方式,可以组成四种不同类型的负反馈电路:

电压串联负反馈,如图 6.4.5 所示;电流串联负反馈,如图 6.4.6 所示;

电压并联负反馈,如图 6.4.7 所示;电流并联负反馈,如图 6.4.8 所示。

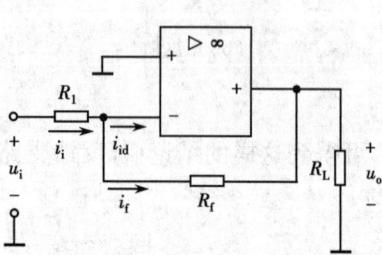

图 6.4.7　电压并联负反馈

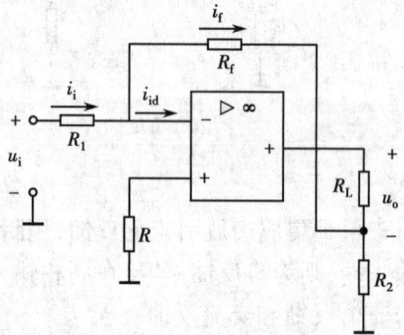

图 6.4.8　电流并联负反馈

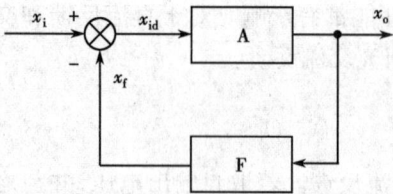

图 6.4.9　负反馈放大电路方框图

5)负反馈的基本关系式

如图 6.4.9 所示为负反馈放大电路的方框图,由图可得各信号之间的关系式:

基本放大电路开环放大倍数为

$$A = \frac{x_o}{x_{id}}$$

反馈网络的反馈系数为

$$F = \frac{x_f}{x_o}$$

净输入量为
$$x_{id} = x_i - x_f$$

则闭环放大倍数为
$$A_f = \frac{x_o}{x_i} = \frac{x_o}{x_{id} + x_f} = \frac{A}{1 + AF} \tag{6.4.3}$$

上式表明了闭环放大倍数 A_f 小于开环放大倍数 A，A_f 是 A 的 $\frac{1}{1 + AF}$ 倍。

（2）负反馈对放大器性能的影响

1）提高了放大倍数的稳定性

引入负反馈以后，放大器的放大倍数由 A 变为 $A_f = A/(1 + A_f)$。将 A_f 对 A 求导，得到

$$\frac{dA_f}{dA} = \frac{1}{(1 + AF)^2}$$

$$dA_f = \frac{1}{(1 + AF)^2} dA$$

上式表明，引入负反馈以后，由于某种原因造成放大器放大倍数变化时，负反馈放大器的放大倍数变化量只有基本放大器放大倍数变化量的 $\frac{1}{(1 + AF)^2}$，放大器放大倍数的稳定性大大提高。

2）减小非线性失真

放大电路中由于放大元件是非线性器件，它会产生非线性失真。引入负反馈后，可以使非线性失真得到改善。设输入 x_i 为正弦波，无反馈时，输出波形将产生失真，如图 6.4.10(a) 所示。引入负反馈后，反馈信号 x_f 与输出信号 x_o 的失真相似，则与输入信号相减后得到的净输入量 x_{id} 的波形变为另外半周失真，这样再通过放大器后就会使输出波形的失真减小，如图 6.4.10(b) 所示。

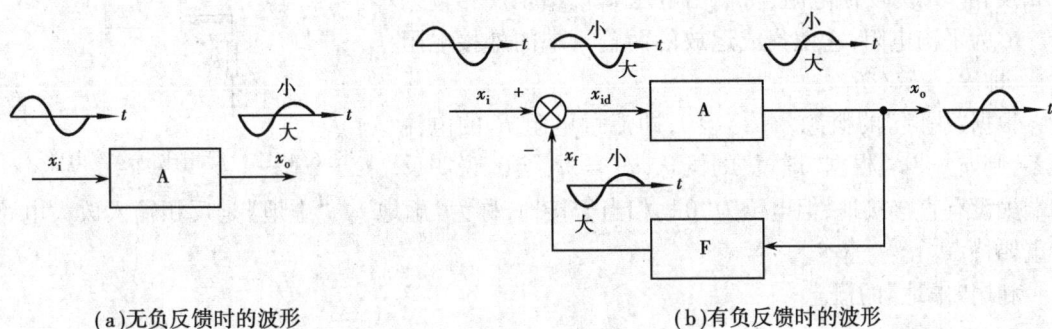

（a）无负反馈时的波形　　　　　　　　　（b）有负反馈时的波形

图 6.4.10　负反馈减小非线性失真

3）展宽通频带

在放大电路中由于电容的存在，将引起低频段和高频段放大倍数的下降，引入负反馈以后，当高、低频段的放大倍数下降时，反馈信号跟着减小，对输入信号的削弱作用减弱，使放大倍数的下降变得缓慢，因而通频带由 BW 展宽为 BW_f，如图 6.4.11 所示。

4）稳定输出电流与输出电压

电压负反馈具有稳定输出电压的作用，其稳定过程如下：
$$u_o \uparrow \rightarrow x_f \uparrow \rightarrow x_{id} \downarrow \rightarrow u_o \downarrow$$

电流负反馈具有稳定输出电流的作用，其稳定过程如下：

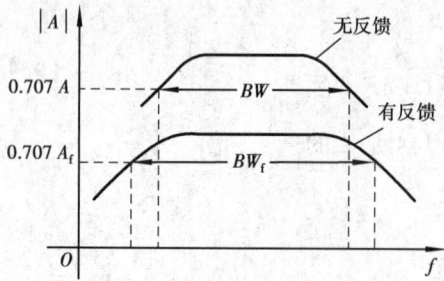

图 6.4.11 负反馈展宽通频带

$$i_o \uparrow \rightarrow x_f \uparrow \rightarrow x_{id} \downarrow \rightarrow i_o \downarrow$$

5）影响输入电阻和输出电阻

引入负反馈后，放大电路的输入电阻和输出电阻都将受到影响，反馈类型不同，影响不同。从负反馈网络与基本放大器的连接方式可推知：

①对输入电阻的影响　串联负反馈，使输入电阻增大；并联负反馈，使输入电阻减小。

②对输出电阻的影响　电压负反馈，使输出电阻减小；电流负反馈，使输出电阻增大。

6.4.3　集成运放的线性应用

集成运放的应用首先是构成各种模拟量运算电路。在运算电路中，利用集成运放在线性区工作的特性，以输入信号为自变量，输出信号为函数，当输入信号变化时，输出信号反映输入电压的某种运算结果。外加不同的反馈网络，可以实现多种数学运算。

集成运放工作在线性区时，分析电路应注意使用"虚短"和"虚断"的概念。

（1）比例运算电路

实现输出信号与输入信号成比例关系的电路，称为比例运算电路。根据输入方式的不同，有反相和同相比例运算两种形式。

1）反相比例运算电路

如图 6.4.12 所示为反相比例运算电路。输入电压 u_i 通过电阻 R_1 作用于集成运放的反相输入端，故输出电压 u_o 与 u_i 反相。R_f 为反馈电阻，将输出电压 u_o 反馈至反相输入端。R_2 为平衡电阻，它使集成运放的两输入端的外接电阻对称，即 $R_2 = R_1 // R_f$。

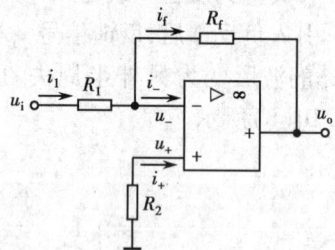

图 6.4.12　反相比例运算电路

根据"虚断"的概念，有 $i_+ = 0$，即流过电阻 R_2 的电流为零，则 $u_+ = 0$。根据"虚短"的概念，$u_- = u_+ = 0$，说明反相端虽没有直接接地，但电位为"0"，相当于接地，称为"虚地"。"虚地"是反相输入放大电路的重要特点。

利用"虚地"的概念

$$u_+ = u_- = 0$$

利用"虚断"的概念

$$i_1 = i_f$$

因为

$$i_1 = \frac{u_i - u_-}{R_1} = \frac{u_i}{R_1}, i_f = \frac{u_- - u_o}{R_f} = -\frac{u_o}{R_f}$$

所以

$$u_o = -\frac{R_f}{R_1} u_i \qquad (6.4.4)$$

闭环电压放大倍数为

$$A_{uf} = \frac{u_o}{u_i} = -\frac{R_f}{R_1} \qquad (6.4.5)$$

当 $R_\mathrm{f} = R_1$ 时，$u_\mathrm{o} = -u_\mathrm{i}$，即输出电压与输入电压大小相等，相位相反，称为反相器。

2）同相比例运算电路

如图 6.4.13 所示为同相比例运算电路。输入电压 u_i 通过电阻 R_2 作用于集成运放的同相输入端，故输出电压 u_o 与 u_i 同相。R_f 为反馈电阻，将输出电压 u_o 反馈至反相输入端。

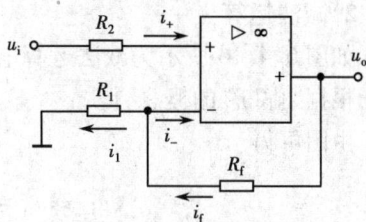

图 6.4.13　同相比例运算电路

根据"虚断"的概念，由图可得

$$i_1 = i_\mathrm{f}$$

根据"虚短"的概念，得

$$u_- = u_+ = u_\mathrm{i}$$

因为

$$i_1 = \frac{u_-}{R_1} = \frac{u_\mathrm{i}}{R_1}, i_\mathrm{f} = \frac{u_\mathrm{o} - u_-}{R_\mathrm{f}} = \frac{u_\mathrm{o} - u_\mathrm{i}}{R_\mathrm{f}}$$

所以

$$u_\mathrm{o} = \left(1 + \frac{R_\mathrm{f}}{R_1}\right)u_\mathrm{i} \tag{6.4.6}$$

闭环电压放大倍数为

$$A_\mathrm{uf} = \frac{u_\mathrm{o}}{u_\mathrm{i}} = 1 + \frac{R_\mathrm{f}}{R_1} \tag{6.4.7}$$

当 $R_\mathrm{f} = 0$ 或 $R_1 = \infty$ 时，$u_\mathrm{o} = u_\mathrm{i}$，即输出电压与输入电压大小相等，相位相同，此时的电路称为同相器，也称跟随器，如图 6.4.14 所示。这种跟随器虽无电压放大作用，但常用于阻抗变换。

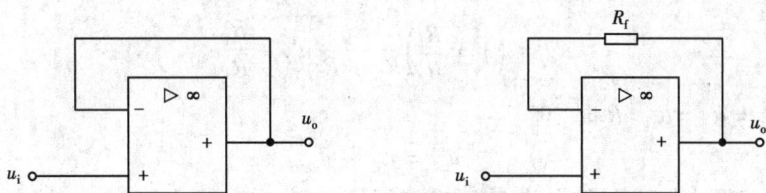

图 6.4.14　电压跟随器

(2)加法、减法运算电路

1）加法运算电路

如图 6.4.15 所示为加法运算电路。根据"虚断"的概念，由图可得

$$i_\mathrm{f} = i_1 + i_2 + i_3$$

根据"虚地"的概念，可得

$$i_1 = \frac{u_\mathrm{i1}}{R_1}, i_2 = \frac{u_\mathrm{i2}}{R_2}, i_3 = \frac{u_\mathrm{i3}}{R_3}, i_\mathrm{f} = -\frac{u_\mathrm{o}}{R_\mathrm{f}}$$

所以

$$u_\mathrm{o} = -\left(\frac{R_\mathrm{f}}{R_1}u_\mathrm{i1} + \frac{R_\mathrm{f}}{R_2}u_\mathrm{i2} + \frac{R_\mathrm{f}}{R_3}u_\mathrm{i3}\right) \tag{6.4.8}$$

即输出电压等于各输入电压按比例相加之和，故也称为比例加法器。

当 $R_1 = R_2 = R_3 = R_\mathrm{f} = R$ 时，有

$$u_\mathrm{o} = -(u_\mathrm{i1} + u_\mathrm{i2} + u_\mathrm{i3}) \tag{6.4.9}$$

即输出电压等于各输入电压之和，实现加法运算，故称加法器。

2)减法运算

如图 6.4.16 所示为减法运算电路。

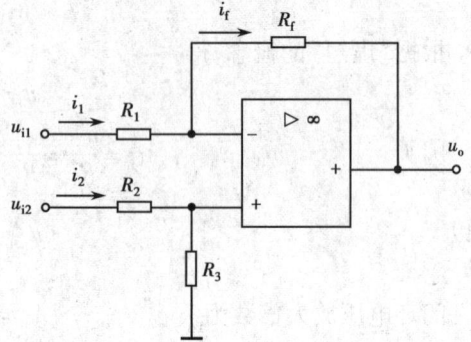

根据"虚断"的概念,得 $i_1 = i_f$

由图可得

$$u_- = u_{i1} - R_1 i_1 = u_{i1} - \frac{R_1}{R_1 + R_f}(u_{i1} - u_o)$$

$$u_+ = \frac{R_3}{R_2 + R_3} u_{i2}$$

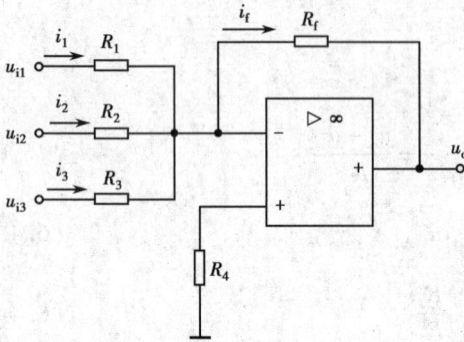

图 6.4.15 加法运算电路　　　　　　图 6.4.16 减法运算电路

根据"虚短"的概念,$u_+ = u_-$,联立上列两式可得

$$u_o = \left(1 + \frac{R_f}{R_1}\right)\frac{R_3}{R_2 + R_3} u_{i2} - \frac{R_f}{R_1} u_{i1} \tag{6.4.10}$$

当 $R_1 = R_2 = R_3 = R_f = R$ 时,有

$$u_o = u_{i2} - u_{i1} \tag{6.4.11}$$

即输出电压等于两个输入电压之差,实现减法运算。

(3)积分、微分运算电路

1)积分运算电路

如图 6.4.17 所示为积分运算电路。根据"虚地"的概念,得

$$i_R = \frac{u_i}{R_1}, i_C = -C\frac{du_o}{dt}$$

根据"虚断"的概念,得

$$i_R = i_C$$

所以 $$u_o = -\frac{1}{C}\int i_C dt = -\frac{1}{RC}\int u_i dt \tag{6.4.12}$$

即输出电压正比于输入电压对时间的积分,实现了积分运算。式中 RC 称为积分时间常数。

2)微分运算电路

如图 6.4.18 所示为微分运算电路。将积分运算电路中的电阻 R 和电容 C 互换,就得到了微分运算电路。根据"虚地"的概念,得

$$i_C = C\frac{du_i}{dt}, i_R = -\frac{u_o}{R}$$

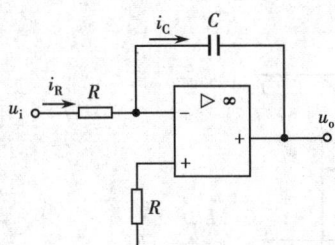

图 6.4.17　积分运算电路

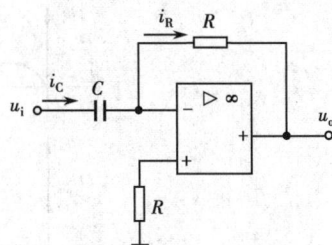

图 6.4.18　微分运算电路

根据"虚断"的概念,得

$$i_C = i_R$$

所以

$$u_o = -RC \frac{\mathrm{d}u_i}{\mathrm{d}t} \tag{6.4.13}$$

即输出电压正比于输入电压对时间的微分,实现了微分运算。式中 RC 称为微分时间常数。

积分、微分运算电路常用于波形的变换,积分运算电路可将矩形波变换为三角波等,微分运算电路可将矩形波变为尖脉冲等。

6.4.4　集成运放的非线性应用

(1)单门限电压比较器

电压比较器的基本功能是比较两个或多个模拟输入量的大小,并将比较结果由输出状态反映。集成运放用作比较器时,通常工作在非线性区,即开环应用或引入正反馈。

简单的单门限电压比较器如图 6.4.19(a)所示,反相输入端接输入信号 u_i,同相输入端接基准电压 U_{REF}。集成运放处于开环工作状态,当 $u_i < U_{REF}$ 时,即 $u_- < u_+$ 时,则 $u_o = +U_{om}$;当 $u_i > U_{REF}$ 时,即 $u_- > u_+$ 时,则 $u_o = -U_{om}$。传输特性如图 6.4.19(b)所示。

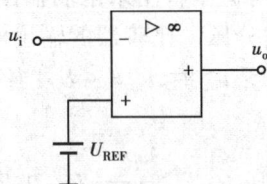

(a)电压比较器

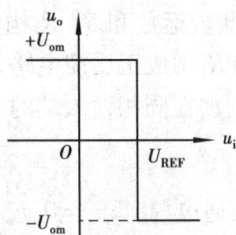

(b)传输特性

图 6.4.19　简单的电压比较器

由传输特性可见,只要输入电压在基准电压 U_{REF} 处稍有正负变化,输出电压 u_o 就在负的最大值到正的最大值之间作相应地变化。

作为特殊情况,若 $U_{REF} = 0$ V,即运放的同相端接地,这种比较器称为过零比较器。

比较器也可以用于波形变换。例如,过零电压比较器可将正弦波转化为方波,如图6.4.20所示。

(2)矩形波发生器

如图 6.4.21(a)所示是一种能产生矩形波的基本电路,称为矩形波发生器,又称为多谐振荡器,常用于脉冲和数字系统作为信号源。

185

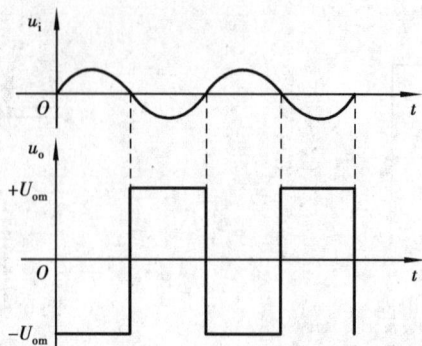

图 6.4.20 过零电压比较器的波形转换作用

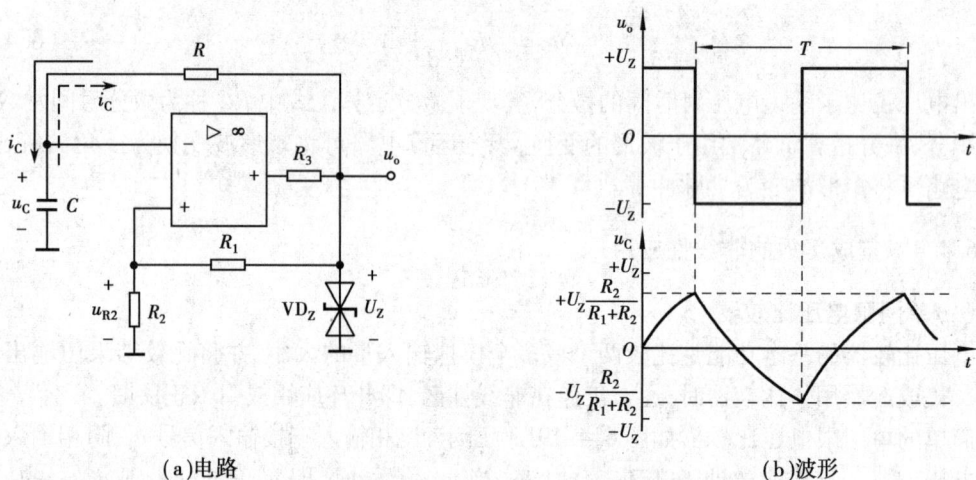

(a)电路   (b)波形

图 6.4.21 矩形波发生器及其波形

由图可见,集成运放和 R_1、R_2 构成电压比较器,双向稳压管用来限制输出电压的幅度,稳压值为 U_Z,R_1 和 R_2 构成正反馈电路,u_{R_2} 为 u_o 在 R_2 上的分压。比较器的输出电压 u_o 由加在反相输入端的 u_c 与加在同相输入端的 u_{R_2} 比较决定:当 $u_c > u_{R_2}$ 时,$u_o = -U_Z$;当 $u_c < u_{R_2}$ 时,$u_o = +U_Z$。

假设在刚接通电源时,$u_c = 0$,$u_o = +U_Z$,同相端电压 $u_{R_2} = \dfrac{R_2}{R_1 + R_2}U_Z$,电容 C 在输出电压 $+U_Z$ 的作用下开始充电,u_c 上升,充电电流 i_C 如图 6.4.21(a)中的实线箭头所示。

当 u_c 升至 $\dfrac{R_2}{R_1 + R_2}U_Z$ 值时,由于运放输入端 $u_- > u_+$,于是输出电压 u_o 由 $+U_Z$ 变为 $-U_Z$,同相端电压变为 $u_{R_2} = -\dfrac{R_2}{R_1 + R_2}U_Z$,电容 C 开始放电,u_c 下降,放电电流 i_C 如图 6.4.21(a)中的虚线箭头所示。

当 u_c 降至 $-\dfrac{R_2}{R_1 + R_2}U_Z$ 值时,由于运放输入端 $u_- < u_+$,于是输出电压 u_o 由 $-U_Z$ 变为 $+U_Z$,再重复上述过程,在集成运放的输出电压波形如图 6.4.21(b)所示。

矩形波发生器的输出电压 u_o 的周期 T 取决于充、放电的时间常数。由于该电路的充放电的时间常数 RC 相等,可以证明其周期为

$$T = 2.2RC$$

则输出方波电压的重复频率为

$$f = \frac{1}{2.2RC}$$

【练习与思考】

6.4.1　什么是反馈？如何判断一个电路是否有反馈？

6.4.2　电压反馈和电流反馈怎么判断？并联反馈和串联反馈又怎么判断？

6.4.3　如何判断集成运放工作在线性区还是非线性区？

6.4.4　无论集成运放是工作在线性区还是非线性区，是否都存在"虚断"和"虚短"现象？

6.4.5　集成运放用于比例运算、加法运算、减法运算、积分运算、微分运算时，是工作在线性区还是非线性区？电压比较器和矩形波发生器又工作在哪一个区？

6.5　场效应管

半导体三极管是利用输入电流控制输出电流的半导体器件，称为电流控制型器件。场效应管是利用电压来控制输出电流的半导体器件，称为电压控制器件。场效应管具有输入电阻大、噪声低、稳定性好、耗电小等优点，因此得到广泛的应用。

场效应管按其结构可分为结型和绝缘栅型两大类。相比之下，由于绝缘栅型场效应管有成本低、功耗小，很适宜组成大规模集成电路，应用更加广泛。在本书中只简单介绍绝缘栅型场效应管。

6.5.1　绝缘栅型场效应管

绝缘栅型场效应管由金属（M）、氧化物（O）和半导体（S）所组成，所以简称 MOS 场效应管。绝缘栅型场效应管按其导电沟道类型不同，分为 N 沟道和 P 沟道两类；按导电沟道形成的不同，又分为增强型和耗尽型。

（1）增强型场效应管

1）结构

如图 6.5.1（a）所示为 N 沟道增强型场效应管结构示意图，它是用一块掺杂浓度较低的 P 型硅片作衬底，利用扩散工艺制作两个掺杂浓度高的 N^+ 区，并引出两个电极，分别为源极 s 和漏极 d，半导体之上制作一层很薄的绝缘层（SiO_2），再在绝缘层上制作一层金属铝，引出一个电极，称为栅极 g。因为栅极和源极、漏极无电接触，所以称绝缘栅场效应管。

如果以 P 型硅作衬底，可制成 N 沟道增强型绝缘栅场效应管。N 沟道和 P 沟道增强型绝缘栅场效应管的符号分别如图 6.5.1（b）、（c）所示。

2）工作原理

如图 6.5.2 所示，在栅源之间加正向电压 u_{GS}，漏源之间加正向电压 u_{DS}。当 $u_{GS} = 0$ 时，漏源之间形成两个反向串联的 PN 结，其中一个 PN 结是反偏的，故漏极电流 i_D 为零。当 $u_{GS} > 0$，

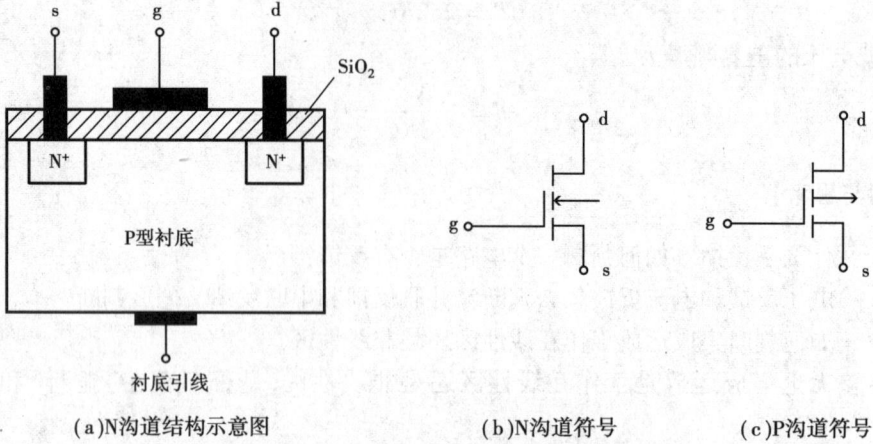

(a)N沟道结构示意图　　　　　　　　(b)N沟道符号　　　　　(c)P沟道符号

图6.5.1　增强型场效应管的结构图及电路符号

在 u_{GS} 作用下,会产生一个垂直于 P 型衬底的电场,将 P 区中的自由电子吸引到衬底表面。当 u_{GS} 达到一定值时,衬底中的电子被吸引到两个 N^+ 区之间,构成了漏源之间的导电沟道,电路中才有漏极电流 i_D。对应此时的 u_{GS} 称为开启电压,用"$U_{GS(th)}$"表示。在 u_{DS} 一定下,u_{GS} 值越大,导电沟道越宽,沟道电阻越小,i_D 越大,因而栅源电压 u_{GS} 能够控制漏极电流 i_D。

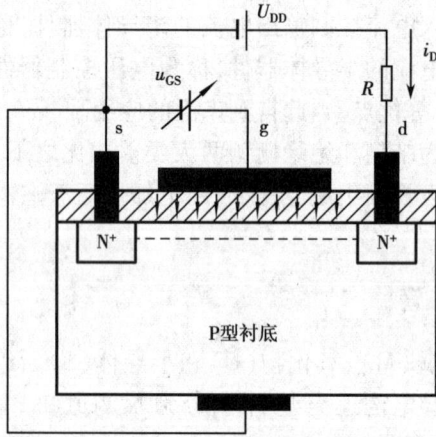

图6.5.2　N 沟道增强型绝缘栅场效应管的工作原理

由于这种场效应管没有原始导电沟道,必须加上一定的栅源正电压,才能形成导电沟道,因而称为增强型场效应管。

3)特性曲线

①转移特性

在 u_{DS} 为常数的条件下,i_D 与 u_{GS} 之间的关系曲线称为转移特性。它反映了 u_{GS} 对 i_D 的控制作用。转移特性曲线如图 6.5.3(a)所示。

转移特性曲线是在 u_{DS} 为某一固定值的条件下测出的,当 $u_{GS} < U_{GS(th)}$ 时,$i_D = 0$;当 $u_{GS} \geq U_{GS(th)}$ 时,导电沟道形成,并且 i_D 随 u_{GS} 的增大而增大。

②输出特性曲线

当 u_{GS} 一定时,i_D 与 u_{DS} 的关系曲线称为输出特性。输出特性曲线如图 6.5.3(b)所示。

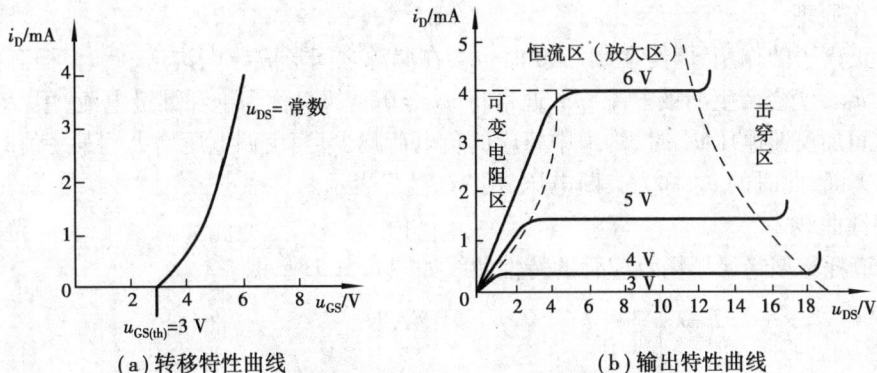

(a) 转移特性曲线　　　　　　　　　　(b) 输出特性曲线

图 6.5.3　N 沟道增强型绝缘栅场效应管的特性曲线

输出特性曲线分为四个区:可变电阻区、恒流区、击穿区和夹断区。

A. 可变电阻区:该区对应 $u_{GS} > U_{GS(th)}$、u_{DS} 很小的情况。该区的特点是:若 u_{GS} 不变,i_D 随 u_{DS} 增加而增加,可以看成是一个电阻。而对应不同的 u_{GS},其曲线的斜率不同,即电阻的阻值不同,所以该区是一个受 u_{GS} 控制的可变电阻区。

B. 恒流区(放大区):该区对应 $u_{GS} > U_{GS(th)}$,u_{DS} 较大的情况。该区的特点是:当 u_{GS} 为常数时,i_D 几乎不随 u_{DS} 的变化而变化,特性曲线近似为水平线,因此称为恒流区。而对应同一个 u_{DS},不同的 u_{GS} 会感应出不同的宽度的导电沟道,产生的 i_D 不同,i_D 随 u_{GS} 线性增大,所以该区称为放大区。

C. 夹断区:该区对应 $u_{GS} < U_{GS(th)}$ 的情况。该区的特点是:导电沟道没有形成,故 $i_D = 0$,管子处于截止状态。

D. 击穿区:当 u_{DS} 增大到某一值时,栅、漏间的 PN 结会反向击穿,使 i_D 急剧增加。如不加以限制,会造成管子的损坏。

(2)耗尽型绝缘栅场效应管

1)结构

如图 6.5.4(a) 为 N 沟道耗尽型场效应管结构示意图,其结构与增强型基本相同,只是在制作这种管子时,预先在 SiO_2 绝缘层中掺有大量的正离子。N 沟道和 P 沟道耗尽型绝缘栅场效应管的符号分别如图 6.5.4(b) 和(c) 所示。

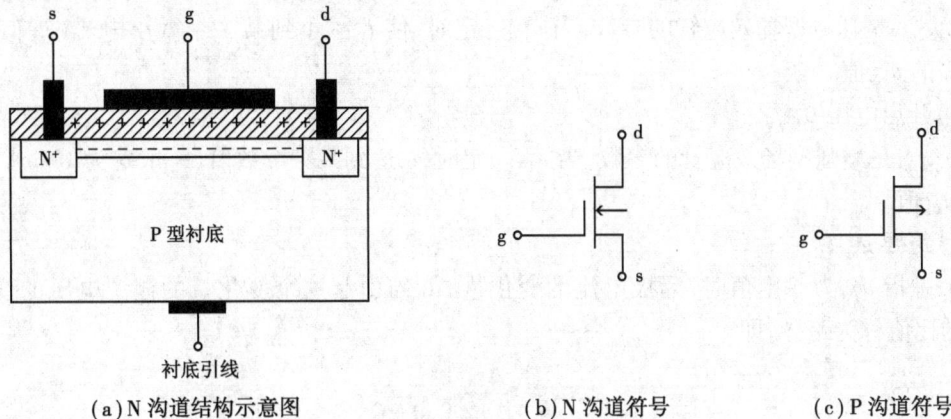

(a)N 沟道结构示意图　　　　(b)N 沟道符号　　　　(c)P 沟道符号

图 6.5.4　耗尽型场效应管的结构图及电路符号

2）工作原理

由于正离子的作用，即使在 $u_{GS}=0$ 时也会在漏源之间形成导电沟道，此时，栅源之间加上正向电压 u_{DS}，就会产生漏极电流 i_D。通常将 $u_{GS}=0$ 时的 i_D 称为饱和漏极电流，用"I_{DSS}"表示。当栅源之间加反偏电压 u_{GS} 时，沟道中感应的负电荷减少；当反偏电压增大到某一值时，使 $i_D=0$，沟道被夹断，此时的 u_{GS} 称为夹断电压，用"$u_{GS(off)}$"表示。

3）特性曲线

N 沟道耗尽型绝缘栅场效应管的特性曲线如图 6.5.5 所示。

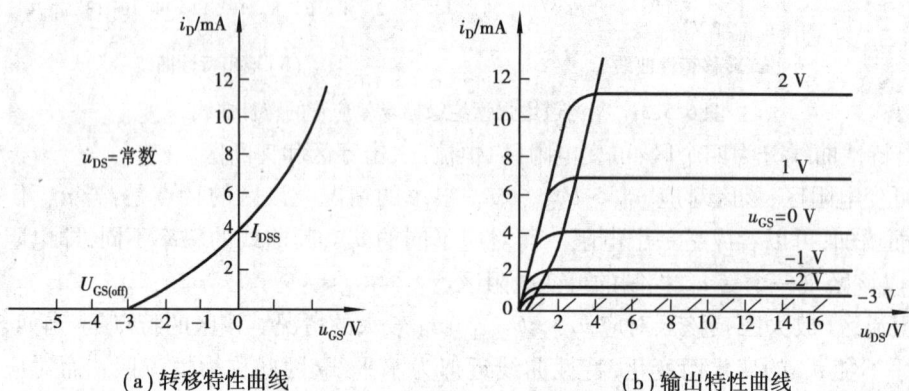

（a）转移特性曲线　　　　　　　　　　　　（b）输出特性曲线

图 6.5.5　N 沟道耗尽型绝缘栅场效应管的特性曲线

由特性曲线可见，耗尽型绝缘栅场效应管的 u_{GS} 不论是正是负或零都能起控制 i_D 的作用。因此，此类管子使用较灵活，在模拟电子技术中得到广泛的应用。增强型场效应管在集成数字电路中被广泛采用，利用 $u_{GS}>U_{GS(th)}$ 和 $u_{GS}<U_{GS(th)}$ 来控制场效应管的导通和截止，使管子工作在开关状态。

6.5.2　场效应管的主要参数

1）输入电阻 r_{GS}

绝缘栅型场效应管的输入电阻很大，为 $10^9 \sim 10^{14}$ Ω 之间。

2）夹断电压 $U_{GS(off)}$

$U_{GS(off)}$ 是耗尽型场效应管的参数，当 u_{DS} 一定时，使 i_D 减小到某一个微小电流（近似为 0）时所需的 u_{GS} 值。

3）开启电压 $U_{GS(th)}$

$U_{GS(th)}$ 是增强型场效应管的参数，当 u_{DS} 一定时，i_D 达到某一个数值（一般定为 10 μA）时所需的 u_{GS} 值。

4）跨导 g_m

g_m 是指 u_{DS} 为一定值时，漏极电流的变化量 Δi_D 与引起这个变化量的栅源电压的变化量 Δu_{GS} 的比值称为跨导，即

$$g_m = \frac{\Delta i_D}{\Delta u_{GS}}\bigg|_{u_{DS}=常量}$$

g_m 表征场效应管 u_{GS} 对 i_D 控制作用大小的一个参数，单位是西门子（S）或 mS。

5）漏源击穿电压 $U_{DS(BR)}$

$U_{DS(BR)}$ 是指漏极与源极之间能承受的最大电压,当 u_{DS} 值超过 $U_{DS(BR)}$ 时,栅漏间发生击穿,i_D 开始急剧增加。

6）栅源击穿电压 $U_{GS(BR)}$

$U_{GS(BR)}$ 是指栅极与源极之间能承受的最大反向电压,当 u_{GS} 值超过此值时,栅源间发生击穿,i_D 由零开始急剧增加。

7）最大耗散功率 P_{DM}

P_{DM} 是管子允许的最大耗散功率场效应管的管耗功率 P_D 不允许超过 P_{DM},否则会烧坏管子。

在实际应用中,由于绝缘栅场效应管的输入电阻很高,所以栅极上很容易积累较高的静电电压将绝缘层击穿。为了避免管子损坏,在保存场效应管时应将它的三个电极短接起来;在电路中,栅源之间应与固定电阻或稳压管并联,以保证有一定的直流通道;在焊接时,应使电烙铁外壳良好接地。

【思考与练习】

6.5.1　简述 N 沟道增强型绝缘栅场效应管的工作原理。

6.5.2　什么是开启电压? 什么是夹断电压?

6.5.3　绝缘栅场效应管在使用中应注意哪些事项?

小　结

1. 半导体基本知识

半导体导电能力取决于内部的空穴和自由电子两种载流子的多少。在本征半导体中掺入三价或五价元素,形成两种杂质半导体,即 P 型半导体和 N 型半导体。P 型半导体中空穴是多子,自由电子是少子;N 型半导体中自由电子是多子,空穴是少子。

PN 结是 P 型半导体和 N 型半导体结合以后,交界面附近因两区多子的扩散运动和少子的漂移运动达到动态平衡时所形成的一个空间电荷区。PN 结具有单向导电特性,即正向偏置导通,反向偏置截止。它是构成各种半导体器件的基本单元。

2. 半导体二极管、三极管和场效应管

（1）半导体二极管

半导体二极管由一个 PN 结组成,它的基本特性就是单向导电性。伏安特性曲线反映了二极管单向导电性和反向击穿特性。

稳压二极管、发光二极管、光电二极管等都是常用的特殊二极管,各自用在不同的电路中。

（2）半导体三极管

半导体三极管由两个 PN 结组成,其特点是具有电流放大作用。三极管的伏安特性曲线为输入特性曲线和输出特性曲线。从输出特性曲线上可划分为三个工作区域:放大区、饱和区、截止区。在放大区,三极管具有基极电流控制集电极电流的特性。在饱和区和截止区,具有开关特性。当半导体三极管工作在放大状态时,发射结正向偏置,集电结反向偏置;当半导

体三极管工作在截止状态时,发射结、集电结均反向偏置;当半导体三极管工作在饱和状态时,发射结、集电结均正向偏置。

*(3)绝缘栅场效应管

场效应管是一种电压控制器件,它是利用栅源电压来控制漏极电流的。

绝缘栅场效应管分为耗尽型场效应管和增强型场效应管。耗尽型管存在原始的导电沟道,增强型管只有在栅源电压超过开启电压后,才会形成导电沟道。

场效应管的伏安特性曲线为转移特性曲线和输出特性曲线。转移特性是漏极电流与栅源电压之间的变化关系,它反映了栅源电压对漏极电流的控制能力。输出特性表示以栅源电压为参变量时的漏极电流与漏源电压之间的变化关系,它分为可变电阻区、恒流区、击穿区和夹断区等四个区域,放大时工作在恒流区。

3. 半导体二极管、三极管电路和集成运算放大器

(1)二极管电路

二极管应用广泛,本书只简单介绍了限幅、钳位电路和在直流电源中的应用。直流电源由电源变压器、整流电路、滤波电路和稳压电路四部分组成,输出电压不受电网、负载变化的影响,为各种电子设备正常工作提供能源保证。

整流电路利用二极管的单向导电性将交流电变换为单向脉动的直流电。有半波整流电路和桥式整流电路,其输出电压与输入电压有效值的关系如下:

单相半波整流电路 $\qquad U_o = 0.45U_2$

单相桥式整流电路 $\qquad U_o = 0.9U_2$

滤波电路能够滤除直流电中的脉动成分,使输出电压变得平滑。有电容滤波、电感滤波及复式滤波电路。负载电流小而变化大时,采用电容滤波;负载电流大时,则采用电感滤波。

稳压电路利用硅稳压管的稳压特性来实现负载两端电压的稳定。在实际应用中,常选用体积小、使用方便和性能稳定的集成稳压器。

(2)半导体三极管放大电路

放大的本质是在输入信号的作用下,通过三极管对直流电源的能量进行控制和转换,使负载从电源中获得的输出信号能量,比输入信号的能量大得多。

放大电路的组成包括有核心元件三极管、偏置电源、偏置电阻、耦合电容等。放大电路正常工作时具有交流与直流并存的特点,在分析计算时,通过画交流通路和直流通路,将交流与直流分开。

放大电路的分析应遵循"先静态,后动态"的原则,只有静态工作点合适,动态分析才有意义。静态分析就是求解静态工作点的参数 I_{BQ}、I_{CQ} 和 U_{CEQ},可用估算法和图解法求解;动态分析就是求解动态参数 A_u、r_i、r_o,可通过微变等效电路法对其进行估算。

静态工作点 Q 设置不当,将会出现失真。如果 Q 点设置太高,会出现饱和失真;如果 Q 点设置太低,会出现截止失真。

静态工作点 Q 易受多种因素影响而发生波动,实际应用中常采用分压式偏置放大电路,它对稳定静态工作点有较好的效果。

(3)集成运算放大器

从集成运放的传输特性看,它有两个工作区:线性工作区和非线性工作区。

在线性工作区时,集成运放通常工作于负反馈状态,两输入端存在着"虚短"和"虚断"的

两个重要的特性。深刻理解和灵活运用这两个重要特性,可以大大简化运放在线性区的分析过程。

在非线性工作区时,集成运放通常工作于开环或正反馈状态,集成运放的输出不是正饱和电压,就是负饱和电压,两输入端存在着"虚断"的特性。

集成运放在线性应用时,通过改变集成运放输入端接入的元件和连接方式,或改变反馈元件的种类,可以组成比例、加法、减法、微分、积分等运算电路。

集成运放在非线性应用时,根据输出电压可达到最大值的特点,可组成电压比较器和各种波形发生器。

4. 反馈

反馈是将输出信号的一部分或全部以通过反馈网络送到输入端,对原输入量产生影响的过程。反馈使净输入量减弱的为负反馈,反馈使净输入量增强的为正反馈。常用瞬时极性法来判断反馈的极性。

反馈的类型按输出端的取样方式分为电压反馈和电流反馈,常用负载短路法判别;反馈类型按输入端的连接方式分为串联反馈和并联反馈,常用观察法判别。

负反馈放大电路有四种类型:电流串联负反馈、电流并联负反馈,电压串联负反馈、电压并联负反馈。

负反馈可以改变放大电路的性能指标:电流负反馈稳定输出电流,增大输出电阻;电压负反馈稳定输出电压,减小输出电阻;并联负反馈减小输入电阻,而串联负反馈增大输入电阻。

负反馈能够改善放大电路的非线性失真、扩展通频带。引入负反馈后,放大电路的放大倍数会有所下降,但却提高了放大电路的稳定性。

习　题

6.1　二极管电路如图 6.1 所示,设二极管为理想二极管,试判断二极管是否导通,并求出输出电压 U_0。

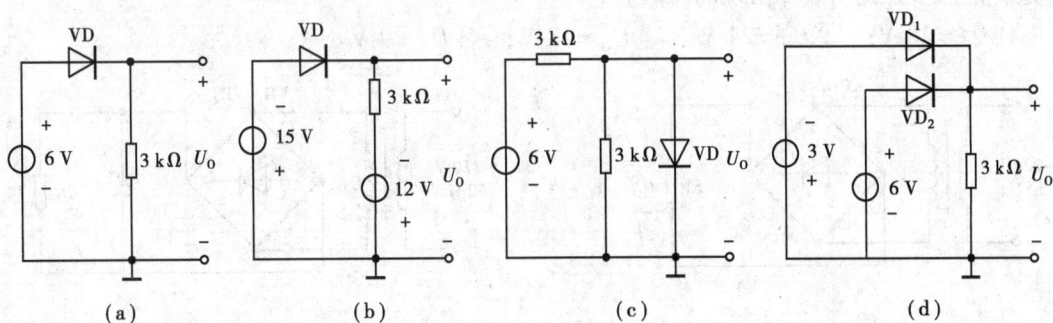

图 6.1

6.2　二极管限幅电路如图 6.2 所示,已知 $U_S = 3$ V,$u_i = 6 \sin \omega t$ V,二极管的正向压降可忽略不计,试分别画出输出电压 u_o 的波形。

6.3　如图 6.3 所示电路中,两个稳压管 VD_{Z1} 和 VD_{Z2} 的稳压值分别为 8 V 和 10 V,试求

输出电压 U_0(忽略稳压管的正向压降)。

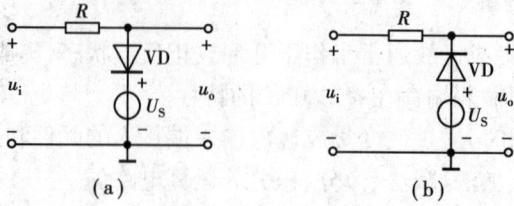

图 6.2

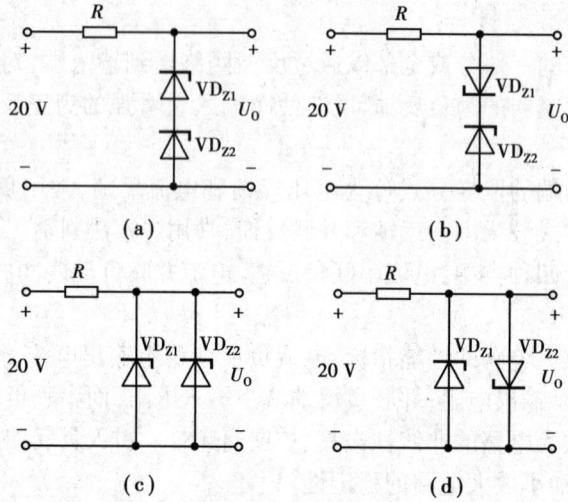

图 6.3

6.4 在图 6.4 所示的桥式整流电路中,要求输出的直流电压 24 V,直流电流 30 mA。试问:如何选择变压器次级电压的有效值及二极管的型号。

6.5 在图 6.5 所示的桥式整流电容滤波电路中,用交流电压表测得变压器次边电压 $U_2 = 20$ V。现用直流电压表测量负载 R_L 两端的电压 U_0,如果出现下列情况时,试分析电路工作是否正常?并说明故障出现的原因。

①$U_0 = 28$ V; ②$U_0 = 24$ V; ③$U_0 = 18$ V; ④$U_0 = 9$ V。

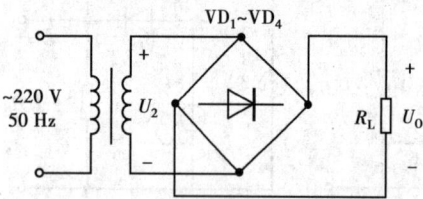

图 6.4

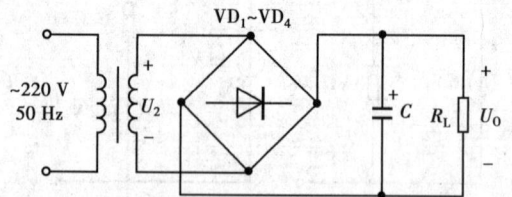

图 6.5

6.6 在图 6.6 所示的稳压管稳压电路中,负载电阻 R_L 由开路变到 1 kΩ,交流电压经整流滤波后的电压 $U_1 = 20$ V,若要求输出电压 U_0 为 8 V,试选择稳压管的型号。

6.7 测得工作在放大电路中三极管的三个电极的电位,如图 6.7 所示。试判断它们是NPN 型还是 PNP 型? 是硅管还是锗管? 并确定管脚中哪个是基极 b、发射极 e、集电极 c。

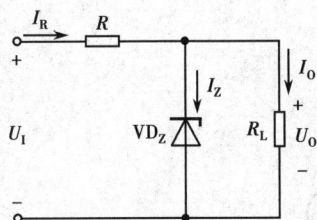

图 6.6

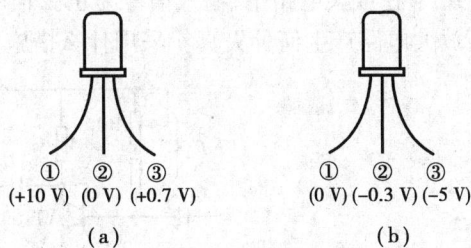

图 6.7

6.8 测得三极管各电极对地电位如图 6.8 所示,试判断三极管处于哪种工作状态?

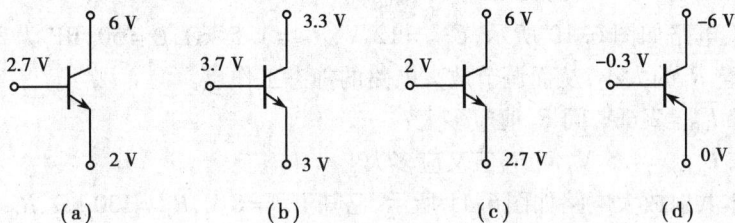

图 6.8

6.9 试判断图 6.9 所示放大电路能否对正弦交流信号实现正常放大,若不能,请说明原因。

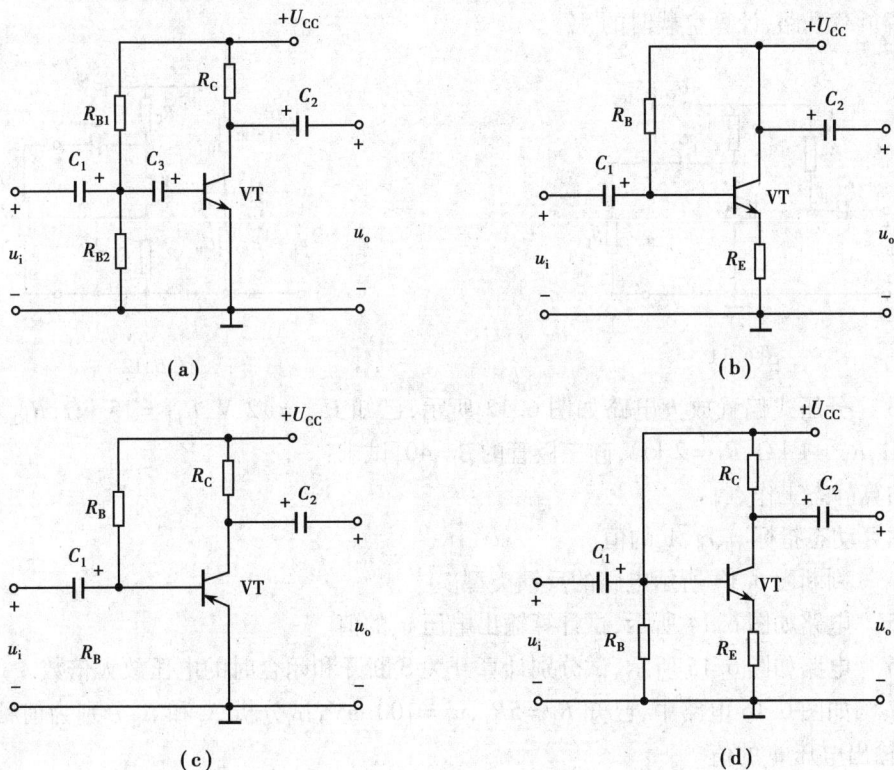

图 6.9

195

6.10 在放大电路中,输入信号为正弦信号,输出端的得到的信号波形如图 6.10 所示,试判断放大电路产生何种失真? 采用什么措施消除这种失真。

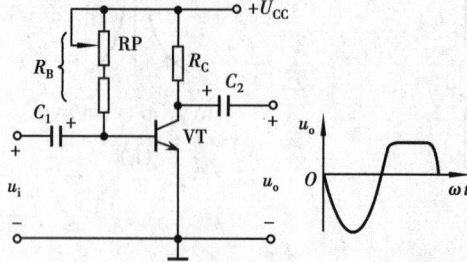

图 6.10

6.11 放大电路如图 6.10 所示,$U_{CC} = 12$ V,$R_C = 1.5$ kΩ,$\beta = 50$,RP 为 300 kΩ 的电位器,调节它可调整 R_B 的大小,从而调节放大电路的静态工作点。

①如果要求 $I_{CQ} = 2$ mA,问 R_B 值应多大?

②如果要求 $U_{CEQ} = 4.5$ V,问 R_B 值又应多大?

6.12 基本共射放大电路如图 6.11 所示,已知 $U_{CC} = 8$ V,$R_B = 130$ kΩ,$R_C = 2$ kΩ,$\beta = 50$,三极管为 3DG100A,$R_L = 2$ kΩ,试求:

①估算静态工作点;

②估算动态指标 r_i、r_o、A_u 的值;

③若负载开路,计算空载时的 A'_u。

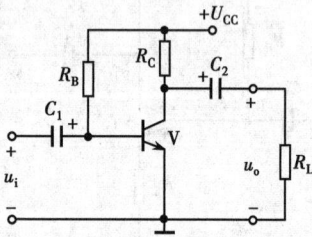

图 6.11

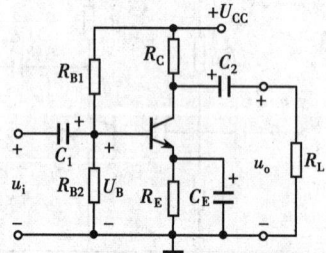

图 6.12

6.13 分压式偏置放大电路如图 6.12 所示,已知 $U_{CC} = 12$ V,$R_{B1} = 15$ kΩ,$R_{B2} = 5$ kΩ,$R_C = 2$ kΩ,$R_E = 1$ kΩ,$R_L = 2$ kΩ,硅三极管的 $\beta = 40$,试求:

①估算静态工作点;

②估算动态指标 r_i、r_o、A_u 的值。

6.14 判断图 6.13 所示电路的反馈类型。

6.15 电路如图 6.14 所示,试计算输出电压 u_o 的值。

6.16 电路如图 6.15 所示,试分别计算开关 S 断开和闭合时的电压放大倍数 A_{uf}。

6.17 如图 6.16 电路中,已知 $R_f = 5R_1$,$u_i = 100$ mV,试分析 A_1 和 A_2 分别为何种运算电路,并求输出电压 u_o 的值。

6.18 电路如图 6.17 所示,试求输出电压 u_o 的值。

6.19 如图 6.18 所示电路中,试写出输出电压 u_o 与 u_i 的关系。

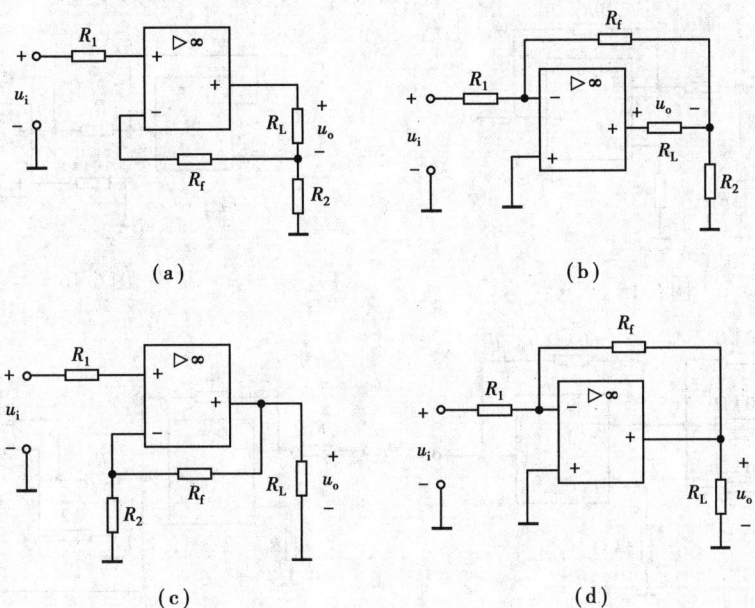

（a）　　　　　　　　　　　　　（b）

（c）　　　　　　　　　　　　　（d）

图 6.13

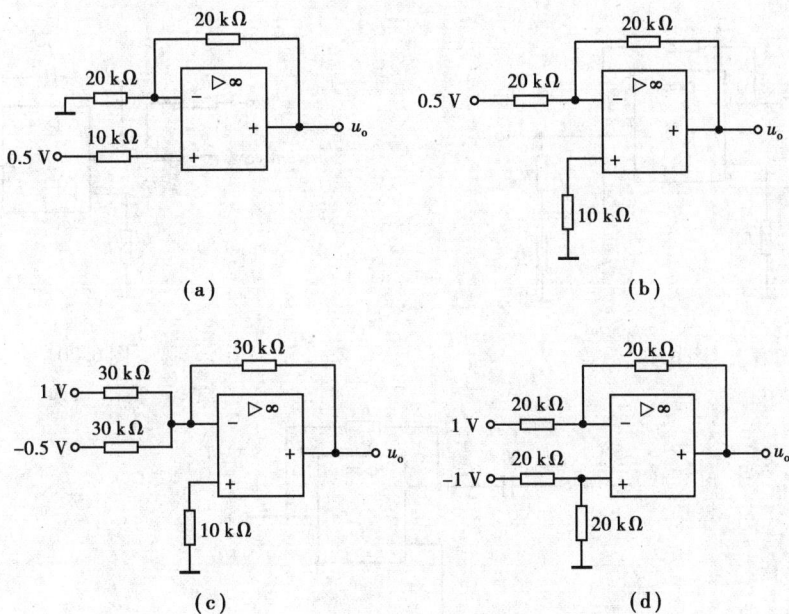

（a）　　　　　　　　　　　　　（b）

（c）　　　　　　　　　　　　　（d）

图 6.14

6.20　如图 6.19 所示电路中,试证明电压放大倍数为 $A_{uf} = -\dfrac{1}{R_1}\left(R_{f1} + R_{f2} + \dfrac{R_{f1}R_{f2}}{R_{f3}}\right)$。

6.21　如图 6.20 所示电路中,已知 $C = 1\ \mu F$, $R_1 = 100\ k\Omega$, $R_2 = 500\ k\Omega$,试写出输出电压 u_o 与 u_{i1}、u_{i2} 的关系。

6.22　如图 6.21 所示电路中,已知 $C = 1\ \mu F$, $R = 100\ k\Omega$,试写出输出电压 u_o 与 u_i 的关系。

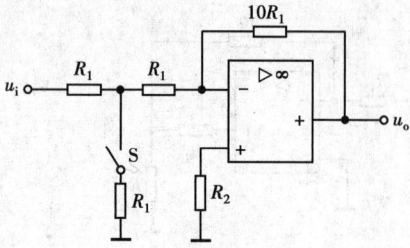

图 6.15

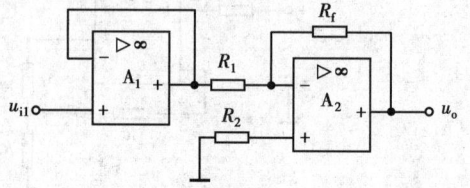

图 6.16

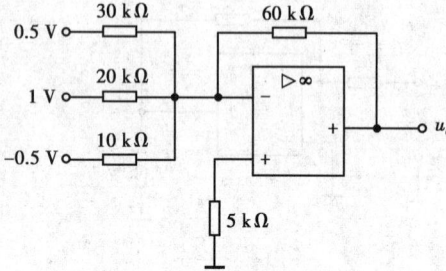

图 6.17

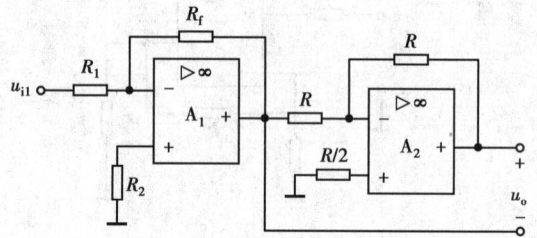

图 6.18

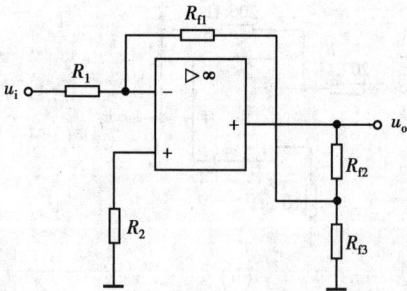

图 6.19

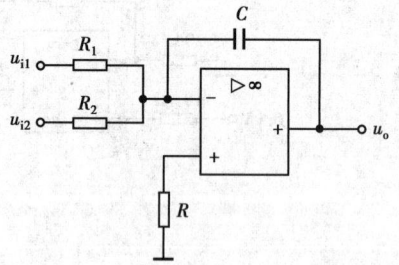

图 6.20

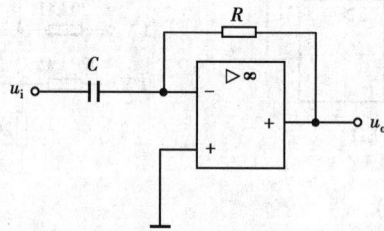

图 6.21

6.23　如图 6.22 所示电路中,A 为理想运算放大器,试判断它们分别是什么类型的电路,并画出它们的电压传输曲线。

6.24　如图 6.23(a) 所示电路中,已知输入电压 u_i 的波形如图 6.23(b) 所示,集成运放的 $U_{OH} = 6$ V,$U_{OL} = -3$ V,试绘出输出电压 u_o 的波形。

6.25　如图 6.24 所示电路中,设集成运放的最大输出电压为 ±12 V,稳压管稳定电压为 $U_Z = ±6$ V,输入电压 u_i 为 ±3 V 的对称三角波,试分别画出 U_{REF} 为 +2 V、0 V、−2 V 三种情况下的电压传输特性和 u_o 的波形。

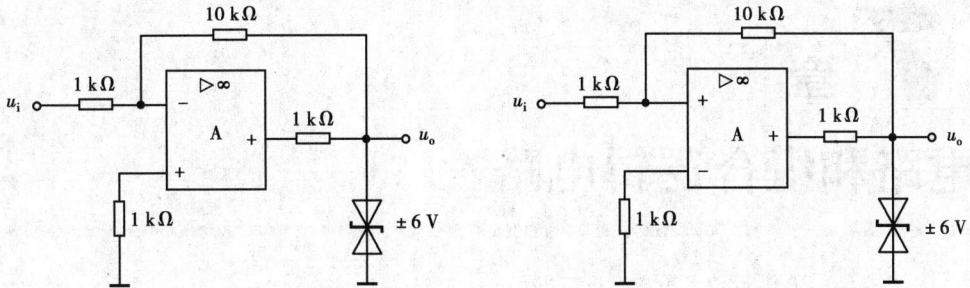

图 6.22

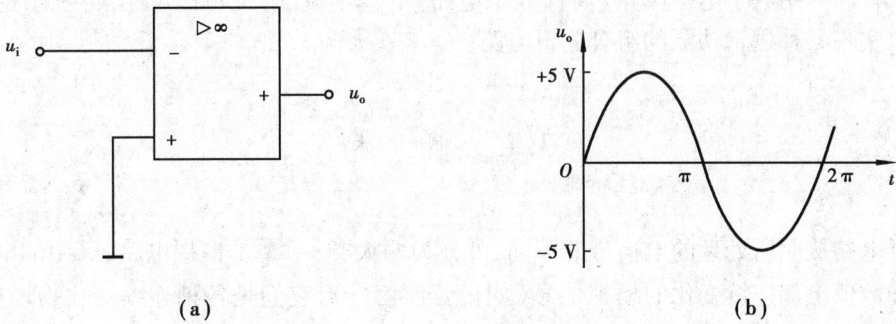

(a)　　　　　　　　　　　　(b)

图 6.23

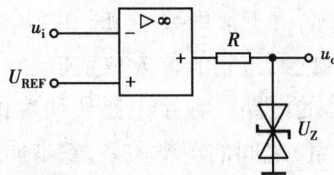

图 6.24

第7章
门电路和组合逻辑电路

本章首先介绍数字电子电路(简称数字电路)的基本概念,逻辑门电路和逻辑代数,然后讨论可以实现各种逻辑功能的组合逻辑电路。

7.1 概 述

电子电路按照所处理的电信号的不同,可分为两大类:一类是模拟电路,其中的电信号是在时间和数值上都连续变化的模拟信号(如正弦波信号),它们是各种连续变化物理量(如声音、温度、速度等)的模拟。上一章所讨论的电路都是模拟电路,主要用来实现模拟信号的产生、放大和变换;另一类是数字电路,其中的电信号是在时间和数值上都是离散的脉冲信号,如图7.1.1所示的矩形波、尖顶波等。由于常用数字"1"和"0"来表示这类信号的两种状态(如信号的有、无;电位的高、低等),因此又将它们称为数字信号。数字电路就是对数字信号进行传输、存储、控制、加工处理和运算的电路。数字电路所研究的对象是电路输出信号(或称输出变量)和输入信号(或称输入变量)之间的逻辑关系,它本质上是一个逻辑控制电路,所以也常称数字电路为数字逻辑电路。

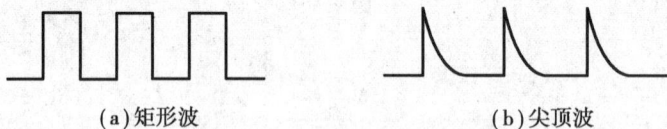

(a)矩形波　　　　　　　　(b)尖顶波

图7.1.1 矩形波和尖顶波

数字电路的信号及工作方式与模拟电路不同,因而数字电路的组成、工作特点及分析方法将有很大的不同。下面以一个数字测速系统为例,对数字电路的组成和工作情况作简单介绍。图7.1.2是测量电机转速的数字测速系统原理示意图。电动机每旋转一周,光线就会透过圆盘上的小孔照射在光电转换装置(光电转换装置将光信号转换成电信号)上一次,因此,光电转换装置发出的信号个数反映了电机的转数。但是,它输出的信号幅度较小,形状也不规则,因此,要对信号进行放大与整形,使信号的幅度及宽度整齐规则。

为了测量转速,还需要有时间标准(如1 s或0.1 s),这个标准时间是由脉冲发生器产生的,它是一个宽度为1 s(或0.1 s)的矩形脉冲,让它去控制门电路,将"门"打开1 s(或0.1 s)。这时,来自整形电路的脉冲可以经过门电路进入计数器,计数器计数后再由二-十进制译码显示器显示出十进制数,由此便可换算出电机的转速(r/min)。

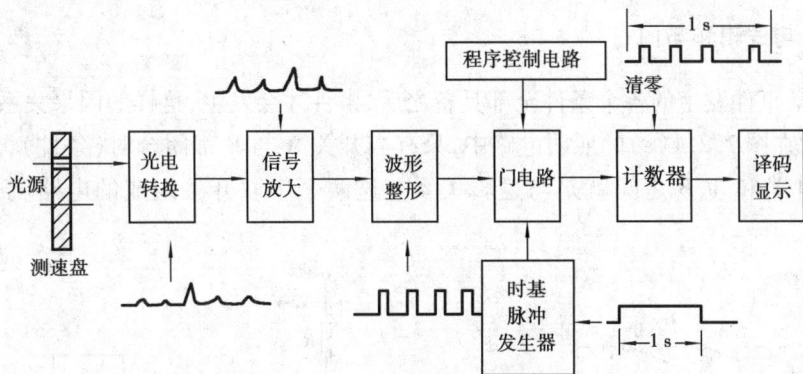

图 7.1.2　数字测速系统原理示意图

整个测速系统由程序控制电路进行控制。在读数显示一定时间之后,控制电路发出计数器清零指示,让计数器和显示器读数回零,再将门电路重新打开,再次测量脉冲个数,让计数器计数并显示新的测量结果。如此不断进行计数、显示、清零等步骤,可将电机的转速值不断地测试出来。

综上所述,数字电路与模拟电路的工作方式有以下不同:

①数字电路中的信号是脉冲信号,而模拟电路中作用的信号通常是随时间连续变化的信号。由于信号的不同使得工作在这两种电路内的晶体管(或场效应管)的工作状态也不同。模拟电路中的管子通常工作在放大状态,数字电路中的管子常工作在饱和或截止状态(开、关状态),以表示输出电位的高或低。

②模拟电路研究的是电路输出与输入间信号的大小、相位、效率、失真等问题;数字电路研究的是电路输出与输入信号之间的逻辑关系。因此,数字电路内的基本单元电路及分析方法与模拟电路有许多不同。分析数字电路的工具是逻辑代数,表达电路的逻辑功能时主要用逻辑状态表、逻辑函数表达式、逻辑电路图及波形图等。

7.2　逻辑门电路

门电路是数字电路的基本逻辑单元电路。所谓逻辑,是指条件与结果之间的因果关系。输出信号与输入信号之间存在一定逻辑关系的电路称为逻辑电路。门电路是一种具有多个输入端和一个输出端的开关电路。由于它的输出信号与输入信号之间存在着一定的逻辑关系,因此又称为逻辑门电路。数字逻辑中基本逻辑关系有与逻辑、或逻辑、非逻辑三种,实现这三种逻辑功能的电路分别称为与门、或门和非门。

在分析逻辑电路时只用两种相反的工作状态,即用"1"和"0"来代表。例如:开关闭合为

"1",断开为"0";电灯亮为"1",不亮为"0";信号的高电位(或称高电平)为"1",低电位(或称低电平)为"0"。如果约定高电平用逻辑"1"表示,低电平用逻辑"0"表示,便称为正逻辑系统;反之,如果低电平用逻辑"1"表示,高电平用逻辑"0"表示,便称为负逻辑系统。本书均采用正逻辑系统。

7.2.1 与逻辑和与门

当决定某事件发生的各个条件全部具备之后,事件才会发生,这样的因果关系称为与逻辑关系。例如,在图7.2.1(a)的照明电路中,只有当开关 A 与 B 都闭合时(条件),灯 Y 才会亮(结果),这时 Y 和 A、B 之间就是与逻辑关系。这两个串联开关组成的电路就是一个与门电路。

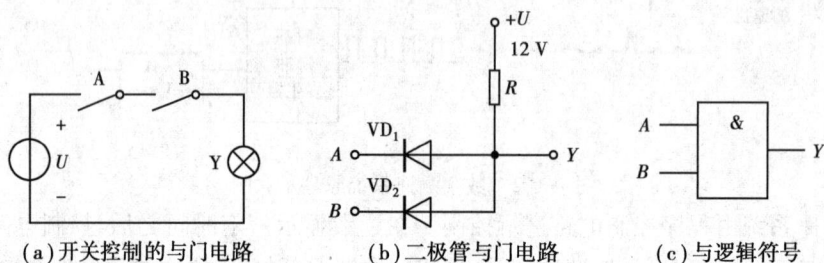

(a)开关控制的与门电路 (b)二极管与门电路 (c)与逻辑符号

图 7.2.1 与门

用二极管构成的与门电路如图7.2.1(b)所示。图中 A、B 为两个信号输入端(输入端也可以是三个及以上),Y 为信号输出端。设输入信号高电平为 3 V,低电平为 0 V。由图(b)可以看出,输入信号中只要有一个不为高电平时,输出就不为高电平。因此,这个电路对输出高电平而言是与门电路。

表示与逻辑关系有多种方法:

①用逻辑符号表示 与逻辑关系(也是与门)的逻辑符号如图7.2.1(c)所示。

②用逻辑运算表达式(也称逻辑函数表达式,简称逻辑表达式)表示 与逻辑运算表达式记为

$$Y = A \cdot B \tag{7.2.1}$$

与逻辑关系也称为逻辑乘。式(7.2.1)中的符号"·"读作"与"(或"乘"),为了书写方便,常将"·"省略,写作 $Y = AB$。式中 A、B 称为逻辑变量,每一个变量的取值只有两种,为"1"或"0"。

逻辑乘的运算规则为

$0 \cdot 0 = 0$ $0 \cdot 1 = 0$ $1 \cdot 0 = 0$ $1 \cdot 1 = 1$

由此可推出

$A \cdot 0 = 0$ $A \cdot 1 = A$ $A \cdot A = A$

③用逻辑状态表(或称真值表)表示 将输入变量 A、B 的所有可能取值的组合列出,并对应地列出它们的输出变量 Y 的逻辑值,见表7.2.1。这种用"1"、"0"表示逻辑关系的图表称为逻辑状态表。

表 7.2.1　与门逻辑状态表

A	B	Y
0	0	0
0	1	0
1	0	0
1	1	1

可见,与逻辑关系可以用一句话概括为:有"0"出"0",全"1"出"1"。

7.2.2　或逻辑和或门

当决定某事件发生的各个条件中只要有一个或一个以上具备,事件就会发生,这样的因果关系称为或逻辑关系。例如,图 7.2.2(a)的照明电路中,开关 A、B 中只要有一个闭合,灯 Y 就会亮,这时 Y 和 A、B 之间就是或逻辑关系。这两个并联开关组成的电路就是一个或门电路。

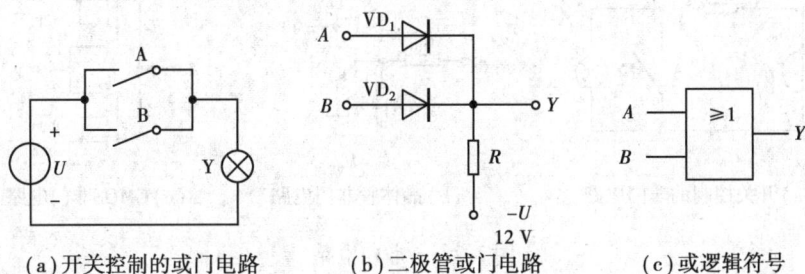

(a)开关控制的或门电路　　　(b)二极管或门电路　　　(c)或逻辑符号

图 7.2.2　或门

用二极管构成的或门电路如图 7.2.2(b)所示。电路的输入信号中只要有一个为高电平时,输出就为高电平。因此,这是个或门电路。

表示或逻辑关系同样有多种方法:

①用逻辑符号表示　或逻辑关系(也是或门)的逻辑符号如图 7.2.2(c)所示。

②用逻辑表达式表示　或逻辑运算表达式记为

$$Y = A + B \tag{7.2.2}$$

或逻辑关系也称为逻辑加。式(7.2.2)中的符号"+"读作"或"(也读作逻辑"加")。

逻辑加的运算规则为

$$0 + 0 = 0 \qquad 0 + 1 = 1 \qquad 1 + 0 = 1 \qquad 1 + 1 = 1$$

由此可推出

$$A + 0 = A \qquad A + 1 = 1 \qquad A + A = A$$

③用逻辑状态表表示　或逻辑关系的逻辑状态表见表 7.2.2。

从表中可见,或逻辑关系也可以用一句话概括为:有"1"出"1",全"0"出"0"。

与门、或门的输入端可以推广到多个的情况,即

$$Y = A \cdot B \cdot C \cdots$$
$$Y = A + B + C + \cdots$$

203

表 7.2.2　或门逻辑状态表

A	B	Y
0	0	0
0	1	1
1	0	1
1	1	1

7.2.3　非逻辑和非门

决定事件发生的条件只有一个,当条件具备时事件不发生;而条件不具备时事件发生,这样的因果关系称为非逻辑关系。非就是相反、逻辑否定的意思。例如,图 7.2.3(a)的照明电路中,开关 A 闭合时,灯 Y 不亮;而开关 A 断开时,灯 Y 亮。所以,这时灯亮和开关闭合是非逻辑关系,这就是由一个开关组成的非门电路。非门电路只有一个输入端。

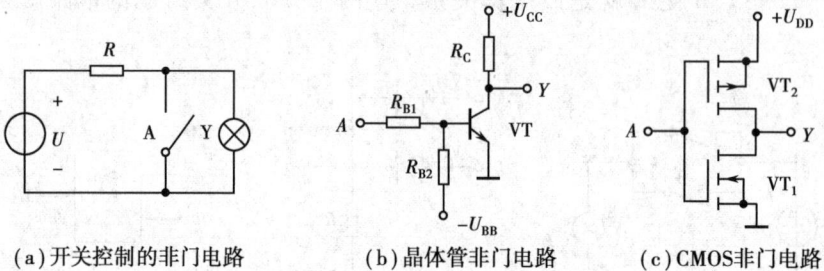

(a)开关控制的非门电路　　(b)晶体管非门电路　　(c)CMOS非门电路

图 7.2.3　非门电路

用晶体管构成的非门电路如图 7.2.3(b)所示。当电路的输入信号为高电平时,晶体管饱和导通,输出为低电平;反之,当输入信号为低电平时,晶体管截止,输出为高电平。可见,其输入状态与输出状态正好相反,具有非逻辑关系。因此,这是个非门电路(也称为反相器)。

图 7.2.3(c)为 CMOS 非门电路。它是一种互补对称场效应管集成电路。其中 VT_1 管称为驱动管,采用 N 沟道增强型(NMOS), VT_2 管称为负载管,采用 P 沟道增强型(PMOS),它们制作在同一片硅片上。两管的栅极相连接并引出一端作为输入端 A,两管的漏极也相连接,引出一端作为输出端 Y。当 A 端输入高电平时, VT_1 管导通, VT_2 管截止,全部电压几乎都降落在 VT_2 管上,所以 Y 端输出低电平;反之, A 端输入低电平,则 VT_1 管截止, VT_2 管导通, Y 端便输出高电平。因此,亦具有非逻辑关系。

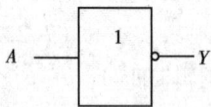

图 7.2.4　非逻辑符号

表示非逻辑关系同样有多种方法:

①用逻辑符号表示　非逻辑关系的逻辑符号如图 7.2.4 所示,符号中用小圆圈代表非。

②用逻辑表达式表示　非逻辑运算表达式记为

$$Y = \overline{A} \tag{7.2.3}$$

式(7.2.3)中的符号"－"读作"非"或"反", $\overline{A}$ 称为变量 A 的反变量,读作"A 非"或"A 反"。

逻辑非的运算规则及推论为

$$\overline{0} = 1 \quad \overline{1} = 0 \quad A \cdot \overline{A} = 0 \quad A + \overline{A} = 1 \quad \overline{\overline{A}} = A$$

③用逻辑状态表表示　表 7.2.3 为非逻辑关系的逻辑状态表。

表 7.2.3　非门逻辑状态表

A	Y
0	1
1	0

非逻辑关系可概括为:有"1"出"0",有"0"出"1"。

7.2.4　复合逻辑门电路

用与门、或门、非门三种基本逻辑门可以构成各种不同的组合逻辑电路,以实现各种逻辑功能。如与非门、或非门、与或非门、异或门等,常称为复合门电路。本节主要介绍实际中大量使用的集成复合门电路。

（1）与非门

将与门和非门组合在一起可以构成与非门。与非逻辑关系的函数表达式为

$$Y = \overline{A \cdot B} \tag{7.2.4}$$

与非门逻辑状态表见表 7.2.4。其逻辑关系可概括为:有"0"出"1",全"1"出"0"。与非门的逻辑符号如图 7.2.5 所示,逻辑符号中用小圆圈代表"非"。

分立元件与非门电路可由上述二极管与门和晶体管非门电路串联构成。

表 7.2.4　与非门逻辑状态表

A	B	Y
0	0	1
0	1	1
1	0	1
1	1	0

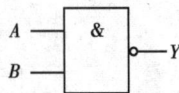

图 7.2.5　与非门逻辑符号

图 7.2.6 是常见的两种集成与非门电路。其中图（a）为 TTL（晶体管—晶体管逻辑）集成与非门电路;图（b）为 CMOS 集成与非门电路。它们均能实现:当输入端有一个或几个为"0"时,输出为"1";当输入端全为"1"时,输出为"0"的与非逻辑功能。

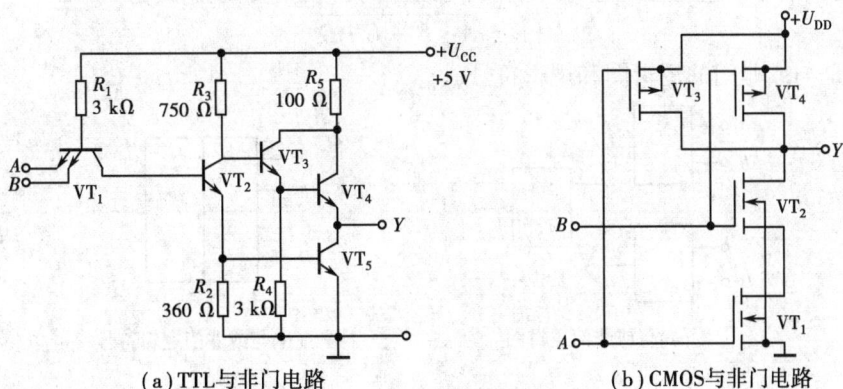

（a）TTL 与非门电路　　　　（b）CMOS 与非门电路

图 7.2.6　集成与非门电路

图 7.2.7 是两种 TTL 与非门的外引线排列图。一片集成电路内的各个逻辑门相互独立,可以单独使用,但共用一根电源引线和一根地线。

(a) CT74LS20(4输入2与非门)　　　　(b) CT74LS00(2输入4与非门)

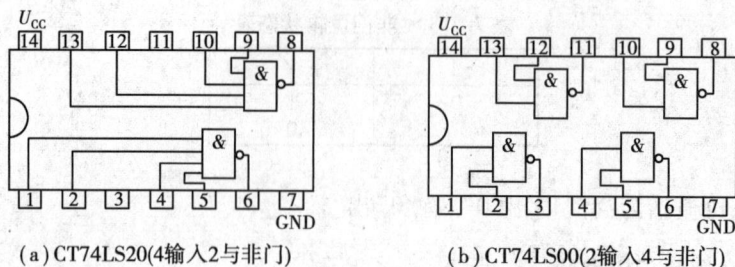

图 7.2.7　TTL 与非门外引线排列图

（2）或非门

将或门和非门组合在一起可以构成或非门。或非逻辑关系的函数表达式为

$$Y = \overline{A + B} \tag{7.2.5}$$

其逻辑关系可概括为:有"1"出"0",全"0"出"1"。

或非门的逻辑符号如图 7.2.8 所示。图 7.2.9 所示为 CMOS 集成或非门电路。

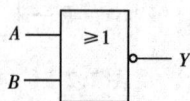

图 7.2.8　或非门逻辑符号

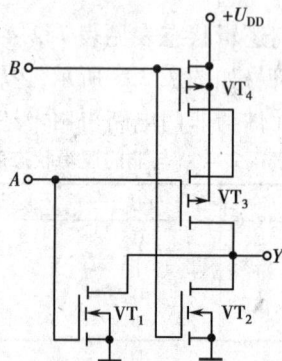

图 7.2.9　CMOS 集成或非门电路

（3）与或非门

将与门和或非门组合在一起,便可构成与或非门,它的逻辑表达式为

$$Y = \overline{A \cdot B + C \cdot D} \tag{7.2.6}$$

图 7.2.10 是与或非门的逻辑图和逻辑符号。

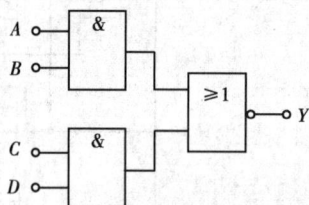

(a)与或非门逻辑图　　　　　　　(b)与或非门逻辑符号

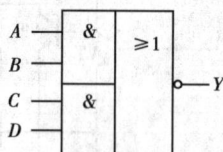

图 7.2.10　与或非门

（4）异或门

图 7.2.11(a)所示为由与门、或门和非门组合成的异或门电路,从电路的结构中可以看出,异或门只有两个输入端,其逻辑函数表达式为

$$Y = \overline{A}B + A\overline{B} = A \oplus B \qquad (7.2.7)$$

式中"⊕"读作"异或"。异或门的逻辑符号如图 7.2.11(b)所示。

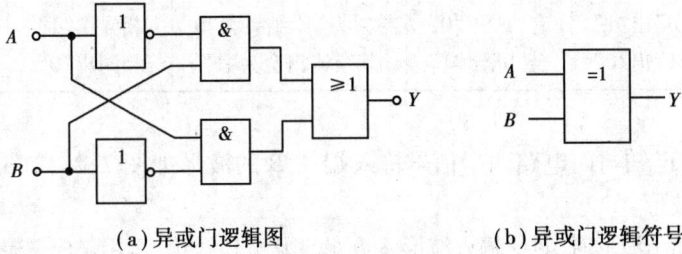

（a）异或门逻辑图　　　　　　　　（b）异或门逻辑符号

图 7.2.11　异或门

异或门逻辑状态表见表 7.2.5。从表中可以看出，当两输入端 A、B 状态相异时，输出为"1"，相同时，输出为"0"。故其逻辑关系可概括为：相异出"1"，相同出"0"。

表 7.2.5　异或门逻辑状态表

A	B	Y
0	0	0
0	1	1
1	0	1
1	1	0

（5）同或门

同或门的逻辑函数表达式为

$$Y = AB + \overline{A}\,\overline{B} = A \odot B = \overline{A \oplus B} \qquad (7.2.8)$$

同或门的逻辑符号及逻辑状态表见表 7.2.6。

表 7.2.6 列出了上述几种常见的复合逻辑门的逻辑表达式、逻辑符号及逻辑状态表，以供比较和应用。

表 7.2.6　几种常见的复合门

逻辑名称	与　非	或　非	与或非	异　或	同　或
逻辑表达式	$Y = \overline{AB}$	$Y = \overline{A+B}$	$Y = \overline{AB+CD}$	$Y = A \oplus B$	$Y = A \odot B$
逻辑符号					
逻辑状态表	A B Y 0 0 1 0 1 1 1 0 1 1 1 0	A B Y 0 0 1 0 1 0 1 0 0 1 1 0	A B C D Y 0 0 0 0 1 0 0 0 1 1 … … … … 1 1 1 1 0	A B Y 0 0 0 0 1 1 1 0 1 1 1 0	A B Y 0 0 1 0 1 0 1 0 0 1 1 1

续表

逻辑名称	与　非	或　非	与或非	异　或	同　或
逻辑运算 规律	有"0"出"1" 全"1"出"0"	有"1"出"0" 全"0"出"1"	与项为"1"结果为"0" 其余输出全为"1"	相异出"1" 相同出"0"	相异出"0" 相同出"1"

【例 7.2.1】　已知与门电路两个信号输入端 A、B 的波形如图 7.2.12(a)所示,试画出与门输出 $Y = AB$ 的波形。

解　分析:画输出波形时,对应输入波形 A、B 的变化分段讨论,运用对应逻辑关系得出结果。

当 $B = 0$ 时,$Y = A \cdot B = A \cdot 0 = 0$,即 Y 恒为零,A 信号不能通过,与门关闭;当 $B = 1$ 时,$Y = A \cdot B = A \cdot 1 = A$,输出 Y 的波形与 A 相同,即与门开门,A 信号能顺利通过与门,从 Y 输出。因此,可得输出 Y 的波形如图 7.2.12(b)所示。

由以上分析可见,与门除能完成一定的逻辑功能外,还可作为控制元件,控制信号的通断。题中 A 端为信号输入端,B 端为控制端。

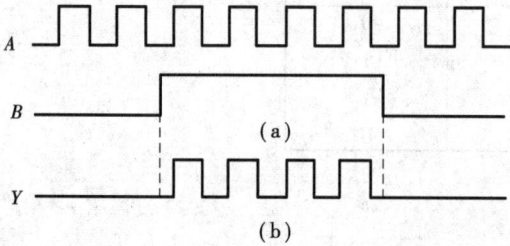

图 7.2.12

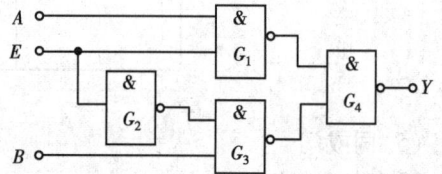

图 7.2.13

【例 7.2.2】　图 7.2.13 是一个由与非门组成的电路,其中输入端 A、B 分别加入波形不同的脉冲信号,E 端分别加高低电平。试分析该电路的逻辑功能。

解　由图 7.2.13 可见,当 $E = 1$ 时,G_1 门的输出仅由 A 端的输入决定,即 G_1 门被打开;同时 G_2 门输出为"0",使 G_3 门的输出恒为"1",与 B 端的输入信号无关,即 G_3 门被封锁;又因为 G_3 门输出为"1",从而使 G_4 门的输出与 A 端输入相同,即 $Y = A$。

同理可得,当 $E = 0$ 时,G_1 门被封锁,输出恒为"1";同时,由于 G_2 门输出为"1",G_3 门被打开,G_3 门的输出与 B 端输入相反,并使 G_4 门输出 $Y = B$。

可见,该电路具有通过控制 E 端电平的高低,对同时加在输入端的不同信号进行选择的功能,因此称为选通电路。E 端通常称为控制端或使能端。

由以上两例还可看出,二输入端的与门和与非门都可作为控制门使用。当控制端为低电平"0"时,关门,信号不能通过;当控制端为高电平"1"时,开门,信号可以传送到输出端。

【例 7.2.3】　图 7.2.14 是一密码锁控制电路。开锁条件是:要拨对密码,并用钥匙将开关 S 闭合。当两个条件同时满足时,门锁控制器开锁信号为"1",报警信号为"0",门锁打开;否则,开锁信号为"0",而报警信号为"1",锁不能打开,同时接通警铃报警。试分析密码 $ABCDE$ 是多少?

解　从输入端开始依次写出各个门的逻辑式,即

$$G_1 \text{门}:Y_1 = \overline{A\,\overline{B}\,\overline{C}\,D\,\overline{E}}$$

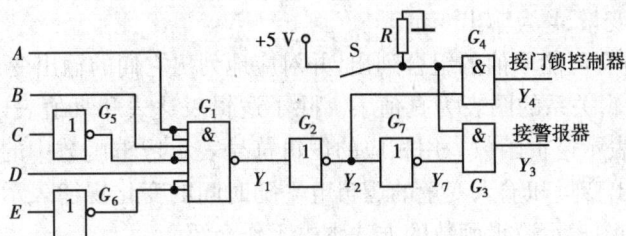

图 7.2.14

$$G_2 \text{ 门：} Y_2 = \overline{Y_1} = \overline{\overline{A\overline{B}\overline{C}D\overline{E}}} = A\overline{B}\overline{C}D\overline{E}$$

$$G_3 \text{ 门：} Y_3 = Y_7 S = \overline{Y_2} S = \overline{\overline{Y_1}} S = Y_1 S$$

$$G_4 \text{ 门：} Y_4 = Y_2 S = \overline{Y_1} S$$

已知开锁时，$S=1$，且应有 $Y_3=0$，$Y_4=1$，则必有 $Y_1=0$，故密码应为

$$A=1,B=1,C=0,D=1,E=0$$

当密码不对时，$Y_3=1$，$Y_4=0$，接通警铃报警。

上例中，G_1 门有 5 个输入端，故密码可以有 $2^5=32$ 种组合形式。如增加 G_1 门输入端的个数，就可进一步增加密码个数，提高保密质量。

【练习与思考】

7.2.1　逻辑运算中的"1"和"0"是否表示两个数字？逻辑加法运算和算术加法运算有何不同？

7.2.2　在图 7.2.1 中如果再增加一个输入端 C，则 A、B、C 三个输入端的状态将有 8 种组合。仿照表 7.2.1 的形式，列出 8 种输入时的与逻辑状态表。其逻辑表达式为 $Y=A\cdot B\cdot C$。

7.2.3　列出有 A、B、C 三个输入端的或非门的逻辑状态表。

7.2.4　试用逻辑状态表说明逻辑关系式 $Y=\overline{AB}$ 与 $Y=\overline{A}\cdot\overline{B}$ 是否一样；$Y=\overline{AB}$ 和 $Y=\overline{A}+\overline{B}$ 是否相等；$Y=\overline{A+B}$ 和 $Y=\overline{A}\cdot\overline{B}$ 是否相等。

7.2.5　试画出对应例 7.2.1 中图 7.2.12(a) 所示输入波形的或门 $Y=A+B$ 及与非门 $Y=\overline{AB}$ 的输出波形。

7.2.6　二输入端的或门和或非门是否也可作为控制门使用？欲使信号传送到输出端，控制端应为高电平还是低电平？

7.3　逻辑函数的表示方法及其相互转换

7.3.1　逻辑函数的表示方法

在逻辑代数中，输入变量和输出变量之间的关系是一种函数关系，这种函数关系称为逻辑函数。逻辑函数有逻辑表达式、真值表、逻辑图、波形图、卡诺图多种表示方法。前已叙及，表示逻辑函数的关系式为逻辑表达式，逻辑表达式一般形式为

$$Y=f(A,B,C\cdots) \tag{7.3.1}$$

式中,A,B,C 为输入变量,Y 为输出变量。

将输入变量的所有可能取值的组合列出,并对应地列出它们的输出变量的逻辑值,所得到的用"1"、"0"表示逻辑关系的图表为真值表。除了逻辑表达式和真值表以外,还可以用逻辑图、波形图及卡诺图表示逻辑函数。用相应的逻辑符号表示逻辑函数中的逻辑关系所得到的图形为逻辑图;将输出变量和输入变量的逻辑电平随时间的变化规律表示出来的图形为逻辑函数的波形图。卡诺图表示逻辑函数的方法本书不作介绍。

7.3.2 几种表示方法之间的相互转换

在数字电路的分析和设计中,有时需要将逻辑函数的几种表示方法进行转换,常见的转换有逻辑表达式与真值表之间的相互转换、逻辑表达式与逻辑图之间的相互转换。

(1)逻辑函表达与真值表之间的相互转换

1)由逻辑表达式转换为真值表

由于每个输入变量有"0"、"1"两个取值,n 个输入变量就有 2^n 个不同的取值组合。将输入变量的全部取值组合以及相应的输出变量的逻辑值全部列举出来,即可得到真值表。

【例 7.3.1】 依据逻辑表达式 $Y = AB + BC + CA$ 列出真值表。

解 逻辑函数式 $Y = AB + BC + CA$ 中有三个输入变量,每个输入变量有两个取值,共有 $2^3 = 8$ 种取值组合。将输入变量的每一取值组合分别代入逻辑表达式中运算,得到对应的输出变量的逻辑值,所形成的真值表见表 7.3.1。

表 7.3.1 例 7.3.1 的真值表

A	B	C	Y
0	0	0	0
0	0	1	0
0	1	0	0
0	1	1	1
1	0	0	0
1	0	1	1
1	1	0	1
1	1	1	1

表 7.3.2 例 7.3.2 的真值表

A	B	C	Y
0	0	0	1
0	0	1	0
0	1	0	0
0	1	1	0
1	0	0	0
1	0	1	1
1	1	0	0
1	1	1	1

2)由真值表转换为逻辑表达式

由真值表写逻辑表达式的步骤如下:

①找出真值表中输出变量逻辑值"1"所对应的输入变量的取值组合;

②每一组输入变量取值组合中值为"1"的用原变量表示,值为"0"的用反变量表示,各变量之间进行"与"运算,形成一个"与"组合;

③将这些"与"组合进行"或"运算,就得到所对应的逻辑表达式。

【例 7.3.2】 写出真值表 7.3.2 所对应的逻辑表达式。

解 ①真值表 7.3.2 中输出变量的逻辑值有三个"1",对应的输入变量值的三个取值组合分别为 000、101、111。

②写出 000、101、111 所对应的输入变量的与组合为 $\overline{A}\,\overline{B}\,\overline{C}$、$A\,\overline{B}\,C$、$ABC$。

③将与组合进行或运算,就得到由真值表 7.3.2 所对应的逻辑表达式为

$$Y = \overline{A}\,\overline{B}\,\overline{C} + A\,\overline{B}\,C + ABC$$

(2)逻辑表达式与逻辑图之间的相互转换

1)由逻辑表达式转换为逻辑图

由逻辑表达式画逻辑图时,只需将表达式中的运算符号用对应的逻辑符号代替,然后将它们连接起来就得到对应的逻辑图。

【例 7.3.3】　画出逻辑表达式 $Y = AB + C$ 对应的逻辑图。

解　逻辑表达式 $Y = AB + C$ 由与运算和或运算组合而成,与运算用“与”门实现,或运算用“或”门实现,该逻辑表达式对应的逻辑图如图 7.3.1 所示。

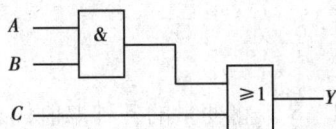

图 7.3.1　例 7.3.3 的逻辑图　　　　图 7.3.2　例 7.3.4 的逻辑图

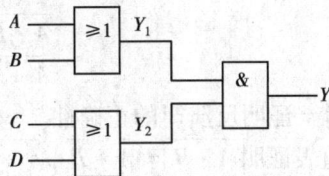

2)由逻辑图转换为逻辑表达式

由逻辑图写逻辑表达式时,只要从逻辑图的输入端到输出端逐级写出每一个逻辑符号对应的逻辑表达式,就可以得到表示输出变量与输入变量之间逻辑关系的逻辑表达式。

【例 7.3.4】　写出图 7.3.2 所对应的逻辑表达式。

解　$Y_1 = A + B$

$Y_2 = C + D$

$Y = Y_1 Y_2 = (A + B)(C + D)$

【练习与思考】

7.3.1　逻辑函数的表示方法有哪几种?

7.3.2　如何依据逻辑表达式列真值表?

7.3.3　如何依据真值表写出逻辑表达式?

7.3.4　如何依据逻辑表达式画逻辑图?

7.4　逻辑函数的代数化简法

同一个逻辑函数可以用繁简不同的逻辑表达式表示,逻辑表达式越简单,画出的逻辑电路图就越简单,不但可以节省器材,还可以提高电路的可靠性。因此,逻辑函数的化简具有重要的意义。本节介绍逻辑函数的代数化简法

7.4.1　逻辑代数的基本定律和常用公式

逻辑代数的基本定律和常用公式是化简逻辑函数、分析和设计数字电路的数学工具。

（1）**逻辑代数的基本定律**

①交换律：

$$A \cdot B = B \cdot A$$
$$A + B = B + A$$

②结合律：

$$A \cdot (B \cdot C) = (A \cdot B) \cdot C$$
$$A + (B + C) = (A + B) + C$$

③分配律：

$$A \cdot (B + C) = A \cdot B + A \cdot C$$
$$A + (B \cdot C) = (A + B) \cdot (A + C)$$

④反演律：

$$\overline{A \cdot B} = \overline{A} + \overline{B}$$
$$\overline{A + B} = \overline{A} \cdot \overline{B}$$

【例 7.4.1】 证明反演律的正确性

解 用真值表证明 $\overline{A \cdot B} = \overline{A} + \overline{B}$，$\overline{A + B} = \overline{A} \cdot \overline{B}$。将变量的各种取值代入等式两边，计算结果见表 7.4.1。

表 7.4.1 例 7.4.1 的真值表

A	B	$\overline{A \cdot B}$	$\overline{A} + \overline{B}$	$\overline{A + B}$	$\overline{A} \cdot \overline{B}$
0	0	1	1	1	1
0	1	1	1	0	0
1	0	1	1	0	0
1	1	0	0	0	0

从真值表可以看出，对于输入变量的所有组合，$\overline{A \cdot B}$ 的值始终等于 $\overline{A} + \overline{B}$，$\overline{A + B}$ 的值始终等于 $\overline{A} \cdot \overline{B}$ 的值，因此，验证了反演律的正确性。反演律又称为摩根定律，在逻辑变换中经常使用。摩根定律可以推广到多个变量，即

$$\overline{A \cdot B \cdot C \cdots} = \overline{A} + \overline{B} + \overline{C} + \cdots$$
$$\overline{A + B + C + \cdots} = \overline{A} \cdot \overline{B} \cdot \overline{C} \cdots$$

7.4.2 逻辑函数化简的常用公式

根据与、或、非基本逻辑运算规则可以推导出一些常用公式。

1）$A + AB = A$

证明：$A + AB = A(1 + B) = A$

2）$AB + A\overline{B} = A$

证明：$AB + A\overline{B} = A(B + \overline{B}) = A$

3）$A(A + B) = A$

证明：$A(A + B) = A + AB = A(1 + B) = A$

4）$A + \overline{A}B = A + B$

证明:根据分配律 $A + BC = (A + B)(A + C)$,有

$$A + \bar{A}B = (A + \bar{A})(A + B)$$
$$= A + B$$

5) $AB + \bar{A}C + BC = AB + \bar{A}C$

证明:由或运算基本规则 $A + \bar{A} = 1$,有

$$AB + \bar{A}C + BC = AB + \bar{A}C + BC(A + \bar{A}),$$
$$= AB + \bar{A}C + ABC + \bar{A}BC$$
$$= AB(1 + C) + \bar{A}C(1 + B)$$
$$= AB + \bar{A}C$$

公式 $AB + \bar{A}C + BC = AB + \bar{A}C$ 可以推广为如下公式:

$$AB + \bar{A}C + BCDE\cdots = AB + \bar{A}C$$

7.4.3 逻辑函数的代数化简法

代数化简法也称为公式化简法,就是使用逻辑代数的公式和运算规则,消除逻辑函数式中多余的乘积项和乘积项中多余的变量,以求得逻辑函数式的最简形式的化简方法。

(1)**并项法**

利用公式 $AB + A\bar{B} = A$,可以将两项合并为一项,并消去一个变量。

【例7.4.2】 化简函数 $Y = AB\bar{C} + ABC$

解 $Y = AB\bar{C} + ABC = AB(\bar{C} + C) = AB$

(2)**吸收法**

利用公式 $A + AB = A$,可以消去多余的乘积项。

【例7.4.3】 化简函数 $Y = ABC + B + BC\bar{D}$。

解 $Y = ABC + B + BC\bar{D} = B(AC + 1 + B\bar{D}) = B$

(3)**消去法**

利用公式 $A + \bar{A}B = A + B$ 消去多余因子 $\bar{A}$,利用公式 $AB + \bar{A}C + BC = AB + \bar{A}C$ 消去多余乘积项 BC。

【例7.4.4】 化简函数 $Y = BC + \bar{B}D + \bar{C}D$。

解 $Y = BC + \bar{B}D + \bar{C}D = BC + (\bar{B} + \bar{C})D = BC + \overline{BC}D = BC + D$

【例7.4.5】 化简函数 $Y = AB + \bar{A}\bar{D} + B\bar{D}E + \bar{A}BC\bar{D}E$。

解 $Y = AB + \bar{A}\bar{D} + B\bar{D}E + \bar{A}BC\bar{D}E = AB + \bar{A}\bar{D} + B\bar{D}E(1 + \bar{A}C)$
$= AB + \bar{A}\bar{D} + B\bar{D}E$
$= AB + \bar{A}\bar{D}$

(4)**配项法**

利用公式 $A + A = A$、$A + \bar{A} = 1$ 进行配项再简化。

【例7.4.6】 化简函数 $Y = \bar{A}\bar{B}\bar{C} + AB\bar{C} + A\bar{B}\bar{C}$。

解 在函数中,重复加入 $A\bar{B}\bar{C}$(利用公式 $A + A = A$ 的规则)即可得

$$Y = \bar{A}\bar{B}\bar{C} + AB\bar{C} + A\bar{B}\bar{C} + A\bar{B}\bar{C}$$
$$= (\bar{A}\bar{B}\bar{C} + A\bar{B}\bar{C}) + (AB\bar{C} + A\bar{B}\bar{C})$$

$$= \overline{B}\,\overline{C}(\overline{A} + A) + A\,\overline{C}(B + \overline{B})$$
$$= \overline{B}\,\overline{C} + A\,\overline{C}$$

在化简逻辑表达式的过程中,往往需要综合应用上述化简方法,只要灵活应用逻辑代数的基本定律和常用公式,就能使表达式化为最简。

【练习与思考】

7.4.1 什么是逻辑函数?

7.4.2 逻辑函数的化简有什么意义?

7.4.3 简述如何用并项法、吸收法、消去法、配项法化简逻辑函数。

7.5 组合逻辑电路的分析与设计

依据电路的结构和功能不同,数字电路可以分为两大类:一类是组合逻辑电路(简称组合电路),另一类是时序逻辑电路(简称时序电路)。组合逻辑电路的特点是:电路任何时刻的输出状态,仅与该时刻的输入状态有关,与电路原来的状态无关,因此,组合逻辑电路无记忆功能。在电路结构上,组合逻辑电路的基本单元是门电路。本节介绍组合逻辑电路的分析和设计方法。

7.5.1 组合逻辑电路的分析

组合逻辑电路的分析,就是根据已有的逻辑图,找出它的输出信号和输入信号之间的逻辑关系,从而确定电路的逻辑功能。组合逻辑电路的分析步骤如下:

①由逻辑图写出逻辑表达式并进行化简;

②列出最简逻辑函数的真值表;

③依据真值表分析逻辑功能。

【例 7.5.1】 写出图 7.5.1 所示电路的逻辑表达式,并分析电路的逻辑功能。

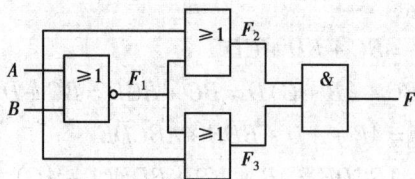

图 7.5.1 例 7.5.1 的逻辑图

解 ①由逻辑图写出逻辑表达式并化简:

$$F_1 = \overline{A + B}$$

$$F_2 = \overline{F_1 + A} = \overline{\overline{A + B} + A}$$

$$F_3 = \overline{F_1 + B} = \overline{\overline{A + B} + B}$$

$$F = F_2 \cdot F_3 = (\overline{\overline{A + B} + A})(\overline{\overline{A + B} + B}) = (\overline{A} \cdot \overline{B} + A)(\overline{A} \cdot \overline{B} + B)$$

$$= \overline{A} \cdot \overline{B} + AB$$

②依据最简逻辑表达式列真值表,见表 7.5.1。

③分析逻辑功能。

表 7.5.1　例 7.5.1 的真值表

A	B	F
0	0	1
0	1	0
1	0	0
1	1	1

由表 7.5.1 可以看出,输入变量相同时输出为"1",否则,输出为"0",说明该电路完成的是同或功能。

【例 7.5.2】　写出图 7.5.2 所示电路的逻辑表达式,并分析电路的逻辑功能。

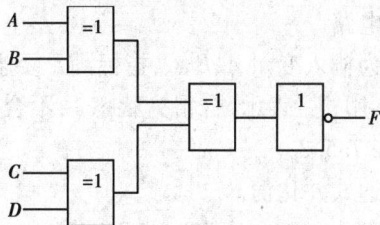

图 7.5.2　例 7.5.2 的逻辑图

解　①由逻辑图写出逻辑表达式:

$$F = \overline{(A \oplus B) \oplus (C \oplus D)}$$

②由逻辑表达式列出真值表,见表 7.5.2。

③分析逻辑功能。

表 7.5.2　例 7.5.2 的真值表

A	B	C	D	F	A	B	C	D	F
0	0	0	0	1	1	0	0	0	0
0	0	0	1	0	1	0	0	1	1
0	0	1	0	0	1	0	1	0	1
0	0	1	1	1	1	0	1	1	0
0	1	0	0	0	1	1	0	0	1
0	1	0	1	1	1	1	0	1	0
0	1	1	0	1	1	1	1	0	0
0	1	1	1	0	1	1	1	1	1

由表 7.5.2 可以看出,当四个输入变量中有偶数个"1"时,输出为"1",否则,输出为"0"。这样从输出端的状态,可以判断输入端"1"的个数是否为偶数,因此,这是一个判偶电路。

7.5.2　组合逻辑电路的设计

组合逻辑电路的设计就是根据给出的实际逻辑问题,求出实现这一逻辑功能的最简逻辑电路。

组合逻辑电路的设计步骤如下:

①由题意抽象出输入变量和输出变量,并给变量赋值;

在进行逻辑抽象时,首先要分析事件的因果关系,然后确定逻辑变量。通常将引起事件的原因作为输入变量,而将事件的结果作为输出变量。其次,用"1""0"分别表示输入、输出变量的两种状态。这里的"1"和"0"的具体含义由设计者设定。

②依据题意列出真值表。

③由真值表写逻辑表达式并进行化简。

④根据化简后的逻辑表达式画出逻辑图。

【例 7.5.3】 某产品有 A、B、C 三项指标,只要有任意两项指标满足要求,产品就合格,用与非门设计一个产品质量检验电路。

解　①设产品的三个指标为输入变量 A、B、C,指标满足要求为状态 1,不满足要求为状态 0;产品是否合格设为输出变量,用"F"表示,合格为状态 1,不合格为状态 0。

②由题意列出真值表,见表 7.5.3。

③依据真值表写出逻辑表达式并化简。

$$F = \overline{A}BC + A\overline{B}C + AB\overline{C} + ABC$$
$$= \overline{A}BC + A\overline{B}C + AB\overline{C} + ABC + ABC + ABC$$
$$= AB(\overline{C} + C) + BC(\overline{A} + A) + AC(\overline{B} + B)$$
$$= AB + BC + AC$$

若用与非门实现,则

$$F = \overline{\overline{AB + BC + AC}} = \overline{\overline{AB} \cdot \overline{BC} \cdot \overline{AC}}$$

④画出逻辑图,如图 7.5.3 所示。

表 7.5.3　例 7.5.3 的真值表

A	B	C	F
0	0	0	0
0	0	1	0
0	1	0	0
0	1	1	1
1	0	0	0
1	0	1	1
1	1	0	1
1	1	1	1

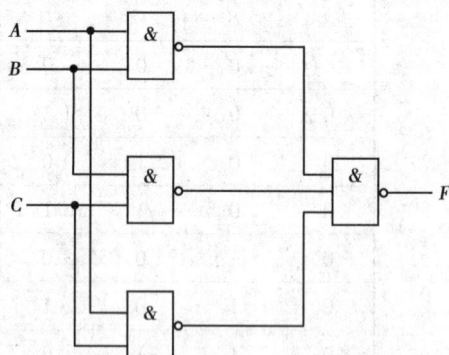

图 7.5.3　例 7.5.3 的逻辑图

【练习与思考】

7.5.1　组合逻辑电路有什么特点？

7.5.2　简述组合逻辑电路的分析和设计步骤。

7.6　加　法　器

数字系统的基本任务之一是进行算术运算。加法器是用来进行二进制加法运算的组合逻辑电路，因为在数字计算机中，两个二进制数之间的加、减、乘、除运算均可化作若干步加法运算来实现，所以加法器便是数字系统和计算机中最基本的运算单元。

7.6.1　半加器

只考虑两个一位二进制数相加，即只求本位的和，不考虑低位送来的进位数的加法运算就称为半加。实现半加运算的逻辑电路称为半加器。

设 A、B 是二进制数的第 i 位数的两个加数，S 为 A、B 相加的本位和（半加和），C 为向高位进位的进位数。根据两个二进制数相加的情况，可列出半加器的逻辑状态表，见表 7.6.1。

表 7.6.1　半加器逻辑状态表

输　　入		输　　出	
A	B	S	C
0	0	0	0
0	1	1	0
1	0	1	0
1	1	0	1

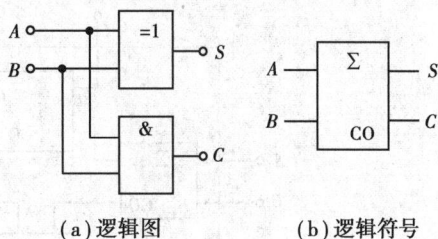

(a) 逻辑图　　　　　　(b) 逻辑符号

图 7.6.1　半加器

由逻辑状态表可得逻辑表达式，即

$$S = \overline{A}B + A\overline{B} = A \oplus B$$

$$C = AB$$

根据逻辑式可画出由异或门和与门组成的半加器，如图 7.6.1(a) 所示。图 7.6.1(b) 为半加器的逻辑符号。

7.6.2　全加器

除了两个一位二进制数进行相加，还考虑相邻低位的进位，即将两个对应位的加数与来自低位的进位数，三个数相加的二进制加法运算就称为全加，实现全加运算的逻辑电路称为全加器。

设 A_i、B_i 为二进制数第 i 位的两个加数，C_{i-1} 为低位（第 $i-1$ 位）送来的进位数，S_i 为本位（第 i 位）的全加和数，C_i 为第 i 位向高位（第 $i+1$ 位）的进位数。全加器的逻辑状态表见表 7.6.2。

表 7.6.2　全加器逻辑状态表

输　入			输　出	
A_i	B_i	C_{i-1}	S_i	C_i
0	0	0	0	0
0	0	1	1	0
0	1	0	1	0
0	1	1	0	1
1	0	0	1	0
1	0	1	0	1
1	1	0	0	1
1	1	1	1	1

由逻辑状态表可得逻辑表达式,即

$$S_i = \overline{A_i}\,\overline{B_i}C_{i-1} + \overline{A_i}B_i\overline{C_{i-1}} + A_i\overline{B_i}\,\overline{C_{i-1}} + A_iB_iC_{i-1} = A_i \oplus B_i \oplus C_{i-1}$$
$$C_i = (A_i \oplus B_i)C_{i-1} + A_iB_i$$

根据逻辑式可画出由两个半加器和一个或门组成的全加器,如图 7.6.2(a)所示。图 7.6.2(b)为全加器的逻辑符号。

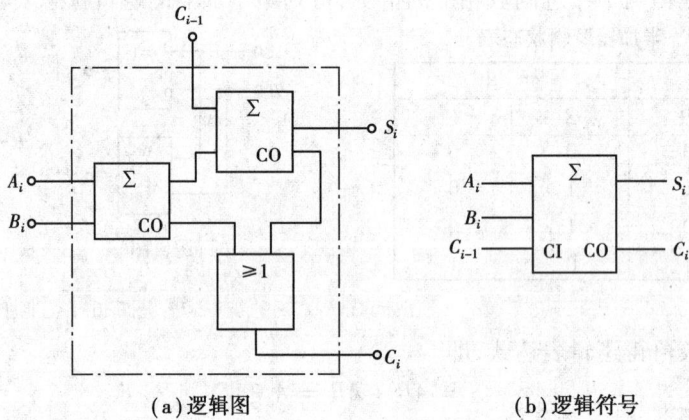

(a)逻辑图　　　　　　　　(b)逻辑符号

图 7.6.2　全加器

7.6.3　加法器

以上讨论的全加器可实现两个一位二进制数相加。显然,要实现两个多位二进制数相加,可用多个一位全加器级联实现。图 7.6.3 是一个四位二进制数并行相加、串行进位的加法器逻辑图。由图可以看出,它是将低位全加器的进位输出 CO 接到高位的进位输入 CI。因每一位的加法运算都必须在低一位的运算完成之后才能进行,所以称为串行进位加法器。这种加法器的特点是:电路简单、连接方便,但运算速度不高。为了提高运算速度,可采用超前进位的方式。

超前进位就是在作加法运算的同时,利用快速进位电路将各进位数也求出来,不再需要逐级等待低位送来的进位信号,从而加快了运算速度。用超前进位方式构成的加法器称为超前进位加法器。图 7.6.4 给出了四位二进制超前进位加法器的型号及外引线排列图,其中图(a)为 CMOS 集成电路,图(b)为 TTL 集成电路。

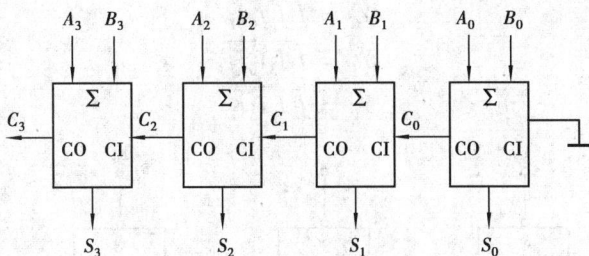

图 7.6.3　四位二进制串行进位加法器

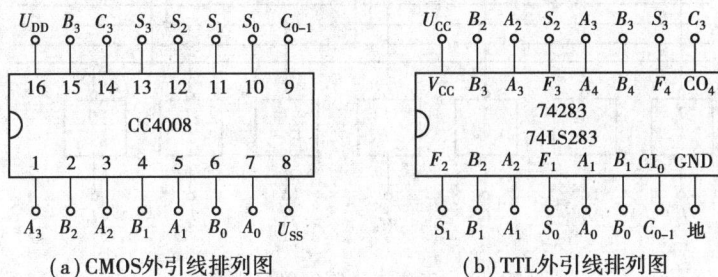

（a）CMOS外引线排列图　　　（b）TTL外引线排列图

图 7.6.4　四位二进制超前进位加法器

【练习与思考】

7.6.1　二进制加法运算与逻辑加法运算的含义有何不同？

7.6.2　试说明 $1+1=2,1+1=10,1+1=1$ 各式的含义？

7.6.3　试说明何为半加器？何为全加器？

7.7　编　码　器

在数字系统中,常需要将某一信息(输入)变换为某一特定的代码(输出)。将二进制数码"0"和"1"按一定的规律编排,组成不同的代码,并给予特定的含义(代表某个数或信号)称为编码。具有编码功能的逻辑电路称为编码器。按照被编信号的不同特点和要求,编码器可分为二进制编码器、二-十进制编码器、优先编码器等。

7.7.1　二进制编码器

用 n 位二进制代码对 $N=2^n$ 个输入信号进行编码的电路称为二进制编码器。

因为 n 位二进制代码有 2^n 种状态组合,故可以用来表示 2^n 个信号。例如,图 7.7.1 是三位二进制编码器的逻辑图,它的输入是 8 个需要进行编码的信号,用 $I_0 \sim I_7$ 表示,输出是对应的三位二进制代码,用 Y_0、Y_1、Y_2 表示,故 $N=2^n=8,n=3$。这种编码器通常称为 8 线-3 线编码器。常见的还有 4 线-2 线、16 线-4 线编码器等。

由图 7.7.1 的逻辑图可写出该编码器输出的逻辑表达式,即

$$Y_2 = \overline{\overline{I_4}\,\overline{I_5}\,\overline{I_6}\,\overline{I_7}}$$

$$Y_1 = \overline{\overline{I_2}\,\overline{I_3}\,\overline{I_6}\,\overline{I_7}}$$

$$Y_0 = \overline{\overline{I_1}\,\overline{I_3}\,\overline{I_5}\,\overline{I_7}}$$

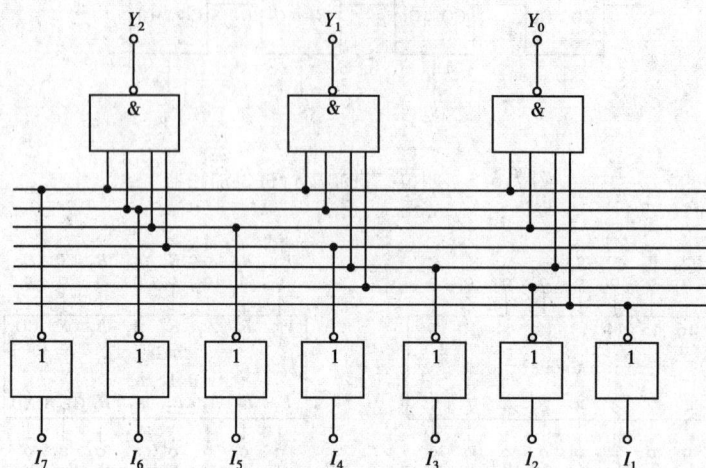

图 7.7.1　三位二进制编码器逻辑图

根据逻辑表达式列出逻辑状态表,见表7.7.1。由表中可知,当某一个输入信号为高电平"1"时,三个输出端的取值是三位二进制编码000 ~ 111中对应的一组代码。例如,当 $I_6 = 1$,其余为0时,输出为110。需要指出,在图7.7.1中,对 I_0 的编码是隐含的,即当 $I_1 \sim I_7$ 均为0时,输出000就是 I_0 的编码。因此,图中可省略 I_0 输入的非门。

表 7.7.1　三位二进制编码器逻辑状态表

输　入	输　出		
	Y_2	Y_1	Y_0
I_0	0	0	0
I_1	0	0	1
I_2	0	1	0
I_3	0	1	1
I_4	1	0	0
I_5	1	0	1
I_6	1	1	0
I_7	1	1	1

7.7.2　二-十进制编码器

二-十进制编码器是指用四位二进制代码表示一位十进制数的编码电路。因这种编码器的输入是0 ~ 9的10个数码,输出是对应的四位二进制代码,故也称为10线-4 线编码器。由于四位二进制代码共有16种组合状态,而一位十进制数共10个数字(0 ~ 9)只用其中10个状态,所以二-十进制代码(又称 BCD 码)的编码方案很多。最常见的是 8421BCD 码编码器,其逻辑图如图 7.7.2 所示,图中输入信号 $I_0 \sim I_9$ 代表 $0 \sim 9$ 的 10 个十进制数码,输出信号 $Y_0 \sim Y_3$ 为相应的二进制代码,图中对 I_0 的编码也是隐含的。

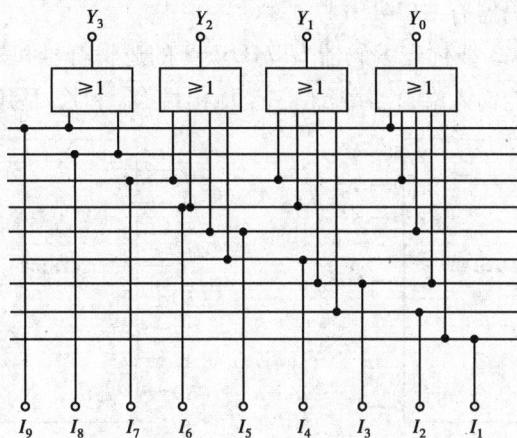

图 7.7.2　二-十进制编码器逻辑图

由图 7.7.2 的逻辑图可写出各输出的逻辑表达式,即

$$Y_3 = I_8 + I_9$$
$$Y_2 = I_4 + I_5 + I_6 + I_7$$
$$Y_1 = I_2 + I_3 + I_6 + I_7$$
$$Y_0 = I_1 + I_3 + I_5 + I_7 + I_9$$

根据逻辑表达式列出逻辑状态表,见表 7.7.2。

表 7.7.2　二-十进制编码器逻辑状态表

输　入	输　出			
十进制数	Y_3	Y_2	Y_1	Y_0
0 (I_0)	0	0	0	0
1 (I_1)	0	0	0	1
2 (I_2)	0	0	1	0
3 (I_3)	0	0	1	1
4 (I_4)	0	1	0	0
5 (I_5)	0	1	0	1
6 (I_6)	0	1	1	0
7 (I_7)	0	1	1	1
8 (I_8)	1	0	0	0
9 (I_9)	1	0	0	1

7.7.3　优先编码器

以上介绍的两种编码器,输入信号都是相互排斥的,即任意时刻只允许有一个输入信号出现,如果同时有两个或两个以上的输入信号要求编码,输出端就会发生混乱,出现错误。优先编码器的功能是允许在几个输入端同时出现信号,但是电路只对其中优先级别最高的一个进行编码,级别低的信号不起作用。常用的集成 8 线-3 线优先编码器有 CT74LS148,10 线-4 线(8421BCD 输出)优先编码器有 CT74LS147。

图 7.7.3 是集成 8 线-3 线优先编码器 CT74LS148 的逻辑符号和外引线排列图。图中 $\overline{I}_0$ ~ $\overline{I}_7$ 是信号输入端,$\overline{S}$ 是使能输入端,$\overline{Y}_0$ ~ $\overline{Y}_2$ 是三个输出端,$\overline{Y}_S$ 和 $\overline{Y}_{EX}$ 是用于扩展功能的输出端。

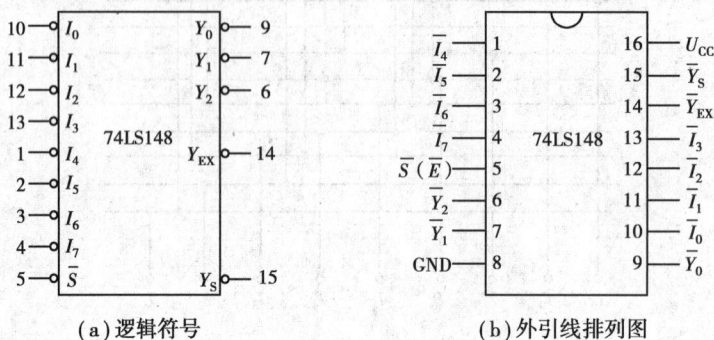

(a)逻辑符号　　　　　　(b)外引线排列图

图 7.7.3　74LS148 优先编码器

74LS148 的逻辑功能表见表 7.7.3。表中符号"×"表示任意态。

表 7.7.3　优先编码器 74LS148 功能表

输　入									输　出				
$\overline{S}$	$\overline{I}_7$	$\overline{I}_6$	$\overline{I}_5$	$\overline{I}_4$	$\overline{I}_3$	$\overline{I}_2$	$\overline{I}_1$	$\overline{I}_0$	$\overline{Y}_2$	$\overline{Y}_1$	$\overline{Y}_0$	$\overline{Y}_{EX}$	$\overline{Y}_S$
1	×	×	×	×	×	×	×	×	1	1	1	1	1
0	1	1	1	1	1	1	1	1	1	1	1	1	0
0	0	×	×	×	×	×	×	×	0	0	0	0	1
0	1	0	×	×	×	×	×	×	0	0	1	0	1
0	1	1	0	×	×	×	×	×	0	1	0	0	1
0	1	1	1	0	×	×	×	×	0	1	1	0	1
0	1	1	1	1	0	×	×	×	1	0	0	0	1
0	1	1	1	1	1	0	×	×	1	0	1	0	1
0	1	1	1	1	1	1	0	×	1	1	0	0	1
0	1	1	1	1	1	1	1	0	1	1	1	0	1

由功能表可知,输入、输出均为反变量。输入 $\overline{I}_0$ ~ $\overline{I}_7$ 对低电平有效,即有信号时,输入为"0"。$\overline{I}_7$ 为最高优先级,$\overline{I}_0$ 为最低优先级。当 $\overline{I}_7 = 0$ 时,不管其他输入端是"0"还是"1",输出只对 $\overline{I}_7$ 编码,且对应的输出为反码有效,$\overline{Y}_2\overline{Y}_1\overline{Y}_0 = 000$;当 $\overline{I}_7 = 1$,$\overline{I}_6 = 0$ 时,输出只对 $\overline{I}_6$ 编码,即 $\overline{Y}_2\overline{Y}_1\overline{Y}_0 = 001$;……只有当 $\overline{I}_7$ ~ $\overline{I}_1$ 都为"1",$\overline{I}_0 = 0$ 时,输出才对 $\overline{I}_0$ 编码,对应输出为 $\overline{Y}_2\overline{Y}_1\overline{Y}_0 = 111$。

输入端 $\bar{S}$ 控制编码器的工作状态。$\bar{S}=0$ 时,允许编码,$\bar{S}=1$ 时,禁止编码。故 $\bar{S}$ 端称为使能端(也称控制端或选通端)。$\bar{Y}_S$ 为使能输出端,主要用于编码器的级联和扩展。当 $\bar{S}=0$ 允许工作时,若 $\bar{I}_0 \sim \bar{I}_7$ 有信号输入,$\bar{Y}_S=1$;若 $\bar{I}_0 \sim \bar{I}_7$ 无信号输入,$\bar{Y}_S=0$。$\bar{Y}_{EX}$ 为扩展输出端,也用于编码器的级联。当 $\bar{S}=0$ 时,只要有编码信号,$\bar{Y}_{EX}=0$。当编码器多级连接时,$\bar{Y}_{EX}$ 可作为编码输出位的扩展。

74LS148 编码器的应用非常广泛。常用于优先中断系统和键盘编码。例如,常用的计算机键盘,其内部就是一个字符编码器。此外,还可以用两片 74LS148 扩展为 16 线-4 线优先编码器,也可以用一片 74LS148 实现 10 线-4 线优先编码器等。

7.8 译码器和数字显示电路

译码是编码的逆过程。译码就是将若干位二进制代码按其编码时的原意翻译成对应的信号或十进制代码输出。具有译码功能的电路称为译码器。译码器是一个有多个输入端、多个输出端的组合逻辑电路。

译码器的种类很多,使用最多的是二进制译码器(也称变量译码器)、二-十进制译码器(也称代码变换译码器)和显示译码器。

7.8.1 二进制译码器

二进制译码器是将输入的二进制代码的所有组合状态都翻译出来的电路。如输入信号是 n 位二进制代码,则输出信号为 m 个($m=2^n$)。

图 7.8.1 是三位二进制译码器的逻辑图。它的输入是三位二进制代码 $A_2 A_1 A_0$,输出是对应的 8 个状态译码 $Y_0 \sim Y_7$,故又称为 3 线-8 线译码器。

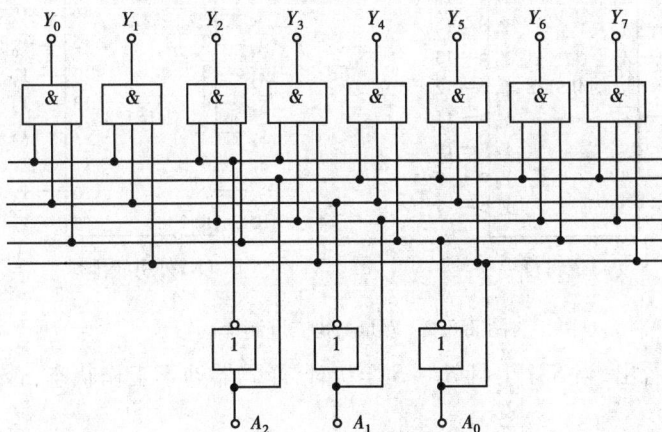

图 7.8.1 三位二进制译码器逻辑图

由图 7.8.1 逻辑图可写出各输出的逻辑表达式,即

$$Y_0 = \bar{A}_2 \bar{A}_1 \bar{A}_0 \qquad Y_1 = \bar{A}_2 \bar{A}_1 A_0$$

$$Y_2 = \bar{A}_2 A_1 \bar{A}_0 \qquad Y_3 = \bar{A}_2 A_1 A_0$$

$$Y_4 = A_2\overline{A_1}\,\overline{A_0} \qquad Y_5 = A_2\overline{A_1}A_0$$
$$Y_6 = A_2A_1\overline{A_0} \qquad Y_7 = A_2A_1A_0$$

根据逻辑表达式列出逻辑状态表,见表7.8.1。

从表中可知,当输入一个三位二进制代码后,输出中只有一个为高电平与之对应,其余的均为低电平。如当 $A_2A_1A_0 = 110$ 时,输出只有 Y_6 为高电平,其他均为低电平。

表7.8.1 三位二进制译码器逻辑状态表

输 入			输 出							
A_2	A_1	A_0	Y_0	Y_1	Y_2	Y_3	Y_4	Y_5	Y_6	Y_7
0	0	0	1	0	0	0	0	0	0	0
0	0	1	0	1	0	0	0	0	0	0
0	1	0	0	0	1	0	0	0	0	0
0	1	1	0	0	0	1	0	0	0	0
1	0	0	0	0	0	0	1	0	0	0
1	0	1	0	0	0	0	0	1	0	0
1	1	0	0	0	0	0	0	0	1	0
1	1	1	0	0	0	0	0	0	0	1

若将图7.8.1所示电路中的与门换成与非门,并将输出信号写成反变量,则可构成输出为反变量(低电平有效)的三位二进制译码器。如果将电路加上控制门制作在一个芯片上,便构成集成3线-8线译码器。

图7.8.2是集成3线-8线译码器 CT74LS138 的逻辑符号和外引线排列图。它除了有三个代码 A_2、A_1、A_0 输入端外,还增加了三个控制输入端 S_1、$\overline{S_2}$、$\overline{S_3}$(也称为选通或片选输入端),可用于译码器的级联和功能扩展。其逻辑功能表见表7.8.2。

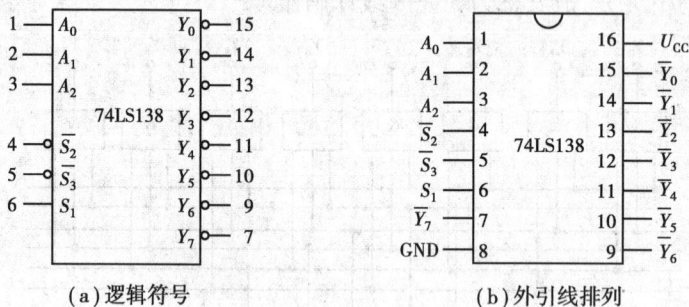

(a)逻辑符号　　　　　(b)外引线排列

图7.8.2 74LS138 二进制译码器

由功能表可以看出,当 $S_1 = 1$ 且 $\overline{S_2} + \overline{S_3} = 0$ 时,译码器处于工作状态,否则,译码器被禁止译码。

常用的二进制译码器还有 2 线-4 线译码器(如 74LS139)和 4 线-16 线译码器(如 74LS154)等。还可以用两片 3 线-8 线译码器构成 4 线-16 线译码器。这类译码器的用途很广,在计算机中常用作地址译码器或指令译码器,在数字系统中可用作数据分配器。

图7.8.3是用 74LS138 译码器作为数据分配器的逻辑原理图。所谓数据分配器,就是将一条通道上输入的数据 D,按要求分配到不同的通道输出的电路。这里使能端 S_1 作为数据输

表 7.8.2　CT74LS138 功能表

输入					输出							
使能	控制	选择										
S_1	$\overline{S_2}+\overline{S_3}$	A_2	A_1	A_0	$\overline{Y_0}$	$\overline{Y_1}$	$\overline{Y_2}$	$\overline{Y_3}$	$\overline{Y_4}$	$\overline{Y_5}$	$\overline{Y_6}$	$\overline{Y_7}$
×	1	×	×	×	1	1	1	1	1	1	1	1
0	×	×	×	×	1	1	1	1	1	1	1	1
1	0	0	0	0	0	1	1	1	1	1	1	1
1	0	0	0	1	1	0	1	1	1	1	1	1
1	0	0	1	0	1	1	0	1	1	1	1	1
1	0	0	1	1	1	1	1	0	1	1	1	1
1	0	1	0	0	1	1	1	1	0	1	1	1
1	0	1	0	1	1	1	1	1	1	0	1	1
1	0	1	1	0	1	1	1	1	1	1	0	1
1	0	1	1	1	1	1	1	1	1	1	1	0

入端,$\overline{S_2}$、$\overline{S_3}$ 接低电平或地。$A_2A_1A_0$ 作为选择输出通道的地址码输入端。从 S_1 端输入的数据只能通过由 $A_2A_1A_0$ 取值指定的一根输出线送出。例如,当 $A_2A_1A_0=101$ 时,由功能表可知,被选中的输出端为 Y_5,这时只有 Y_5 输出数据 D 的反码($D=1,Y_5=0;D=0,Y_5=1$),而其他输出端均为高电平"1"。

如果将数据 D 同时加到 $\overline{S_2}$、$\overline{S_3}$,而 S_1 接高电平,则在相应的输出端将得到数据 D 的原码输出。

7.8.2　二-十进制译码器

二-十进制译码器是将输入的四位 BCD 码译成对应的 10 个信号输出的电路。由于它有 4 个输入端和 10 个输出端,故又称为 4 线-10 线译码器。例如,CT74LS42 就是一种 8421BCD 码输入的 4 线-10 线译码器。图 7.8.4 是 CT74LS42 的逻辑符号和外引线排列图,其逻辑功能表见表 7.8.3。

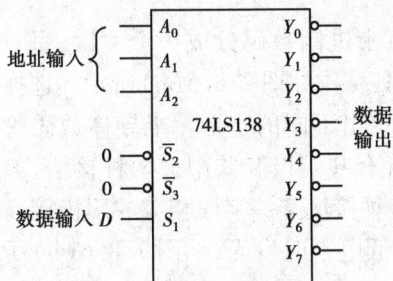

图 7.8.3　数据分配器逻辑图

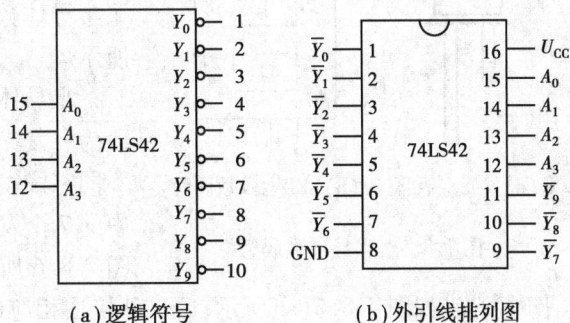

(a)逻辑符号　　　　　　(b)外引线排列图

图 7.8.4　CT74LS42 二-十进制译码器

表 7.8.3　CT74LS42 功能表

输　　入				输　　出									
A_3	A_2	A_1	A_0	$\overline{Y_0}$	$\overline{Y_1}$	$\overline{Y_2}$	$\overline{Y_3}$	$\overline{Y_4}$	$\overline{Y_5}$	$\overline{Y_6}$	$\overline{Y_7}$	$\overline{Y_8}$	$\overline{Y_9}$
0	0	0	0	0	1	1	1	1	1	1	1	1	1
0	0	0	1	1	0	1	1	1	1	1	1	1	1
0	0	1	0	1	1	0	1	1	1	1	1	1	1
0	0	1	1	1	1	1	0	1	1	1	1	1	1
0	1	0	0	1	1	1	1	0	1	1	1	1	1
0	1	0	1	1	1	1	1	1	0	1	1	1	1
0	1	1	0	1	1	1	1	1	1	0	1	1	1
0	1	1	1	1	1	1	1	1	1	1	0	1	1
1	0	0	0	1	1	1	1	1	1	1	1	0	1
1	0	0	1	1	1	1	1	1	1	1	1	1	0

可以看出,74LS42 二-十进制译码器输出为低电平有效。它能自动拒绝伪码,即当输入的代码为 1010～1111 这六种状态时,电路不予响应,输出全为"1",输出端均处于无效状态。

7.8.3　显示译码器

在数字系统中,常常需要将测量或处理的结果(数字量)直接用十进制数显示出来。显示译码器便是与显示器件配套使用的译码器。由于显示器件的工作方式不同,显示译码器的电路也不相同。常用的显示器件有半导体显示器、荧光数字显示器和液晶数字显示器等。下面介绍半导体显示器和七段显示译码器。

(1)半导体显示器

半导体显示器是由发光二极管(简称 LED)组成,因此又称为 LED 显示器。

发光二极管的基本结构是用某些特殊半导体材料(如磷砷化镓)制成的 PN 结。当外加一定正向电压时,其中的电子可以直接与空穴复合,放出光子,即将电能转换为光能,发出一定波长的可见光。它可以封装成单个的发光二极管,也可封装成分段式或者点阵式的显示器件。如将 7 个 PN 结发光段(若加小数点则为 8 个)封装在一起,就构成了半导体数码管(又称 LED 七段显示器),如图 7.8.5 所示。

半导体数码管将十进制数码分成 7 个字段,每一段为一发光二极管,其结构如图 7.8.5(b)所示。选择不同字段发光,可显示出不同的字形。半导体数码管中的 7 个发光二极管有共阴极和共阳极两种接法,如图 7.8.6 所示。前一种接法某一字段相应的阳极接高电平时发光,如图 7.8.6(a)所示;后一种接法相应的阴极接低电平时发光,如图 7.8.6(b)所示。使用时每一个二极管要串联限流电阻。

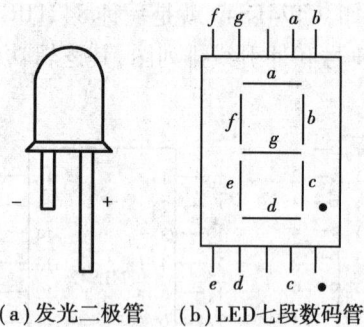

(a)发光二极管　(b)LED七段数码管

图 7.8.5　半导体数码管

半导体显示器件的特点是清晰悦目,工作电压低(1.5～3 V),电流小,体积小,寿命长,响应速度快,颜色丰富(有红、绿、黄等色),工作可靠。

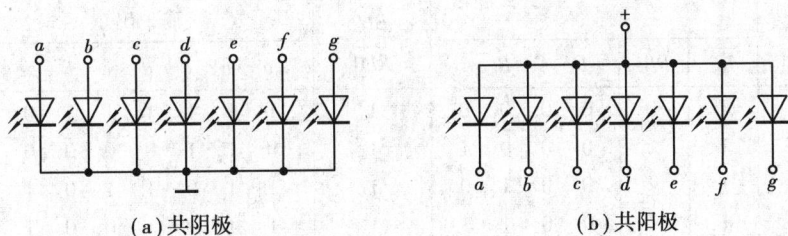

（a）共阴极　　　　　　　　　　　　（b）共阳极

图 7.8.6　半导体数码管的接法

（2）七段显示译码器

七段显示译码器是将输入的 8421BCD 码译成对应于数码管的 7 个字段的信号,以便驱动七段显示器,显示出十进制数码。图 7.8.7 是七段显示译码器和七段显示器的连接示意图。

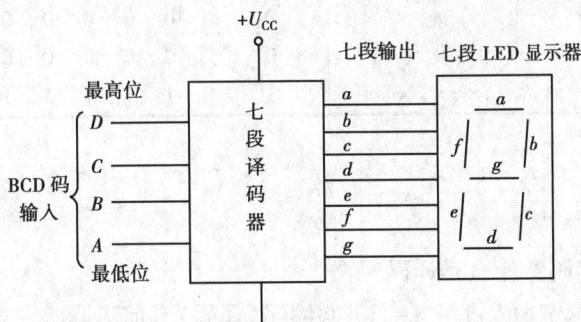

图 7.8.7　七段显示译码器和七段显示器的连接示意图

适用于七段字形共阴极数码管的七段显示译码器有 CT74LS48、CT74LS49,适用于七段字形共阳极数码管的七段显示译码器有 CT74LS47 等。

图 7.8.8 是 C74LS48 的逻辑符号和外引线排列图。它有 4 个输入端 $ABCD$ 和 7 个输出端 $a \sim g$,$a \sim g$ 与七段共阴极数码管相接。为了使用方便,还增加了试灯、灭无效零、灭灯的功能,对应的输入端分别为试灯输入端 LT,灭零输入端 $\overline{RBI}$ 和灭灯输入 $\overline{BI/RBO}$ 输出端。其逻辑功能表见表 7.8.4。

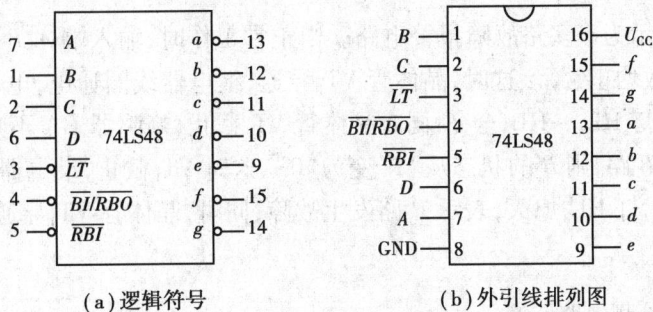

（a）逻辑符号　　　　　　　　　　　（b）外引线排列图

图 7.8.8　74LS48 显示译码器

227

表 7.8.4　CT74LS48 七段译码器功能表

十进制数或功能	输　入						$\overline{BI}/\overline{RB0}$	输　出							显示
	$\overline{LT}$	$\overline{RBI}$	D	C	B	A		a	b	c	d	e	f	g	
0	1	1	0	0	0	0	1	1	1	1	1	1	1	0	0
1	1	×	0	0	0	1	1	0	1	1	0	0	0	0	1
2	1	×	0	0	1	0	1	1	1	0	1	1	0	1	2
3	1	×	0	0	1	1	1	1	1	1	1	0	0	1	3
4	1	×	0	1	0	0	1	0	1	1	0	0	1	1	4
5	1	×	0	1	0	1	1	1	0	1	1	0	1	1	5
6	1	×	0	1	1	0	1	0	0	1	1	1	1	1	6
7	1	×	0	1	1	1	1	1	1	1	0	0	0	0	7
8	1	×	1	0	0	0	1	1	1	1	1	1	1	1	8
9	1	×	1	0	0	1	1	1	1	1	1	0	1	1	9
灭灯	×	×	×	×	×	×	0	0	0	0	0	0	0	0	全灭
灭零	1	0	0	0	0	0	0	0	0	0	0	0	0	0	全灭
试灯	0	×	×	×	×	×	0	1	1	1	1	1	1	1	8

【练习与思考】

7.8.1　什么是编码？什么是译码？

7.8.2　二进制编码（译码）与二-十进制编码（译码）有何不同？

7.8.3　在图 7.8.7 中,如欲使共阴极数码管显示出字形"5",则应使发光二极管 $a \sim g$ 中的哪几段导通发光？哪几段截止不发光？若驱动电路采用 74LS48 显示译码器,则这时译码器输入 $DCBA$ 对应的代码是什么？输出 $a \sim g$ 对应的段码是什么？

7.9　应用举例

7.9.1　多路故障报警电路

如图 7.9.1 所示为一多路故障报警电路。当正常工作时,输入端 A、B、C、D 均为"1"（表示温度、压力等参数均正常）。这时,晶体管 VT_1 导通,继电器线圈通电,电动机 M 正常运转,并且各路状态指示灯 $HL_A \sim HL_D$ 全亮;同时晶体管 VT_2 截止,蜂鸣器 HA 不响。若系统中某一路出现故障,例如,B 路,则 B 的状态从"1"变为"0",这时 VT_1 截止,继电器线圈断电,电动机停止转动,并且指示灯 HL_B 熄灭,表示 B 路发生故障;同时,晶体管 VT_2 导通,蜂鸣器 HA 发出报警声响。

7.9.2　水位检测电路

如图 7.9.2 所示是用 CMOS 与非门组成的水位检测电路。当水箱无水时,检测杆上的铜

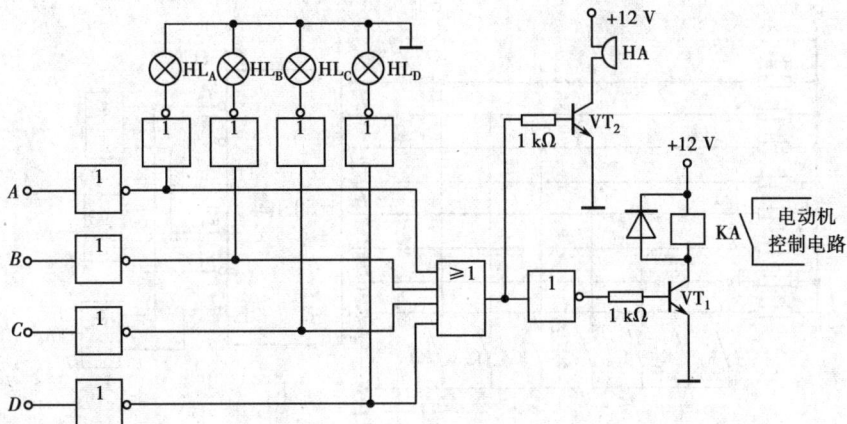

图 7.9.1　多路故障报警电路

箍 $A \sim D$ 与 U 端(电源正极)之间断开,与非门 $G_1 \sim G_4$ 的输入端均为低电平,输出端均为高电平。调整 3.3 kΩ 电阻的阻值,可使发光二极管处于微导通状态,微亮度适中。

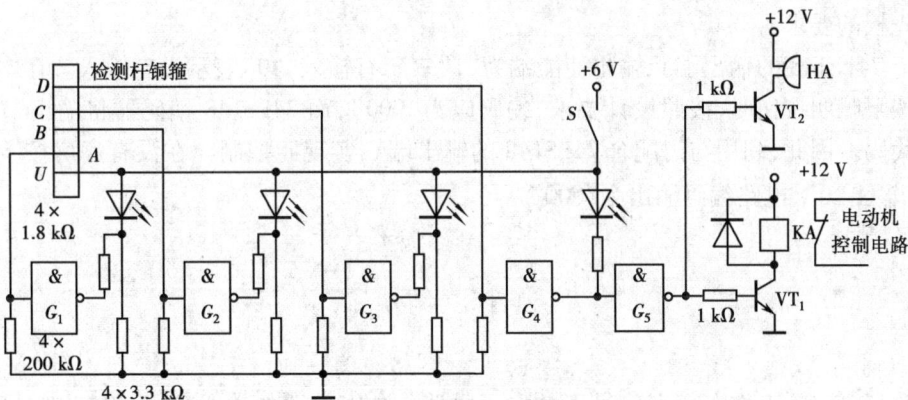

图 7.9.2　水位检测电路

当水箱注水时,先注到高度 A,U 与 A 之间通过水接通,这时 G_1 门的输入为高电平,输出为低电平,将发光二极管点亮。随着水位的升高,G_2、G_3、G_4 门的输出也依次变为低电平,发光二极管依次点亮。当最后一个发光二极管点亮时,说明水已注满。这时 G_5 门输出为高电平,使晶体管 VT_1 和 VT_2 导通。VT_1 导通,使电动机的控制电路断开,电动机停止工作,不注水。VT_2 导通,使蜂鸣器 HA 发出报警声。

7.9.3　病房呼叫系统

图 7.9.3 为病房呼叫系统中按钮优先级别识别电路。某医院有 7 个病房,室内设有紧急呼叫开关,1 号病房的优先级别最高,其控制开关为 K_1,其他病房的级别依次递减,7 号病房的优先级别最低,其控制开关为 K_7。

该电路采用 8-3 线优先编码器 74LS148 编码。由于 74LS148 的 $\overline{I_7}$ 数据端优先级别最高,$\overline{I_0}$ 优先级别最低,并且输入端低电平代表请求编码,输出的是反码。因此,各病房的呼叫开关应设计成按下输出低电平"0",断开输出高电平"1",并且将 1 号病房的开关信号接到编码器的

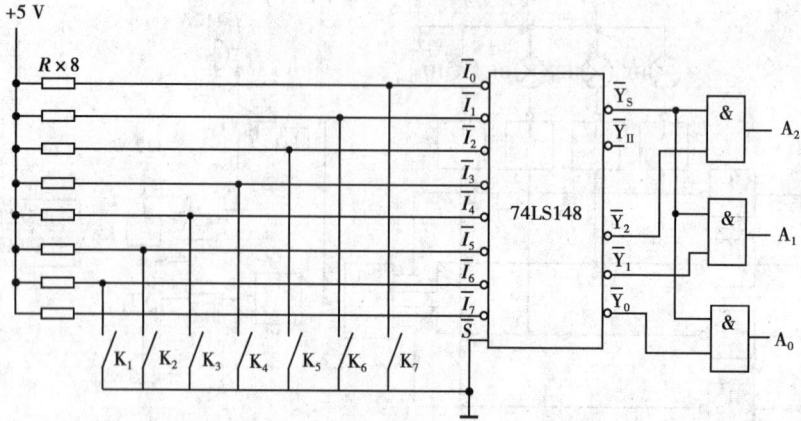

图 7.9.3　病房呼叫系统

$\overline{I_6}$端,编码输出刚好为"001",其余类推;7 号病房的开关信号接到编码器的$\overline{I_0}$端,编码输出刚好为"111"。当 1 号病房的按钮按下时,无论其他病房的按钮是否按下,电路输出为"001",当 7 个病房中有若干个请求呼叫开关合上时,编码器的输出为当前相对优先级别最高病房的代码,完成优先权的要求。

由于 74LS148 的输出端$\overline{Y_S}$输出使能端为"1"表示有输入,"0"表示没有输入。在本例中没有病房按下呼叫按钮时,按照设计要求,编码应为"000",而 74LS148 编码器将输出"111",产生错误代码。因此,利用与门配合 74LS148 的输出端$\overline{Y_S}$实现此控制。在没有病房按下呼叫按钮时,$\overline{Y_S}$输出"0",电路编码输出为"000"。

小　结

1. 数字电路是工作在数字信号下的电子电路。数字电路的输入信号和输出信号都只有"1"和"0"两种状态,它们之间存在一定的逻辑关系,所以数字电路也称为逻辑电路。在正逻辑系统中,规定"1"代表高电平,"0"代表低电平。

2. 门电路是实现各种逻辑关系的基本电路,是组成数字电路的基本逻辑单元。最基本的逻辑门是与门、或门、非门,它们分别代表输出与输入之间与、或、非三种逻辑关系。由它们组合而成的复合门主要有与非门、或非门、与或非门、异或门等。门电路的逻辑功能可用逻辑符号、逻辑表达式、逻辑状态表等表示。门电路可由分立元件构成,也可由集成电路构成。集成电路主要分 TTL 和 CMOS 两大类。由于集成电路价格便宜,体积小,使用方便,因而被广泛采用。

3. 逻辑函数有逻辑表达式、真值表、逻辑图、卡诺图等表示方法,各种表示方法之间可以进行相互转换。

4. 通过逻辑函数的化简,可以得到简单的逻辑表达式、逻辑图,并搭建出简单的逻辑电路,可以节省器件和材料,并能提高电路的可靠性。用于逻辑函数代数化简法的基本公式及常用公式如下:

(1)逻辑代数的基本公式

01律	$(1)A \cdot 1 = A$ $(3)A \cdot 0 = 0$	$(2)A + 0 = A$ $(4)A + 1 = 1$
交换律	$(5)A \cdot B = B \cdot A$	$(6)A + B = B + A$
结合律	$(7)A \cdot (B \cdot C) = (A \cdot B) \cdot C$	$(8)A + (B + C) = (A + B) + C$
分配律	$(9)A \cdot (B + C) = A \cdot B + A \cdot C$	$(10)A + (B \cdot C) = (A + B)(A + C)$
互补律	$(11)A \cdot \overline{A} = 0$	$(12)A + \overline{A} = 1$
重叠律	$(13)A \cdot A = A$	$(14)A + A = A$
反演律	$(15)\overline{A \cdot B} = \overline{A} + \overline{B}$	$(16)\overline{A + B} = \overline{A} \cdot \overline{B}$
还原律	$(17)\overline{\overline{A}} = A$	

(2)逻辑函数化简的常用公式

公式一	$A \cdot B + A \cdot \overline{B} = A$
公式二	$A + A \cdot B = A$
公式三	$A \cdot (A + B) = A$
公式四	$A + \overline{A} \cdot B = A + B$
公式五	$A \cdot B + \overline{A} \cdot C + B \cdot C = A \cdot B + \overline{A} \cdot C$

5.组合逻辑电路由若干逻辑门组成。它在电路结构上的特点是只包含门电路,而没有存储(记忆)单元。它在逻辑功能上的特点是:任一时刻的输出状态仅取决于该时刻的输入状态,而与电路原来的状态无关。

组合逻辑电路的分析就是根据已有的逻辑图,找出输出信号和输入信号之间的逻辑关系,从而确定电路的逻辑关系。组合逻辑电路的设计就是根据给出的实际逻辑问题,求出实现这一逻辑功能的最简逻辑电路。掌握了组合逻辑电路的分析和设计方法,就可以分析和设计简单的组合逻辑电路。

6.加法器、编码器、译码器等都是典型的组合逻辑电路应用实例,它们大多为中规模集成电路。本章对它们的逻辑功能和实用知识(如集成电路型号和引脚功能等)作了分析和介绍,以便了解其工作原理以及组合逻辑电路的特点和分析方法,并会在实际中使用。

习 题

7.1 已知门电路三个输入端 A、B、C 输入信号的波形如图 7.1 所示,试分别画出对应于与门、或门、与非门、或非门的输出波形。

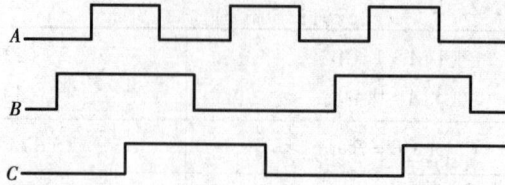

图 7.1

7.2 根据下列各逻辑表达式,画出逻辑图,并列出逻辑状态表。

(1) $Y = B(A + C)$ 　　　　　　　　(2) $Y = \overline{A} B \overline{C}$

(3) $Y = \overline{(A + B)(B + C)}$ 　　　　(4) $Y = (A + B) \oplus \overline{AB}$

7.3 设上题中各逻辑表达式的输入波形如图 7.1 所示,试分别画出对应的输出波形。

7.4 试写出图 7.2 所示逻辑图的逻辑表达式。

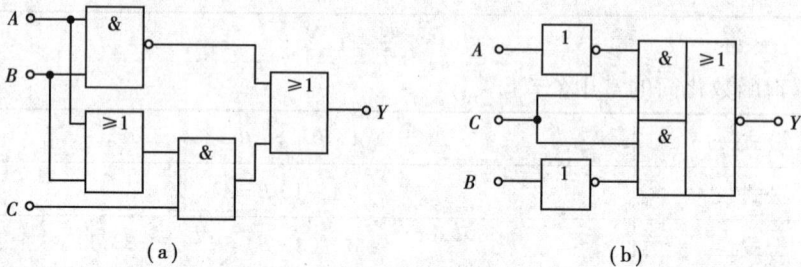

(a) 　　　　　　　　　　　　　　(b)

图 7.2

7.5 图 7.3 为在两处控制一盏照明灯的电路,单刀双投开关 A、B 分别安装在两处,两处都可以开闭电灯。设开关向上扳为"1",向下扳为"0";灯亮为"1",灯灭为"0";试列出电路的逻辑状态表,写出灯亮的逻辑表达式并画出逻辑图。

7.6 试列出图 7.4 所示电路的逻辑状态表,并分析该电路具有何种逻辑功能?

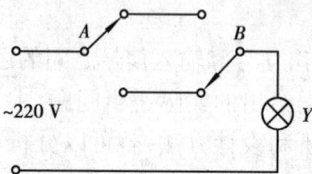
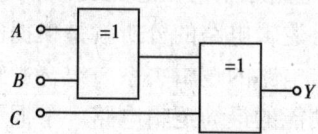

图 7.3 　　　　　　　　　　　　　　图 7.4

7.7 用逻辑代数的基本公式和常用公式将下列逻辑函数化为最简与或形式:

(1) $Y = ABC + A\overline{B}\,\overline{C} + AB\overline{C} + A\overline{B}C$

(2) $Y = AB + \overline{A}\,\overline{C} + B\overline{C}$

(3) $Y = \overline{\overline{ABC} + ABD} + \overline{B}(DE + A\overline{D})$

(4) $Y = \overline{\overline{ABC} + \overline{A}\,\overline{B}}$

(5) $Y = A\overline{B}CD + ABD + A\overline{C}D$

(6) $Y = ABC\overline{D} + ABD + BC\overline{D} + ABC + BD + B\overline{C}$

(7) $Y = AB + \overline{A}C + \overline{B}C$

（8）$Y = AB + A\overline{C} + \overline{B} + \overline{C}$

7.8　试用与非门设计一 3 人（A,B,C,其中 A 具有否决权）表决逻辑电路。每人有一电键,如果赞成,就按电键,表示"1"；如果不赞成,不按电键,表示"0"。表决结果用指示灯（Y）来表示,如果多数人赞成（其中需包括 A）,则指示灯亮,$Y=1$；反之,则指示灯不亮,$Y=0$。

第**8**章
触发器和时序逻辑电路

在数字系统中,除了能进行逻辑运算和算术运算的组合逻辑电路外,还需要具有记忆功能的时序逻辑电路。上一章讨论的组合逻辑电路,仅由若干逻辑门组成,没有存储电路,因而无记忆功能。本章将要讨论的时序逻辑电路,在任何时刻电路的输出状态不仅与该时刻各输入状态的组合有关,而且还与电路原来的状态有关,即时序逻辑电路具有记忆功能。时序逻辑电路的基本单元是触发器。时序电路是由作为存储单元的触发器、反馈支路以及逻辑门电路构成。

8.1 触 发 器

触发器又称双稳态电路(或双稳态触发器),它具有两个稳定状态,分别用二进制数的"1"和"0"表示。在输入触发信号作用下,它的输出状态可以从一种稳态转变为另一种稳态,并且在触发信号消失后能保持信号作用时的稳态不变,这种特性称为具有保持或记忆的功能。因此,触发器是一种可以存储信息的记忆元件。

触发器按逻辑功能的不同可分为 RS 触发器、D 触发器、JK 触发器、T 触发器等;按其结构不同可分为主从型触发器和维持阻塞型触发器等。由于目前各种触发器大多通过集成电路来实现,因此,对于使用者来说,学习时应着重掌握各种触发器所具有的功能、特点等外部特性,以便正确地使用它们,对其内部结构和电路则不必深究。

8.1.1 RS 触发器

(1)基本 RS 触发器

基本 RS 触发器是构成各种功能触发器的最基本单元,它可由两个与非门加反馈线构成,如图 8.1.1(a)所示。Q 和 $\overline{Q}$ 是触发器的两个输出端,两者的逻辑状态在正常情况下保持相反。通常规定用 Q 的状态作为触发器的状态,当 $Q = 1,\overline{Q} = 0$ 时,称触发器为置位状态或"1"态;当 $Q = 0,\overline{Q} = 1$ 时,称触发器为复位状态或"0"态。与 Q 和 $\overline{Q}$ 相对应的两个输入端 $\overline{S}_D$ 和 $\overline{R}_D$,分别称为直接置位端或直接置"1"端和直接复位端或直接置"0"端。图 8.1.1(b)为基本

234

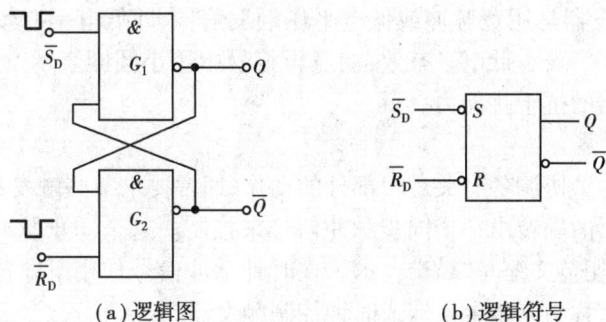

（a）逻辑图　　　　　　　　　（b）逻辑符号

图 8.1.1　基本 RS 触发器

RS 触发器的逻辑符号。

下面分四种情况来讨论基本 RS 触发器输入与输出的逻辑关系：

① $\overline{S}_D = 1, \overline{R}_D = 0$　　即此时 $\overline{S}_D$ 端保持为高电平，而在 $\overline{R}_D$ 端加一负脉冲或低电平。无论触发器原来是什么状态，G_2 门的输出 $\overline{Q} = 1$，并反馈到 G_1 门输入端，使 G_1 门的两个输入端全为"1"，输出 $Q = 0$，所以触发器为"0"态。

此后，若 $\overline{R}_D$ 端的负脉冲消失（$\overline{R}_D$ 由低电平变回到高电平），触发器仍能维持在"0"态不变，这就是触发器的记忆功能。

② $\overline{S}_D = 0, \overline{R}_D = 1$　　此时在 $\overline{S}_D$ 端加一负脉冲或低电平，而 $\overline{R}_D$ 端保持为高电平。不论触发器原来是什么状态，G_1 门的输出 $Q = 1$，且使 G_2 门的输出 $\overline{Q} = 0$，所以触发器为 1 态。

③ $\overline{S}_D = 1, \overline{R}_D = 1$　　$\overline{S}_D$ 端和 $\overline{R}_D$ 端均为高电平，触发器保持原状态不变。

④ $\overline{S}_D = 0, \overline{R}_D = 0$　　此时 $\overline{S}_D$ 端和 $\overline{R}_D$ 端同时加一负脉冲或低电平，G_1 门和 G_2 门的输出同时变为"1"，这不符合 Q 与 $\overline{Q}$ 状态相反的逻辑关系。而且当 $\overline{S}_D$ 和 $\overline{R}_D$ 端的负脉冲同时消失（变回到高电平）时，触发器将由各种偶然因素决定其最终状态，即触发器的状态事先无法确定。因此，在使用中应禁止这种状态出现。

将上述四种情况中输入与输出的状态列成表，就得基本 RS 触发器的逻辑状态表，见表8.1.1。

表 8.1.1　基本 RS 触发器逻辑状态表

$\overline{S}_D$	$\overline{R}_D$	Q	说　明
1	0	0	置"0"
0	1	1	置"1"
1	1	不变	保持
0	0	不定	不允许

综合以上分析可知，基本 RS 触发器有 $Q = 0, \overline{Q} = 1$ 和 $Q = 1, \overline{Q} = 0$ 两个稳定状态。如果无外加触发信号作用，它将保持原有状态不变，因此，具有存储和记忆的功能，可用来存储一位二进制数码。触发器输出状态的翻转直接受输入信号的控制，在 $\overline{S}_D$ 端或 $\overline{R}_D$ 端加触发信号（负脉冲或低电平），可使触发器直接置位或复位。但有不定状态，不允许在两个输入端同时加负触发脉冲。

由于基本 RS 触发器是用负脉冲或低电平作触发信号,即低电平有效,所以,在符号"S_D""R_D"上面加上反号"–"表示低电平有效,在逻辑符号中用小圆圈表示。低电平有效,在实际使用中,可提高触发器的抗干扰能力。

(2)同步 RS 触发器

在数字电路中,为了协调各有关逻辑部件的动作,通常要求某些触发器或其他元件在时间上同步工作,即触发器的翻转由一个同步脉冲信号来控制。这个同步脉冲信号是一个正脉冲序列,称为时钟脉冲,用英文缩写"CP"表示。在时钟脉冲信号作用下才按输入信号的不同情况触发翻转的触发器,称为同步触发器或时钟控制触发器。

图 8.1.2(a)、(b)分别为同步 RS 触发器的逻辑图和逻辑符号。图中 G_1、G_2 门组成基本 RS 触发器。$\overline{S}_D$ 和 $\overline{R}_D$ 为直接置"1"和直接置"0"端,低电平有效,可直接对触发器置"1"或置"0",不受时钟脉冲的控制,通常用于工作之初,预先使触发器处于某一指定状态,在工作中不用它们,所以又称为预置端。CP 为时钟脉冲输入端,S 和 R 端为触发信号输入端,触发信号在时钟脉冲控制下通过 G_3、G_4 门输入到基本 RS 触发器的两个输入端。

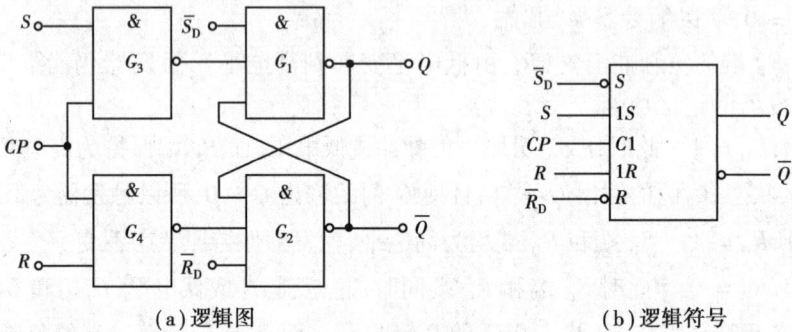

(a)逻辑图　　　　　　　　(b)逻辑符号

图 8.1.2　同步 RS 触发器

当时钟脉冲到来之前,即 $CP = 0$ 时,G_3、G_4 门被封锁,无论 S 和 R 端的信号如何变化,均不会影响 G_1、G_2 门的输出状态,基本触发器保持原状态不变。

当 $CP = 1$ 时,G_3、G_4 门被打开,触发器接受输入端 S、R 的信号,输出状态由 S、R 决定。

下面仍分四种情况来讨论 $CP = 1$ 时,触发器输入与输出的逻辑关系:

①$S = R = 0$　G_3 和 G_4 门输出均为"1",触发器保持原状态不变。

②$S = 1,R = 0$　此时 G_3 门输出"0",将触发器置"1"状态。

③$S = 0,R = 1$　此时 G_4 门输出"0",将触发器置"0"状态。

④$S = R = 1$　此时 G_3 和 G_4 门输出均为"0",使 G_1 和 G_2 门输出均为"1",这不符合 Q 与 $\overline{Q}$ 状态相反的逻辑要求。而且,当时钟脉冲过去($CP = 0$)后,G_3 和 G_4 门输出均为"1",G_1 和 G_2 门的输出状态不定。因此,不允许这种情况出现。

根据以上分析,可列出同步 RS 触发器的逻辑状态表,见表 8.1.2。表中 Q^n 表示时钟脉冲到来之前触发器的状态,称为初态(也称现态),Q^{n+1} 表示时钟脉冲到来之后触发器的状态,称为次态。

由表 8.1.2 列出逻辑表达式,经化简后可得同步 RS 触发器的特性方程,即

$$\begin{cases} Q^{n+1} = S + \overline{R}Q^n \\ RS = 0 \text{(约束条件)} \end{cases} \tag{8.1.1}$$

表 8.1.2　同步 RS 触发器逻辑状态表

CP	S	R	Q^{n+1}	说　明
0	×	×	Q^n	保持
1	0	0	Q^n	保持
1	0	1	0	置"0"
1	1	0	1	置"1"
1	1	1	不　定	不允许

其中,$RS = 0$ 表明输入信号 S 和 R 不能同时为"1",称为约束条件。特性方程是触发器次态 Q^{n+1}、初态 Q^n 和输入之间关系的逻辑表达式,是触发器逻辑功能的另一种表达形式。

综上所述,同步 RS 触发器具有置"0"、置"1"和保持(记忆)的功能,但功能仍不够完善。一是当 $S = R = 1$ 时,存在输出状态不定的情况,使用时要避免;二是在时钟脉冲 $CP = 1$ 的期间,S 或 R 输入端状态的变化都将引起触发器状态的相应改变,因而有可能在此期间发生多次翻转,这时,如果有干扰信号出现在输入端,触发器也可能作出反应,出现不正常的逻辑状态。

【例 8.1.1】　同步 RS 触发器的 CP、R、S 端的波形如图 8.1.3 所示,试画出触发器输出端 Q 和 $\overline{Q}$ 的波形。设 Q 的初始状态为 0。

解　在 t_1 时刻之前,$CP = 0$,$Q = 0$ 保持不变;$t_1 \sim t_2$ 期间 $CP = 1$,$R = 1$,$S = 0$,$Q = 0$;$t_2 \sim t_3$ 期间 $CP = 1$,$R = 0$,$S = 1$,触发器翻转为 $Q = 1$;$t_3 \sim t_4$ 期间 $CP = 0$,无论 R、S 如何变化,$Q = 1$ 保持不变;$t_4 \sim t_5$ 期间 $CP = 1$,$R = S = 1$,$Q = \overline{Q} = 1$ 为不正常状态;t_5 以后 $CP = 0$,触发器既可能是"1"态,也可能是"0"态,不能确定,所以用虚线表示。

8.1.2　JK 触发器

JK 触发器是一种功能齐全的触发器。图 8.1.4(a) 是由两个同步 RS 触发器和一个非门组成的主从型 JK 触发器的逻辑图,其中 F1 为主触发器,F2 为从触发器。

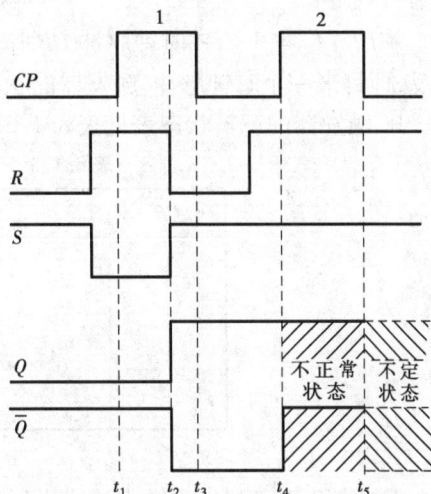

图 8.1.3

由图可见,在触发器的输出端有两根反馈线将 Q 和 $\overline{Q}$ 端的信号交叉反馈至主触发器 F1 的输入端,分别与 J、K 端的输入信号构成与的关系,即对于主触发器的输入 S 和 R,分别有 $S = J\overline{Q}$,$R = KQ$。时钟脉冲 CP 直接控制主触发器,CP 经非门反相后去控制从触发器。当 $CP = 1$ 时,主触发器工作,接受信号,其输出状态由输入 S 和 R 的状态决定;而此时 $\overline{CP} = 0$,从触发器被封锁,从触发器的状态不变。当 $CP = 0$ 时,主触发器被封锁;但 $\overline{CP} = 1$,从触发器接受来自主触发器 Q_1、$\overline{Q_1}$ 的信号,并从 Q 和 $\overline{Q}$ 输出。由此可知,主触发器是在 CP 的上升沿到来时(CP 由"0"变"1")动作,从触发器是在 CP 的下降沿到来时(CP 由"1"变"0")动作。由于触发器的状态是取决于从触发器的状态,所以主从型 JK

237

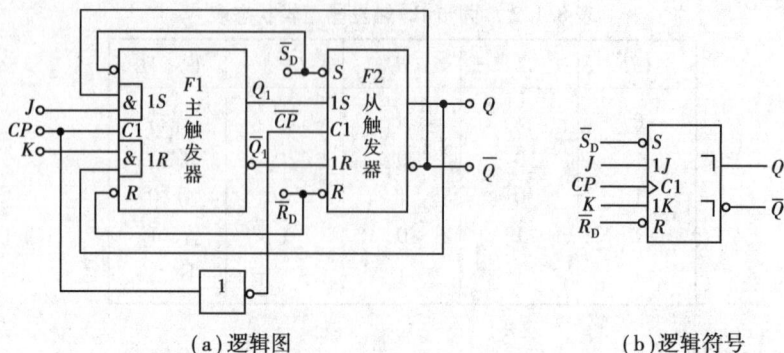

(a)逻辑图　　　　　　　　　　　　　　(b)逻辑符号

图8.1.4　主从型 JK 触发器

触发器是在时钟脉冲 CP 的下降沿到来时才会改变状态。

由同步 RS 触发器的逻辑功能不难分析出主从 JK 触发器的逻辑功能:

①$J = K = 0$　　在时钟脉冲 CP 作用后,$Q^{n+1} = Q^n, \overline{Q^{n+1}} = \overline{Q^n}$,次态和初态相同,触发器保持原状态不变。

②$J = 0, K = 1$　　在时钟脉冲 CP 作用后,$Q^{n+1} = 0, \overline{Q^{n+1}} = 1$,无论初态为何,触发器都被置为"0"态。

③$J = 1, K = 0$　　在时钟脉冲 CP 作用后,$Q^{n+1} = 1, \overline{Q^{n+1}} = 0$,无论初态为何,触发器都被置为"1"态。

④$J = K = 1$　　在时钟脉冲 CP 作用后,$Q^{n+1} = \overline{Q^n}, \overline{Q^{n+1}} = Q^n$,触发器的次态总是和初态相反,即每来一个时钟脉冲,触发器的状态就翻转一次,这种功能又称为计数功能。

JK 触发器的逻辑状态表见表8.1.3。

表8.1.3　　主从 JK 触发器逻辑状态表

CP	J	K	Q^{n+1}	说　明
↓	0	0	Q^n	保持
↓	0	1	0	置"0"
↓	1	0	1	置"1"
↓	1	1	$\overline{Q^n}$	翻转

根据表8.1.3列出逻辑表达式,经化简后可得 JK 触发器的特性方程,即

$$Q^{n+1} = J\overline{Q^n} + \overline{K}Q^n \tag{8.1.2}$$

可见,JK 触发器的两个输入 J 和 K 之间没有约束条件,其输入状态的任意组合都是允许的,而且在 CP 到来后,触发器的状态总是肯定的。

主从型 JK 触发器的逻辑符号见图8.1.4(b)。框内的"⌐"为"延迟输出"的符号,它表示触发器输出(即从触发器的输出)状态变化滞后于主触发器接收 J、K 信号的时刻。

上述主从型 JK 触发器工作时,要求在 CP 上升沿到来前加入输入信号。如果在 $CP = 1$ 期间输入端出现干扰信号,仍有可能使触发器的状态出错。为了提高触发器的工作可靠性,增强抗干扰能力,人们对触发器电路作了进一步改进,相继研制出了各种类型的触发器。目前应用较多和性能较好的是边沿触发器。其特点是触发器的次态仅取决于时钟脉冲 CP 上升沿(或

下降沿)到达前瞬间的输入信号状态,而在其他时间内,输入信号状态的变化对触发器的状态不产生影响。边沿触发的 JK 触发器的逻辑功能与主从型 JK 触发器相同。为了区别于电平触发,在逻辑符号中靠近 CP 输入端方框的内侧加入" > "符号,表示边沿触发。边沿 JK 触发器的逻辑符号如图 8.1.5。在逻辑符号中 CP 输入端处有一小圆圈"○"的,表示是在 CP 的下降沿触发,如图 8.1.5(a)所示;在逻辑符号中 CP 输入端处没有小圆圈的,表示是在 CP 的上升沿触发,如图 8.1.5(b)所示。

（a)下降沿触发的JK触发器　　　　　　　（b)上升沿触发的JK触发器

图 8.1.5　边沿 JK 触发器逻辑符号

【例 8.1.2】　主从型 JK 触发器的 CP、J、K 端的波形如图 8.1.6 所示,试画出触发器输出端 Q 的波形。设 Q 的初态为"0"。

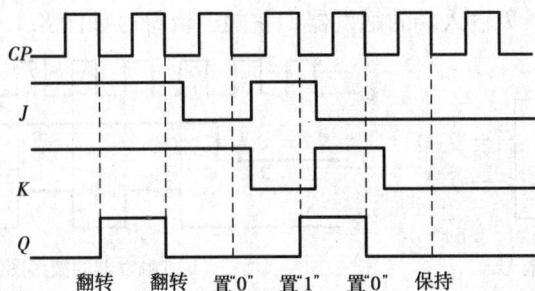

图 8.1.6

解　根据波形图中每一个 CP =1 时 J、K 端的状态,确定 CP 下降沿时 Q 端的状态,便可画出 Q 端的波形,如图 8.1.6 所示。

8.1.3　D 触发器

D 触发器是一种边沿触发器,它只有一个 D 输入端。D 触发器的结构多采用维持阻塞型,它是在同步 RS 触发器逻辑电路的基础上,增加两个与非门和几条维持或阻塞置"0"、置"1"线组成,克服了 RS 触发器的缺点,具体电路从略。维持阻塞型触发器是在时钟脉冲 CP 的上升沿触发,其逻辑符号如图 8.1.7(a)所示。

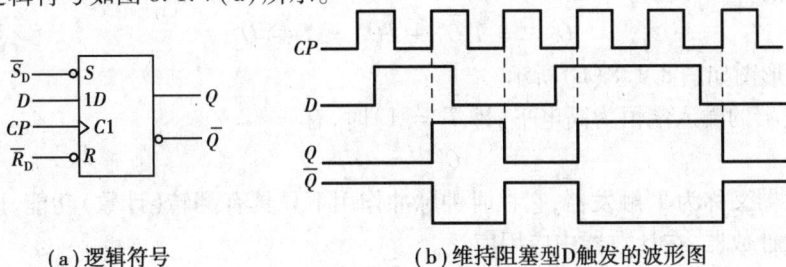

（a)逻辑符号　　　　　　　　　　（b)维持阻塞型D触发的波形图

图 8.1.7　D 触发器

D 触发器的逻辑功能为：当 $D = 0$ 时，无论初态为何，CP 上升沿到来后，触发器的次态 $Q^{n+1} = 0$；当 $D = 1$ 时，无论初态为何，CP 上升沿到来后，触发器的次态 $Q^{n+1} = 1$。即 CP 上升沿到来后触发器输出端 Q 的状态，总是与 CP 上升沿到来前输入端 D 的状态相同。D 触发器的逻辑状态表见表 8.1.4。

表 8.1.4　D 触发器逻辑状态表

CP	D	Q^{n+1}	说　明
↑	0	0	置"0"
↑	1	1	置"1"

由状态表可得 D 触发器的特性方程，即

$$Q^{n+1} = D \tag{8.1.3}$$

维持阻塞型 D 触发器的波形图举例，如图 8.1.7(b) 所示。

8.1.4　T 触发器

T 触发器是只有一个 T 输入端的触发器。它的逻辑符号如图 8.1.8(a) 所示。

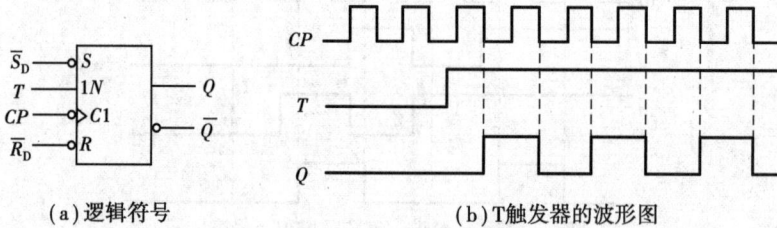

(a) 逻辑符号　　　　　　　　(b) T 触发器的波形图

图 8.1.8　T 触发器

T 触发器的逻辑功能是：当 $T = 0$ 时，CP 作用后，触发器的状态保持不变，$Q^{n+1} = Q^n$；当 $T = 1$ 时，CP 作用后，触发器的状态翻转，$Q^{n+1} = \overline{Q^n}$。T 触发器的逻辑状态表见表 8.1.5。

表 8.1.5　T 触发器逻辑状态表

CP	T	Q^{n+1}	说　明
↓	0	Q^n	保持
↓	1	$\overline{Q^n}$	翻转

T 触发器的特性方程为

$$Q^{n+1} = T\overline{Q}^n + \overline{T}Q^n = T \oplus Q^n \tag{8.1.4}$$

T 触发器的波形图如图 8.1.8(b) 所示。

当 T 触发器的输入端恒为高电平（即 $T = 1$）时，有

$$Q^{n+1} = \overline{Q}^n \tag{8.1.5}$$

这种触发器又称为 T′ 触发器，它在时钟脉冲作用下只具有翻转（计数）功能，所以，T′ 触发器也称为一位计数器，在计数器中应用广泛。

8.1.5　触发器逻辑功能的转换

按逻辑功能来分,触发器共有四种类型:RS、JK、D 和 T(或 T′)触发器。在数字装置中,往往需要各种类型的触发器,而市场上出售的触发器多为集成 D 触发器和 JK 触发器。因此,实际中常要求将一种类型的触发器转换为其他类型的触发器。转换逻辑电路的方法:一般是先比较已有触发器和待求触发器的特性方程,然后利用逻辑代数的公式和定理实现两个特性方程之间的变换,进而画出转换后的逻辑电路。

(1)将 JK 触发器转换为 D 触发器

由式(8.1.2)知,JK 触发器的特性方程为 $Q^{n+1} = J\overline{Q}^n + \overline{K}Q^n$,而由式(8.1.3)又知,D 触发器的特性方程为 $Q^{n+1} = D$。对照式(8.1.2),对式(8.1.3)变换得

$$Q^{n+1} = D = D(\overline{Q}^n + Q^n) = D\overline{Q}^n + DQ^n \tag{8.1.6}$$

比较式(8.1.2)和式(8.1.6),可见,只要取 $J = D$,$K = \overline{D}$,就可以将 JK 触发器转换为 D 触发器。图 8.1.9 是转换后的 D 触发器电路图。转换后,D 触发器的 CP 触发方式与转换前 JK 触发器的 CP 触发方式相同。

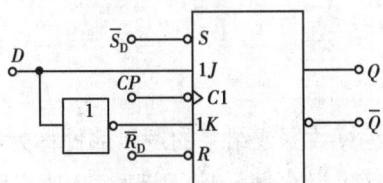

图 8.1.9　JK 触发器转换为 D 触发器　　图 8.1.10　JK 触发器转换为 T 触发器

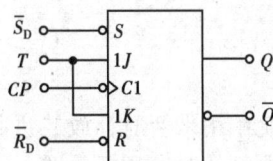

(2)将 JK 触发器转换为 T、T′触发器

由式(8.1.4)知,T 触发器的特性方程为 $Q^{n+1} = T\overline{Q}^n + \overline{T}Q^n$,比较式(8.1.2)和式(8.1.4),可见,只要取 $J = K = T$,就可以将 JK 触发器转换成 T 触发器。图 8.1.10 是转换后的 T 触发器电路图。

对于 T′触发器,只要令 $J = K = 1$,即将 JK 触发器转换为 T′触发器。

(3)将 D 触发器转换为 JK 触发器

由于 D 触发器只有一个信号输入端,且 $Q^{n+1} = D$,因此,只要将其他类型触发器的输入信号经过转换后变为 D 信号,即可实现转换。

令 $D = J\overline{Q}^n + \overline{K}Q^n$,就可实现 D 触发器转换为 JK 触发器,如图 8.1.11 所示。

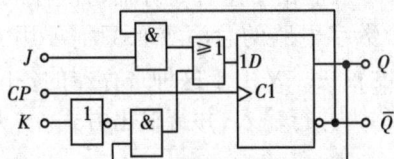

图 8.1.11　D 触发器转换为 JK 触发器　　图 8.1.12　D 触发器转换为 T 触发器

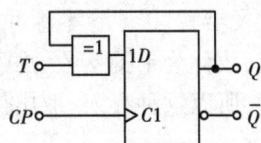

(4)将 D 触发器转换为 T 触发器

令 $D = T\overline{Q}^n + \overline{T}Q^n = T \oplus Q^n$,就可以将 D 触发器转换成 T 触发器,如图 8.1.12 所示。

(5)将 D 触发器转换成 T′触发器

直接将 D 触发器的 $\bar{Q}$ 端与 D 端相连($D = \bar{Q}^n$),就构成了 T′触发器,如图 8.1.13 所示。D 触发器到 T′触发器的转换最简单,计数器电路中用得最多。

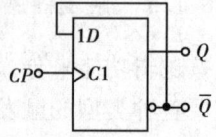

图 8.1.13　D 触发器
转换为 T′触发器

【练习与思考】

8.1.1　触发器的 $\bar{S}_D$ 和 $\bar{R}_D$ 两个输入端各起什么作用? 它们与同步 RS 触发器中 R 和 S 两个输入端的作用有什么不同?

8.1.2　JK 触发器由 RS 触发器组成,当 $J = K = 1$ 时,却不出现输出状态不定的情况,为什么?

8.1.3　TTLRS 触发器的输入端可否悬空? TTLJK 触发器的输入端可否悬空? 为什么?

8.1.4　试述 RS、JK、D、T 等各种触发器的逻辑功能,并默写出其逻辑状态表和特性方程。

8.2　寄存器

数字系统中用来暂时存放二进制代码、指令、运算数据或结果的逻辑部件称为寄存器。寄存器是一种典型的时序逻辑电路。由于一个触发器可以存储一位二进制数,所以寄存器可用触发器构成。按功能不同,寄存器常分为数码寄存器和移位寄存器两种。

8.2.1　数码寄存器

数码寄存器只有寄存数码和清除原有数码的功能。它可以采用 RS、JK、D 等不同的触发器构成。

D 触发器是最简单的数码寄存器。在 CP 脉冲作用下,它能够寄存一位二进制数。当 $D = 0$ 时,在 CP 脉冲作用下,将"0"寄存到 D 触发器中;当 $D = 1$ 时,在 CP 脉冲作用下,将"1"寄存到 D 触发器中。因此,如果要存放 n 位二进制数,就需要 n 个触发器。图 8.2.1 是由四个 D 触发器组成的四位二进制数码寄存器。设输入端待寄存的数码 $d_3 d_2 d_1 d_0 = 1011$,在寄存指令脉冲 CP 作用下,无论触发器的初态如何,输入端的并行四位数码"1011"将同时存到四个 D 触发器中,并由各触发器的 Q 端输出,即为"1011"。由于这种寄存器每次存入数码时,不需要先将各位触发器置"0"(清零脉冲只用于整个数字电路的总清零),只需要用 CP 作为接收脉冲一步完成,故称为单拍接收方式,其工作速度较快。又由于这种寄存器的各位数码是同时存入和送出的,所以这种存入、取出信号的方式称为并行输入、并行输出方式。

8.2.2　移位寄存器

移位寄存器具有寄存数码和移位两种功能。所谓移位,就是在移位脉冲的作用下,寄存器中的数码可以依次向左(或向右)移动一位。向左移位称为左移,向右移位称为右移。移位在二进制的算术运算或逻辑运算中用得很多。例如,在算术运算中,左移一位就是"乘2",而右移一位就是"除2"。

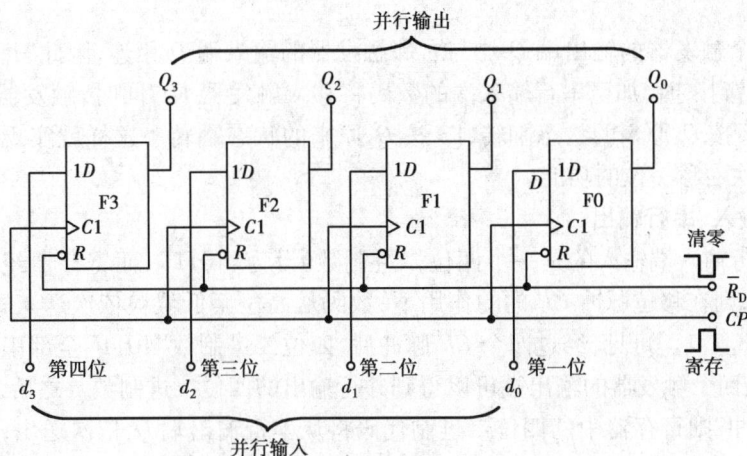

图 8.2.1　由 D 触发器组成的四位数码寄存器

移位寄存器根据移位情况不同有单向移位和双向移位之分；根据输入、输出方式不同又有串行和并行之分。

如图 8.2.2 所示电路是一个串/并行输入和串/并行输出的四位右移移位寄存器。它由 D 触发器和与非门组成。最左边的触发器 F0 的 D 输入端是数码串行输入端，最右边的触发器 F3 的输出端 Q_3 是数码串行输出端。各触发器的 CP 输入端连在一起，作为"移位脉冲"的输入端。

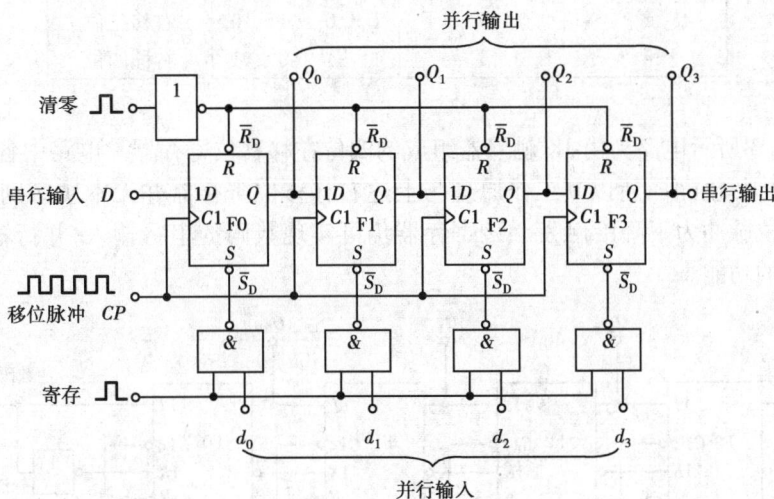

图 8.2.2　由 D 触发器组成的四位移位寄存器

下面介绍移位寄存器的几种工作情况：

（1）**并行输入、并行输出**

并行输入为两拍工作方式。第一步是将清零指令（正脉冲）经非门加到各触发器的 $\overline{R}_D$ 端，使各触发器置"0"；第二步是在寄存指令（正脉冲）作用下，通过四个与非门将待存数码 $d_3d_2d_1d_0$，经各触发器的 $\overline{S}_D$ 端存入寄存器。在四个触发器的输出端 $Q_3Q_2Q_1Q_0$ 可将四位二进制数 $d_3d_2d_1d_0$ 并行输出。这时，并行输入、并行输出功能不受时钟脉冲 CP 的控制。

（2）移位

由于每一个触发器的输出端 Q 均与右邻触发器的输入端 D 相连,因此,每当移位脉冲指令 CP 的上升沿到来时,加至串行输入端的数码将移入触发器 F0,同时,触发器 F1 按 Q_0 原来的状态翻转,F2 按 Q_1 原来的状态翻转,F3 按 Q_2 原来的状态翻转。这样就实现了将寄存器中原有的数码依次右移一位的功能。

（3）串行输入、串行输出

如果从串行输入端输入的是一个四位二进制数,设为"1011",而寄存器经清零后的初始状态为"0000",则在移位脉冲 CP 的的作用下,数码从高位至低位被依次送入寄存器,数码的移动情况见表 8.2.1。可见,经过四个 CP 脉冲后,四位二进制数"1011"全部串行输入到寄存器中。同时,在四个触发器的输出端可以得到并行输出的四位二进制数。之后,如果再连续加入四个移位脉冲,则寄存器中的四位二进制代码将从串行输出端 Q_3 依次送出,从而实现了串行输入和串行输出的功能。此外,移位寄存器还可以实现数码的串行输入/并行输出或并行输入/串行输出等功能,这些功能在数字系统的数据传输中用得较多。

表 8.2.1 移位寄存器的逻辑状态表

移位脉冲数	串行输入数 D	寄存器中的数码				移位过程
		Q_0	Q_1	Q_2	Q_3	
0	0	0	0	0	0	清零
1	1	1	0	0	0	右移一位
2	0	0	1	0	0	右移二位
3	1	1	0	1	0	右移三位
4	1	1	1	0	1	右移四位

如图 8.2.3 所示电路为由 JK 触发器组成的四位左移移位寄存器。电路中各 JK 触发器均以 D 触发器的功能工作,所以其工作原理与上述右移移位寄存器并无本质区别,只是移位方向为左移,移位脉冲为下降沿触发。该寄存器仍可实现数码的串行输入/并行输出和串行输入/串行输出的功能。

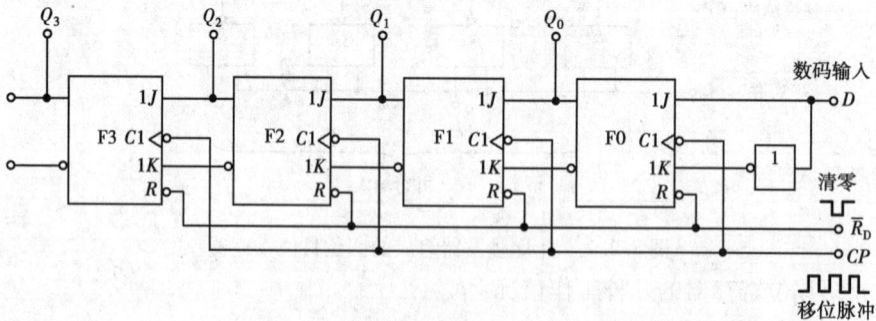

图 8.2.3 由 JK 触发器组成的四位移位寄存器

【练习与思考】

8.2.1 数码寄存器和移位寄存器有何区别?

8.2.2　什么是并行输入、串行输入、并行输出和串行输出？

8.2.3　继续列出表 8.2.1 的状态表，说明再经过四个移位脉冲(5~8)，则所存的四位二进制数"1011"逐位从 Q_3 端串行输出。

8.2.4　试用 JK 触发器与 D 触发器的特性方程，说明图 8.2.3 所示电路中的各 JK 触发器具有 D 触发器的功能。

8.3　计　数　器

计数器也是一种典型的由触发器组成的时序逻辑电路。它不仅能累计输入脉冲的个数，还可以用作计时器、分频器、定时器等，是数字设备和系统中不可缺少的逻辑部件。

计数器的种类很多，分类方法也不相同。按计数过程中计数的增减不同可分为加法计数器、减法计数器和二者兼有的可逆计数器。按计数进制的不同又可分为二进制、十进制和任意进制计数器。按计数器中各触发器是否同时翻转又可将计数器分为同步计数器和异步计数器。

8.3.1　二进制计数器

二进制计数器能按二进制数的计数规律累计脉冲的数目。二进制计数器也是构成其他进制计数器的基础。

(1)异步二进制加法计数器

由于二进制加法计数的规则是"逢二进一"，即 $1+0=1, 1+1=10$，所以，二进制加法计数器在工作时，当计数脉冲输入端每输入一个计数脉冲后，计数器表示的数就应增加"1"；如果任何一位已经计入了"1"，再计入"1"时，该位就应变为"0"，同时向高位发出进位信号。采用 T′ 触发器就可实现这一功能要求。因此，一个 T′ 触发器就是一个最简单的计数器，称为一位二进制计数器。将 n 个 T′ 触发器串联起来就可以构成一个 n 位二进制计数器。由于 JK 触发器、D 触发器、T 触发器都可以转换成 T′ 触发器，故计数器通常都是由这几种触发器构成的。

由四个 JK 触发器组成的四位异步二进制加法计数器如图 8.3.1 所示。其中，F3 为最高位，F0 为最低位。计数脉冲加到 F0 的 CP 端，其余各触发器的 Q 端依次接高一位触发器的 CP 端，即 $CP_0=CP, CP_1=Q_0, CP_2=Q_1, CP_3=Q_2$。由于各触发器的 J、K 端都悬空，相当于 $J=K=1$，即组成 T′ 触发器，具有计数功能。所以，每当低位触发器的状态由"1"变"0"时，其 Q 端产生的下降沿就会使相邻高位触发器翻转，而最低位触发器是在每一个计数脉冲的下降沿翻转。

开始计数前，先在直接复位端 $\overline{R}_D$ 加一负脉冲将计数器清零，使 $Q_3Q_2Q_1Q_0=0000$。在第 1 个计数脉冲下降沿出现时，F0 翻转，Q_0 由"0"→"1"，但 F1、F2 和 F3 不变，计数器状态为 $Q_3Q_2Q_1Q_0=0001$。在第 2 个计数脉冲下降沿出现时，F0 再次翻转，Q_0 由"1"→"0"，其下降沿使 Q_1 由"0"→"1"，计数器状态为 $Q_3Q_2Q_1Q_0=0010$。依此类推，逐个输入计数脉冲时，计数器的状态 $Q_3Q_2Q_1Q_0$ 按 0000→0001→0010→0011→0100→0101→⋯⋯的规律变化。当输入第 16 个计数脉冲时，计数器状态由"1111"→"0000"，完成一个计数周期。表 8.3.1 列出了四位二进制加法计数器的状态表，图 8.3.2 为计数器的工作波形图。

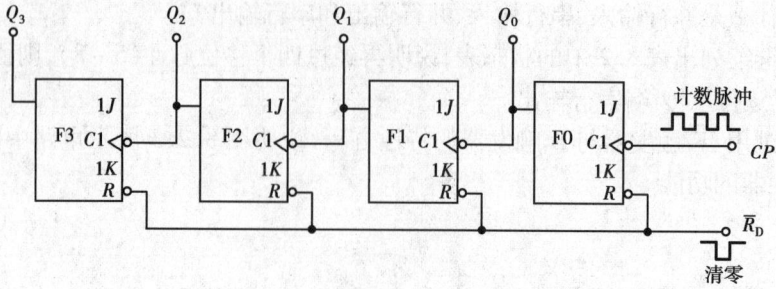

图 8.3.1　由 JK 触发器组成的四位异步二进制加法计数器

表 8.3.1　　四位二进制加法计数器状态表

计数脉冲数	计数器状态				计 数脉冲数	计数器状态			
	Q_3	Q_2	Q_1	Q_0		Q_3	Q_2	Q_1	Q_0
0	0	0	0	0	8	1	0	0	0
1	0	0	0	1	9	1	0	0	1
2	0	0	1	0	10	1	0	1	0
3	0	0	1	1	11	1	0	1	1
4	0	1	0	0	12	1	1	0	0
5	0	1	0	1	13	1	1	0	1
6	0	1	1	0	14	1	1	1	0
7	0	1	1	1	15	1	1	1	1
					16	0	0	0	0

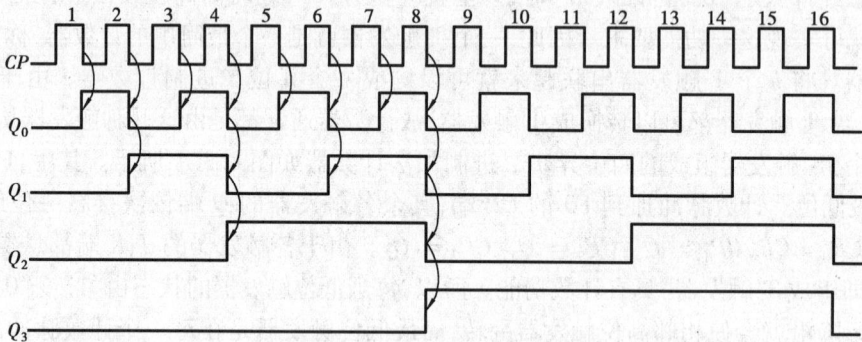

图 8.3.2　图 8.3.1 所示二进制加法计数器的工作波形图

从表 8.3.1 可知,四位二进制加法计数器能计的最大十进制数为 $2^4 - 1 = 15$,此后计数器的状态将再次循环。同理,用 n 位二进制加法计数器能计的最大十进制数为 $(2^n - 1)$。

由波形图可以看出,由于计数脉冲不是同时加到各位触发器的 CP 端,而只是加到最低位触发器 CP 端,其他各位触发器则由相邻低位触发器输出的进位脉冲来触发,因此,它们的状态变换有先有后(如图中箭头所示),故称为异步计数器。

由波形图还可以看出,从 Q_0 到 Q_3 输出信号的频率分别是计数脉冲 CP 频率的 $\dfrac{1}{2}$、$\dfrac{1}{4}$、$\dfrac{1}{8}$ 和 $\dfrac{1}{16}$。这种计数器输出脉冲频率低于输入脉冲频率的情况称为分频,输出脉冲频率是输入脉冲频率的几分之一,就称为几分频,所以计数器也可用作分频器。一位二进制计数器就是一个二分频器,四位二进制计数器就可构成一个十六分频器。

如果将图 8.3.1 所示四位异步二进制加法计数器电路中高位触发器的 CP 端,改接到相邻低位触发器的 $\overline{Q}$ 端,则计数器就变成为四位异步二进制减法计数器。其工作原理请自行分析。

(2)同步二进制加法计数器

异步计数器的电路结构简单,但由于其进位信号是逐级传递的,因此工作速度较慢。为了提高工作速度,可采用同步计数器。在同步计数器中,计数脉冲 CP 同时加到各触发器的时钟脉冲输入端,使各触发器的状态变换与计数脉冲同步。

分析表 8.3.1,可以找到二进制加法计数的规律和各触发器控制端控制规律。计数器的最低位触发器每来一个计数脉冲都翻转一次,而其他各高位触发器则要在该位的各低位触发器均为"1"时,在 CP 脉冲作用下才翻转。因此,可用低位触发器输出端 Q 来控制高位触发器的输入端,若采用 JK 触发器构成同步二进制加法计数器,则各位触发器 J、K 端的逻辑关系为:$J_0 = K_0 = 1$;$J_1 = K_1 = Q_0$;$J_2 = K_2 = Q_0Q_1$;$J_3 = K_3 = Q_0Q_1Q_2$。根据以上分析,可得由 4 个主从型 JK 触发器组成的四位同步二进制加法计数器逻辑图,如图 8.3.3 所示。其波形图与异步二进制加法计数器相同,只是各触发器状态翻转的时刻与计数脉冲 CP 同步。

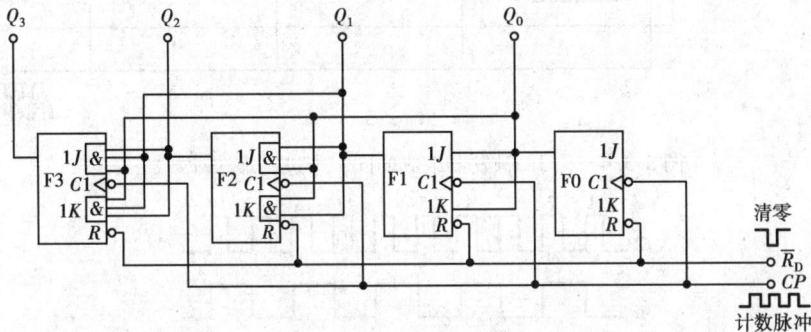

图 8.3.3　由 JK 触发器组成的四位同步二进制加法计数器

8.3.2　同步十进制加法计数器

二进制计数器虽然结构简单,容易实现,但人们不习惯二进制计数方法,特别是二进制数的位数较多时,不易建立数量的概念。因此,在数字系统中,特别是一些需要直接观察计数结果的场合,还要采用十进制计数器,以便直接读取和显示十进制数。

十进制计数器的电路形式与编码方式有关,种类较多,但其基本原理都是在二进制计数器的基础上,令其跳过 6 个状态以实现十进制计数。下面以常用的 8421BCD 码十进制计数器为例进行分析。8421BCD 码十进制加法计数器的状态表见表 8.3.2,与二进制计数器状态表比较,计数器在第 10 个脉冲到来时,不是由"1001"变为"1010",而是回到"0000",并向高位发出进位信号。

表 8.3.2 8421BCD 码十进制加法计数器状态表

计数脉冲数	计数器状态				十进制数
	Q_3	Q_2	Q_1	Q_0	
0	0	0	0	0	0
1	0	0	0	1	1
2	0	0	1	0	2
3	0	0	1	1	3
4	0	1	0	0	4
5	0	1	0	1	5
6	0	1	1	0	6
7	0	1	1	1	7
8	1	0	0	0	8
9	1	0	0	1	9
10	0	0	0	0	进位

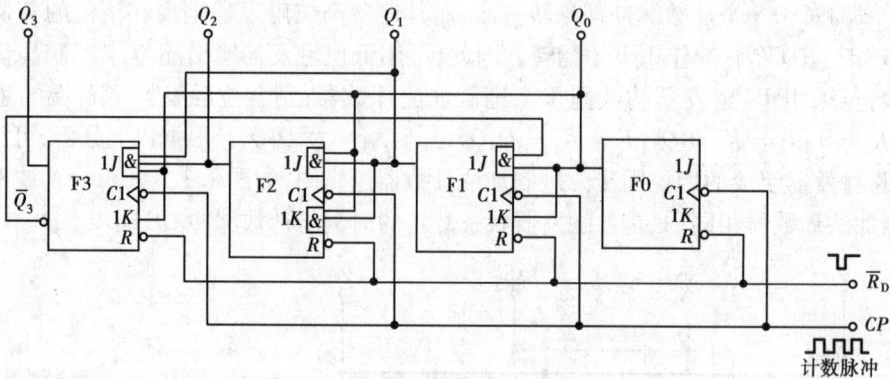

图 8.3.4 由 JK 触发器组成的同步十进制加法计数器

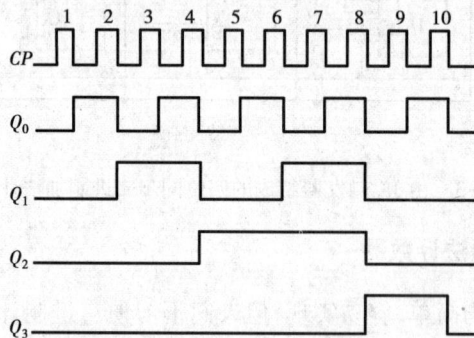

图 8.3.5 十进制加法计数器的工作波形图

如果仍采用四个主从型 JK 触发器组成同步十进制加法计数器,根据以上分析,则各位触发器 J、K 端的逻辑关系应作如下修改:

第一位触发器 F0,每来一个计数脉冲就翻转一次,故 $J_0 = K_0 = 1$。

第二位触发器 F1,当 $Q_0 = 1$ 时再来一个计数脉冲翻转,但在 $Q_3 = 1$ 时不得翻转,故 $J_1 = Q_0\overline{Q_3}$,$K_1 = Q_0$。

第三位触发器 F2，当 $Q_0 = Q_1 = 1$ 时再来一个计数脉冲翻转，故 $J_2 = K_2 = Q_0 Q_1$。

第四位触发器 F3，当 $Q_0 = Q_1 = Q_2 = 1$ 时再来一个计数脉冲翻转，并在第 10 个脉冲时应由"1"翻转为"0"，故 $J_3 = Q_0 Q_1 Q_2，K_3 = Q_0$。

由上述逻辑关系式可得同步十进制加法计数器逻辑图如图 8.3.4 所示。其工作波形图如图 8.3.5 所示。由波形图可以看出，计数器输入 10 个 CP 计数脉冲，Q_3 端输出一个脉冲，因此，该计数器也是一个十分频器。

8.3.3　集成计数器及其应用

计数器虽然可以用触发器按一定要求连接而成，但随着电子技术的不断发展，各种规格、功能完善的中规模集成计数器已被大量生产和使用。目前使用较多的由 TTL 和 CMOS 电路构成的集成计数器有 BCD 码十进制计数器、四位二进制计数器，它们又分为同步和异步以及可逆和不可逆计数器。另外，按预置功能和清零功能还可分为同步预置、异步预置、同步清零、异步清零等。

下面以 74LS290 集成计数器为例介绍其逻辑功能及其应用：

74LS290 是异步二进制、五进制和十进制加法计数器。其逻辑电路图、外引线排列图和逻辑符号分别如图 8.3.6（a）、（b）、（c）所示。$R_{0(1)}$、$R_{0(2)}$ 为置"0"输入端，$S_{9(1)}$、$S_{9(2)}$ 为置"9"输

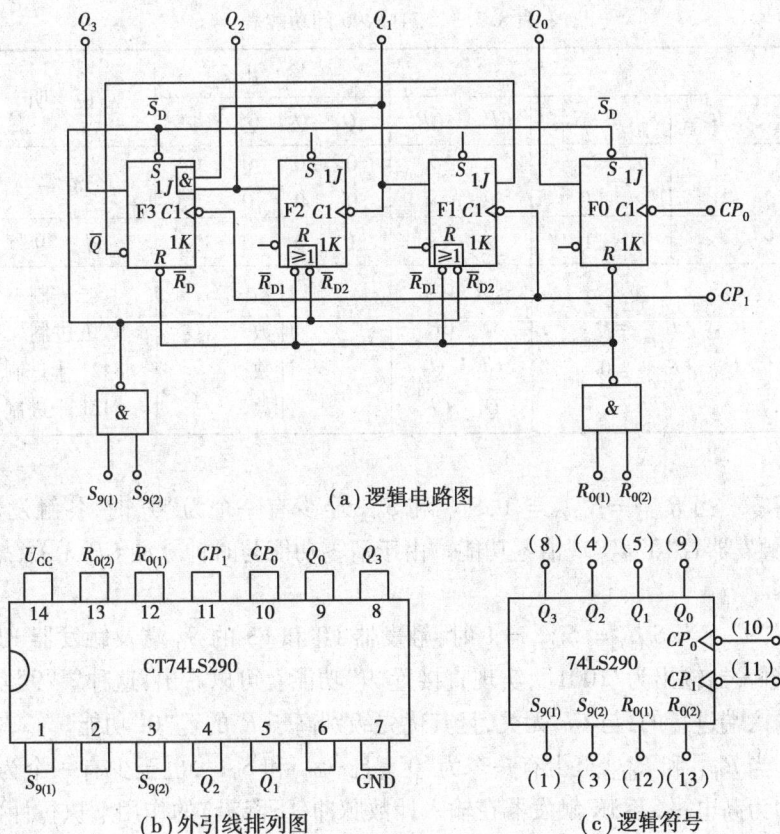

（a）逻辑电路图

（b）外引线排列图　　（c）逻辑符号

图 8.3.6　集成计数器 74LS290

入端;CP_0、CP_1为两个计数脉冲输入端,$Q_3Q_2Q_1Q_0$为输出端。74LS290 在结构上分为一个一位二进制计数器和一个异步五进制计数器。其中,二进制计数器由触发器 F0 构成,CP_0为二进制计数器计数脉冲输入端,Q_0为输出端,连接电路如图 8.3.7(a)所示;五进制计数器由触发器 F1、F2 和 F3 组成,CP_1为五进制计数器计数脉冲输入端,$Q_3Q_2Q_1$为输出端,连接电路如图 8.3.7(b)所示;若将 Q_0端与 CP_1相连,计数脉冲由 CP_0输入,$Q_3Q_2Q_1Q_0$为输出端,则构成 8421BCD 码十进制计数器。连接电路如图 8.3.7(c)所示;若将 Q_3输出端接至 CP_0端,计数脉冲由 CP_1输入,$Q_3Q_2Q_1Q_0$为输出端,则构成 5421BCD 码十进制计数器。

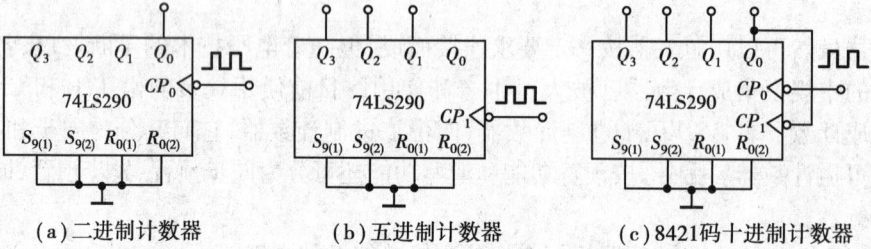

(a)二进制计数器 (b)五进制计数器 (c)8421码十进制计数器

图 8.3.7 74LS290 构成二进制、五进制和十进制计数器

74LS290 的功能表见表 8.3.3。从表中可以看出它具有以下功能:

表 8.3.3 74LS290 的功能表

输　入						输　出				说　明
$R_{0(1)}$	$R_{0(2)}$	$S_{9(1)}$	$S_{9(2)}$	CP_0	CP_1	Q_3	Q_2	Q_1	Q_0	
1	1	0	×	×	×	0	0	0	0	清零
1	1	×	0	×	×	0	0	0	0	
×	×	1	1	×	×	1	0	0	1	置"9"
$R_{0(1)} \cdot R_{0(2)} = 0$ $S_{9(1)} \cdot S_{9(2)} = 0$				CP	0	计数				二进制
				0	CP	计数				五进制
				CP	Q_0	计数				8421 十进制
				Q_3	CP	计数				5421 十进制

①直接清零　当 $R_{0(1)} = R_{0(2)} = 1$,$S_{9(1)}$ 和 $S_{9(2)}$ 至少有一个为"0"时,各触发器 $\overline{R}_D$ 端均为低电平,将各触发器置"0",实现清零功能。由于清零功能与时钟脉冲 CP 无关,故这种清零方式为异步清零。

②直接置"9"　当 $S_{9(1)} = S_{9(2)} = 1$ 时,触发器 F0 和 F3 的 $\overline{S}_D$ 端及触发器 F1 和 F2 的 $\overline{R}_D$ 端为低电平,触发器输出为"1001",实现直接置"9"功能。可以看出,这种置"9"功能也是通过触发器异步输入端进行的,与 CP 无关,且其优先级别高于 R_0 的置"0"功能。

③计数　当 $R_{0(1)}$ 和 $R_{0(2)}$ 至少有一个为"0",且 $S_{9(1)}$ 和 $S_{9(2)}$ 也至少有一个为"0"时,两个与非门输出均为高电平,各 JK 触发器在输入计数脉冲(下降沿)的作用下执行计数功能。

通过对 74LS290 外部引线不同方式的连接(或再增加少量逻辑门),可以对计数器的功能进行扩展,组成任意进制计数器。

【例 8.3.1】 用 74LS290 组成六进制计数器。

解　在图 8.3.7(c)接线的基础上,将 Q_2 和 Q_1 端分别与 $R_{0(1)}$ 和 $R_{0(2)}$ 相连,如图 8.3.8(a)所示。当计数到第 5 个脉冲时,计数状态为"0101",再输入第 6 个计数脉冲后,即出现"0110",此状态经反馈线作用到置"0"端 $R_{0(1)}$ 和 $R_{0(2)}$ 上,立即将计数器清零,回到"0000"状态。可见,计数器每输入 6 个计数脉冲,输出状态便循环一次,实现了六进制计数。由于清零时间极短,"0110"仅仅是一个转瞬即逝的过渡状态,从显示结果看,似乎是在出现"0101"状态之后再输入一个计数脉冲,计数器立即回到"0000"。

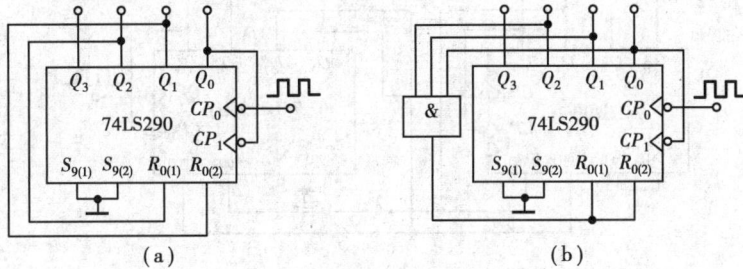

图 8.3.8

由上所述,用 74LS290 构成 n 进制计数器时,就是在计数器计入第 n 个脉冲后,将计数器的某些输出端的高电平反馈至计数器的置"0"输入端,强迫计数器返回到"0000"状态。因此,这种方法通常称为反馈归零法。

如果欲采用反馈归零法构成七进制计数器,由于计数到"7"时,计数器状态为"0111",有 3 个"1",而电路只有 $R_{0(1)}$ 和 $R_{0(2)}$ 两个直接置"0"端,因此,需增加一个与门,将 $Q_2Q_1Q_0$ 端经与门反馈到置"0"输入端,即可实现七进制计数。连接电路如图 8.3.8(b)所示。

【例 8.3.2】 用两片 74LS290 分别组成百进制和二十四进制计数器。

解　将两片分别接成十进制计数器的 74LS290 进行级联,组成的百进制计数器如图 8.3.9(a)所示。其中片(1)为个位,片(2)为十位。计数脉冲从个位的 CP_0 端输入,十位的计数脉冲由个位的最高位 Q_3 输出提供。当个位输入第 10 个脉冲时,个位计数器状态由"1001"回到"0000",Q_3 由"1"变为"0",此下降沿使十位计数器计数,状态变为"0001";当个位输入第 20 个脉冲时,十位计数器状态变为"0010";依此类推,当个位输入第 100 个脉冲时,个位和十位计数器都回到"0000"状态,完成一个计数循环,实现了百进制计数。

在百进制计数器的基础上,采用反馈归零法即可组成二十四进制计数器。计数范围为 0 ~ 23、24 为过渡状态,当十位计数至 2(0010)、个位计数至 4(0100)时,计数器归零。将十位 Q_1 和个位 Q_2 直接与 $R_{0(1)}$ 和 $R_{0(2)}$ 连接,即组成二十四进制计数器。电路如图 8.3.9(b)所示。

【练习与思考】

8.3.1　什么是异步计数器,什么是同步计数器? 两者各有何特点? 为什么说同步计数器可以提高工作速度?

8.3.2　试画出由 JK 触发器组成的三位异步二进制减法计数器的逻辑电路图,并列出相应的逻辑状态表。

8.3.3　如何用一片 74LS290 集成计数器芯片改接为从二到十之间任意进制的计数器? 能否用一片 74LS290 改接成十二进制计数器?

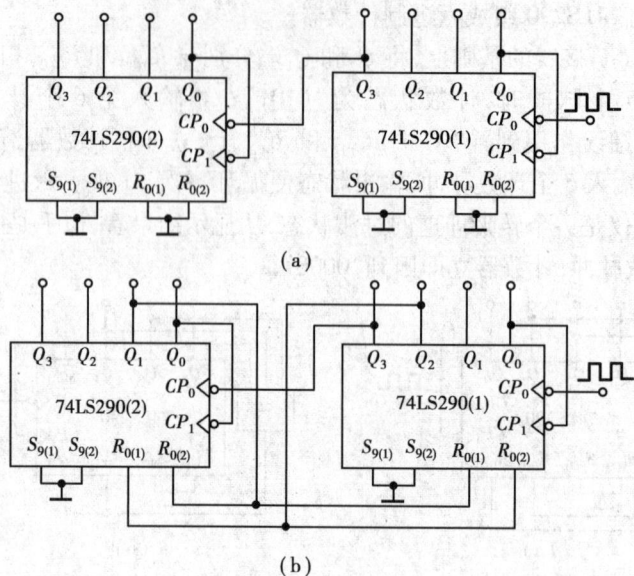

(a)

(b)

图 8.3.9

8.4　555 定时器及其应用

8.4.1　555 定时器

555 定时器是一种模拟电路和数字电路相结合的中规模集成电路。通常只需外接几个阻容元件,就可以方便地构成各种不同用途的脉冲产生与变换电路,如单稳态触发器、多谐振荡器以及施密特触发器等。由于它具有使用灵活,性能优越且价格低廉等优点,因而在各类电子产品的制作中被广泛使用。

常用的 555 定时器有 TTL 定时器 5G555 和 CMOS 定时器 CC7555 等,它们的逻辑功能与外引线排列都完全相同。

下面以 5G555 为例进行介绍:

图 8.4.1 为 5G555 的电路和外引线排列图。由图 8.4.1(a) 可以看出,电路由电阻分压器、电压比较器、基本 RS 触发器和晶体管构成的放电开关等几部分组成。

（1）分压器

分压器由 3 个阻值均为 5 kΩ 的电阻串联构成(555 也因此而得名)。它将电源电压分成三等份,其作用是为比较器 C1 和 C2 提供两个参考电压 U_{R1} 和 U_{R2}。引脚 5 称为电压控制端 CO,如果该端悬空,则比较器 C1 的参考电压 $U_{R1} = \frac{2}{3} U_{CC}$,比较器 C2 的参考电压 $U_{R2} = \frac{1}{3} U_{CC}$。如果在 CO 端外接控制电压 U_{CO},则可改变参考电压 U_{R1} 和 U_{R2} 的大小。不用 CO 端时,常将该端经0.01 μF的电容接地,以防止干扰引入。

（2）比较器

比较器 C1 和 C2 是两个结构完全相同的电压比较器。C1 的引脚 6 称为高电平触发端

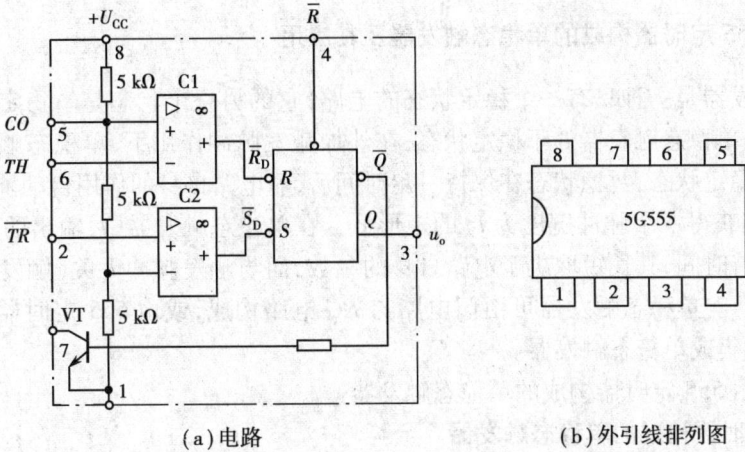

(a)电路　　　　　　　　(b)外引线排列图

图 8.4.1　5G555 集成定时器

TH，由该端输入高电平触发电压 U_{TH}；C2 的引脚 2 称为低电平触发端 $\overline{TR}$，由该端输入低电平触发电压 $U_{\overline{TR}}$。当 $U_{TH} > \dfrac{2}{3}U_{CC}$ 时，C1 输出低电平，使基本 RS 触发器置"0"，否则，C1 输出高电平；当 $U_{\overline{TR}} < \dfrac{1}{3}U_{CC}$ 时，C2 输出低电平，使基本 RS 触发器置"1"，否则，C2 输出高电平。

（3）基本 RS 触发器

基本 RS 触发器的状态由两个比较器的输出控制。根据基本 RS 触发器的逻辑功能就可确定触发器输出端 Q（引脚 3）的状态。$\overline{R}$ 端（引脚 4）是直接复位端。当 $\overline{R}$ 端接低电平或接地，即 $\overline{R} = 0$ 时，$Q = 0$，触发器被直接置"0"，而不受其他输入端状态的影响。定时器正常工作时，应将 $\overline{R}$ 端接高电平或接 $+U_{CC}$ 端，即使 $\overline{R} = 1$。

（4）放电开关和输出

放电开关由一个晶体管 VT 组成，其基极受基本 RS 触发器 $\overline{Q}$ 端状态的控制。当 $Q = 0$，$\overline{Q} = 1$ 时，晶体管 VT 导通，通过放电端（引脚 7）为外电路提供放电的通路；当 $Q = 1$，$\overline{Q} = 0$，晶体管 VT 截止，放电通路被截断。

引脚 8 为电源端，其电源电压范围为 4.5～16 V。引脚 3 为定时器输出端，输出高电平不低于电源电压的 90%，输出电流可达 200 mA，可直接驱动继电器、发光二极管、扬声器、指示灯等。引脚 1 为接地端。

综上所述，可以列出 5G555 定时器的功能，见表 8.4.1。

表 8.4.1　5G555 定时器功能表

输　入			输　出	
$\overline{R}$	U_{TH}	$U_{\overline{TR}}$	输出(Q)	VT 的状态
0	×	×	0	导通
1	$< \dfrac{2}{3}U_{CC}$	$< \dfrac{1}{3}U_{CC}$	1	截止
1	$> \dfrac{2}{3}U_{CC}$	$> \dfrac{1}{3}U_{CC}$	0	导通
1	$< \dfrac{2}{3}U_{CC}$	$> \dfrac{1}{3}U_{CC}$	不变	不变

8.4.2　555 定时器构成的单稳态触发器及其应用

单稳态触发器是一种只有一个稳定状态的电路,它的另一个状态是暂稳定状态。在无触发脉冲输入时,单稳态触发器处于稳定状态;在外加触发脉冲作用下,单稳态触发器将从稳定状态翻转为暂稳定状态,暂稳态在保持一定时间后,靠电路自身的作用自动翻转回到稳定状态,并在输出端获得一个脉冲宽度为 t_W 的矩形波。在单稳态触发器中,输出的脉冲宽度 t_W 就是暂稳态的维持时间,其长短取决于电路自身的参数,而与触发脉冲无关(触发脉冲宽度小于 t_W,下降沿触发)。单稳态触发器可由门电路与 RC 电路构成,或由 555 定时器与 RC 电路构成,也有单片的集成单稳态触发器。

下面介绍由 555 定时器构成的单稳态触发器:

(1)555 定时器构成的单稳态触发器

图 8.4.2(a)是用 555 定时器构成的单稳态触发器电路图,图(b)是其波形图。图(a)中 R 和 C 是外接定时元件,输入触发脉冲信号 u_I 接在低电平触发端。

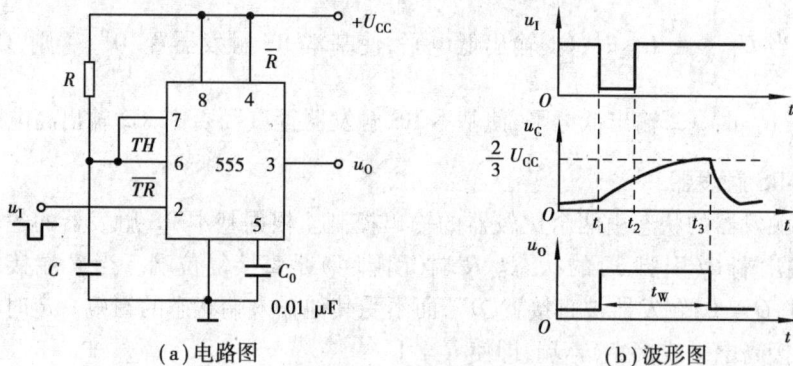

(a)电路图　　　　　　　　　(b)波形图

图 8.4.2　单稳态触发器

当触发器无触发脉冲信号时,输入端 $\overline{TR}$ 处于高电平,即 $u_I = U_{\overline{TR}}$ 为"1"。因电容未充电,故 TH 端为"0"。根据 555 定时器的工作原理可知,基本 RS 触发器处于保持状态。接通电源时,可能 $Q = 0$,也可能 $Q = 1$。若 $Q = 0$,$\overline{Q} = 1$,放电管 VT 导通,电容 C 被旁路而无法充电,因此,电路就稳定在 $Q = 0$,$\overline{Q} = 1$ 的状态,输出 u_0 为"0";若 $Q = 1$,$\overline{Q} = 0$,放电管 VT 截止,则接通电源后,电路将有一个逐渐稳定的过程:即电源 U_{CC} 经电阻 R 对电容 C 充电,当电容两端电压 u_C 上升到略高于 $\frac{2}{3}U_{CC}$ 时,触发器自动翻转为 $Q = 0$,$\overline{Q} = 1$ 的状态。所以,无触发信号时,触发器的稳定状态为 $Q = 0$,$\overline{Q} = 1$,放电管 VT 导通,输出电压 u_0 为"0"。

若 t_1 时刻在输入端加触发负脉冲 $u_I = U_{\overline{TR}} < \frac{1}{3}U_{CC}$,电路被触发,翻转为"1"态,即 $Q = 1$,$\overline{Q} = 0$,输出 u_0 为"1",放电管 VT 截止,电路进入暂稳态。

在暂稳态期间,电源经电阻 R 对电容 C 充电,充电时间常数 $\tau = RC$,u_C 按指数规律上升。在 t_2 时刻,虽然触发脉冲消失,u_I 由"0"变为"1",但 $u_C = U_{TH} < \frac{2}{3}U_{CC}$,触发器状态保持不变,输出 u_0 仍为"1",充电继续进行。在 t_3 时刻,当电容电压 u_C 上升到 $\frac{2}{3}U_{CC}$ 后,$U_{TH} > \frac{2}{3}U_{CC}$,$TH$ 为

"1",则触发器又被置"0"($Q = 0, \overline{Q} = 1$),输出 u_O 变为低电平,放电管 VT 导通,电容 C 充电结束,即暂稳态结束。

由于放电管 VT 导通,电容 C 经放电管放电,u_C 迅速下降到 0,电路恢复到稳态时的 $u_C = 0$,u_O 为"0"状态。当下一个触发脉冲到来时,又重复上述过程。

输出的矩形脉冲宽度可按下式估算,即

$$t_W = RC \ln 3 = 1.1RC$$

可见,调节定时元件 RC 的大小,可改变输出脉宽 t_W。

(2)单稳态触发器应用举例

单稳态触发器的应用很广,下面举几个简单例子说明:

1)定时

由于单稳态触发器能产生一定宽度(t_W)的矩形输出脉冲,利用这个矩形脉冲去控制某电路,使它在 t_W 时间内动作(或不动作),这就是脉冲的定时作用。例如,图 8.4.3(a)所示是利用输出宽度为 t_W 的矩形脉冲作为与门输入信号之一,只有在 t_W 时间内,与门才开门,信号 A 才能通过与门,如图 8.4.3(b)所示。

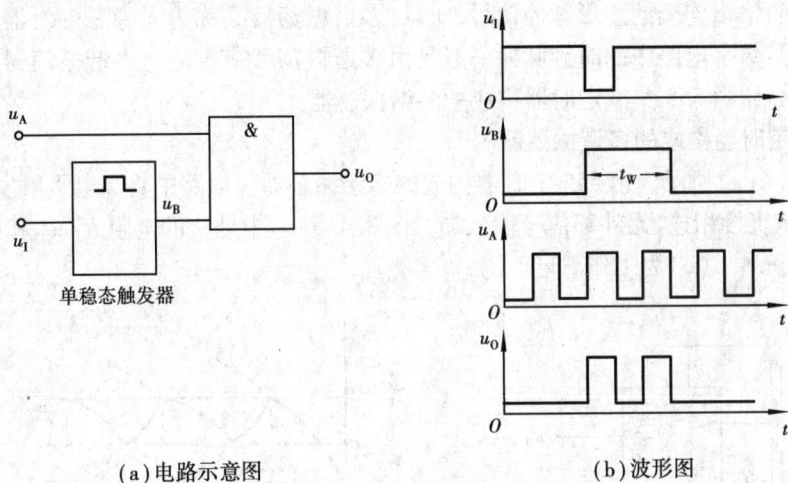

(a)电路示意图　　　　　　　　(b)波形图

图 8.4.3　单稳态触发器的作用

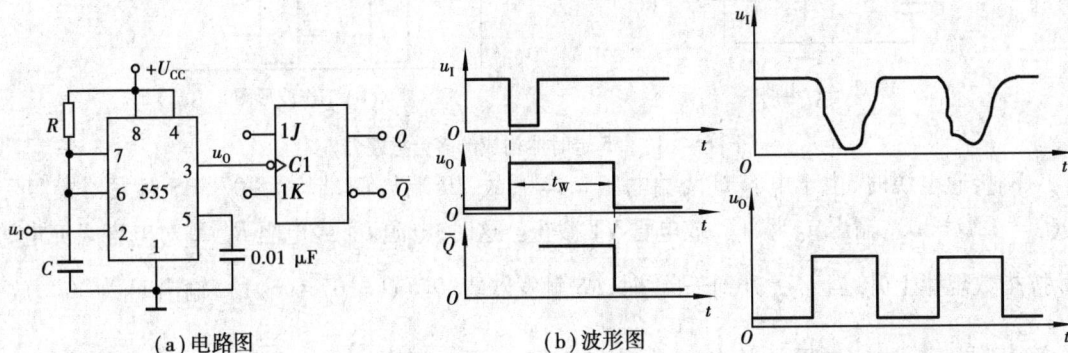

(a)电路图　　　　(b)波形图

图 8.4.4　单稳态触发器的延时作用　　　　图 8.4.5　脉冲整形

2）延时

如图 8.4.4(a) 所示电路是利用单稳态触发器的输出 u_0 作为其他电路的触发信号。由图 8.4.4(b) 可见，触发器输出 u_0 的下降沿比输入触发信号 u_I 的下降沿延迟了 t_W。因此，利用 u_0 下降沿去触发其他电路（例如，JK 触发器），比直接用 u_I 下降沿触发延迟了 t_W，这就是单稳态触发器的延时作用。

3）整形

因为单稳态触发器输出 u_0 的幅度，仅由单稳电路输出的高、低电平决定，宽度 t_W 只与 R、C 有关，所以单稳态触发器能够将不规则的输入信号 u_I（或因受到干扰而发生变形的矩形波），整形成为幅度、宽度都相同的规则的矩形脉冲 u_0，如图 8.4.5 所示。

8.4.3　555 定时器构成的多谐振荡器及其应用

多谐振荡器是一种能产生矩形脉冲的自激振荡电路。由于矩形波中除基波外，还含有丰富的高次谐波成分，因此，称这种振荡电路为多谐振荡器。多谐振荡器没有稳态，只有两个暂稳态。接通电源后，不需外加触发信号，电路状态便在自身因素的作用下，自动在两个暂稳态之间来回转换，输出连续的矩形脉冲信号，所以，多谐振荡器又称为无稳态触发器。它常被用做脉冲信号源，数字电路中的时钟脉冲一般是由多谐振荡器产生的。多谐振荡器的电路结构也较多，下面介绍由 555 集成定时器构成的多谐振荡器。

（1）555 定时器构成的多谐振荡器

如图 8.4.6(a) 所示为由 555 定时器构成的多谐振荡器。电路中将高电平触发端 TH 和低电平触发端 $\overline{TR}$ 直接相连，无外部信号输入端。图 8.4.6(a) 中外接的电阻 R_1、R_2 和电容 C 均为定时元件。图 8.4.6(b) 为工作波形。

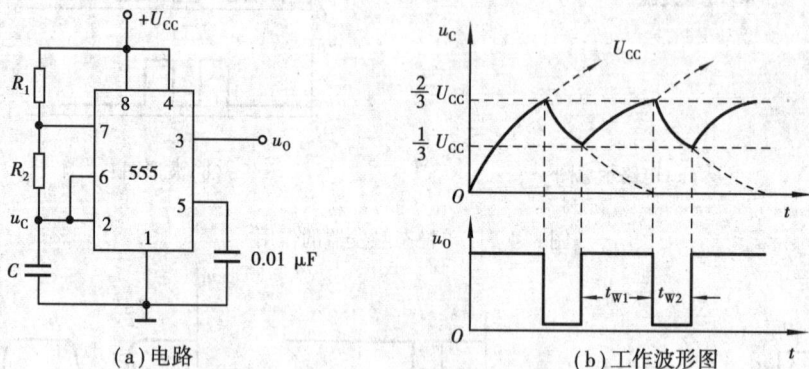

图 8.4.6　555 定时器构成的多谐振荡器

刚接通电源时，由于电容 C 两端电压 $u_C = 0$，故 TH 端与 $\overline{TR}$ 端均为"0"，RS 触发器置"1"（$Q = 1$，$\overline{Q} = 0$），输出 u_0 为"1"，放电管 VT 截止。这时，电源 U_{CC} 经电阻 R_1、R_2 对电容 C 充电，u_C 按指数规律上升，当 u_C 上升到 $\frac{2}{3}U_{CC}$ 时，RS 触发器置"0"（$Q = 0$，$\overline{Q} = 1$），输出 u_0 为"0"，放电管 VT 导通。电容电压 u_C 从 $\frac{1}{3}U_{CC}$ 上升到 $\frac{2}{3}U_{CC}$ 这段时间所对应的电路状态，称为第一暂稳态，其维持时间 t_{W1} 的长短与电容的充电时间有关。充电时间常数 $\tau_充 = (R_1 + R_2)C$。

由于放电管 VT 导通，电容 C 通过 R_2 和 VT 放电，电路进入第二暂稳态。放电时间常数

$\tau_{放} = R_2 C$。随着 C 的放电，u_C 下降，当 u_C 下降到 $\frac{1}{3} U_{CC}$ 时，RS 触发器置"1"（$Q = 1$，$\overline{Q} = 0$），输出 u_0 为"1"，放电管 VT 截止，电容 C 放电结束，即第二暂稳态结束。电源 U_{CC} 再次经电阻 R_1、R_2 对电容 C 充电，电路又翻转到第一暂稳态，并重复上述过程，因此输出 u_0 为连续的矩形波。

由以上分析可知，电路靠电容 C 充电来维持第一暂稳态，其持续时间即为 t_{W1}。电路靠电容 C 放电来维持第二暂稳态，其持续时间为 t_{W2}。电路一旦起振后，电压 u_C 总是在 $\left(\frac{1}{3} \sim \frac{2}{3}\right) U_{CC}$ 之间变化。

第一暂稳态的脉冲宽度（即电容充电时间）为
$$t_{W1} = (R_1 + R_2) C \ln 2 \approx 0.7(R_1 + R_2)C$$
第二暂稳态的脉冲宽度（即电容放电时间）为
$$t_{W2} = R_2 C \ln 2 \approx 0.7 R_2 C$$
振荡周期
$$T = t_{W1} + t_{W2} \approx 0.7(R_1 + 2R_2)C$$
振荡频率
$$f = \frac{1}{T} \approx \frac{1.43}{(R_1 + 2R_2)C}$$
显然，改变 R_1、R_2 和 C 的值，就可以改变振荡器的频率。

如图 8.4.6 所示的多谐振荡器电路，由于电容充、放电路径不同，因而充、放电时间常数不同，使输出脉冲的宽度 t_{W1} 和 t_{W2} 也不同。在实际应用中，常常需要调节 t_{W1} 和 t_{W2}，由此引入占空比的概念，输出脉冲的占空比为
$$D = \frac{t_{W1}}{T} = \frac{R_1 + R_2}{R_1 + 2R_2}$$

将图 8.4.6 所示电路稍加改动，就可得到占空比可调的多谐振荡器，如图 8.4.7 所示。在如图 8.4.7 中增加了电位器 R_W，并利用二极管 VD_1 和 VD_2 将电容 C 的充放电回路分开，充电回路为 R_1、VD_1 和 C，放电回路为 C、VD_2 和 R_2。该电路的振荡周期为
$$T = t_{W1} + t_{W2} \approx 0.7\tau_{充} + 0.7\tau_{放} = 0.7(R_1 + R_2)C$$
占空比为
$$D = \frac{R_1}{R_1 + R_2}$$
调节电位器 R_W，即可改变 R_1 和 R_2 的值，并使占空比 D 得到调节。当 $R_1 = R_2$ 时，$D = 1/2$（此时，$t_{W1} = t_{W2}$），电路输出方波。

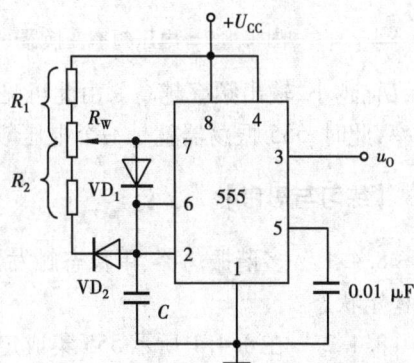

图 8.4.7　占空比可调的多谐振荡器

（2）由 555 定时器构成的振荡器应用举例

1）模拟声响电路

如图 8.4.8（a）所示是用两个多谐振荡器构成的一种模拟声响电路。

若调节定时元件 R_{11}、R_{12}、C_1，使振荡器（1）的振荡频率为 1 Hz，调节 R_{21}、R_{22}、C_2，使振荡器（2）的振荡频率为 1 kHz，由于振荡器（1）的输出端接到振荡器（2）的复位端 $\overline{R}$（引脚 4），因此，

在 u_{O1} 输出高电平时，允许振荡器(2)振荡；u_{O1} 输出低电平时，振荡器(2)复位，停止振荡。这样扬声器便发出"呜——"的间隙声响。u_{O1} 和 u_{O2} 的工作波形如图 8.4.8(b)所示。

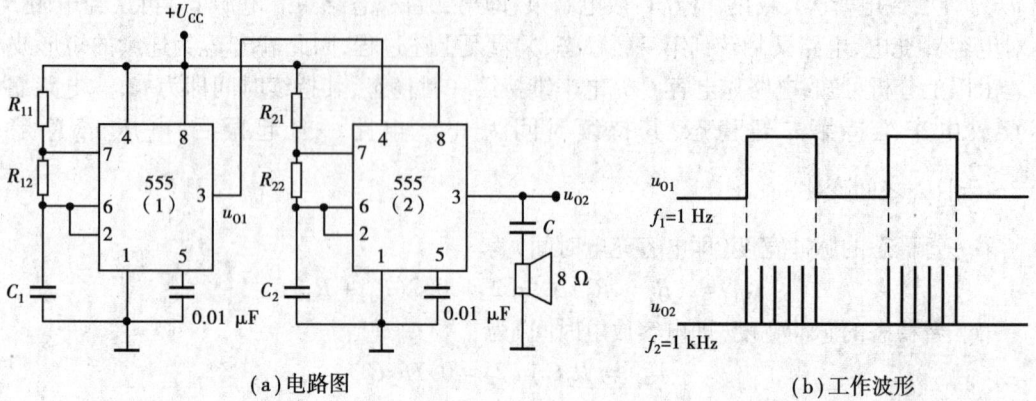

（a）电路图 　　　　　　　　　　　　　　　　（b）工作波形

图 8.4.8　模拟声响电路

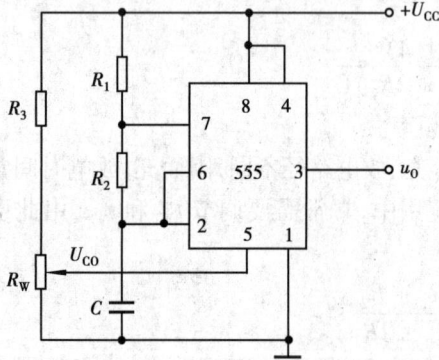

图 8.4.9　电压频率变换器

2）电压频率变换器

在由 555 构成的多谐振荡器中，若将电压控制端 CO(引脚 5)接在由 R_3 和 R_W 构成的分压电路中，则 CO 端输入的电压就是一个可变电压 U_{CO}。电路如图 8.4.9 所示。调节电位器 R_W，即可改变电压 U_{CO} 的数值，亦即改变比较器 C1、C2 的参考电压。上比较器 C1 的参考电压为 U_{CO}，下比较器 C2 的参考电压为 $\frac{1}{2}U_{CO}$。U_{CO} 越大，参考电压值越大，输出脉冲周期越长，输出频率越低；反之，U_{CO} 越小，输出频率越高。由此可见，只要改变控制端电压 U_{CO}，就可改变其输出的矩形波频率，此时，555 振荡器就是一个电压频率变换器(也称压控振荡器)。

【练习与思考】

8.4.1　多谐振荡器、单稳态触发器、双稳态触发器，各有几个暂稳态、几个能够自动保持的稳定状态？

8.4.2　在 8.4.1 所示 555 集成定时器中，输出电压 u_0 为高电平、低电平及保持原来状态不变的输入信号条件各是什么？（设 CO 端已通过 0.01 μF 电容接地，放电端悬空。）

8.4.3　单稳态触发器为什么能用于定时控制和脉冲整形？

8.4.4　试写出如图 8.4.7 所示占空比可调的多谐振荡器振荡频率 f 的表达式。调节电位器 R_W 可改变输出脉冲的占空比，是否也改变了输出脉冲的频率？

8.5　应用举例

8.5.1　四人抢答电路

图 8.5.1(a)是一个四人(组)参加智力竞赛的抢答电路,电路中的主要器件是 CT74LS175 型四上升沿 D 触发器,其引脚排列如图 8.5.1(b)所示,它的清零端 $\overline{R}_D$(或用 $\overline{C}_r$ 表示)和时钟脉冲 CP 是四个 D 触发器共用的。

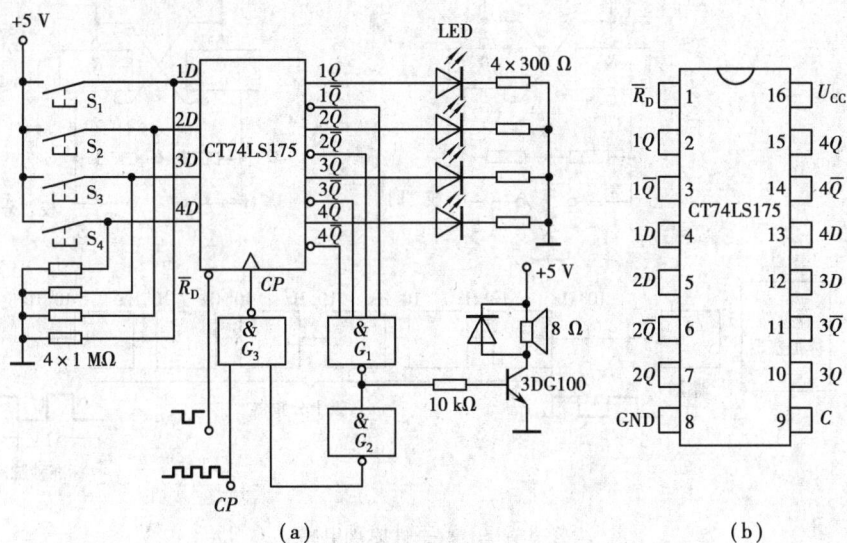

图 8.5.1　四人抢答电路

抢答前先清零,$1Q \sim 4Q$ 均为"0",相应的发光二极管 LED$_1$ ~ LED$_4$ 都不亮,$1\overline{Q} \sim 4\overline{Q}$ 均为"1",与非门 G_1 输出为"0",扬声器不响。同时,G_2 门输出为"1"将 G_3 门打开,时钟脉冲可以经过 G_3 门进入 D 触发器的 CP 端。此时,由于 S$_1$ ~ S$_4$ 均未按下,输入端 $1D \sim 4D$ 均为"0",所以触发器的状态不变。

抢答开始,若 S$_1$ 首先被按下,$1D$ 和 $1Q$ 均变为"1",相应的发光二极管 LED$_1$ 亮,$1\overline{Q}$ 变为"0",G_1 门输出为"1",扬声器发出声响。同时,G_2 门输出为"0",将 G_3 门封锁,时钟脉冲不能经过 G_3 门进入 D 触发器。由于没有时钟脉冲,即使再接着按下其他按钮,相应输入端的信号也无法进入 D 触发器,因此,触发器的状态不会改变。

抢答判别完毕,由裁判清零,准备下一次抢答使用。

8.5.2　数字钟

图 8.5.2 是数字钟的原理电路,它由下述 3 部分组成。

(1)标准秒脉冲发生电路

由石英晶体振荡器产生稳定性很高的频率为 1 MHz 的方波脉冲信号,经过六级十分频电路后,输出频率为 1 Hz(即周期为 1 s)的标准秒脉冲作为计时信号。

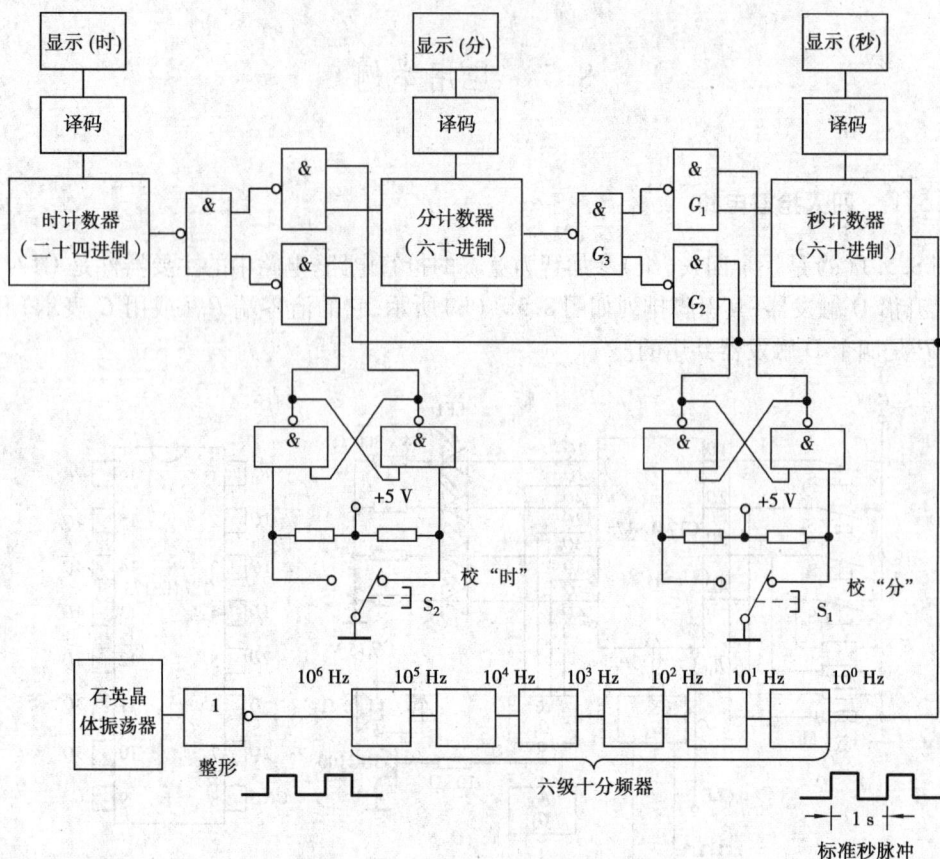

图 8.5.2　数字钟原理电路

（2）时、分、秒计数、译码、显示电路

这部分包括两个六十进制计数器、一个二十四进制计数器和相应的译码显示器。标准秒脉冲进入六十进制秒计数器进行计数，并经译码器驱动显示器进行"秒显示"，秒计数器将其最后的输出（第 60 s）脉冲送入分计数器作为分脉冲；分脉冲进入六十进制分计数器计数并进行译码显示，分计数器最后的输出作为时脉冲送入二十四进制时计数器计数并进行译码显示。最大显示值为 23 h 59 min 59 s，再输入一个秒脉冲后，显示回零。

（3）时、分校准电路

校"时"和校"分"的校准电路是相同的，下面以校"分"电路来说明时间的校准。

①在开关 S_1 未被按下时，与非门 G_1 的一个输入端为"1"，将 G_1 门打开，使秒计数器输出的分脉冲经 G_1、G_3 门进入分计数器进行正常计时。而此时 G_2 门由于一个输入端为"0"，G_2 门被封锁，校准用的秒脉冲不能进入分计时器。

②在校"分"时，按下开关 S_1，情况与①相反，G_1 门被封锁，G_2 门打开，标准秒脉冲经 G_2、G_3 门直接进入分计数器进行快速校"分"。

同理，在校"时"时，按下开关 S_2，标准秒脉冲直接进入时计数器进行快速校"时"。

小　结

1. 触发器是数字电路中另一种重要的基本逻辑单元。它有两个基本性质:一是有两个稳定状态("1"态或"0"态),二是可在外加信号作用下触发翻转。当外加信号消失后,触发器仍维持现状态不变,因此,触发器具有记忆功能,每一个触发器能记忆(存储)一位二进制信息。

触发器按功能可分为 RS、JK、D、T、T′等几种,它们的逻辑功能可用逻辑状态表、特性方程、逻辑符号或波形图(时序图)来描述。除了基本 RS 触发器,其余触发器都是在时钟脉冲 CP 作用下工作的,在 CP 触发方式上有电平(高电平或低电平)触发、主从触发和边沿(上升沿或下降沿)触发等几种。在使用触发器时,必须注意电路的功能和触发方式。功能不同的触发器之间可以相互转换,转换后触发器的触发方式与转换前的触发方式相同。

2. 时序逻辑电路在逻辑功能上的特点是任一时刻的输出状态不仅与该时刻的输入有关,而且还与电路原来的状态有关。因此,时序逻辑电路在结构上的特点是,必须包含具有记忆功能的逻辑单元电路——触发器。时序逻辑电路通常由组合电路及存储电路两部分组成。

时序逻辑电路按触发脉冲控制方式,可分为同步时序电路和异步时序电路两类。在同步时序电路中,各触发器的 CP 端均受同一时钟脉冲源控制;而在异步时序电路中,各触发器的 CP 端受不同的触发脉冲控制。

3. 寄存器和计数器是数字系统中应用最多的两种时序逻辑电路。寄存器具有清零、接收、保存和输出数码的功能。移位寄存器除上述功能外,还具有移位(左移或右移)数码的功能,它可用来实现数码串行、并行转换、数据处理及数值的运算。计数器不仅能用于累计输入脉冲的个数,还能用于计时、分频、定时、产生节拍脉冲等。计数器有多种类型,如二进制、十进制、加法、减法、同步、异步等。目前已有多种型号规格的集成计数器可供选用。在实际应用中,可利用某些已有的集成计数器,通过引入适当的反馈控制信号构成任意进制计数器。

4. 555 定时器是一种多用途的单片集成电路。由于它只需外接少量阻容元件,就可构成单稳态触发器、多谐振荡器、施密特电路等各种实用电路,因而被广泛用于信号的产生、变换、控制和检测。本章介绍了 555 定时器的组成、工作原理和引脚功能,并着重介绍了由 555 定时器组成的单稳态触发器和多谐振荡器以及它们的简单应用。

习　题

8.1　基本 RS 触发器输入信号 $\overline{R}_D$、$\overline{S}_D$ 的波形如图 8.1 所示,试画出输出端 Q 的波形。

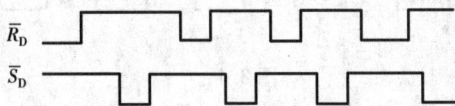

图 8.1

8.2 同步 RS 触发器 CP 脉冲及输入信号 R、S 的波形如图 8.2 所示,试画出输出端 Q 和 $\overline{Q}$ 的波形。设触发器的初始状态为"0"。

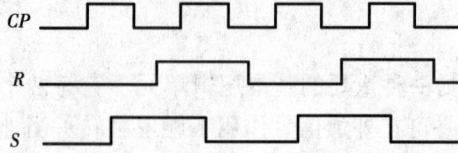

图 8.2

8.3 已知 JK 触发器(下降沿触发)和 D 触发器(上升沿触发)的 CP 脉冲及输入端的波形如图 8.3 所示,试分别画出这两种触发器输出端 Q 的波形。设各触发器的初始状态均为"0"。

图 8.3

8.4 试分别画出图 8.4 中所示各触发器在时钟脉冲 CP 作用下输出端 Q 的波形。设各触发器的初始状态均为"0"。

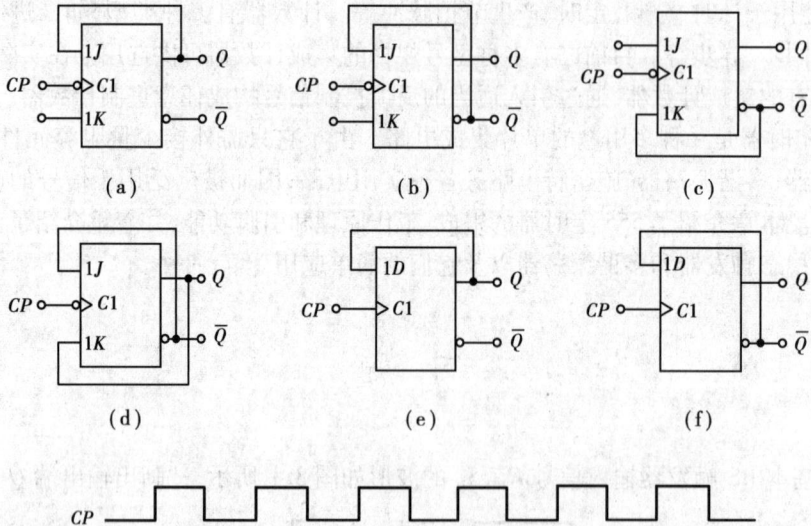

图 8.4

8.5 如图 8.5 所示电路是一种由 3 个 D 触发器构成的计数器,试列出它在计数脉冲作用下的状态表,并指出它属于哪种类型的计数器? 设各触发器的初态为"0"。

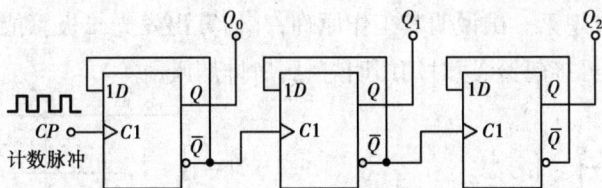

图 8.5

8.6　比较 D 触发器与 RS 触发器的特性方程,试将 D 触发器转换为 RS 触发器,画出转换电路图。

8.7　在图 8.6(a)所示电路中,F0 为 T 型触发器,F1 为 T′型触发器,其 CP 脉冲及输入端 A 的波形如图 8.6(b)所示,试对应画出输出端 Q_0、Q_1 的波形。设触发器的初始状态均为“0”。

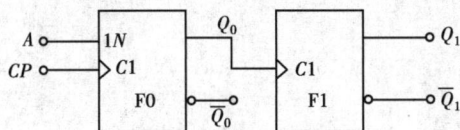

(a)

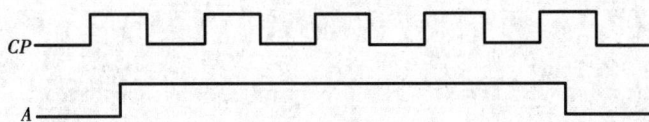

(b)

图 8.6

8.8　试用两片 74LS290 型集成计数器构成一个六十进制计数器。

8.9　如图 8.7 所示是一个由 74LS290 型集成芯片构成的计数器,试列出它的状态表,分析它是一个几进制计数器?

8.10　在图 8.4.6(a)所示多谐振荡器中,已知 $R_1 = 15\ k\Omega$、$R_2 = 10\ k\Omega$、$C = 0.05\ \mu F$,$U_{CC} = 9\ V$,试估算输出脉冲的振荡频率和占空比。欲降低电路振荡频率,试指出下列的各种方法中,哪些是正确的,为什么?

①加大 R_1 的阻值;

②加大 R_2 的阻值;

③减小 C 的容量;

④降低电源电压 U_{CC};

⑤在电压控制端(CO 端,引脚 5)接低于 $\frac{2}{3}U_{CC}$ 的电压。

8.11　如图 8.8 所示是一简易触摸开关电路,当手触摸金属片时,发光二极管发光,经过一定时间,发光二极管熄灭。试说明其工作原理,并估算出发光二极管能亮多长时间?(将输出端电路稍加改变也可接门铃、短时用照明灯、厨房排烟风扇等)

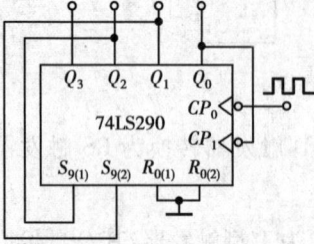

图 8.7

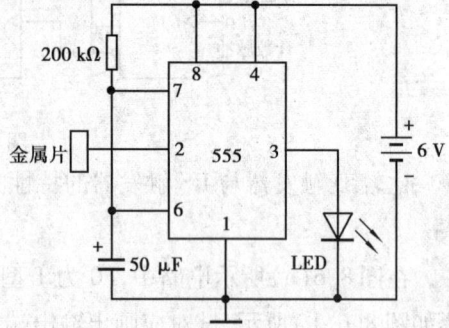

图 8.8

附 录

附录A 电机的电气参数

1. Y系列普通三相交流电机2P电气参数

型 号	标称功率/kW	额定电流/A	转速/(r·min⁻¹)	效率/%	功率因数 cos
Y801-2	0.75	1.84	2 830	75.0	0.84
Y802-2	1.1	2.65	2 830	77.0	0.86
Y90S-2	1.5	3.48	2 840	78.0	0.85
Y90L-2	2.2	4.9	2 840	80.5	0.86
Y100L-2	3	6.5	2 870	82.0	0.87
Y112M-2	4	8.5	2 890	85.5	0.87
Y132S1-2	5.5	11.1	2 900	85.5	0.88
Y132S2-2	7.5	15.0	2 900	86.2	0.88
Y160M1-2	11	21.8	2 930	87.2	0.88
Y160M2-2	15	29.4	2 930	88.2	0.88
Y160L-2	18.5	35.5	2 930	89.0	0.89
Y180M-2	22	42.2	2 940	89.0	0.89
Y200L1-2	37	56.9	2 940	90.0	0.89
Y200L2-2	45	69.8	2 950	90.5	0.89

2. Y 系列普通三相交流电机 4P 电气参数

型 号	标称功率/kW	额定电流/A	转速/(r·min⁻¹)	效率/%
Y801-4	0.55	1.5	1 390	73
Y802-4	0.75	2.0	1 390	74.5
Y90S-4	1.1	2.8	1 400	78.0
Y90L-4	1.5	3.7	1 400	79.0
Y100L1-4	2.2	5.0	1 430	81.0
Y100L2-4	3	6.8	1 430	82.5
Y112M-4	4	8.8	1 440	84.5
Y132S-4	5.5	11.6	1 440	85.5
Y132M-4	7.5	15.4	1 440	87.0
Y160M-4	11	22.6	1 460	88.0
Y160L-4	15	30.7	1 460	88.5
Y180M-4	18.5	35.9	1 470	91.0
Y180L-4	22	42.5	1 470	91.5
Y200L-4	30	56.8	1 470	92.2

3. YD 系列多速三相交流电机 4/2P 电气参数

型 号	标称功率/kW	额定电流/A	转速/(r·min⁻¹)	效率/%
YD801-4/2	0.45/0.55	1.4/1.5	1 420/2 860	66/65
YD802-4/2	0.55/0.75	1.7/2.0	1 420/2 860	68/66
YD90S-4/2	0.85/1.1	2.3/2.8	1 430/2 850	74/72
YD90L-4/2	1.3/1.8	3.3/4.3	1 430/2 850	76/74
YD100L1-4/2	2.0/2.4	4.8/5.6	1 430/2 850	78/76
YD100L2-4/2	2.4/3	5.5/6.7	1 430/2 850	79/77
YD112M-4/2	3.3/4	7.4/8.6	1 450/2 890	82/79
YD132S-4/2	4.5/5.5	9.8/11.9	1 450/2 860	83/79
YD132M-4/2	6.5/8	13.8/17.1	1 450/2 880	84/80
YD160M-4/2	9/11	18.5/22.9	1 460/2 920	87/82
YD160L-4/2	11/14	22.3/28.8	1 460/2 920	87/82
YD180M-4/2	15/18.5	29.4/36.7	1 470/2 940	89/85
YD180L-4/2	18.5/22	35.9/42.7	1 470/2 940	89/86

4. TYP 变频调速电机 4P 电气参数(频率调整范围 5 ~ 100 Hz)

型　号	标称功率/kW (50 Hz 以上)	额定电流/A (50 Hz)	额定转矩/(N·m) (50 Hz 以下)	转速范围 /(r·min⁻¹)
TYP6314	0.12	0.29	0.76	150 ~ 3 000
TYP6324	0.18	0.41	1.1	150 ~ 3 000
TYP7114	0.25	0.55	1.59	150 ~ 3 000
YVP7124	0.37	0.80	2.3	150 ~ 3 000
TYP801-4	0.55	1.13	3.5	150 ~ 3 000
TYP802-4	0.75	1.52	4.6	150 ~ 3 000
TYP90S-4	1.1	2.13	7.0	150 ~ 3 000
TYP90L-4	1.5	2.90	9.5	150 ~ 3 000
TYP100L1-4	2.2	4.17	14.0	150 ~ 3 000
TYP100L2-4	3	5.62	19.0	150 ~ 3 000
TYP112M-4	4.0	7.33	25.4	150 ~ 3 000
TYP132S-4	5.5	9.86	35.0	150 ~ 3 000
TYP132M-4	7.5	13.3	47.7	150 ~ 3 000
TYP160M-4	11	19.1	70.0	150 ~ 3 000
TYP160L-4	15	26.1	95.5	150 ~ 3 000
TYP180M-4	18.5	31.5	117.1	150 ~ 3 000

附录 B　我国现行电磁兼容标准(部分)

国家标准代号	标准名称	对应国际标准	需检项目
GB/T 4365—1996	电磁兼容术语	IEC60050 (90)	
GJB 72—85	电磁干扰和电磁兼容性名词术语		
GB/T 3907—83	工业无线电干扰基本测量方法		
GB 4859—84	电气设备的抗干扰基本测量方法		
GB 4824—1996	工业、科学和医疗(ISM)射频设备电磁骚扰特性的测量方法和限值	CISPR11(1990)	①骚扰电压 0.15 ~ 30 MHz ②辐射骚扰 30 ~ 1 000 MHz
GB 7349—87	高压架空输电线、变电站无线电干扰测量方法		
GB/T 16607—1996	微波炉在 1 GHz 以上的辐射干扰测量方法	CISPR19(83)	

续表

国家标准代号	标准名称	对应国际标准	需检项目
GB 7495—87	架空电力线路与调幅广播收音台的防护间距		
GB 17743—1999	电气照明和类似设备的无线电干扰特性的限值和测量方法	CISPR15（1996）	

附录 C 半导体分立器件

1. 半导体分立器件型号命名规则

（1）半导体分立器件型号命名法（国家标准 GB 249—89）

第一部分		第二部分		第三部分		第四部分		第五部分	
用阿拉伯数字表示器件的电极数目		用汉语拼音字母表示器件的材料和极性		用汉语拼音字母表示器件的类别		用阿拉伯数字表示序号		用汉语拼音字母表示规格号	
符号	意义	符号	意义	符号	意义	符号	意义	符号	意义
2	二极管	A B C D	N 型,锗材料 P 型,锗材料 N 型,硅材料 P 型,硅材料	P V W C Z L S K X	普通管 混频检波管 电压调整管和电压基准管 变容管 整流管 整流堆 隧道管 开关管 低频小功率管 $(f_a < 3\ \text{MHz}, P_C < 1\ \text{W})$				
3	三极管	A B C D E	PNP 型,锗材料 NPN 型,锗材料 PNP 型,硅材料 NPN 型,硅材料 化合材料	G D A T Y B J	高频小功率管 $(f_a > 3\ \text{MHz}, P_C < 1\ \text{W})$ 低频大功率管 $(f_a < 3\ \text{MHz}, P_C \geqslant 1\ \text{W})$ 高频大功率管 $(f_a > 3\ \text{MHz}, P_C \geqslant 1\ \text{W})$ 闸流管 体效应管 雪崩管 阶跃恢复管				

示例：　　3　A　G　11　G

规格号

序号

高频小功率管

PNP型,锗材料

三极管

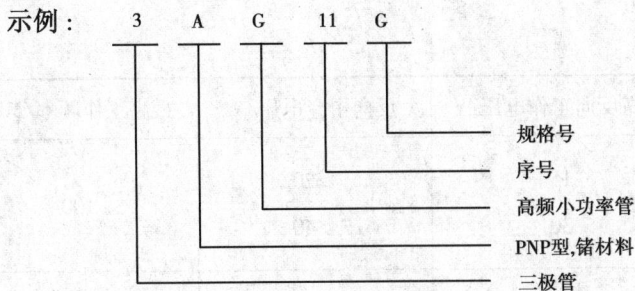

　　为了便于读者使用 EWB 软件的元件库,这里简介美国电子工业协会(EIA)的半导体分立器件型号命名法。

　　(2)美国电子工业协会(EIA)的半导体分立器件型号命名法

第一部分		第二部分		第三部分		第四部分	第五部分
用符号表示器件的类别		用数字表示 PN 结的数目		用字母 N 表示在 EIA 注册标志		用多位数字表示登记号	用字母表示器件的挡别
符号	意义	符号	意义	符号	意义	EIA 登记号	A、B、C、D 等表示同一器件的不同挡别
JAN (或 J)	军用品	1	二极管				
		2	三极管	N	EIA 注册标志		
		3	三个 PN 结器件				
无	非军用品	n	n 个 PN 结器件				

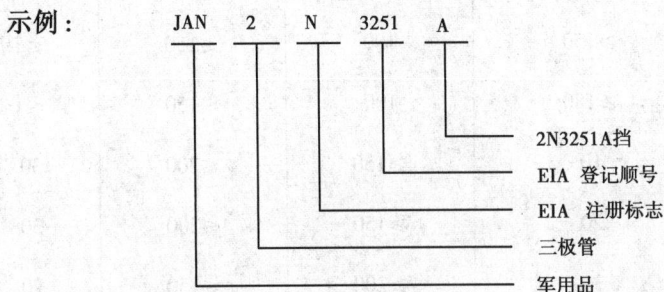

示例：　　JAN　2　N　3251　A

2N3251A挡

EIA 登记顺号

EIA 注册标志

三极管

军用品

　　2.常用半导体器件型号和参数

　　(1)常用二极管的主要参数

　　①检波二极管的主要参数

型　　号	最大整流电流/mA	最高反向工作电压/V	反向击穿电压/V	最高工作频率/MHz
2AP1	16	20	40	
2AP3	25	30	≥45	
2AP4	16	50	≥75	150
2AP5	16	75	≥110	
2AP7	12	100	≥150	

续表

型　号	最大整流电流/mA	最高反向工作电压/V	反向击穿电压/V	最高工作频率/MHz
2AP9	5	15	≥20	100
2AP10	5	30	≥40	
2AP21	50	<10	>15	
2AP22	16	<30	>45	100
2AP23	25	<40	>60	

②开关二极管的主要参数

型　号	反向击穿电压 U_{BR}/V	最高反向工作电压 U_{RM}/V	最大正向电流 I_{FM}/mA	反向恢复时间 t_{rr}/ns	反向电流 I_R/μA
2CK84A	≥40	≥30	100	≤150	≤1
2CK84B	≥80	≥60	100	≤150	≤1
2CK84C	≥120	≥90	100	≤150	≤1
2CK84D	≥150	≥120	100	≤150	≤1
2CK84E	≥180	≥150	100	≤150	≤1
2CK84F	≥210	≥180	100	≤150	≤1
2AK1	30	10	≥150	≤200	30
2AK2	40	20	≥150	≤200	30
2AK3	50	30	≥200	≤150	20
2AK5	60	40	≥200	≤150	5
2AK6	70	50	≥200	≤150	5
2AK7	50	30	≥10	≤150	20
2AK9	60	40	≥10	150	20
2AK10	70	50	≥10	150	20

③硅整流二极管的主要参数

分挡标志	A	B	C	D	E	F	G	H	J	K	L	M	N	P
反向工作电压分挡														
U_{RM}/V	25	50	100	200	300	400	500	600	700	800	900	1 000	1 200	1 400

型号	反向工作电压 U_{RM}/V	额定正向平均电流 I_F/A	正向压降 U_F/V	反向电流 I_R/μA 125 ℃	反向电流 I_R/μA 25 ℃	不重复正向浪涌电流 I_{FSM}/A	工作频率 f/kHz	额定结温 T_{jm}/℃	冷却方式
2CZ50	A ~ M 25 ~ 1 000	0.03	≤1.2	80	5	0.6	3	150	自冷
2CZ51		0.05				1			
2CZ52		0.1		100		2			
2CZ53		0.3	≤1.0			6			
2CZ54		0.5		500	10	10			
2CZ55		1				20			
2CZ56	B ~ P 50 ~ 1 400	3	≤0.65	≤1 000	≤20	65	3	140	*
2CZ57		5				105			
2CZ58		10		≤1 500	≤30	210			**
2CZ59		20		≤2 000	≤40	420			
2CZ60		50	0.7	≤4 000	≤50	900			***

注：＊80 mm×80 mm×1.5 mm 铝散热片

＊＊160 mm×160 mm×1.5 mm 铝散热片

＊＊＊强迫风冷

④硅稳压管的主要参数

型号	稳定电压 U_Z/V	稳定电流 I_Z/mA	最大工作电流 I_{Zmax}/mA	动态电阻 r_Z/Ω	电压温度系数 C_{TU}/(% · ℃$^{-1}$)	最大耗散功率 P_{ZM}/W
2CW51	2.5 ~ 3.5		71	≤60	≥ - 0.09	
2CW52	3.2 ~ 4.5		55	≤70	≥ - 0.08	
2CW53	4 ~ 5.8	10	41	≤50	- 0.06 ~ 0.04	0.25
2CW54	5.5 ~ 6.5		38	≤30	- 0.03 ~ 0.05	
2CW56	7.0 ~ 8.8		27	≤15	≤0.07	
2CW57	8.5 ~ 9.5		26	≤20	≤0.08	
2CW59	10 ~ 11.8	5	20	≤30	≤0.09	0.25
2CW60	11.5 ~ 12.5		19	≤40		

续表

型　号	稳定电压 U_Z/V	稳定电流 I_Z/mA	最大工作电流 I_{Zmax}/mA	动态电阻 r_Z/Ω	电压温度系数 $C_{TU}/(\% \cdot ℃^{-1})$	最大耗散功率 P_{ZM}/W
2CW103	4～5.8	50	165	≤20	-0.06～0.04	1
2CW110	11.5～12.5	20	76	≤20	≤0.09	1
2CW113	16～19	10	52	≤40	≤0.11	1
2DW1A	5	30	240	≤20	-0.06～0.04	1
2DW6C	15	30	70	≤8	≤0.1	1
2DW7C	6.1～6.5	10	30	≤10	0.05	0.2

（2）常用三极管的主要参数

①锗低频小功率三极管的主要参数

型　号	直流参数			交流参数	极限参数			
	I_{CBO} /μA	I_{CEO} /μA	$\bar{\beta}$	f_T /kHz	P_{CM} /mW	I_{CM} /mA	$U_{(BR)CBO}$ /V	$U_{(BR)CEO}$ /V
3BX31M	≤25	≤1 000	80～400	≥8	125	125	15	6
3BX31A	≤20	≤800	40～180				20	12
3BX81A	≤30	≤1 000	40～270	≥6	200	200	20	10
3BX81B	≤15	≤700					30	15
3AX31M	≤25	≤1 000	30～400	≥8	125	125	15	6
3AX31A	≤20	≤800	40～180				20	12
3AX55M	≤80	≤1 200	≥30	≥6	500	500	50	12
3AX55A								20
3AX81A	≤30	≤1 000	40～270		200	200	20	10
3AX31B	≤15	≤700					30	15

②硅低频小功率三极管的主要参数

型　号	直流参数			交流参数	极限参数			
	I_{CBO} /μA	I_{CEO} /μA	$\bar{\beta}$	f_T /kHz	P_{CM} /mW	I_{CM} /mA	$U_{(BR)CBO}$ /V	$U_{(BR)CEO}$ /V
3DX101	≤1		≥9	≥200	300	50	≥10	≥10
3DX102							≥20	
3DX103							≥30	
3DX104							≥40	≥30

型　号	直流参数			交流参数	极限参数			
	I_{CBO}/μA	I_{CEO}/μA	$\bar{\beta}$	f_T/kHz	P_{CM}/mW	I_{CM}/mA	$U_{(BR)CBO}$/V	$U_{(BR)CEO}$/V
3DX203A	≤5	≤20	55~400		700	700	700	≥15
3DX203B								≥25
3DX204A								≥15
3DX204B								≥25
3CX3A	≤0.5	≤1	20~1 000	≥10 000	300	300	≥20	≥15
3CX3B							≥30	≥20
3CX203A	≤5	≤20	55~400		700	700		≥15
3CX203B								≥20

③硅高频小功率三极管的主要参数

型　号	直流参数			交流参数	极限参数			
	I_{CBO}/μA	I_{CEO}/μA	$\bar{\beta}$	f_T/kHz	P_{CM}/mW	I_{CM}/mA	$U_{(BR)CBO}$/V	$U_{(BR)CEO}$/V
3DG100M	≤0.01	≤0.01	25~270	≥150	100	20	20	15
3DG100A			≥30				30	20
3DG110M	≤0.5	≤0.5	25~270	≥150	300	50	≥20	≥15
3DG110A	≤0.1	≤0.1	≥30				≥20	≥15
3DG130M	≤1	≤5	25~270	≥150	700	300	≥30	≥20
3DG130A	≤0.5	≤1	≥30				≥40	≥30
3DG182A	≤1	≤2	≥10	≥50	700	300	≥60	≥60
3DG182B							≥100	≥100
3CG110A	≤0.1	≤0.1	≥25	≥100	300	50	≥15	≥4
3CG110B							≥30	
3CG110C							≥45	
3CG120A	≤0.1	≤0.1	≥25	≥200	500	100	≥15	≥4
3CG120B							≥30	
3CG120C							≥45	

④硅高频大功率三极管的主要参数

型　号	直流参数		交流参数	极限参数			
	I_{CBO}/μA	$\bar{\beta}$	f_T/kHz	P_{CM}/mW	I_{CM}/mA	$U_{(BR)CBO}$/V	$U_{(BR)CEO}$/V
3DA1A	≤1	≥10	≥50	7.5	1	≥40	≥30
3DA5A	≤2	≥10	≥60	40	5	≥60	≥50
3DA10A	≤1	≥3	≥200	7.5	1	≥45	≥40
3DA21A	≤1	≥10	≥400	7.5	1	≥40	≥30

续表

型　号	直流参数		交流参数	极限参数			
	I_{CBO} /μA	$\bar{\beta}$	f_T /kHz	P_{CM} /mW	I_{CM} /mA	$U_{(BR)CBO}$ /V	$U_{(BR)CEO}$ /V
3CA4A	≤1.5	≥10	≥30	7.5	1	≥30	≥30
3CA4B	≤1					≥50	≥50
3CA10A	≤2.5	≥10	≥30	25	2.5	≥30	≥30
3CA10B							
3CA10C						≥50	≥50

附录 D　半导体集成电路

1. 半导体集成电路型号命名

（1）半导体集成电路型号命名法（国家标准 GB 3430—89）

第0部分		第一部分		第二部分	第三部分		第四部分	
用字母表示器件符合国家标准		用字母表示器件的类型		用阿拉伯数字表示器件的系列和品种代号	用字母表示器件的工作温度范围		用字母表示器件的封装	
符号	意　义	符号	意　义		符号	意　义	符号	意　义
C	符合国家标准	T	TTL	由 3 位数字表示(001~999)	C	0~70 ℃	F	多层陶瓷扁平
		H	HTL		G	-25~70 ℃	B	塑料扁平
		E	ECL		L	-25~85 ℃	H	黑瓷扁平
		C	CMOS		E	-40~85 ℃	D	多层陶瓷双列直插
		M	存储器		R	-55~85 ℃	J	黑瓷双列直插
		μ	微型机电路		M	-55~125 ℃	P	塑料双列直插
		F	线性放大器				S	塑料单列直插
		W	稳压器				K	金属菱形
		B	非线性电路				T	金属圆形
		J	接口电路				C	陶瓷片状载体
		AD	A/D 转换器				E	塑料片状载体
		DA	D/A 转换器				G	网络阵列
		D	音响电视电路					
		SC	通信专用电路					
		SS	敏感电路					
		SW	钟表电路					

示例:　　C　F　741　C　T

- 金属圆形封装
- 工作温度范围 0 ~ 70 ℃
- 通用型运算放大器
- 线性放大器
- 符合国家标准

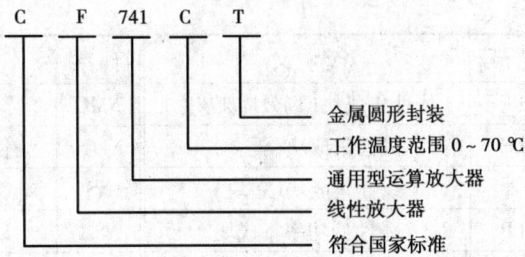

为了便于读者使用 EWB 软件的元件库,这里简介美国国家半导体公司的半导体集成电路型号命名法。

(2)美国国家半导体公司的半导体集成电路型号命名法

前级　器件　后级

LM　356　N　A

- 可靠性指标
- 封装形式,见下表①
- 器件编号
- 电路类别,见下表②

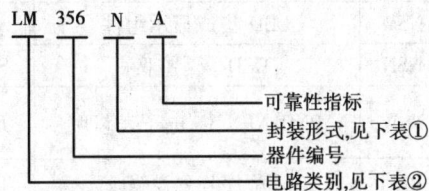

①美国国家半导体公司的半导体集成电路封装形式的表示

符　号	意　义	符　号	意　义
D	玻璃/金属双列直插	N	标准双列直插
F	玻璃/金属扁平	W00,W01	标准引线陶瓷扁平
F00,F01	标准引线玻璃/金属扁平	W06,W07	标准引线陶瓷扁平
F06,F07	标准引线玻璃/金属扁平		

②美国国家半导体公司的半导体集成电路类别的表示

符　号	意　义	符　号	意　义	符　号	意　义
ADC	模数转换器	HS	混合电路	SF	专用 FET
ADS	数据采集	IDM	微处理器(2901)	SFW	软件
AEE	微型机产品	IMP	微处理器(接口信息处理器)	SH	专用混合器件
AF	有源滤波器	INS	微处理器(4004/8080 A)	SK	专用配套器件
AH	模拟开关(混合)	IPC	微处理器(定步)	SL	专用线性集成块
ALS	高级小功率肖特基器件	ISP	微处理器(程序控制/多重处理)	SM	特殊 CMOS
AM	模拟开关(单块)	JM	军用—M38510	MY	LED 灯
BLC	单极计算机	LED	LED	NH	混合(老式)

续表

符 号	意 义	符 号	意 义	符 号	意 义
BIMX	插件式多功能执行电路	LF	线性集成块(场效应工艺)	NMC	MOS 存储器
BLX	插件式扩展电路	LH	线性集成块(混合)	NMH	存储器混合电路
C	CMOS	LM	线性集成块(单块)	NS	微处理器组件
CD	CMOS(400 系列)	LP	线性低功率集成块	NSA	LED 数字阵列
CIM	CMOS 微型计算机插件	MA	模制微器件	NSB	LED 数字(四芯/五芯)
COP	小型控制器类	MAN	LED 显示	NSC	LED 小方块形(或片形)
DA/AD	数模/模数转换器	MCA	门电路阵列	NSC	微处理器(800)
DAC	数/模转换器	MF	单块滤波器	NSL	LED(灯)
DB	开发插件	MH	MOS(混合)	NSL	光电器件
DH	数字器件(混合)	MM	MOS(单块)	SN	数字(附属厂产品)
DM	数字器件(单块)	NSM	LED-集成显示组件	SPM	开发系统器件
DP	接口电路(微处理器)	NSN	LED-数字(双)	SPX	开发系统器件
DS	接口电路	NSW	PNP、NPN、IN 电子表芯片	TBA	线性集成块(附属厂产品)
DT	数字器件	PAL	程序阵列逻辑	TDA	线性集成块
DISW	数字器件软件	PNP	分立器件	TRC	高频接收器件
ECL	射极耦合逻辑电路	RA	电阻阵列	U	FET
FOE	光纤维发射机	RMC	装配在架子上的计算机	UP	微处理器
FOR	光纤维接收机	SC/MP	存储计算机微处理器		
FOT	光纤维发送机	SCX	门电路阵列		
HC	高速 CMOS	SD	专用数字器件		

2. 常用集成运算放大器的主要参数

参数名称	符号	单位	类型	通用型		高精度型	高阻型	高速型	低功耗型
			型号	CF741 (F007)	F324 (四运放)	CF7650	CF3140		CF253
电源电压	U	V		≤|±22|	3～30 或 ±1.5～±15	±5	≤|±18|	5	±3～18
差模开环电压放大倍数	A_{u0}	dB		≥94	≥87	120	≥86	90	≥90
输入失调电压	U_{IO}	mV		≤5	≤7	5×10^{-3}	≤15	2	≤5
输入失调电流	I_{IO}	nA		≤200	≤50		≤0.01	70	50
输入偏置电流	I_{iB}	nA		≤500	≤250		<0.05	400	≤100

参数名称	符　号	单　位	类　型	通用型		高精度型	高阻型	高速型	低功耗型
			型　号	CF741（F007）	F324（四运放）	CF7650	CF3140		CF253
共模输入电压范围	U_{icM}	V		≤|±15|			+12.5 −14.5	±12	≤|±15|
差模输入电压范围	U_{idM}	V					≤|±8|	±15	<|±30|
共模抑制比	K_{cMR}	dB		≥70	≥65	120	≥70	92	≥80
差模输入电阻	r_{id}	MΩ		2		10^6	1.5×10^6	1	6
最大输出电压	U_{OPP}	V		±13		±4.8	+13 −14.4	±13	
静态功耗	P_D	mW		50			120	165	
U_{i0}温漂	dU_{i0}/dT	μV/℃		20~30		0.01	8		

附录 E　门电路、触发器和计数器的部分品种型号表

	品种名称	型　号
门电路	四 2 输入端与门	CT4008（74LS08）
	三 3 输入端与门	CT4011（74LS11）
	四 2 输入端或门	CT4032（74LS32）
	四 2 输入端与非门	CT4000（74LS00）
	双 4 输入端与非门	CT4020（74LS20）
	三 3 输入端或非门	CT4027（74LS27）
	四 2 输入异或门	CT4086（74LS86）
	六反相器	CT4004（74LS04）
触发器	双上升沿 D 触发器	CT4074（74LS74）
	双下降沿 JK 触发器	CT4112（74LS112）
	四上升沿 D 触发器	CT4175（74LS175）
计数器	4 位二进制同步计数器	CT4161（74LS161）
	十进制同步计数器	CT4162（74LS162）
	2-5-10 进制计数器	CT4290（74LS290）
	2-8-16 进制计数器	CT4293（74LS293）

自测题及答案

自测题（一）

一、填空题（每空 1 分，共 20 分）

1. 图 1.1 所示电路中，电压 $U =$ _____。

2. 图 1.2 所示电路中，已知 $I_1 = 3$ A，$I_2 = 1$ A，则元件 3 中的电流 $I_3 =$ _____ A，判断元件 3 是_____（电源或负载）。

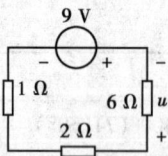 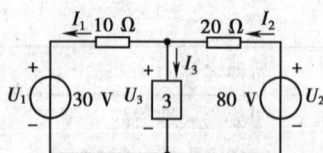

图 1.1　　　　　　　　　　　图 1.2

3. 电路中，某元件短路，则它两端电压必为_____。

4. 三相电路负载星形连接时，线电流是相电流的_____倍。

5. 提高功率因数常用的方法是_____。

6. 变压器有"三变"作用，即_____、_____、_____。

7. 某正弦电压 u 的有效值为 200 V、频率为 50 Hz、初相为 30°，则其瞬时值表达式为_____。

8. 硅二极管的正向导通电压为_____ V，锗二极管的正向导通电压为_____ V。

9. 在模拟电路中，三极管通常工作在_____状态。在数字电路中，三极管通常工作在_____状态和_____状态，其作用相当于_____。

10. 三相异步电动机转子的转速 n 永远_____旋转磁场的转速 n_1。

11. 正弦稳态电路中，某无源二端网络的阻抗为 $Z = 3 - j4$，则该二端网络呈_____性。

12. 三相对称电路，负载星形连接，若线电压为 380 V，每相阻抗 $Z = (10 + j10)$ Ω，中性线为理想导线,则中性线电流为_____。

13. 四位二进制加法计数器能计的最大十进制数为_____。

二、单项选择题(每小题2分,共20分)

1. 图2.1所示正弦稳态电路中,电压u_1的有效值为10 V,u_2的有效值为15 V,u_3的有效值为5 V,则u的有效值为( )。

A. $10\sqrt{2}$ V　　　　B. $10\sqrt{5}$ V　　　　C. 20 V　　　　D. 30 V

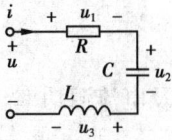 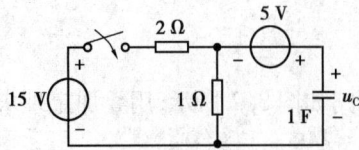

图2.1　　　　　　　　　　　　　图2.2

2. 图2.2所示的一阶暂态电路中,开关在$t=0$时闭合,电容初始电压$u_C(0+)=$( )。

A. -5 V　　　　B. 10 V　　　　C. 5 V　　　　D. 20 V

3. 图2.3所示电路中,若要R_L获得最大功率,则$R_L=$( )。

A. 18 Ω　　　　B. 12 Ω　　　　C. 6 Ω　　　　D. 4 Ω

4. 在电路中测出三极管三个电极对地电位如图2.4所示,则该三极管处于( )状态。

A. 截止状态　　　　B. 放大状态　　　　C. 饱和状态

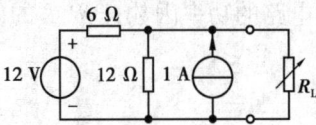　　　　　　　　　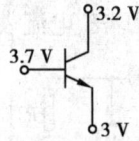

图2.3　　　　　　　　　　　　　图2.4

5. RLC串联电路发生谐振时,电路总电压等于( )。

A. 电阻两端的电压　　　　B. 电感两端的电压　　　　C. 电容两端的电压

6. 门电路中,输入输出逻辑关系为:有"0"出"1",全"1"出"0"的是( )

A. 与门　　　　B. 或门　　　　C. 非门　　　　D. 与非门

7. 下列逻辑电路中,不是组合逻辑电路的为( )。

A. 译码器　　　　B. 计数器　　　　C. 全加器　　　　D. 编码器

8. 对于桥式整流电容滤波电路,若整流变压器副边电压的有效值为30 V,则负载两端的电压的平均值为( )。

A. 13.5 V　　　　B. 27 V　　　　C. 30 V　　　　D. 36 V

9. 直流稳态电路中,( )。

A. 感抗和容抗均为0　　　　　　　　　　B. 感抗为∞,容抗为0

C. 感抗为0,容抗为∞　　　　　　　　　D. 感抗为∞,容抗为∞

10. 三相对称电路,负载三角形连接,每相阻抗为$Z=(6+j8)$ Ω,接在线电压有效值为380 V的电源上,则线电流的有效值为( )。

A. 22 A　　　　B. 38 A　　　　C. 66 A　　　　D. 88 A

三、分析、计算、设计题（共 60 分）

1.（8 分）电路如图 3.1 所示，求 a 点电位 V_a。

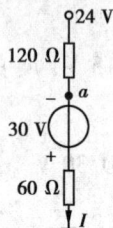

图 3.1

2.（12 分）电路如图 3.2 所示，用叠加定理求电流 I_1 和 I_2 及电流源功率。

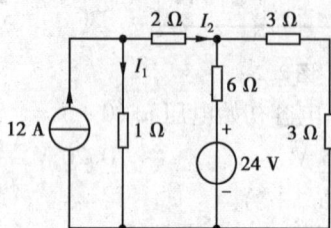

图 3.2

3.（10 分）在图 3.3 所示电路中，已知 $u = 220\sqrt{2}\sin(314t + 10°)$ V，$i = 4.4\sqrt{2}\sin(314t - 50°)$ A。求：①电压表、电流表和功率表的读数；②电路的功率因数；③R、L 的值。

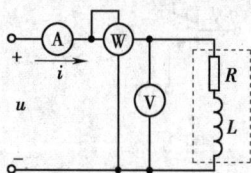

图 3.3

4.（12 分）图 3.4 所示的基本放大电路中，已知 $R_B = 300$ kΩ，$R_C = R_L = 3$ kΩ，$\beta = 40$，$U_{BE} = 0.7$ V。试求：①画出直流通路；②用估算法求出电路的静态工作点；③若在示波器上观察到输出波形失真严重，且静态时测得 $U_{CE} \approx 0.3$ V，试分析三极管工作在什么状态？应怎样调节才能减小失真？

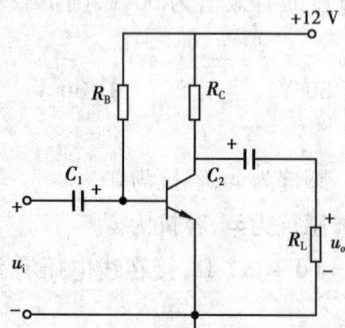

图 3.4

5.（6 分）下降沿触发的 JK 触发器,时钟信号和输入端 J、K 的信号如图 3.5 所示,设触发器的初态为"0",试画出输出端 Q 的波形。

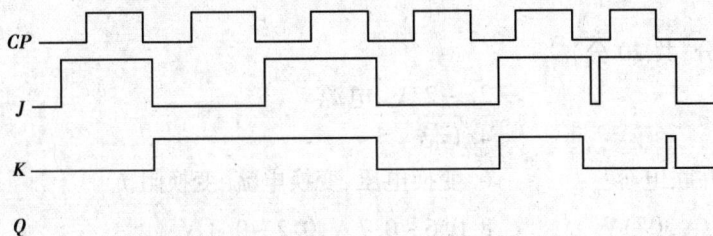

图3.5

6.（12 分）某产品有 A、B、C、D 四项质量指标。规定:A 指标必须满足要求,其他三项指标只要有任意两项满足要求,产品就算合格。若质量达标为"1",不达标为"0";产品合格为"1",不合格为"0"。试设计一个检验产品合格的逻辑电路。

设计内容包括:①列出真值表;
　　　　　　　②写出逻辑表达式;
　　　　　　　③画出逻辑图。

自测题（一）答案

一、填空题（每空 1 分,共 20 分）

1. -6 V

2. -2 A,电源

3. 0

4. 1 倍

5. 在感性负载两端并联电容

6. 变换电压、变换电流、变换阻抗

7. $u = 220\sqrt{2}\sin(314t + 30°)$ V

8. $0.6 \sim 0.7$ V,$0.2 \sim 0.3$ V

9. 放大,饱和,截止,开关

10. 小于

11. 容性

12. 0

13. 15

二、单项选择题（每小题 2 分,共 20 分）

1. A   2. C   3. D   4. C   5. A

6. D   7. B   8. D   9. C   10. C

三、分析、计算、设计题（共 60 分）

1. $24 - (120 + 60)I + 30 = 0$

   $I = \dfrac{54}{180}$ A $= 0.3$ A （4 分）

   $V_a = (60I - 30)$ V $= -12$ V （4 分）

2. 电流源单独作用（3 分）

   $I_2' = 12 \times \dfrac{1}{1 + 2 + 6//6}$ A $= 2$ A

   $I_1' = 10$ A

   电压源单独作用（3 分）

   总电流 $I = \dfrac{24}{6 + 3//6}$ A $= 3$ A,方向由电压源正极流出

   $I_2'' = -I\dfrac{6}{6 + 3}$ A $= -3 \times \dfrac{2}{3}$ A $= -2$ A

   $I_1'' = I_2'' = I\dfrac{6}{6 + 3}$ A $= 3 \times \dfrac{2}{3}$ A $= 2$ A

   叠加（2 分）

   $I_1 = I_1' + I_1'' = (10 + 2)$ A $= 12$ A

   $I_2 = I_2' + I_2'' = (2 - 2)$ A $= 0$ A

   功率（4 分）

   $P_{12A} = -I_1 \cdot 1 \times 12$ W $= -144$ W

3. ①电压表读数为 220 V,电流表读数为 4.4 A,功率表读数为 484 W。（3 分）

   ②功率因数为 0.5 （2 分）

   ③$|Z| = \dfrac{220}{4.4} = \sqrt{X_L^2 + R^2}$

$$\frac{\arctan X_{\mathrm{L}}}{R} = \tan 60°$$

$R = 25 \ \Omega, X_{\mathrm{L}} = 43.3 \ \Omega, L = 0.14 \ \mathrm{H}$ (5 分)

4. ①直流通路（4 分）

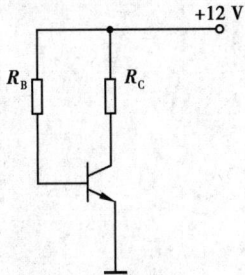

②$I_{\mathrm{BQ}} = 0.04 \ \mathrm{mA}, I_{\mathrm{CQ}} = 1.6 \ \mathrm{mA}, U_{\mathrm{CEQ}} = 7.8 \ \mathrm{V}$ (4 分)

③饱和失真，增大 R_{B} （4 分）

5. 波形图（6 分）

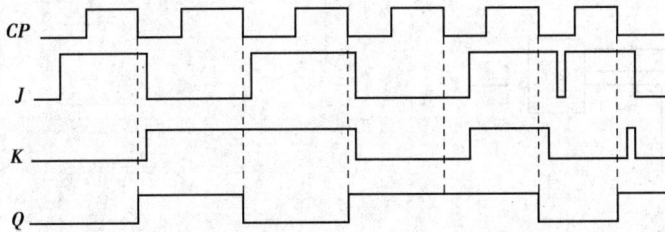

6. ①真值表（4 分）

A	B	C	D	Y
0	0	0	0	0
0	0	0	1	0
0	0	1	0	0
0	0	1	1	0
0	1	0	0	0
0	1	0	1	0
0	1	1	0	0
0	1	1	1	0
1	0	0	0	0
1	0	0	1	0
1	0	1	0	0
1	0	1	1	1
1	1	0	0	0
1	1	0	1	1
1	1	1	0	1
1	1	1	1	1

②表达式(4分)

$$Y = A\overline{B}CD + AB\overline{C}D + ABC\overline{D} + ABCD = ABD + ABC + ACD$$
$$= \overline{\overline{ABD} \cdot \overline{ABC} \cdot \overline{ACD}}$$

③逻辑图(4分)

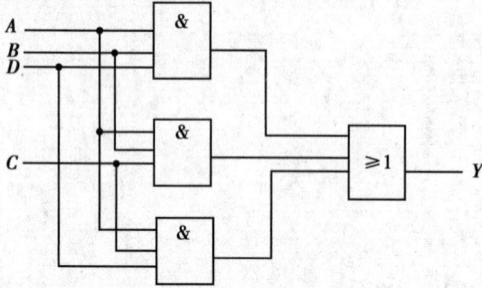

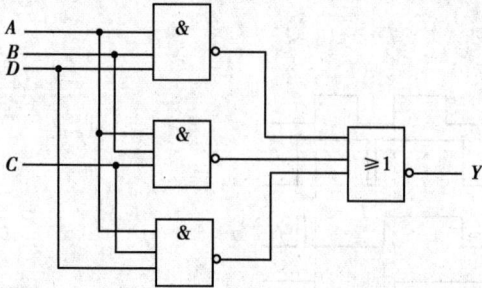

自测题(二)

一、填空题(每空 1 分,共 20 分)

1. 图 1.1 所示电路中, 电压源单独作用时,电流 $I = $ _____。

2. 图 1.2 所示电路中,若 $U_1 = 8$ V, $U_2 = -3$ V,则 $U = $ _____。

3. 在 RLC 并联电路中,已知各支路的电流大小如图 1.3 所示,则总电流表 A 的读数为 _____。

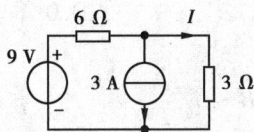

图 1.1

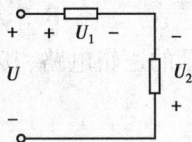

图 1.2

4. 图 1.4 所示电路中, a 点电位是 _____。

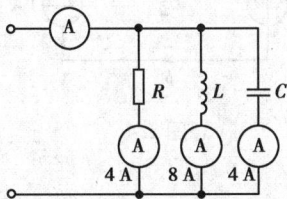

图 1.3

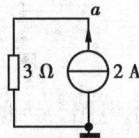

图 1.4

5. 如果两个单口网络端口的 _____ 完全相同,则这两个单口网络等效。

6. 正弦稳态电路中,电感元件的平均功率为 _____。

7. 正弦稳态电路中, 一个无源单口网络的阻抗 $Z = 3$ Ω,则该电路为 _____ 性。

8. 电路中,某元件开路,则流过它的电流必为 _____。

9. 已知 $R = 6$ Ω 的电阻元件与 $X_L = 12$ Ω 的电感元件、$X_C = 4$ Ω 的电容元件串联,则 R、L、C 串联后, $|Z| = $ _____ Ω,阻抗角 $\varphi = $ _____。

10. 电动机主要由固定不动的 _____ 和转动的 _____ 组成。

11. 直流电路中,电感相当于 _____,电容相当于 _____。

12. 若正弦电压 $u = 10 \sin(314t + 60°)$ V,正弦电流 $i = 20 \sin(314t - 30°)$ A,则相位差 $\psi = $ _____。

13. 稳压管工作在特性曲线的 _____ 区,稳压管的阴极应接电源的 _____ 极。

14. 放大电路有两种工作状态,当 $u_i = 0$ 时,电路的状态称为 _____ 态;有交流信号 u_i 输入时,放大电路的工作状态称为 _____ 态。

15. 三相对称电路中,负载三角形连接时, $I_1 = $ _____ I_p。

二、单项选择题（将正确答案的题号填在括号内，每小题 2 分，共 20 分）

1. 图 2.1 所示电路中，实际发出功率的元件是（　　　）。

  A. U_s B. R C. I_s D. U_s 和 I_s

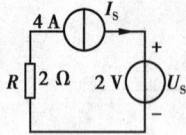   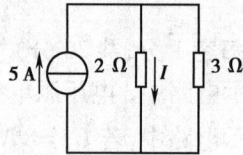

图 2.1   图 2.2

2. 图 2.2 所示的电路中，$2\ \Omega$ 电阻中的电流 I 的值为（　　　）。

  A. 2 A   B. 3 A   C. 5 A   D. 0 A

3. 图 2.3 所示的逻辑电路，其逻辑表达式为（　　　）。

  A. $\overline{AB} + \overline{C}$ B. $\overline{A + B} \cdot \overline{C}$

  C. $\overline{AB} + C$ D. $(A + B) \cdot \overline{C}$

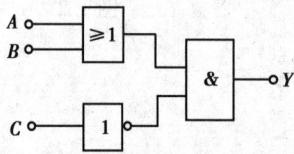   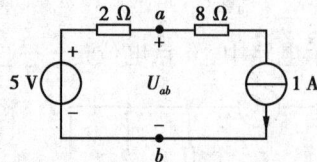

图 2.3   图 2.4

4. 图 2.4 所示电路，ab 间电压 $U_{ab} =$（　　　）。

  A. 8 V   B. 7 V   C. 5 V   D. 3 V

5. 三极管具有放大作用的外部条件是（　　　）。

  A. 发射结反偏，集电结正偏   B. 发射结正偏，集电结反偏

  C. 发射结、集电结均正偏   D. 发射结、集电结均反偏

6. 在基本放大电路中，若输出电压波形失真，表现为上截幅，并测得 u_{CE} 近似等于电源电压 U_{CC}，为消除该失真，应（　　　）。

  A. 增大 R_b B. 减小 R_b C. 增大 R_c D. 减小 R_c

7. 异或门电路的逻辑表达式为 $F = A \oplus B$，也可表示为 $F =$（　　　）。

  A. $AB + \overline{A}\,\overline{B}$ B. $\overline{AB}$ C. $A\overline{B} + \overline{A}B$ D. $A + B$

8. JK 触发器现态为 Q^n，当输入信号 $J = 1$，$K = 1$ 时，时钟脉冲到来后，触发器的状态为（　　　）。

  A. $Q^{n+1} = 0$ B. $Q^{n+1} = 1$ C. $Q^{n+1} = Q^n$ D. $Q^{n+1} = \overline{Q^n}$

9. 一个多输入与非门，输出为"0"的条件是（　　　）。

  A. 只要有一个输入为"0"，其余输入无关   B. 只要有一个输入为"1"，其余输入无关

  C. 全部输入均为"1"   D. 全部输入均为"0"

10. 下列逻辑电路中，（　　　）是时序逻辑电路。

  A. 计数器   B. 加法器   C. 译码器   D. 编码器

三、分析计算题（共 60 分）

1. (10 分)图 3.1 所示电路由四个元件组成,电压电流的方向如图 3.1 所示。已知 $U_1 = -5$ V, $U_2 = 15$ V, $I_1 = 2$ A, $I_2 = 3$ A, $I_3 = -1$ A,试计算各元件的电功率,并说明哪些元件是电源? 哪些元件是负载?

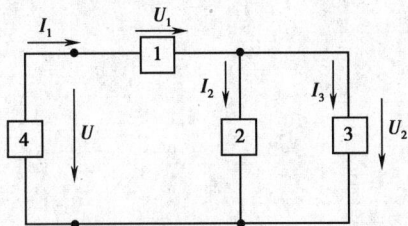

图 3.1

2. (10 分)求图 3.2 所示单口网络的戴维南等效电路,并画等效电路图,若 A、B 两端接负载 R_L,则 R_L 为多少时,可以得到最大功率,最大功率为多少。

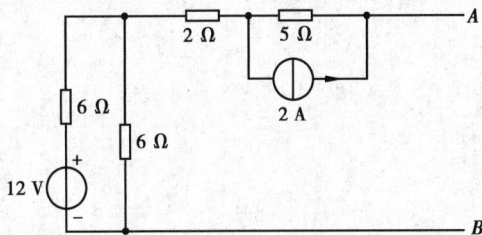

图 3.2

3. (10 分)将图 3.3 所示 RL 串联电路接在 220 V 的工频电源上,测得稳态电路流过线圈的电流 $I = 2$ A,RL 串联电路的平均功率 $P = 40$ W,试计算线圈的参数 R、L 及功率因数 $\cos\varphi$。

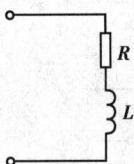

图 3.3

4. (6 分)两级集成运放电路如图 5.9 所示,已知 $R_1 = 10$ kΩ、$R_3 = 100$ kΩ、$u_i = 0.5$ V,求 u_{o_1}、u_o 的值。

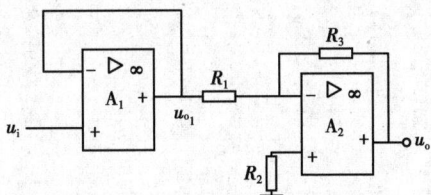

图 3.4

5. (10分)单相桥式整流电路如图3.5所示,已知输出电压的平均值 $U_o = 36$ V, $R_L = 1\ 000\ \Omega$, 求变压器副边电压的有效值 U_2、输出电流的平均值 I_o、每个整流二极管通过的平均电流值 I_D 及每个二极管所承受的最高反向电压 U_{DRM}。若有一只二极管断路,输出电压的平均值为多少?

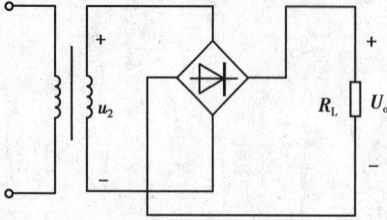

图3.5

6. (10分)根据图3.6写出 X、Y、Z 的逻辑表达式,列出电路输入输出状态表并说明该电路实现的逻辑功能。

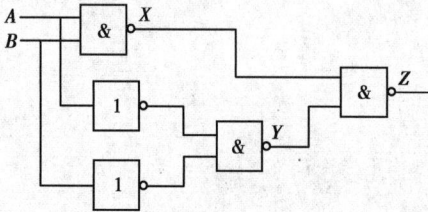

图3.6

7. (4分)如图3.7所示上升沿触发的 D 触发器,设初态为"0"。根据 CP 脉冲及输入信号 A 的波形画出输出端 Q 的波形。

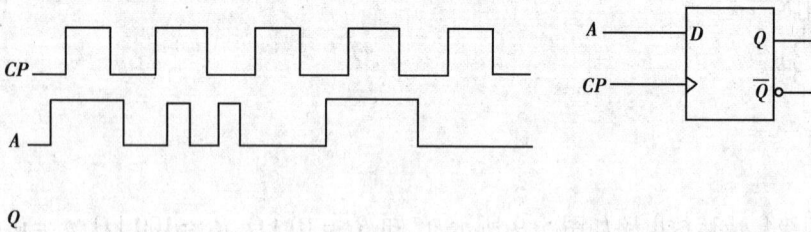

图3.7

自测题(二)答案

一、填空题(每空 1 分,共 20 分)

1. 1 A   2. 11 V
3. 5.66 A   4. 6 V
5. 伏安关系   6. 0
7. 电阻性   8. 0
9. 10, arctan 4   10. 定子,转子
11. 短路,开路   12. 90°
13. 反向击穿,正   14. 静态,动态
15. $\sqrt{3}$

二、单项选择题(将正确答案的题号填在括号内,每小题 2 分,共 20 分)

1. C   2. B   3. D   4. D   5. B
6. B   7. C   8. D   9. C   10. A

三、分析计算题(共 60 分)

1. $U - U_2 - U_1 = 0$ $U = 10$ V(2 分)

   $P_1 = U_1 \times I_1 = -5 \times 2$ W $= -10$ W < 0 电源(2 分)

   $P_2 = U_2 \times I_2 = 15 \times 3$ W $= 45$ W > 0 负载(2 分)

   $P_3 = U_2 \times I_2 = 15 \times (-1) = -15$ W < 0 电源(2 分)

   $P_4 = -U \times I_1 = -10 \times 2$ W $= -20$ W < 0 电源(2 分)

2. $E = 16$ V(4 分);$R_0 = 10$ Ω(3 分)

   $R_L = 10$ Ω 时,可以得到最大功率(2 分)

   $P_{max} = 6.4$ W(3 分)

3. $R = 10$ Ω(3 分)

   $X_L = 110$ Ω(3 分)

   $L = 0.35$ H(2 分)

   $\cos \varphi = 0.1$(2 分)

4. $u_{o_1} = 0.5$ V(3 分)

   $u_o = -5$ V(3 分)

5. $U_2 = 40$ V(2 分)

   $I_0 = 0.036$ A(2 分)

   $I_D = 0.018$ A(2 分)

   $U_{DRM} = 56.56$(2 分)

   若有一只二极管断路,$U_0 = 18$ V(2 分)

6. 表达式(3 分)

   $X = \overline{AB}$(1 分)

$$Y = \overline{\overline{A} \ \overrightarrow{B}} (1 分)$$

$$Z = \overline{XY} = \overline{\overline{\overline{AB}} \cdot \overline{\overline{A} \ \overline{B}}} = AB + \overline{A} \ \overline{B} (1 分)$$

功能表(4 分)

A	B	Z
0	0	1
0	1	0
1	0	0
1	1	1

功能:同或逻辑功能(3 分)

7.(4 分)

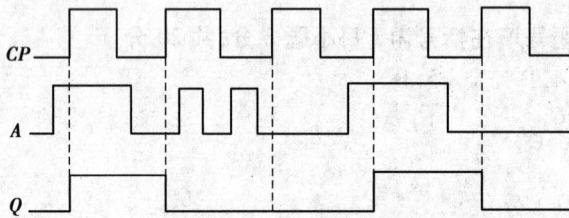

习题参考答案

第1章

【练习与思考】

1.2.1 网络 A:非关联;网络 B:关联。

1.2.2 不正确。

1.2.3 ① $V_a = 5$ V, $V_b = -5$ V, $V_c = 0$, $U = 5$ V;

② $V_a = 10$ V, $V_b = 0$, $V_c = 5$ V, $U = 5$ V。

1.2.4 电压的参考极性如图 1 所示。

1.2.5 ①图(a):a 点电位高;图(b):b 点电位高。

② $P_1 = U_1 I = 2$ W,吸收功率; $P_2 = -U_2 I = 2$ W,吸收功率。

1.3.1 如果电阻未标示电压、电流的参考方向,欧姆定律应写成 $|u| = R|i|$。

1.3.2 不对。

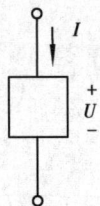

图 1

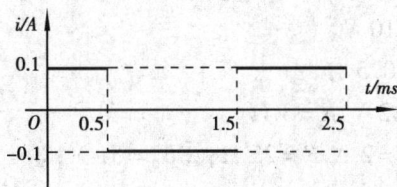

图 2

1.3.3 电感两端的电压为零,储能不一定为零。

1.3.4 ①电容元件;②电感元件。

1.3.5 电容的电流波形如图 2 所示。

1.3.6 (a)$U_{ab} = 30$ V;(b)$U_{ab} = -30$ V。

1.3.7 (a)$P = -10$ W,提供功率;(b)$P = 10$ W,吸收功率。

1.3.8 若电压电流参考方向关联,电流 $I = 2$ A,方向由电压源的高电位端指向低电位端;若非关联,电流 $I = -2$ A,方向由电压源的低电位端指向高电位端。

1.3.9　图(a)$P = -10$ W,提供功率;图(b)$P = 10$ W,吸收功率。

1.4.1　①错误;②正确;③正确。

1.4.2　①i_2、i_3 的参考方向为流向节点 a,i_4 的参考方向为由节点 a 流出;
②$i_4 = 0$; ③2 A。

1.4.3　①u_2:b 点电位高,c 点电位低;u_3:d 点电位高,c 点电位低;u_4:a 点电位高,d 点电位低;
②$u_4 = 4$ V; ③电位总降低量和总升高量都为 6 V。

1.5.2　若阻值相等可以串联起来安全地接到 220 V 的电源上使用,否则不可以。

1.5.3　25 W、220 V 的白炽灯比较亮。

1.6.2　$I = -6$ A。

1.7.2　网络 N 的戴维南等效电路:$E = 20$ V,$R_0 = 5$ Ω。

1.7.3　虚线框内电路的戴维南等效电路:$E = -10$ V、$R_0 = 2$ Ω。

1.7.4　对。

1.7.5　图(a)$E = 6$ V,$R_0 = 3$ Ω;　　　　图(b)$E = 6$ V,$R_0 = 1$ Ω。

1.8.2　(a)$u_C = 0$;　　　　　　　　(b)$u_R = -U_S$,$u_C = 0$;
(c)$u_R = -RI_S$,$u_C = 0$;　　　　(d)$i_L = 0$;
(e)$u_R = uRI_S$,$i_L = 0$;　　　　(f)$u_R = U_S$,$i_L = 0$。

1.8.3　时间常数。

1.8.5　①错误 ;②正确;③错误。

【习　题】

1.1　① $U = 4$ V,$I = 2$ A;
② 图(a)电压源及电流源发出的功率分别为 12 W、6 W;
图(b)电压源及电流源发出的功率分别为 6 W、-4 W。

1.2　图(a)$E = 15$ V,$R_0 = 5$ Ω;　　　图(b)$E = 3$ V,$R_0 = 5$ Ω;
图(c)$E = 2$ V,$R_0 = 1$ Ω;　　　图(d)$E = -3$ V,$R_0 = 5$ Ω;

1.3　图(a)$U = 5I + 15$;　　　　　　图(b)$U = 5I + 3$。

1.4　S 闭合前 $V_A = 5$ V;S 闭合后 $V_A = 2$ V。

1.5　$V_A = 10$ V。

1.6　$R_0 = 0.5$ Ω。

1.7　$U = 12$ V,$R = 3$ Ω。

1.8　①$I_N = 2$ A,$R = 25$ Ω;②$U_0 = 51$ V;③$I_S = 102$ A。

1.9　$I = 3$ A。

1.10　$U = 5.5$ V。

1.11　①$E = 22$ V,$R_0 = 3.5$ Ω;②$U = 18.5$ V。

1.12　$R_L = 4$ Ω 时可以获得最大功率,$P_{max} = 3.06$ W。

1.13　0 ~ 1 s:$i = 2$ A,1 ~ 3 s:$i = 0$,3 ~ 5 s:$i = -1$ A;$W = 2$ W。

1.14　$i_L = 1.67 - 1.67e^{-t}$ A。

1.15　$u_C = 5e^{-0.25t}$ V。

1.16　$u_C = 5 + 5e^{-0.5t}$ V。

第 2 章

【练习与思考】

2.1.1　①$I_m = 10$ mA，$I = 7.07$ mA，$f = 1\,000$ Hz，$\omega = 6\,280$ rad/s，$T = 0.001$ s，$\Psi = -60°$；

　　　　②波形图略；

　　　　③$i = 10\sin(6\,280t + 120°)$ mA。

2.1.2　①$\Psi_1 = 60°$，$\Psi_2 = -150°$；

　　　　②$i_1(t) = 100\sin(314t + 60°)$ mA，$i_2(t) = 60\sin(314t - 150°)$ mA；

　　　　③电流 $i_1(t)$ 比 $i_2(t)$ 滞后 $150°$。

2.2.1　①$5\underline{/53.13°}$；　　②$5\underline{/-53.13°}$；　　③$5\underline{/-126.87°}$；　　④$5\underline{/126.87°}$。

2.2.2　①$4.33 + j2.5$；　　②$-1.71 + j4.70$；　　③$1.12 - j4.87$；　　④$-4.33 - j2.5$。

2.2.3　$A + B = 7 + j9$，　　$A - B = 1 + j$，　　$AB = 32\underline{/104.47°}$，　　$A/B = 1.28\underline{/-1.79°}$。

2.2.4　$A + B = 7.33 + j6.5$，$A - B = 1.33 - j1.5$，$AB = 25\underline{/83.13°}$，$A/B = 1\underline{/-23.13°}$。

2.2.5　①$\dot{U} = 3.54\underline{/-30°}$ V；　　②$\dot{U} = 10\underline{/60°}$ V；　　③$\dot{I} = 1\underline{/60°}$ A。

2.2.6　①$u = 10\sqrt{2}\sin 314t$ V；

　　　　②$i = 10\sin(314t + 55°)$ A；

　　　　③$i = 4\sqrt{2}\sin(314t + 90°)$ A。

2.3.1　不一定。若电阻元件与电感元件（或电容元件）并联时，总电流不等于 5 A。

2.3.2　不正确。若电感元件和电容元件串联时，总电压小于较大的分电压；若电感元件和电容元件并联时，总电流小于较大的分电流。

2.3.3　$90°$。

2.4.3　$\dfrac{u}{i} = X_C$（错），　　$\dfrac{U}{I} = j\omega L$（错），　　$\dfrac{\dot{U}}{\dot{I}} = j\omega C$（错），

　　　　$u = X_L i$（错），　　　　$\dot{I} = -j\dfrac{1}{X_L}\dot{U}$（对）。

2.4.4　电容元件，$C = 318$ μF。

2.4.5　①错；　　②对；　　③错。

2.5.1　电感性电路阻抗角大于零；电容性电路阻抗角小于零；电阻性电路阻抗角等于0；纯电感性电路阻抗角为$90°$；纯电容性电路阻抗角为$-90°$。

2.5.2　电流表 A_1 的读数由左至右分别为 2 A、4 A、2 A、8 A。

2.6.2　不行。提高功率因数必须以不改变电路的工作状态为前提，若改为负载与电容串联，则改变了电路工作状态，使电路不能正常工作。

2.7.1　不能产生对称的三相电压。因为一相的始端和末端刚好接反，实际该相输出的相电压就反相了，因此，其瞬时值或相量之和不为零。

2.7.2　发电机一相绕组的始端和末端刚好接反。

2.7.3 给电灯熄灭的单元供电的那一相相线断开。

2.7.4 三角形的连接方式线电流为星形连接方式的3倍。

2.7.5 三相负载不对称或对称三相电路发生不对称故障时会产生中性点位移。中性点位移会导致各相负载的电压不对称，使电路不能正常工作，甚至损坏负载。

2.7.6 中线上若接开关或熔断器，当开关断开或熔体烧断，因负载不对称等原因，将造成三相电压不对称，从而使某相电压过高可能烧坏负载，某相电压过低而负载不能正常工作。

【习 题】

2.1 ① $U_{ab} = 155.59$ V，$\omega = 314$ rad/s，$\Psi = 30°$；

②$u_{ab} = 220\sin(314t + 30°)$ V，$t = 0.025$ s 时，$u_{ab} = 190.53$ V；

③$u_{ba} = 220\sin(314t - 150°)$ V。

2.2 $u = 5.84\sin(314t - 45°)$ V。

2.3 ①$\Psi = 90°$；　②i_1 超前于 i_2、超前的时间是 $T/4 = \pi/2\omega$ s；

③$\dot{I}_1 = 3\underline{/45°}$ A，$\dot{I}_2 = 3\underline{/-45°}$ A；　④电流表的读数都是 3 A。

2.4 $\Psi = 60°$。

2.5 $i_R = 5\sin 100t$ A，$i_L = 100\sin(100t - 90°)$ A，$i_C = 0.001\sin(100t + 90°)$ A。

2.6 ①$\dot{U}_{1m} = 7.07\underline{/-15°}$ V；相量图略　②若第一个元件为电阻，则第二个元件是电容；若第二个元件是电阻，则第一个元件是电感。

2.7 $u_2 = 2.96\sqrt{2}\sin(100t - 68.20°)$ V，u_2 比 u 滞后 68.20°。

2.8 $R = 1$ Ω，$U_R = 7.07$ V。

2.9 ①$Z_{ab} = \dfrac{\mathrm{j}\omega L}{1 - \omega^2 LC}$ Ω，　②$Z_{ab} = \dfrac{R + \mathrm{j}(\omega^3 R^2 C^2 L - \omega R^2 C + \omega L)}{R^2 \omega^2 C^2 + 1}$ Ω。

2.10 $Z = (1.47 + \mathrm{j}0.88)$ Ω，$i = 5.85\sqrt{2}\sin(2t - 30.91°)$ A。

2.11 $R = 131.47$ Ω，$L = 0.48$ H。

2.12 电流表 A_3 的读数为 10 mA 或 70 mA。

2.13 $R = 10$ Ω，$L = 55$ mH。

2.14 $\dot{I}_1 = 4.17\underline{/16.93°}$ A，$\dot{I}_2 = 2.13\underline{/28.24°}$ A，$\dot{I}_3 = 2.13\underline{/5.62°}$ A。

2.15 $R = 40$ Ω，$L = 160$ mH，$C = 6.25$ μF。

2.16 ①$L = 1.10$ H；②功率因数为 0.5；③$C = 4.39$ μF。

2.17 ①$\dot{I} = 117.02\underline{/20.10°}$ A，$\dot{I}_1 = 77.23\underline{/-45°}$ A，$\dot{I}_2 = 110.02\underline{/60°}$ A；

②$P_1 = 12\,014.17$ W，　$Q_1 = 12\,014.17$ var，　　$\cos\phi_1 = 0.707$，

$P_2 = 12\,102.20$ W，　$Q_2 = -20\,961.63$ var，　$\cos\phi_2 = 0.5$；

③$P = 24\,176.42$ W，　$Q = -8\,847.31$ var，　$\cos\phi = 0.94$。

2.18 ①平均接成三组，Y 形连接；②$I_l = 13.64$ A。

2.19 ①以 U 相为参考

U 相：$\dot{U}_P = 220\underline{/0°}$ V，$\dot{I}_P = \dot{I}_l = 1.10\underline{/-30°}$ A；

V 相：$\dot{U}_P = 220\underline{/-120°}$ V，$\dot{I}_P = \dot{I}_l = 1.10\underline{/-150°}$ A；

W 相：$\dot{U}_P = 220\underline{/120°}$ V，$\dot{I}_P = \dot{I}_1 = 1.10\underline{/90°}$ A；

②会发生烧毁 U 相绕组的事故。为了避免该类事故发生，相线上应串接熔断器；

③U 相：$\dot{U}_P = 220\underline{/0°}$ V，$\dot{I}_P = 0$，V 相、W 相相电压和相电流不变，$\dot{I}_N = 1.10\underline{/150°}$ A；

④U 相负载短路：$\dot{U}_{UN'} = 0$，$\dot{U}_{VN'} = 380\underline{/-150°}$ V，$\dot{U}_{WN'} = 380\underline{/150°}$ V；

　　U 相负载断路：$\dot{U}_{UN'} = 330\underline{/0°}$ V，$\dot{U}_{VN'} = 190.52\underline{/-90°}$ V，$\dot{U}_{WN'} = 190.52\underline{/90°}$ V。

2.20　①设 $\dot{U}_{UV} = 380\underline{/0°}$ V

　　　UV 相：$\dot{U}_{UV} = 380\underline{/0°}$ V，　$\dot{I}_{UV} = 1.9\underline{/-60°}$ A，　$\dot{I}_U = 3.29\underline{/-90°}$ A；

　　　VW 相：$\dot{U}_{VW} = 380\underline{/-120°}$ V，　$\dot{I}_{VW} = 1.9\underline{/-180°}$ A，　$\dot{I}_V = 3.29\underline{/150°}$ A；

　　　WU 相：$\dot{U}_{WU} = 380\underline{/120°}$ V，　$\dot{I}_{WU} = 1.9\underline{/60°}$ A，　$\dot{I}_W = 3.29\underline{/30°}$ A；

　　②UV 相：$\dot{U}_{UV} = 190\underline{/-60°}$ V，　$\dot{I}_{UV} = 0.95\underline{/-120°}$ A，　$\dot{I}_U = 2.85\underline{/-120°}$ A；

　　　VW 相：$\dot{U}_{VW} = 190\underline{/-60°}$ V，　$\dot{I}_{VW} = 0.95\underline{/-120°}$ A，　$\dot{I}_V = 0$；

　　　WU 相：$\dot{U}_{WU} = 380\underline{/120°}$ V，　$\dot{I}_{WU} = 1.9\underline{/60°}$ A，　$\dot{I}_W = 2.85\underline{/60°}$ A；

　　③UV 相：$\dot{U}_{UV} = 380\underline{/0°}$ V，　$\dot{I}_{UV} = 1.9\underline{/-60°}$ A，　$\dot{I}_U = 1.9\underline{/-60°}$ A；

　　　VW 相：$\dot{U}_{VW} = 380\underline{/-120°}$ V，　$\dot{I}_{VW} = 1.9\underline{/-180°}$ A，　$\dot{I}_V = 3.29\underline{/150°}$ A；

　　　WU 相：$\dot{U}_{WU} = 380\underline{/120°}$ V，　$\dot{I}_{WU} = 0$，　$\dot{I}_W = 1.9\underline{/0°}$ A。

2.21　$Z = (60.99 + j71.30)$ Ω。

第 3 章

【习题】

3.21　①$N_2 = 400$ 匝；　②$I_{1N} = 15.15$ A，$I_{2N} = 227.27$ A。

3.22　167 个，$I_{1N} = 3.03$ A，　$I_{2N} = 45.45$A。

3.23　①高低压绕组的相电压分别为 20.21 kV 和 10.50 kV；

　　　②高低压绕组的线电流分别为 82.48 A 和 274.94 A，高低压绕组的相电流分别为
　　　　 82.48 A 和 158.74 A。

第 4 章

【习题】

4.3　定子电源的频率、电机的磁极对数、转差率；两极、四极、六极电动机的同步转速分别为
　　 1 500 r/min、750 r/min、500 r/min。

4.4　$p = 3$。

4.14　可以采用 Y/△降压启动。

4.22　①控制回路中用 KM 常闭触头的地方应当用 KM 的常开触头,起自锁作用。

　　　②主回路和控制回路中使用了同一熔断器。主回路和控制回路额定电流不同,应当使用 FU_1 作为主回路的短路保护、FU_2 作为控制回路的短路保护。

　　　③主回路中没有接热继电器。应当接上,实现对电机的过载保护和缺相保护。

4.23　点动控制时没有自锁,而连续运转控制时维持自锁。

4.24　既能点动又能连续运转的控制电路如图 3 所示。

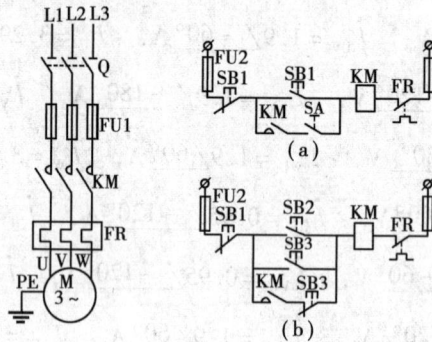

图 3

4.25　电源短路;两相电源线接通。

4.26　时间继电器 KT 延时动作时间,就是电动机接成 Y 形的降压启动过程时间;不能实现 Y/△降压启动。

第 6 章

【练习与思考】

6.1.3　自由电子导电是自由电子定向移动,形成电流。空穴导电是价电子按一定的方向依次填补空穴,形成电流。它们形成的电流方向是一致的。

6.3.1　不能将两只二极管反向串联起来当做晶体三极管使用,因为晶体三极管的三个区的尺寸和掺入杂质的浓度是不同的。

6.3.2　发射区和集电区的尺寸及掺入杂质的浓度是不同的,发射极和集电极不能互换使用。

6.3.3　第一只管子的性能更好一些。

6.3.6　直流电源是整个放大电路的能量来源。它的作用体现在两方面:①使三极管处于放大状态;②向负载提供能量。

6.4.5　集成运放用于比例运算、加法运算、减法运算、积分运算、微分运算时,是工作在线性区;用于电压比较器和矩形波发生器是工作在非线性区。

【习题】

6.1　(a)二极管导通,$U_o = 6$ V;　　　(b)二极管截止,$U_o = -12$ V;

　　　(c)二极管导通,$U_o = 0$;　　　(d)二极管 VD_1 截止、VD_2 导通,$U_o = 6$ V。

6.2 （a）$u_i > U_S$，$u_o = U_S = 3$ V；$u_i \leqslant U_S$，$u_o = u_i = 6 \sin \omega t$ V。

（b）$u_i \geqslant U_S$，$u_o = u_i = 6 \sin \omega t$ V；$u_i < U_S$，$u_o = U_S = 3$ V。

6.3 （a）$U_o = 18$ V；（b）$U_o = 10$ V；（c）$U_o = 8$ V；（d）$U_o = 0$。

6.4 变压器次级电压的有效值为 $U_2 = 26.67$ V，流过二极管的平均电流 $I_v = 15$ mA，二极管承受的最大反向电压为 $U_{RM} = 37.71$ V。选择二极管的型号为 2CZ50B 即可满足要求。

6.5 （a）正常工作（空载）；　　　（b）正常工作；

（c）电容支路断路；　　　（d）电容支路断路并且有一只二极管断路。

6.6 $U_Z = U_o = 8$ V，$I_{omax} = U_o/R_L = 8$ V/1 k$\Omega = 8$ mA，$I_{Zmax} = 3I_{omax} = 24$ mA。选择稳压管的型号为 2CW56 即可满足要求。

6.7 图（a）是 NPN 型硅管：①脚是集电极 c；②脚是发射极 e；③脚是基极 b。

图（b）是 PNP 型锗管：①脚是发射极 e；②脚是基极 b；③脚是集电极 c。

6.8 （a）放大状态；（b）饱和状态；（c）截止状态；（d）放大状态。

6.9 （a）不能。电容 C_3 将直流隔断；

（b）不能。对交流信号而言，电源 U_{CC} 接地，因此无法输出交流信号；

（c）不能。PNP 型三极管放大交流信号的条件是 $V_E > V_B > V_C$，而本电路不具备这个条件；

（d）不能。对直流信号而言，$V_B = U_{CC}$，使三极管处于过饱和状态；对交流信号而言，电源 U_{CC} 接地，无法输入交流信号。

6.10 放大电路产生了截止失真，采用减小 R_b 的措施可消除这种失真。

6.11 ①$R_b = 300$ kΩ；②$R_b = 120$ kΩ。

6.12 ①$I_{BQ} = 0.06$ mA，$I_{CQ} = 3.08$ mA，$U_{CEQ} = 1.84$ V；

②$r_{be} = 731$ Ω，$r_i \approx r_{be} = 731$ Ω，$r_o \approx R_C = 2$ kΩ，$A_u = -68.40$；

③$A_u = -136.8$。

6.13 ①$U_{BQ} = 3$ V，$I_{CQ} \approx I_{EQ} = 2.4$ mA，$I_{BQ} = 0.06$ mA，$U_{CEQ} = 4.8$ V；

②$r_{be} = 744$ Ω，$r_i \approx r_{be} = 0.62$ kΩ，$r_o \approx R_C = 2$ kΩ，$A_u = -53.76$。

6.14 （a）串联电流负反馈；　　　　　（b）并联电流负反馈；

（c）串联电压负反馈；　　　　　（d）并联电压负反馈。

6.15 （a）$u_o = 1$ V；　（b）$u_o = -0.5$ V；　（c）$u_o = -0.5$ V；　（d）$u_o = -2$ V。

6.16 S 断开，$A_{uf} = -5$；　S 闭合，$A_{uf} = -3.3$。

6.17 A_1 为电压跟随器，A_2 为反相比例运算电路，$u_o = -500$ m V。

6.18 $u_o = -1$ V。

6.19 $u_o = 2 \dfrac{R_F}{R_1} u_i$。

6.21 $u_o = -\left(10 \int u_{i1} \mathrm{d}t + 2 \int u_{i2} \mathrm{d}t\right)$。

6.22 $u_o = -0.1 \dfrac{\mathrm{d}u_i}{\mathrm{d}t}$。

6.23 （a）$u_i \geqslant 0.6$ V，$u_o = -6$ V；$u_i \leqslant -0.6$ V，$u_o = 6$ V；-0.6 V $< u_i < 0.6$ V，$u_o = -10u_i$。

（b）$u_i \geqslant 0.55$ V，$u_o = 6$ V；$u_i \leqslant -0.55$ V，$u_o = -6$ V；-0.55 V $< u_i < 0.55$ V，$u_o = 11u_i$。

6.24 $u_i \geqslant 0, u_o = -3V$；$u_i < 0.6\ V, u_o = 6\ V$。

6.25 $U_{REF} = 2\ V$ 时：$u_i \geqslant 2\ V, u_o = -6\ V$；$u_i < 2\ V, u_o = 6\ V$；

$\quad\quad U_{REF} = 0$ 时：$u_i \geqslant 0, u_o = -6\ V$；$u_i < 0, u_o = 6\ V$；

$\quad\quad U_{REF} = -2\ V$ 时：$u_i \geqslant -2\ V, u_o = -6\ V$；$u_i < -2\ V, u_o = 6\ V$。

第 7 章

【练习与思考】

7.2.6 二输入端的或门和或非门也可以作为控制门使用,若使信号传送到输出端,或门控制端应为低电平,或非门控制端应为高电平。

7.5.3 应使发光二极管的 $acdfg$ 段导通发光,be 段截止不发光。$DCBA$ 对应的代码为 0101,输出 $a \sim g$ 对应的段码为 1011011。

【习　题】

7.4 （a）$Y = \overline{AB} + (A + B)C$； 　　（b）$Y = \overline{\overline{AC} + \overline{BC}}$。

7.5 灯亮的逻辑表达为 $Y = \overline{A}\ \overline{B} + AB = A \odot B$,逻辑状态表见表 1,逻辑图如图 4 所示。

表 1

A	B	Y
0	0	1
0	1	0
1	0	0
1	1	1

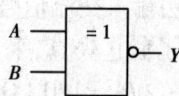

图 4

7.6 逻辑状态表见表 2,该电路是判奇电路。当输入奇数个"1"时,输出为"1",否则为"0"。

表 2

A	B	C	Y
0	0	0	0
0	0	1	1
0	1	0	1
0	1	1	0
1	0	0	1
1	0	1	0
1	1	0	0
1	1	1	1

7.7 （1）A 　　　　　　（2）$AB + \overline{A}C$

　　（3）1 　　　　　　（4）1

　　（5）AD 　　　　　（6）B

　　（7）$AB + C$ 　　　（8）$AB + \overline{B}\overline{C}$

7.8 真值表见表 3,逻辑表达式为 $Y = AB + AC = \overline{\overline{AB}\ \overline{AC}}$,逻辑图如图 5 所示。

表 3

A	B	C	Y
0	0	0	0
0	0	1	0
0	1	0	0
0	1	1	0
1	0	0	0
1	0	1	1
1	1	0	1
1	1	1	1

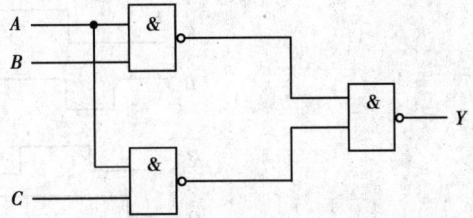

图 5

第 8 章

【习 题】

8.1 输出端 Q 的波形图如图 6 所示。

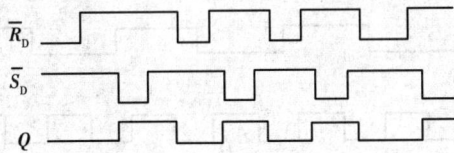

图 6

8.2 输出端 Q 和 $\overline{Q}$ 的波形图如图 7 所示。

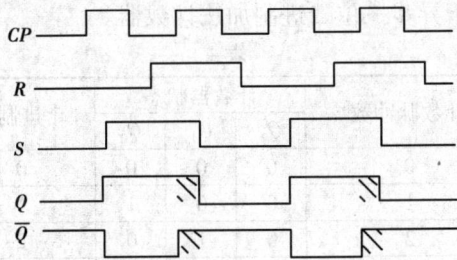

图 7

8.3 JK 触发器输出端如图 8 中 Q_1 所示,D 触发器输出端如图 8 中 Q_2 所示。

8.4 输出端 Q 的波形图如图 9 所示。

(a) $Q^{n+1} = 0$;　　(e) $Q^{n+1} = 0$。

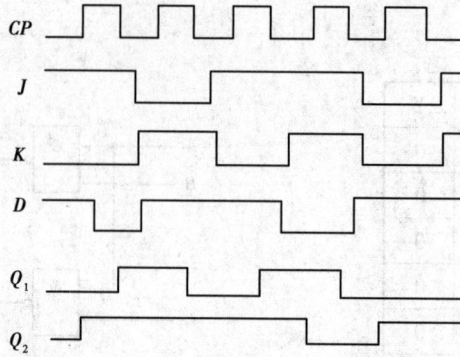

图 8

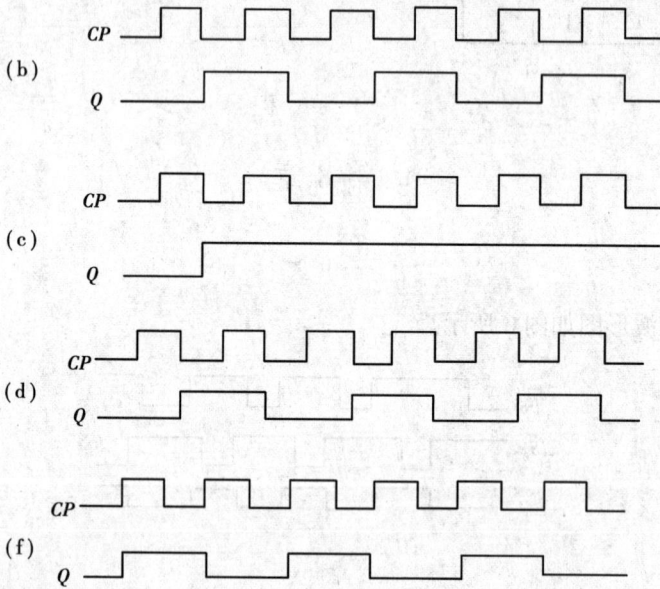

图 9

8.5　状态表见表 4,它属于异步三位二进制加法计数器。

表 4

计数脉冲数	计数器状态			十进制数
	Q_2	Q_1	Q_0	
0	0	0	0	0
1	0	0	1	1
2	0	1	0	2
3	0	1	1	3
4	1	0	0	4
5	1	0	1	5
6	1	1	0	6
7	1	1	1	7
8	0	0	0	进位

8.6 转换电路图如图 10 所示。

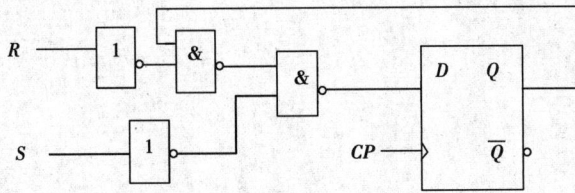

图 10

8.7 输出端 Q_0、Q_1 的波形图如图 11 所示。

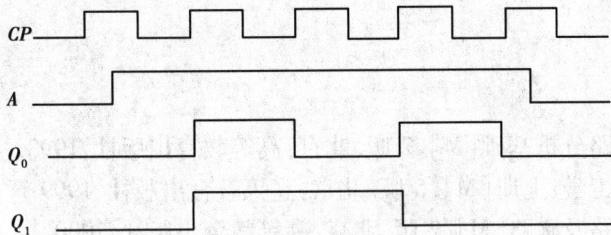

图 11

8.8 两片 74LS290 型集成计数器均按 8421BCD 码十进制计数方式连接,其中片①为个位,片②为十位。计数脉冲由片①的 CP_0 端输入,片②的 CP_0 端与片①的最高位 Q_3 端相连接。片②的 Q_1 与 $R_{0(1)}$ 连接,片②的 Q_2 与 $R_{0(2)}$ 连接,片①的 $S_{9(1)}$、$S_{9(2)}$ 接地,片②的 $S_{9(1)}$、$S_{9(2)}$、$R_{0(1)}$、$R_{0(2)}$ 接地。

8.9 它是七进制计数器,状态表见表 5。

表 5

计数脉冲数	计数器状态				七进制数
	Q_2	Q_2	Q_1	Q_0	
0	0	0	0	0	0
1	0	0	0	1	1
2	0	0	1	0	2
3	0	0	1	1	3
4	0	1	0	0	4
5	0	1	0	1	5
6	1	0	0	1	9
7	0	0	0	0	进位

8.10 $D = 0.71$; $f = 817.14$ Hz;若降低频率①、②正确。

8.11 11 s。

参考文献

[1] 李瀚荪. 电路分析基础[M]. 2 版. 北京:高等教育出版社,1993.

[2] 秦曾煌. 电工学:上册[M]. 5 版. 北京:高等教育出版社,1999.

[3] 蔡元宇. 电路及磁路[M]. 2 版. 北京:高等教育出版社,2000.

[4] 胡翔骏. 电路基础[M]. 北京:高等教育出版社,2003.

[5] 张永瑞. 电路分析基础[M]. 2 版. 西安:西安电子科技大学出版社,1999.

[6] 易沉屏. 电工学[M]. 北京:高等教育出版社,1993.

[7] 潘兴源. 电工电子技术基础[M]. 上海:上海交通大学出版社,2003.

[8] 寇仲元. 电路及磁路概念检测题[M]. 北京:高等教育出版社,1991.

[9] 肖广润,周惠. 电工技术[M]. 3 版. 武汉:华中科技大学出版社,2002.

[10] 李春茂. 电工技术[M]. 修订版. 北京:科学技术文献出版社,2003.

[11] 王新新,包中婷,刘春华. 电工基础[M]. 北京:电子工业出版社,2004.

[12] 中国机械工业教育协会. 电工与电子基础[M]. 北京:机械工业出版社,2002.

[13] 徐虎,胡幸鸣. 电机原理[M]. 2 版. 北京:机械工业出版社,1998.

[14] 许寥. 工厂电气控制设备[M]. 2 版. 北京:机械工业出版社,2001.

[15] 宫淑华. 电机学[M]. 北京:煤炭工业出版业,1992.

[16] 刘介才. 工厂供电[M]. 北京:机械工业出版社,2003.

[17] 李发荣. 系统触电漏电保护措施及保护电器的选用[J]. 安全,2001(5).

[18] 秦曾煌. 电工学:下册[M]. 5 版. 北京:高等教育出版社,1999.

[19] 康华光. 电子技术基础:数字部分[M]. 4 版. 北京:高等教育出版社,2000.

[20] 孙津平. 数字电子技术[M]. 西安:西安电子科技大学出版社,2002.

[21] 余孟尝. 数字电子技术基础简明教程[M]. 2 版. 北京:高等教育出版社,1999.

[22] 符磊,王久华. 电工技术与电子技术基础[M]. 北京:清华大学出版社,1997.

[23] 苏丽萍. 电子技术基础[M]. 西安:西安电子科技大学出版社,2002.

[24] 胡宴如,耿苏燕. 模拟电子技术[M]. 北京:高等教育出版社,2000.

[25] 杨素行. 模拟电子技术基础简明教程[M]. 2 版. 北京:高等教育出版社,1998.

[26] 刘全忠. 电子技术(电工学Ⅱ)[M]. 北京:高等教育出版社,1999.

[27] 张友汉. 电子技术[M]. 北京:高等教育出版社,2001.

［28］陈小虎.电工电子技术(多学时)［M］.北京:高等教育出版社,2000.

［29］周雪.模拟电子技术［M］.修订版.西安:西安电子科技大学出版社,2005.

［30］李晓明.电工电子技术:上册［M］.北京:高等教育出版社,2003.

［31］童诗白,华成英.模拟电子技术基础［M］.3版.北京:高等教育出版社,2001.

［32］杨克俊.电磁兼容原理与设计技术［M］.北京:人民邮电出版社,2004.

［33］杨士元.电磁屏蔽理论与实践［M］.北京:国防工业出版社,2006.

［34］高攸纲.屏蔽与接地［M］.北京:邮电大学出版社,2004.

［35］顾海洲,马斌.PCB电磁兼容技术——设计实践［M］.北京:清华大学出版社,2004.

［36］蔡小丁.电子系统的电磁兼容性［M］.成都:电子科技大学出版社,1988.